SCHÄFFER
POESCHEL **myBook**

Ihr Online-Material zum Buch
Weitere Übungsaufgaben mit Lösungen

So funktioniert Ihr Zugang

1. Gehen Sie auf das Portal sp-mybook.de und geben den Buchcode ein, um auf die Internetseite zum Buch zu gelangen.
2. Oder scannen Sie den QR-Code mit Ihrem Smartphone oder Tablet, um direkt auf die Startseite zu kommen.

Den Link sowie Ihren Zugangscode finden Sie am Buchende.

Buchführung

Jonas Rossmanith

Buchführung

Grundlagen, Gesellschaftsformen und Umsatzsteuer

Schäffer-Poeschel Verlag Stuttgart

Autor:
StB Professor Dr. Jonas Rossmanith, Unternehmensbesteuerung, nationale und internationale Rechnungslegung, Hochschule Albstadt-Sigmaringen

Bibliografische Information der Deutschen Nationalbibliothek

Die Deutsche Nationalbibliothek verzeichnet diese Publikation in der Deutschen Nationalbibliografie; detaillierte bibliografische Daten sind im Internet über http://dnb.dnb.de/ abrufbar.

Print: ISBN 978-3-7910-5529-9 Bestell-Nr. 11038-0001
ePub: ISBN 978-3-7910-5530-5 Bestell-Nr. 11038-0100
ePDF: ISBN 978-3-7910-5531-2 Bestell-Nr. 11038-0150

Jonas Rossmanith
Buchführung
1. Auflage, November 2022

www.schaeffer-poeschel.de
service@schaeffer-poeschel.de

Bildnachweis (Cover): © j-mel, Adobe Stock

Produktmanagement: Anna Pietras
Lektorat: Isolde Bacher, text_dienst, Stuttgart

Schäffer-Poeschel Verlag Stuttgart
Ein Unternehmen der Haufe Group SE

Vorwort

Ein Ziel vor Augen, verbunden mit einem Versprechen und zeitlich unterstützt durch die Coronapandemie, diese Faktoren waren Garant dafür, dass dieses Lehrbuch zwar erst nach langer Zeit, dafür aber mit viel Freude entstehen konnte.

Ohne Unterstützung kann ein solches Buchprojekt nicht gelingen. Mein Dank gilt deshalb zunächst meiner Nichte Mag. iur. Julia Rossmanith, die mir eine große Hilfe bei der Erstellung sämtlicher Abbildungen war. Ohne diese Unterstützung hätte ich ein Problem bekommen.

Auch habe ich mich sehr gefreut, dass Frau Christa Kininger, wie bereits bei meinen bisherigen Buchprojekten, das Lektorat übernommen hat, wie immer in gewohnter und hervorragender Art und Weise.

Bedanken möchte ich mich auch beim Verlag Schäffer-Poeschel, dass ich die Möglichkeit erhalten habe, mein Lehrbuch zu publizieren. Ebenso möchte ich mich bei Frau Anna Pietras und Frau Claudia Knapp aus dem wissenschaftlichen Lektorat bedanken, die mich tatkräftig unterstützt und begleitet haben bei allen auftretenden Fragestellungen.

Neben der Darstellung und Vermittlung der Grundlagen der Buchführung war es mein Ziel, die Buchführung als Basis für weitere betriebswirtschaftliche Themenfelder darzustellen. Es zeigt sich in der Praxis, dass die Buchführung Auswirkungen hat auf die verschiedenen Gesellschaftsformen und umgekehrt, aber auch sehr eng verknüpft ist mit dem Themenfeld der Umsatzsteuer. Deshalb wurde diesen beiden Aspekten in Kombination mit den Grundlagen der Buchführung vermehrt Aufmerksamkeit geschenkt, dies jedoch in der Hoffnung, dass andere Aspekte nicht zu kurz geraten sind.

Das Lehrbuch soll Studierenden an Universitäten und Hochschulen gleichermaßen das Themenfeld der Buchführung näherbringen. Aber auch Praktiker, Manager sowie der Aus- und Weiterbildungsbereich sind Adressaten.

Allen Leserinnen und Lesern wünsche ich nun viel Freude beim Studieren meines Buches, verbunden mit dem Wunsch, dass die Buchführung nun endlich von Anfang an richtig verstanden wird.

Widmung

Anche se c'è voluto molto tempo, ho mantenuto la promessa che ti ho fatto. Sostenuto dal tuo incoraggiamento, spero che ti sarebbe piaciuto. I miei pensieri rivolti a voi sono stati il fondamento del lavoro per questo libro. Vi ringrazio per questo e per tutto il resto.

Inhaltsverzeichnis

Abkürzungsverzeichnis

AB	Anfangsbestand
Abb.	Abbildung
Abs.	Absatz
AfA	Absetzung für Abnutzung
AG	Aktiengesellschaft
AktG	Aktiengesetz
ALV	Arbeitslosenversicherung
AO	Abgabenordnung
ARA	Aktive Rechnungsabgrenzung
ARAP	Aktiver Rechnungsabgrenzungsposten
Art.	Artikel
BA	Betriebsausgabe
BBMG	Beitragsbemessungsgrenze
BE	Betriebseinnahme
BGH	Bundesgerichtshof
BStBl	Bundessteuerblatt
Buchst.	Buchstabe
BZSt	Bundeszentralamt für Steuern
d. h.	das heißt
e.K. (e.Kfm.)	eingetragener Kaufmann
e.Kfr.	eingetragene Kauffrau
EB	Endbestand
EBK	Eröffnungsbilanzkonto
erh.	erhalten
EStG	Einkommensteuergesetz
EStR	Einkommensteuer-Richtlinien
EuGH	Europäischer Gerichtshof
FIFO	First In – First Out
FVG	Finanzverwaltungsgesetz
GbR (GdbR)	Gesellschaft des bürgerlichen Rechts
GenG	Genossenschaftsgesetz
GewO	Gewerbeordnung
GewStG	Gewerbesteuergesetz
GmbH	Gesellschaft mit beschränkter Haftung
GmbHG	Gesetz betreffend Gesellschaften mit beschränkter Haftung
GoB	Grundsätze ordnungsmäßiger Buchführung
GWG	Geringwertiges Wirtschaftsgut
HGB	Handelsgesetzbuch
HRV	Handelsregisterverordnung
HS.	Halbsatz

i. d. R.	in der Regel
i. S. d.	im Sinne des/der
i. V. m.	in Verbindung mit
IHK	Industrie- und Handelskammer
KG	Kommanditgesellschaft
KGaA	Kommanditgesellschaft auf Aktien
KiSt	Kirchensteuer
KStG	Körperschaftsteuergesetz
KV	Krankenversicherung
L.u.L.	Lieferungen und Leistungen
langfr.	langfristig
LIFO	Last In – First Out
lit.	Buchstabe (littera)
LSt	Lohnsteuer
LStDV	Lohnsteuer-Durchführungsverordnung
MwSt	Mehrwertsteuer
MwStSystRL	Mehrwertsteuer-Systemrichtlinie
ND	Nutzungsdauer
Nr.	Nummer
o. Ä.	oder Ähnliches
OHG	offene Handelsgesellschaft
PflV	Pflegeversicherung
PRA	Passive Rechnungsabgrenzung
PRAP	Passiver Rechnungsabgrenzungsposten
RiL	Richtlinie
RV	Rentenversicherung
SE	Societas Europaea (Europäische Aktiengesellschaft)
SE-RiL	Richtlinie zur Ergänzung des Statuts der Europäischen Aktiengesellschaft
SE-VO	Statut der Europäischen Aktiengesellschaft
SEAG	SE-Ausführungsgesetz
SEBG	SE-Beteiligungsgesetz
SolzG	Solidaritätszuschlagsgesetz
StGB	Strafgesetzbuch
SV	Sozialversicherung
u. a.	unter anderem
UG	Unternehmergesellschaft
USt	Umsatzsteuer
USt-EV	Umsatzsteuer-Eigenverbrauch
USt-IdNr.	Umsatzsteuer-Identifikationsnummer
USt-Verrkto	Umsatzsteuer-Verrechnungskonto
UStAE	Umsatzsteuer-Anwendungserlass
UStDV	Umsatzsteuer-Durchführungsverordnung
UStG	Umsatzsteuergesetz

VAG	Versicherungsaufsichtsgesetz
VAZ	Voranmeldungszeitraum
Verb.	Verbindlichkeiten
vgl.	vergleiche
VO	Verordnung
VSt	Vorsteuer
VVaG	Versicherungsverein auf Gegenseitigkeit
VwGH	Verwaltungsgerichtshof (Österreich)
WEK	Wareneinkaufskonto
WG	Wirtschaftsgut
WVK	Warenverkaufskonto
z. B.	zum Beispiel
zzgl.	zuzüglich

1 Gesellschaftsformen

1.1 Allgemeines

Eine Gesellschaftsform bezeichnet die Rechtsform, auf deren Basis ein Unternehmen gegründet wird. Bevor Unternehmen gegründet werden und sich das Problem mit der Buchführung stellt, muss zuerst die Frage geklärt werden, welche Gesellschaftsform das zu gründende Unternehmen haben soll.

Im Privatrecht werden die möglichen Gesellschaftsformen in Personengesellschaften und Kapitalgesellschaften unterteilt. Hinzu kommt noch das Einzelunternehmen, welches im eigentlichen Sinne zwar Rechtsform, aber keine Gesellschaft ist. Im öffentlichen Bereich kommen weitere mögliche Formen wie die Körperschaft des öffentlichen Rechts oder die öffentliche Stiftung hinzu.

Somit lassen sich grundsätzlich nach dem Privatrecht die verschiedenen Gesellschaftsformen in vier Gruppen unterteilen, die aus dem Schaubild in Abbildung 1 ersichtlich sind.

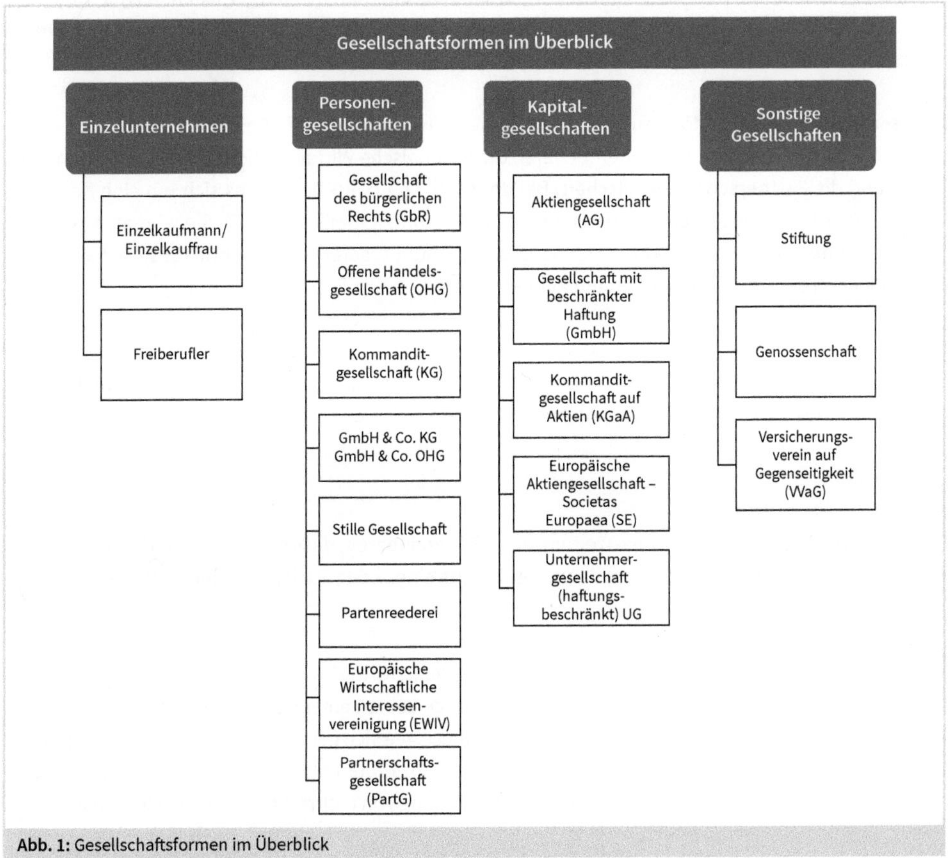

Abb. 1: Gesellschaftsformen im Überblick

Unter jeder der vier einzelnen Gesellschaftsformen finden sich letztendlich die Rechtsformen wieder, die gewählt werden können für die Gründung eines Unternehmens. Die Entscheidung für eine Gesellschaftsform hat somit eine nicht unerhebliche Auswirkung auf die Auswahlmöglichkeit einer Rechtsform.

Somit stellt sich für eine Person oder für mehrere Personen, die sich selbstständig machen wollen, immer zunächst die Frage, unter welcher Gesellschaftsform sie ihr zu gründendes Unternehmen führen wollen. Falls es keine Kapitalgesellschaft (z. B. AG oder GmbH) sein soll, dann hat sich dies für eine einzelne Person schon erledigt, denn dann steht nur die Gesellschaftsform des Einzelunternehmens zur Verfügung.

Anders verhält es sich, wenn mehrere Personen eine Gesellschaft gründen wollen, weil sie gemeinsam einen bestimmten Zweck verfolgen. Diese haben grundsätzlich die Wahl zwischen verschiedenen Gesellschaftsformen, die ihnen das Gesellschaftsrecht zur Verfügung stellt. Dies wird auch als »Grundsatz der freien Rechtsformwahl« bezeichnet (zur Rechtsformwahl vgl. die Ausführungen bei Schmalen/Pechtl 2019, S. 41 ff.).

Die Personen haben nun die Möglichkeit, sich für eine Gesellschaft des bürgerlichen Rechts (GbR oder auch teilweise GdbR bzw. BGB-Gesellschaft), eine offene Handelsgesellschaft (OHG) oder eine Kommanditgesellschaft (KG) zu entscheiden.

Die genannten drei Rechtsformen zählen zu der Gesellschaftsform der Personengesellschaften, wie auch die Stille Gesellschaft, die Partenreederei, die Europäische Wirtschaftliche Interessenvereinigung (EWIV) und die Partnerschaftsgesellschaft. Bei der GmbH & Co. KG handelt es sich um eine Kombination aus einer Kapitalgesellschaft (GmbH) und einer Personengesellschaft (KG). Sie wird als Mischform bezeichnet und im Allgemeinen den Personengesellschaften zugerechnet. Die BGB-Gesellschaft (sprich GbR) ist jedoch der Grundtyp der Personengesellschaften.

Die Zahl der im wirtschaftlichen Geschäftsleben bestehenden Personengesellschaften ist unüberschaubar groß, sie lässt sich kaum annäherungsweise schätzen. Der Grund liegt darin, dass Personengesellschaften kaum einen Gründungsaufwand haben.

Beispiel

Tragen zwei Studenten eine Tageszeitung aus und vereinbaren, dass sie als Team auftreten und die Tätigkeit abwechselnd ausführen, dann liegt bereits eine, wenn auch nur kleine Personengesellschaft vor.

Somit werden viele Kleinunternehmen in der Gesellschaftsform der Personengesellschaft betrieben. Die Beispiele reichen vom Copy-Shop, den mehrere junge Leute gemeinsam gegründet haben, über die Tankstelle mit mehreren Besitzern bis hin zu Freiberuflern, die sich gerne zu Personengesellschaften zusammenschließen. Beispiele hierfür sind Rechtsanwaltssozietäten, der Zusammenschluss von Steuerberatern in einer gemeinsamen Kanzlei oder die Verbindung von mehreren Ärzten in einer Praxis.

In den bisher genannten Beispielen ist überwiegend nur geringes Kapital nötig, um die unternehmerische Tätigkeit durchführen zu können. Aber auch bei mittelständischen Unternehmen ist die Gesellschaftsform der Personengesellschaft anzutreffen. Beispiele hierfür sind Familienunternehmen im Bereich der Lebensmittelbranche wie Großmetzgereien und Großbäckereien oder Weinkellereien. Aber auch bei der Durchführung von Großprojekten, wie bei der Bildung einer Arbeitsgemeinschaft (ARGE) von zwei oder mehreren Bauunternehmen im Bereich des Straßen- oder Tunnelbaus, liegt eine Personengesellschaft vor.

Personengesellschaften kommen nicht nur im wirtschaftlichen Bereich vor, vielmehr kann jede zulässige Betätigung im Rahmen einer Personengesellschaft ausgeübt werden. Deshalb ist die Anzahl der Personengesellschaften im nicht kommerziellen Bereich kaum quantifizierbar. Bei diesen Gesellschaften handelt es sich oftmals um sehr kurzlebige Vereinigungen, sogenannte Gelegenheitsgesellschaften. Als Beispiele hierfür sind das Abiturtreffen oder die Feier von Bachelorstudenten nach Abschluss ihres erfolgreichen Studiums zu nennen. Das Zusammenwirken besteht darin, dass gemeinsam eine Veranstaltung vorbereitet und durchgeführt wird.

Andere Beispiele für Personengesellschaften mit einem nicht kommerziellen Zweck ist die Tennismannschaft, die auf einem gemieteten Hallenplatz im Winter Tennis spielt, oder eine lustige Truppe, die sich für einen Skiausflug in die Berge des schönen Südtirol einen Kleinbus anmietet.

Deutlich wird, dass das Spektrum der Personengesellschaften von der nicht kommerziellen Gelegenheitsgesellschaft bis zum Zusammenschluss von international tätigen Industrieunternehmen im Rahmen einer Arbeitsgemeinschaft (ARGE) mit großem organisatorischen Aufwand und langer Dauer reicht.

Die Verschiedenartigkeit in der Erscheinungsform entspricht der Vielzahl von Interessenkonflikten, die bei den einzelnen Personengesellschaften auftreten. Der Gesetzgeber hat deshalb die Personengesellschaften in mehrere Typen aufgeteilt und für jeden Typ versucht, die bei ihm am häufigsten vorkommenden Interessenkollisionen durch Gesetzesvorschriften zu regeln.

Die in der Praxis am häufigsten vorkommenden Rechtsformen im Rahmen der Gesellschaftsform der Personengesellschaften sind die Gesellschaft des bürgerlichen Rechts (GbR oder GdbR) oder BGB-Gesellschaft, die offene Handelsgesellschaft (OHG) und die Kommanditgesellschaft (KG).

1.2 Abgrenzung zwischen GbR, OHG und KG

Die Gesellschaft des bürgerlichen Rechts (GbR) ist die Grundform aller anderen Personengesellschaften. Die Rechtsvorschriften betreffend die GbR finden sich in den §§ 705 bis 740 BGB. Aus der GbR haben sich die OHG und die KG entwickelt. Soweit die gesetzlichen Bestimmungen dieser Gesellschaften eine Frage nicht regeln, ist auf die Vorschriften der GbR zurückzugreifen. Dieser Rückgriff findet sich für die OHG in § 105 Abs. 3 HGB und für eine KG in § 161 Abs. 2 HGB.

Die offene Handelsgesellschaft (OHG) ist die direkte Fortentwicklung der GbR. Sie ist im Handelsgesetzbuch (HGB) geregelt. Die Gesetzesvorschriften betreffend der OHG stehen in den §§ 105 bis 160 HGB. In § 105 Abs. 1 HGB ist der Begriff der OHG geregelt, der wie folgt lautet:

»Eine Gesellschaft, deren Zweck auf den Betrieb eines Handelsgewerbes unter gemeinschaftlicher Firma gerichtet ist, ist eine offene Handelsgesellschaft, wenn bei keinem der Gesellschafter die Haftung gegenüber den Gesellschaftsgläubigern beschränkt ist.«

Durch die Gesetzesvorschrift wird deutlich, dass eine OHG ein Handelsgewerbe betreibt, im Gegensatz zu einer GbR. Die OHG ist somit Kaufmann, so wie auch ihre Gesellschafter Kaufleute nach dem Handelsgesetzbuch sind. Gesellschafter selbst können natürliche wie juristische Personen sein.

Die Regeln der OHG sind auf den kaufmännischen Charakter des Geschäfts zugeschnitten und enthalten deshalb ergänzende Vorschriften zu denen einer GbR. So besteht ein gesetzliches Wettbewerbsverbot für Gesellschafter einer OHG, die Kontrollrechte der Gesellschafter sind im Gesetz ausdrücklich geregelt und das Verfahren bei der Auflösung der OHG ist ausführlicher geregelt als bei der GbR. Ansonsten verweist, wie bereits erwähnt, das Recht der OHG auf die GbR nach § 105 Abs. 3 HGB.

Die Kommanditgesellschaft (KG) stellt eine Weiterentwicklung der OHG dar. Dies drückt sich insbesondere darin aus, dass das Gesetz bei der Regelung der KG auf das Recht der OHG nach § 161 Abs. 2 HGB verweist. Reicht dies bei der Lösung einer Fragestellung nicht aus, dann muss auf die Vorschriften betreffend die GbR zurückgegriffen werden. Die Gesetzesvorschriften betreffend die Kommanditgesellschaft (KG) sind in den §§ 161 bis 177a HGB geregelt.

Gesellschafter einer Kommanditgesellschaft (KG) können wie bei einer OHG natürliche und juristische Personen sein. Das Besondere bei einer Kommanditgesellschaft (KG) ist, dass sie zwei verschiedene Arten von Gesellschaftern unterscheidet. Es gibt zum einen die Komplementäre, die mit ihrem gesamten persönlichen Vermögen haften. Daneben gibt es die Kommanditisten. Diese leisten eine bestimmte Sache oder einen Geldbetrag als Einlage und haften für Verbindlichkeiten der Gesellschaft nur bis zur Höhe der Kommanditeinlage. Für jeden Kommanditisten muss im Gesellschaftsvertrag festgelegt und im Handelsregister eingetragen werden, wie hoch seine Kommanditeinlage ist. Ist die Kommanditeinlage bereits geleistet, so erlischt die Haftung nach § 171 Abs. 1 HGB. Es besteht auch keine Nachschusspflicht, was zur Folge hat, dass im Insolvenzfall der Kommanditgesellschaft der Kommanditist nicht mehr als den Betrag in Höhe seiner Kommanditeinlage verliert.

Der einzige Unterschied einer Kommanditgesellschaft (KG) zu einer offenen Handelsgesellschaft (OHG) besteht darin, dass bei einem oder einigen, jedoch nicht bei allen Gesellschaftern die Haftung gegenüber den Gesellschaftsgläubigern auf den Betrag einer bestimmten Vermögenseinlage (Kommanditeinlage) nach § 161 Abs. 1 HGB beschränkt ist. Voraussetzung für das Entstehen einer Kommanditgesellschaft (KG) ist demnach die Haftungsbeschränkung eines oder mehrerer Gesellschafter.

Neben den bisher erwähnten Personengesellschaften, der GbR, der OHG und der KG, gibt es noch weitere drei Personengesellschaften, welche als Rechtsform für eine unternehmerische Betätigung gewählt werden können. Im Einzelnen handelt es sich um die Stille Gesellschaft, die Europäische Wirtschaftliche Interessenvereinigung (EWIV) und die Partnerschaftsgesellschaft, die im nachfolgenden Kapitel erläutert werden.

Seit dem 25. April 2013 kann eine Partenreederei nicht mehr gegründet werden. Da die Rechtsform der Partenreederei in der wirtschaftlichen Praxis noch vorkommt, wird auch kurz auf diese Rechtsform eingegangen.

1.3 Abgrenzung zu anderen Personengesellschaften

1.3.1 Stille Gesellschaft

Nach § 230 Abs. 1 HGB entsteht eine Stille Gesellschaft dadurch, dass sich eine natürliche oder juristische Person oder eine Personengesellschaft durch eine Vermögenseinlage am Handelsgewerbe, das ein anderer betreibt, beteiligt und diese Vermögenseinlage in das Vermögen des Inhabers des Handelsgeschäfts übergeht. Somit tritt die Stille Gesellschaft nach außen hin nicht auf und wird in der Bilanz des beteiligten Unternehmens nicht gesondert ausgewiesen.

Die gesetzlichen Grundlagen zur Stillen Gesellschaft finden sich in den §§ 230 bis 236 HGB. Das wichtigste Merkmal der Stillen Gesellschaft zur Unterscheidung von anderen Personengesellschaften ist, dass sie eine reine Innengesellschaft und keine Handelsgesellschaft ist. Es besteht eine rein schuldrechtliche Beziehung zwischen dem Inhaber eines Handelsgewerbes und dem sich daran beteiligenden Stillen Gesellschafter. Daraus folgt unmittelbar, dass der Stille Gesellschafter nicht über Vermögen verfügt. Insofern besteht auch keine Gesamtschuldnerschaft der an der Stillen Gesellschaft Beteiligten. So erbringt der Stille Gesellschafter eine Einlage in das Vermögen des Hauptgesellschafters. Er wird nach außen hin weder berechtigt noch verpflichtet. Gesellschaftsrechtlich ist die Stille Gesellschaft eine BGB-Gesellschaft. Abbildung 2 verdeutlicht die Stille Gesellschaft:

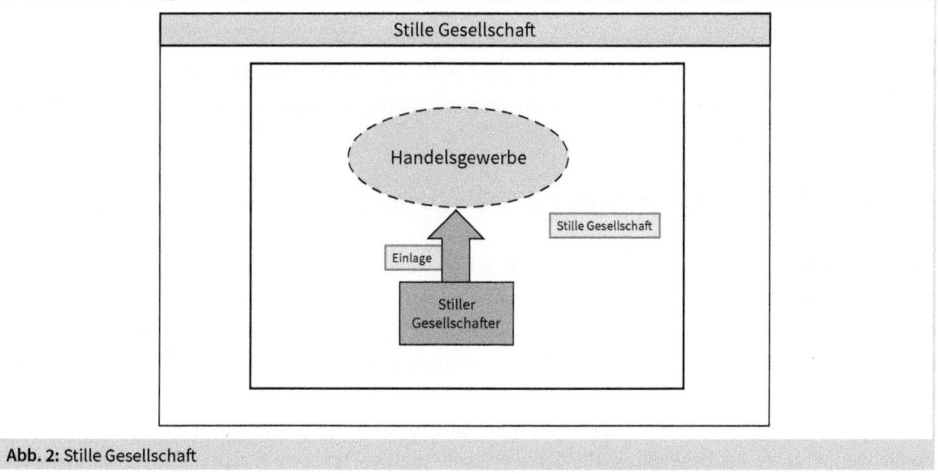

Abb. 2: Stille Gesellschaft

Nach § 230 Abs. 2 HGB wird der Inhaber »aus den in dem Betriebe geschlossenen Geschäften allein berechtigt und verpflichtet«, da nur er im eigenen Namen handelt.

Der Stille Gesellschafter hat aber nach § 233 Abs. 1 HGB das Recht, eine Abschrift des Jahresabschlusses zu verlangen und deren Richtigkeit durch Einsicht in die Bücher zu prüfen. Bei Beendigung des Gesellschaftsverhältnisses hat der Stille Gesellschafter nach § 235 Abs. 1 HGB Anspruch auf Erstattung seines Guthabens in Geld. Im Insolvenzfall nimmt der Stille Gesellschafter aufgrund von § 236 Abs. 1 HGB eine Gläubigerposition ein. Die Höhe seiner Insolvenzforderung bestimmt sich entsprechend seinem Kapitalkonto nach Verrechnung mit etwaigen Verlusten.

Der Gesellschaftsvertrag bei einer Stillen Gesellschaft kann sehr frei gestaltet werden. Deshalb kann das Stille Gesellschaftsverhältnis den Beweggründen und Zielen der Beteiligten weitestgehend angepasst werden. Steht bei einem Stillen Gesellschafter eher die Kapitalüberlassung im Vordergrund, dann wird es sich um einen typisch Stillen Gesellschafter handeln. Werden einem Stillen Gesellschafter jedoch weitgehende Abweichungen von den handelsrechtlichen Gesetzesvorschriften nach den §§ 230 bis 236 HGB eingeräumt, dann handelt es sich um einen atypisch Stillen Gesellschafter.

Für eine Stille Gesellschaft kann es unterschiedliche Motive geben. Durch die gewinnabhängige Vergütung der Kapitalüberlassung wird die Verzinsung im Regelfall höher sein, als wenn dem Unternehmen ein Darlehen zu festen Konditionen überlassen wird. Auch stellt die Stille Gesellschaft ein interessantes Instrument im Bereich der Mitarbeiterbeteiligung dar.

Aus der Sicht des Steuerrechts ist es von Bedeutung, ob eine echte, sprich typische Stille Gesellschaft, oder eine unechte, sprich atypische Gesellschaft vorliegt. Denn der typische Stille Gesellschafter erzielt Einkünfte aus Kapitalvermögen nach § 20 Abs. 1 Nr. 4 EStG gegenüber dem atypischen Stillen Gesellschafter, der Einkünfte aus Gewerbebetrieb nach § 15 Abs. 1 Satz 1 Nr. 2 EStG erzielt. Der typische Stille Gesellschafter zeichnet sich vor allem durch folgende Merkmale aus:

- Der Gesellschaftsvertrag entspricht den handelsrechtlichen Gesetzesvorschriften nach §§ 230 bis 236 HGB.
- Der Stille Gesellschafter nimmt nicht teil an den stillen Reserven.
- Der Stille Gesellschafter erhält einen Anteil am Gewinn oder Verlust des Unternehmens.
- Der Stille Gesellschafter erhält bei Beendigung der Stillen Gesellschaft den Gegenwert der Einlage zurück.

Im Ergebnis handelt es sich bei einer typischen Stillen Gesellschaft faktisch um eine Kapitalüberlassung.

Eine atypische Stille Gesellschaft ist steuerrechtlich im Regelfall als Mitunternehmerschaft anzusehen, da der atypische Stille Gesellschafter nicht nur am Gewinn und Verlust beteiligt ist, sondern auch einen Anspruch auf den tatsächlichen Zuwachs des Gesellschaftsvermögens unter Einschluss der stillen Reserven und eines Geschäftswertes hat und in den meisten Fällen unternehmerische Funktionen ausübt.

Wie bereits erwähnt, ist die Vertragsgestaltung bei einer Stillen Gesellschaft sehr frei. Somit besteht die Möglichkeit, eine Verlustbeteiligung der Stillen Gesellschaft vertraglich auszuschließen. Ob in diesem

Falle dann noch von einer Mitunternehmerschaft gesprochen werden kann, muss im Einzelfall geprüft werden. Eine Stille Gesellschaft ist aber steuerrechtlich auf jeden Fall eine Mitunternehmerschaft, wenn dem Stillen Gesellschafter im Gesellschaftsvertrag vergleichbare Rechte eingeräumt werden wie einem Kommanditisten.

Die bilanzielle Erfassung der stillen Beteiligung erfolgt durch die Vermögenseinlage auf der Aktivseite der Bilanz durch Einigung und Übergabe bzw. Erbringung der Leistung. Der stille Beteiligte bringt nach §230 Abs. 1 HGB seine Einlage in das Vermögen des Unternehmens ein, wodurch er die gesamte Verfügungsgewalt am eingebrachten Vermögen (Bar- oder Sachvermögen) verliert. Allerdings hat er eine Forderung gegenüber dem Unternehmen, sodass die stille Beteiligung beim Unternehmen grundsätzlich kein Eigenkapital, sondern Fremdkapital darstellt. In diesem Fall handelt es sich um die Einlage eines typisch Stillen Gesellschafters, die bei dem Unternehmen unter den sonstigen Verbindlichkeiten ausgewiesen wird.

Beim Vorliegen einer atypisch Stillen Gesellschaft verwandelt sich die Einlage in haftendes Kapital. Die Einlage ist deshalb in der Bilanz des Unternehmens zwingend als Eigenkapital auszuweisen. Der Ausweis als Eigenkapital kann für ein Unternehmen bei der Kapitalaufnahme und für die Bewertung des Unternehmens ein wichtiges Argument sein.

1.3.2 Partenreederei

Die Partenreederei ist eine besondere Form der seerechtlichen Organisation im deutschen Seehandelsrecht. Mit dem Inkrafttreten des *Gesetzes zur Reform des Seehandelsgesetzes* am 25. April 2013 können keine neuen Partenreedereien mehr gegründet werden. Für Partenreedereien, die vor Inkrafttreten des Gesetzes gegründet wurden, gelten weiterhin die damals gültigen Gesetzesgrundlagen der §§489 ff. HGB.

Eine Partenreederei liegt dann vor, wenn mehreren Personen (Mitreeder) ein Seeschiff gehört und dieses gemeinschaftlich zum Erwerb eingesetzt wird. Das Eigentum am Seeschiff wird in Anteilen, den sogenannten Schiffsparten, auf die Eigentümer verteilt. Die Miteigentümer einer Partenreederei haften persönlich mit ihrem gesamten Vermögen und sind zur Geschäftsführung berechtigt.

Eine Partenreederei kann immer nur ein einziges Seeschiff besitzen. Bei der Anschaffung eines weiteren Seeschiffes musste zwingend eine weitere Partenreederei gegründet werden. Rechtlich wird die Partenreederei als Gesamthandsgemeinschaft angesehen, was bedeutet, dass sie zu den Personengesellschaften zu zählen ist.

Für die Gewinnbesteuerung bedeutet dies, dass der erzielte Gewinn auf Ebene der Partenreederei anteilig auf die Gesellschafter verteilt wird und diese die Gewinne dann persönlich versteuern. Somit liegt steuerlich eine Mitunternehmerschaft vor.

1.3.3 Europäische Wirtschaftliche Interessenvereinigung (EWIV)

Die Europäische Wirtschaftliche Interessenvereinigung ist die erste Unternehmensform des europäischen Rechts, die die grenzüberschreitende Unternehmenskooperation fördern soll.

Europäischen Unternehmen soll die Gelegenheit gegeben werden, über die Staatsgrenzen hinaus zusammenzuarbeiten, um im Wettbewerb bestehen zu können. Die Rechtsform stellt einen Schritt in Richtung europäische Harmonisierung dar und entspringt dem Gesetz zur Ausführung der EWG-Verordnung vom 1. Januar 1989.

Die Europäische Wirtschaftliche Interessenvereinigung ist dem Charakter nach eine Personengesellschaft, die in vielen Aspekten mit der OHG vergleichbar ist, somit sind auch die Rechtsvorschriften der OHG anzuwenden. Die vom Recht der OHG abweichenden Regelungen finden sich dann im EWIV-Ausführungsgesetz.

Der Zweck der Gesellschaft bzw. deren Besonderheit besteht darin, dass ihre Mitglieder in mindestens zwei Mitgliedstaaten der Europäischen Union (EU) ihre Aktivitäten entfalten.

Als Vereinigung besitzt die EWIV eine eigenständige Rechtspersönlichkeit, die verklagt werden, Verträge abschließen oder weitere Rechtshandlungen vornehmen kann. Damit die Vereinigung im Rechts- und Geschäftsverkehr erkennbar ist, muss in der Firmenbezeichnung der Zusatz Europäische Wirtschaftliche Interessenvereinigung in ausgeschriebener oder abgekürzter Form (EWIV) enthalten sein (z. B. Di Fiore & Luna Messeartikel EWIV).

Die Gründung der EWIV ist einfach und ermöglicht deutschen Unternehmen eine enge Form der Zusammenarbeit mit europäischen Partnern, die keine Kapitaleinlagen erfordert. Die Besteuerung der EWIV findet, wie generell bei einer Mitunternehmerschaft, auf Ebene der Gesellschafter statt.

Beispiel für eine EWIV sind Sparkassen aus verschiedenen EU-Mitgliedstaaten, die in einer EWIV kooperieren, um ihren Kunden ein einheitliches Paket an grenzüberschreitenden Dienstleistungen offerieren zu können. Aber auch Partner von Forschungsprojekten aus unterschiedlichen Mitgliedstaaten, die sich zu einer EWIV zusammenschließen, können als Beispiel genannt werden.

1.3.4 Partnerschaftsgesellschaft (PartG)

Die Partnerschaftsgesellschaft ist eine Rechtsform, die es seit dem 1. Juli 1995 gibt. Sie beruht im Wesentlichen auf den Grundlagen der Gesellschaft bürgerlichen Rechts (§ 1 Abs. 4 PartGG), verfügt jedoch zum Teil über eine festere Innenstruktur und ist daher – teilweise – mit einer Personenhandelsgesellschaft vergleichbar.

Die Rechtsvorschriften für die Partnerschaftsgesellschaft sind im Partnerschaftsgesellschaftsgesetz[1] geregelt. Nach § 1 Abs. 1 PartGG ist die Partnerschaft eine Gesellschaft, in der sich Angehörige freier Berufe zur Ausübung ihrer Berufe zusammenschließen. Eine stille Beteiligung oder eine bloße Kapitalbeteiligung ist hingegen ausgeschlossen.

Unter freien Berufen ist nach § 1 Abs. 2 PartGG die selbstständige Berufstätigkeit z. B. der Ärzte, Zahnärzte, Krankengymnasten, Ingenieure, Rechtsanwälte, Steuerberater, Wirtschaftsprüfer oder Unternehmensberater zu verstehen.

Da die Struktur einer Partnerschaftsgesellschaft derjenigen einer OHG ähnelt, wird die Partnerschaftsgesellschaft auch als Sonderform der OHG für freie Berufe bezeichnet. Deshalb sind auch die §§ 105 bis 160 HGB sowie die §§ 705 bis 740 BGB für die Partnerschaftsgesellschaft relevant.

Nach § 3 Abs. 1 PartGG erfolgt die Gründung einer Partnerschaftsgesellschaft durch den Abschluss eines schriftlichen Partnerschaftsvertrages zwischen mindestens zwei Partnern. Nach § 7 Abs. 1 PartGG wird die Partnerschaft durch Eintragung ins Partnerschaftsregister nach außen wirksam.

Nach § 8 Abs. 1 PartGG haften generell alle Partner gesamtschuldnerisch und persönlich für Verbindlichkeiten der Partnerschaft. Das Besondere an der Partnerschaft ist die Haftungsbeschränkung der Partner nach § 8 Abs. 2 PartGG in bestimmten Fällen. Sollte der Fall eintreten, dass Verpflichtungen der Partnerschaft gegenüber Dritten entstehen, die ein Partner alleine zu verantworten hat – i. d. R. meist durch einen Berufsfehler bei einem alleine ausgeführten Auftrag –, haftet dieser Partner alleine und die anderen bleiben von der Haftung befreit.

Der Name der Partnerschaft setzt sich gemäß § 2 Abs. 1 PartGG aus folgenden drei Elementen zusammen:

- dem Namen eines oder mehrerer Partner,
- dem Zusatz »und Partner« oder »Partnerschaft«
- sowie den Bezeichnungen aller in der Partnerschaft vertretenen Berufe.

Die Einführung der Partnerschaftsgesellschaft hatte Auswirkungen auf alle anderen Gesellschaften, und zwar in der Weise, dass der Namenszusatz »und Partner« oder »Partnerschaft« künftig nur noch von dieser Rechtsform verwendet werden durfte. Dies hatte die Konsequenz, dass z. B. eine GbR, die sich bisher »Autovermietung Di Fiore & Luna« nannte, sich dann »Autovermietung Di Fiore & Partner GbR« nennen musste. Für Gesellschaften, die sich nach dem 1. Juli 1995 gründeten, ist eine solche Firmenbezeichnung nach Auffassung der Gerichte nicht mehr zulässig. Falls ein Unternehmen eine solche Firmenbezeichnung trägt, dann ist dies auf die Einführung der Partnerschaftsgesellschaft zurückzuführen.

1 Gesetz über Partnerschaftsgesellschaften Angehöriger freier Berufe – (PartGG).

1.4 Abgrenzung zwischen Einzelunternehmen, Kapitalgesellschaften und GmbH & Co. KG

1.4.1 Einzelunternehmen

1.4.1.1 Einzelkaufmann oder Einzelkauffrau

Betreibt ein Einzelkaufmann oder eine Einzelkauffrau ein Unternehmen, dann wird dieses Unternehmen auch als Einzelunternehmen bezeichnet. In Deutschland ist das Einzelunternehmen die am häufigsten vorkommende Gesellschaftsform. Sie hat u. a. den Vorteil, dass für die Gründung eines Einzelunternehmens kein Mindestkapital erforderlich ist, wodurch diese kostengünstig und formlos erfolgen kann.

Der Einzelunternehmer genießt als Alleininhaber auch die volle Entscheidungsfreiheit hinsichtlich seines betrieblichen Vermögens, was seine Entscheidungsfindung erheblich beschleunigt. Des Weiteren stehen ihm die Gewinne aus seinem Unternehmen allein zu.

Den Einzelkaufmann trifft als Kaufmann i. S. d. HGB die gesetzliche Pflicht zur Eintragung in das Handelsregister nach § 1 HGB. Die gesetzliche Grundlage zur Eintragung in das Handelsregister ist in § 29 HGB kodifiziert. Jeder Kaufmann und somit auch der Einzelkaufmann ist nach § 29 HGB verpflichtet, die folgenden Angaben zur Eintragung in das Handelsregister anzumelden:

- seine Firma,
- den Ort der Handelsniederlassung und
- die inländische Geschäftsanschrift.

Die Firma von Einzelkaufleuten, d. h. der Name, unter dem sie ihre Geschäfte betreiben und die Unterschrift abgeben, muss nach § 19 Abs. 1 Nr. 1 HGB die Bezeichnung »eingetragener Kaufmann«, »eingetragene Kauffrau« oder eine allgemein verständliche Abkürzung dieser Bezeichnungen, insbesondere »e. K.«, »e. Kfm.« oder »e. Kfr.« enthalten.

Nach § 18 HGB muss ferner die Firma geeignet sein, den Kaufmann zu kennzeichnen, und Unterscheidungskraft besitzen, um Verwechslungen mit anderen Kaufleuten zu verhindern. Auch darf die Firma keine Angaben enthalten, die geeignet sind, über geschäftliche Verhältnisse, die für die angesprochenen Verkehrskreise wesentlich sind, irrezuführen.

Die Kreditwürdigkeit des Einzelkaufmanns beruht auf betrieblicher Ertragskraft und Liquidität bzw. auf der Einschätzung der Persönlichkeit des Unternehmers durch die Kreditgeber. Für die Fremdfinanzierung sind damit von vornherein Grenzen in bestimmter Weise gezogen.

Die Gründung eines Einzelunternehmens kann als Bar- oder Sachgründung erfolgen. Dabei erfolgt die Gründung buchhalterisch in der Weise, dass die Bar- oder Sachgründung das Vermögen auf der einen Seite und das Eigenkapital des Einzelunternehmens auf der anderen Seite erhöht.

Der Einzelkaufmann trägt das volle Haftungsrisiko für seine Tätigkeiten und Verbindlichkeiten. Er haftet somit unbeschränkt für seine geschäftlichen Entscheidungen, und zwar sowohl mit seinem betrieblichen Vermögen als auch mit seinem Privatvermögen. Dieser Umstand muss als bedeutender Nachteil der Rechtsform des Einzelkaufmanns angesehen werden. Die vollumfängliche Haftung des Einzelkaufmanns kann aber auch zu einer guten Verhandlungsposition gegenüber Kreditinstituten und anderen Gläubigern führen und sich somit positiv auf die Fremdfinanzierung seines Unternehmens auswirken.

Für die Vertretung des Einzelunternehmens ist der Geschäftsinhaber zuständig. Er kann jedoch Prokuristen und Handlungsbevollmächtigte bestellen, die ihn im Geschäftsleben vertreten.

Der im Handelsregister eingetragene Einzelkaufmann ist zur doppelten Buchführung nach § 238 HGB verpflichtet. Für die Rechnungslegung muss er die Vorschriften der §§ 238 bis 263 HGB beachten.

Der Einzelkaufmann ist somit verpflichtet, einen Jahresabschluss nach § 242 Abs. 3 HGB zu erstellen, der aus einer Bilanz und einer Gewinn- und Verlustrechnung besteht.

Unter gewissen Umständen kommt der Einzelkaufmann in den Geltungsbereich des Publizitätsgesetzes (PublG) nach § 3 Abs. 1 PublG. Dies ist dann der Fall, wenn er die Merkmale des § 1 Abs. 1 PublG erfüllt. Er ist dann verpflichtet, für die Rechnungslegung des Jahresabschlusses § 5 PublG anzuwenden.

Da ein Einzelkaufmann nach § 11 Abs. 5 PublG auch Konzernmuttergesellschaft sein kann, muss in diesem Fall für die Aufstellung des Konzernabschlusses und des Konzernlageberichts § 13 PublG beachtet werden. Dies bedeutet, dass nach § 13 Abs. 2 PublG für den Konzernabschluss oder Teilkonzernabschluss die Konzernvorschriften der §§ 294 bis 314 HGB sinngemäß anzuwenden sind. Ein Konzernabschluss oder Teilkonzernabschluss besteht sinngemäß nach § 13 Abs. 3 PublG aus der Konzernbilanz, der Konzern-Gewinn- und Verlustrechnung und dem Konzernanhang. Nach § 13 Abs. 3 Satz 2 PublG braucht der Konzernabschluss keine Kapitalflussrechnung und keinen Eigenkapitalspiegel zu enthalten, außer, das Mutterunternehmen ist kapitalmarktorientiert i. S. d. § 264d HGB. Eine Segmentberichterstattung kann den Konzernabschluss nach PublG wie nach HGB erweitern.

In Bezug auf die Gewinnansprüche gibt es beim Einzelkaufmann keine rechtlichen Bestimmungen. Somit kann der Geschäftsinhaber bzw. Eigentümer über den erzielten Gewinn frei verfügen. Er kann auch über diesen hinaus Entnahmen tätigen.

Da der Einzelkaufmann sein Gewerbe als natürliche Person betreibt, werden die aus dem Einzelunternehmen erzielten Gewinne einkommensteuerlich als Einkünfte aus Gewerbebetrieb nach § 15 Abs. 1 Satz 1 Nr. 1 EStG qualifiziert und nicht auf Ebene des Einzelunternehmens, sondern auf Ebene des Einzelunternehmers, sprich der natürlichen Person, der Besteuerung unterzogen. Die Gewinne werden mit dem individuellen Steuersatz des Einzelunternehmers im Rahmen seiner Einkommensteuerveranlagung besteuert.

Aufgrund des geänderten Besteuerungsverfahrens im Solidaritätszuschlagsgesetz (SolzG) ab dem Jahr 2021 ist zu prüfen, ob der Einzelunternehmer noch einen Solidaritätszuschlag auf seine Einkommensteuerschuld zu entrichten hat. Die Gewinne unterliegen außerdem noch im jeweiligen Veranlagungsjahr der Gewerbesteuer nach § 7 GewStG, da Einkünfte aus Gewerbebetrieb vorliegen. Somit kommt das gleiche Besteuerungsverfahren zum Tragen wie bei den Personengesellschaften.

1.4.1.2 Freiberufler

Bei einem Freiberufler handelt es sich um eine Person, die eine freiberufliche Tätigkeit nach § 18 Abs. 1 Nr. 1 EStG ausübt. Zu einer freiberuflichen Tätigkeit gehören nach § 18 Abs. 1 Nr. 1 EStG eine selbstständig ausgeübte wissenschaftliche, künstlerische, schriftstellerische, unterrichtende oder erzieherische Tätigkeit. Auch die selbstständige Berufstätigkeit von Ärzten, Rechtsanwälten, Ingenieuren, Architekten, Wirtschaftsprüfern und Steuerberatern zählt zur freiberuflichen Tätigkeit.[2]

Wie bei einem Einzelunternehmer übt der Freiberufler in seiner Person eine unternehmerische Tätigkeit eigenständig aus. Dies wird daran deutlich, dass er eine Tätigkeit nachhaltig mit Gewinnerzielungsabsicht selbstständig durchführt und sich am allgemeinen wirtschaftlichen Verkehr beteiligt wie ein Einzelunternehmer. Deshalb trifft die Bezeichnung »Unternehmer« auch auf den Freiberufler zu. Dies wird auch durch § 96 BewG deutlich, in dem freie Berufe den gewerblichen Betrieben gleichgestellt sind.

Ein freiberuflich Tätiger ist kein Kaufmann nach § 1 HGB, da er keinen Gewerbebetrieb unterhält und somit kein Handelsgewerbe betreiben kann. Er ist deshalb nach dem Handelsrecht nicht zur Buchführung und zur Erstellung eines Jahresabschlusses verpflichtet und kann dies auch nicht freiwillig tun, da er die Voraussetzungen des § 141 AO nicht erfüllt. Er wird seine Gewinnermittlung deshalb nach § 4 Abs. 3 EStG mit einer Einnahmen-Überschuss-Rechnung durchführen.[3]

Da ein Freiberufler kein Gewerbe betreibt, unterliegt er nicht der Gewerbesteuer nach § 2 Abs. 1 GewStG. Durch seine freiberufliche Tätigkeit erzielt er Einkünfte aus selbstständiger Arbeit nach § 18 Abs. 1 i. V. m. § 2 Abs. 1 Satz 1 Nr. 3 EStG. Ertragsteuerlich unterliegen die vom Freiberufler erzielten Einkünfte aus selbstständiger Arbeit der Einkommensteuer und werden im Rahmen der Einkommensteuerveranlagung mit seinem persönlichen Steuersatz versteuert. Somit kommt die gleiche Besteuerungssystematik zum Tragen wie bei einem Einzelunternehmer. In Bezug auf den Solidaritätszuschlag gelten die Ausführungen zum Einzelkaufmann oder zur Einzelkauffrau, wie in Kap. 1.4.1.1 dargestellt.

1.4.2 Kapitalgesellschaften

1.4.2.1 Aktiengesellschaft (AG)

Lange Zeit war die Aktiengesellschaft (AG) eine Rechtsform, die ausschließlich für Großunternehmen gewählt wurde. Die GmbH, welche im Kap. 1.4.2.2 behandelt wird, wurde für die anderen Unternehmen gewählt, falls die Beteiligten eine Kapitalgesellschaft als Gesellschaftsform bevorzugt haben wollten.

2 Zu weiteren freiberuflichen Tätigkeiten siehe § 18 Abs. 1 Nr. 1 Satz 2 EStG.
3 Zu den Grundlagen und der Durchführung einer Einnahmen-Überschuss-Rechnung siehe die Ausführungen im Kap. 2.4.8.2.2.

Dies hat sich in der jüngsten Vergangenheit jedoch gewandelt und auch kleinere Unternehmen wählen in der Zwischenzeit die AG als ihre bevorzugte Rechtsform.

Nach § 1 Abs. 1 Aktiengesetz (AktG) ist die AG eine Gesellschaft mit eigener Rechtspersönlichkeit. Bei der AG handelt es sich um eine Körperschaft, die gesetzessystematisch eher an den bürgerlich-rechtlichen Verein als an die Personengesellschaft angelehnt ist. Die AG als juristische Person genießt eine eigene Rechtspersönlichkeit. Daraus folgt, dass sie Trägerin von Rechten, Pflichten und Vermögen ist, klagen und verklagt werden kann.

Der klassische Weg, um eine AG zu gründen, ist die Neugründung nach dem Aktiengesetz. Die §§ 23 ff. AktG regeln die Voraussetzungen und Verfahren der Gründung sehr umfangreich. Dadurch sollen Aktionäre, Gläubiger und die Allgemeinheit vor unseriösen Gründungen geschützt werden. Das AktG kennt heute nur noch die Einheitsgründung, bei der die Gründer sämtliche Aktien zeichnen müssen. Werden die Aktien einem breiten Publikum angeboten, muss sich eine Emissionsbank, eine sogenannte Konsortialbank, an der Gründung beteiligen, die Aktien übernehmen und sie anschließend verkaufen.

Bevor die eigentliche Gründung der AG stattfindet, halten die potenziellen Gründer schriftlich fest, dass sie sich zur gemeinsamen Gründung einer AG verpflichten. Diese Phase zur Gründung einer AG wird als Vorgründungsgesellschaft bezeichnet, und i. d. R. handelt es sich dabei um eine GbR. Im Gründungsstadium hat die Vorgründungsgesellschaft so lange Bestand, bis die Feststellung der Satzung nach § 23 Abs. 1 AktG und die Errichtung durch Übernahme sämtlicher Aktien durch die Gründer nach § 29 AktG stattgefunden hat. Ab diesem Zeitpunkt ist wie bei der GmbH-Gründung die Vorgesellschaft, sprich Vor-AG, entstanden, die nach herrschender Meinung eine körperschaftlich strukturierte Gesellschaft darstellt. Bevor die AG als juristische Person entsteht, muss noch eine Gründungsprüfung nach § 33 AktG durchgeführt sowie das Anmeldeverfahren nach § 36 Abs. 1 AktG und die Eintragung in das Handelsregister durchlaufen werden. Mit der endgültigen Entstehung der AG als juristische Person endet die Vor-AG. Ihre Organisationsstruktur, die Mitgliedschaftsrechte, die an ihr bestehen, und sämtliche Forderungen und Verbindlichkeiten gehen von selbst auf die entstandene AG über.

Nach § 27 i. V. m. § 54 Abs. 2 AktG kann die Gründung selbst als Bar- oder Sachgründung erfolgen. Bei der Bargründung wird das Grundkapital durch die Aktionäre durch Geldeinzahlungen aufgebracht. Bei einer Sachgründung erfolgt die Aufbringung des Grundkapitals durch Sachwerte.

Das Grundkapital der AG, welches bereits bei der Gründung von den Aktionären aufzubringen ist, beträgt nach § 7 AktG mindestens 50.000 Euro. Dabei ist zu beachten, dass nach § 36 Abs. 2 i. V. m. § 36a Abs. 1 AktG die Anmeldung zur Eintragung in das Handelsregister erst erfolgen darf, wenn der eingeforderte Betrag von 25 % des Ausgabepreises auf jede Aktie eingezahlt wurde. Eine Mindestsumme für Einzahlungen, wie es § 7 Abs. 2 GmbHG fordert, ist hingegen für die AG nicht vorgeschrieben.

Ohne die Satzung, welche der notariellen Beurkundung nach § 23 Abs. 1 AktG unterliegt und zugleich einen gesellschaftsrechtlichen Vertrag darstellt, könnte eine AG nicht gegründet werden und auch nicht existieren, denn in dieser Satzung sind alle grundlegenden Bestimmungen und Verordnungen niedergeschrieben, um die AG zu verwalten und zu organisieren.

Zunächst werden zur Feststellung der Satzung eine oder mehrere Personen nach § 2 AktG benötigt, die sich über den Zweck der Gesellschaft und das eingebrachte Kapital einigen müssen. Darüber hinaus wird in der Satzung nach § 23 Abs. 3 AktG die Firma festgelegt, die sowohl aus einem Sachnamen, der sich aus dem Unternehmensgegenstand der Firma ableiten lässt als auch aus dem eigenen Namen eines Gesellschafters oder einem Fantasienamen bestehen kann, wobei immer der Zusatz Aktiengesellschaft oder AG inbegriffen sein muss.

Folgende Beispiele für den Namen der Firma sind denkbar:
- Sachname: Württembergische Metallwarenfabrik AG (WMF AG)
- Name eines Gesellschafters: Farfalle AG
- Fantasiename: E.ON SE

Des Weiteren müssen in der Satzung Aussagen über den Sitz der Aktiengesellschaft getroffen werden.

Die Eintragung in das Handelsregister ist beim jeweils zuständigen Amtsgericht vorzunehmen. Neben dem Namen und Sitz der AG ist auch die Höhe des Grundkapitals, welches in der Satzung festgelegt und einbezahlt worden ist, anzugeben. Dieses Kapital darf nicht mit dem Gesellschaftsvermögen in Verbindung gebracht werden, denn das Grundkapital ist von der Satzung festgelegt und somit ein festgesetzter Geldbetrag. Das Gesellschaftsvermögen hingegen ist nicht festgelegt, sondern bezieht sich auf die wirtschaftliche Lage der Gesellschaft und kann daher Schwankungen unterliegen.

Im Gesellschaftsvertrag ist außerdem der Unternehmensgegenstand zu benennen, der wiederum ins Handelsregister einzutragen ist und genauer beschreibt, worin die Tätigkeit der Unternehmung besteht.

Weiter zu betrachten ist, ob das Grundkapital der Gesellschaft in Nennaktien oder Stückaktien nach § 8 Abs. 1 AktG untergliedert ist. Bei einer Nennaktie wird der Betrag bestimmt, den eine AG für eine Aktie bekommt, wobei der Mindestnennbetrag für eine Aktie gesetzlich vorgeschrieben ist und nach § 8 Abs. 2 AktG 1 Euro beträgt. Bei Stückaktien wird das Grundkapital hingegen in genau gleich große Stücke zerlegt. Die Aktien lauten hier somit nicht auf einen Nennbetrag, sondern werden nach § 8 Abs. 3 AktG in Anteilen am Grundkapital gemessen. Des Weiteren wird nach § 23 Abs. 3 AktG die Zahl der Vorstandsmitglieder bestimmt und geregelt, ob die Aktien auf einen Inhaber oder auf einen Namen ausgestellt werden. Schließlich werden in der Satzung nach § 23 Abs. 4 AktG Aussagen über die Öffentlichkeitsarbeit gemacht, d. h., es werden Wege der Bekanntmachungen festgelegt, die eine AG wählt, um ihre Aktionäre zu erreichen. Dies gilt jedoch nur für freiwillige Bekanntmachungen, welche von Pflichtbekanntmachungen zu unterscheiden sind, die verpflichtend im elektronischen Bundesanzeiger zu veröffentlichen sind.

Der Vorstand einer AG muss nach § 76 Abs. 2 AktG aus einer oder mehreren natürlichen Personen bestehen, wobei es keine Rolle spielt, ob diese Person oder Personen gleichzeitig Aktionäre darstellen oder nicht. Nach § 84 Abs. 1 AktG werden Vorstandsmitglieder auf maximal fünf Jahre bestellt. Dabei sind jedoch mehrere Amtszeiten von weiteren fünf Jahre zulässig. Außerdem kann der Vorstand aus mehreren Mitgliedern bestehen. Die Zahl der Vorstandsmitglieder ist in der Satzung festzulegen und aufgrund dieser Zahl ist der Aufsichtsrat nach § 84 Abs. 2 AktG befähigt, einen Vorstandsvorsitzenden zu wählen. Im Wesentlichen gehört die Leitung der AG zu den Hauptaufgaben des Vorstandes, doch neben diesen Aufgaben ist er für die Erstellung der Abschlüsse sowie der Geschäftsberichte und deren Prüfung verantwortlich. Darüber hinaus hat der Vorstand nach §91 Abs. 2 AktG die Pflicht, ein Risiko-Überwachungssystem, ein sogenanntes Risk Management, im Unternehmen zu implementieren, damit frühzeitig gefährdende Entwicklungen für die Gesellschaft entdeckt werden.

Der Vorstand hat auch eine Rechenschaftspflicht gegenüber dem Aufsichtsrat. Nach §90 Abs. 1 Nr. 1 bis 4 AktG hat der Vorstand an den Aufsichtsrat über Folgendes zu berichten:

- die beabsichtigte Geschäftspolitik und andere grundsätzliche Fragen der Unternehmensplanung (insbesondere die Finanz-, Investitions- und Personalplanung), wobei auf Abweichungen der tatsächlichen Entwicklung von früher berichteten Zielen unter Angabe von Gründen einzugehen ist;
- die Rentabilität der Gesellschaft, insbesondere die Rentabilität des Eigenkapitals;
- den Gang der Geschäfte, insbesondere den Umsatz, und die Lage der Gesellschaft;
- Geschäfte, die für die Rentabilität oder Liquidität der Gesellschaft von erheblicher Bedeutung sein können.

Die Berichte nach §90 Abs. 1 Nr. 1 bis 4 AktG sind nach §90 Abs. 2 Nr. 1 bis 4 AktG an den Aufsichtsrat wie folgt zu erstatten:

- die Berichte nach §90 Abs. 1 Nr. 1 AktG mindestens einmal jährlich, wenn nicht Änderungen der Lage oder neue Fragen eine unverzügliche Berichterstattung gebieten;
- die Berichte nach §90 Abs. 1 Nr. 2 AktG in der Sitzung des Aufsichtsrats, in der über den Jahresabschluss verhandelt wird;
- die Berichte nach §90 Abs. 1 Nr. 3 AktG regelmäßig, mindestens vierteljährlich;
- die Berichte nach §90 Abs. 1 Nr. 4 AktG möglichst so rechtzeitig, dass der Aufsichtsrat vor Vornahme der Geschäfte Gelegenheit hat, zu ihnen Stellung zu nehmen.

Außerdem ist der Vorstand für die Durchführung der Hauptversammlung verantwortlich, die nach §175 Abs. 1 AktG mindestens einmal im Jahr stattzufinden hat.

Eine weitere Verpflichtung des Vorstands ist es, die Gesellschaft nach §78 Abs. 1 AktG gerichtlich und außergerichtlich zu vertreten, wobei hierzu auch andere Bestimmungen in der Satzung festgehalten werden können. Beispielsweise könnte bestimmt werden, dass nur ein Vorstandsmitglied für diese Aufgabe zuständig ist. Wenn ein Vorstandsmitglied eine der erwähnten Pflichten verletzt, kann es vorkommen, dass ein oder mehrere Mitglieder des Vorstands zum Schadensersatz gegenüber der Gesellschaft verpflichtet werden.

Der Aufsichtsrat als Kontrollorgan der AG ist nach §111 Abs. 1 AktG hauptsächlich für die Überwachung und Kontrolle des Vorstands zuständig. Die Zusammensetzung des Aufsichtsrats wird durch die Satzung nach §95 AktG, das Aktiengesetz und durch vorhandene Mitbestimmungsgesetze[4] bestimmt. Das Verhältnis der Vertreter der Anteilseigner und der Arbeitnehmer bestimmen die §§96 bis 99 AktG i.V.m. den Mitbestimmungsgesetzen. Die Frage, nach welchen Vorschriften der Aufsichtsrat konkret zu bilden ist,

4 Siehe hierzu §96 AktG.

ist so schwierig, dass nach den §§97 bis 99 AktG ein eigenes außergerichtliches und gerichtliches Verfahren vorgesehen ist. Als Hinweise für die Zusammensetzung des Aufsichtsrats nach dem Mitbestimmungsrecht kann jedoch Folgendes festgehalten werden:

- Beschäftigt das Unternehmen weniger als 500 Arbeitnehmer, setzt sich der Aufsichtsrat ausschließlich aus Vertretern der Anteilseigner zusammen.
- Ab 500 Arbeitnehmern ist der Aufsichtsrat gemäß den §§76 und 77 Betriebsverfassungsgesetz 1952 zu einem Drittel mit Arbeitnehmervertretern zu besetzen.
- Ab 2.000 Arbeitnehmern gilt das Mitbestimmungsgesetz 1976 mit einer paritätischen Mitbestimmung. Der Aufsichtsrat besteht dann aus einer sich entsprechenden Anzahl von Anteilseigner- und Arbeitnehmervertretern. Hierbei sei angemerkt, dass der Vorsitzende des Aufsichtsrats bei Stimmengleichheit den Ausschlag gibt.

Nach §101 Abs. 1 AktG wird der Aufsichtsrat, soweit es die Vertreter der Anteilseigner betrifft, grundsätzlich durch die Hauptversammlung gewählt. Die Arbeitnehmervertreter werden hingegen von der Belegschaft gewählt. Die Abberufung gewählter Aufsichtsratsmitglieder erfolgt, sofern nicht durch die Satzung anders geregelt, nach §103 Abs. 1 AktG durch Drei-Viertel-Mehrheitsbeschluss der Hauptversammlung.

Durch die Aktionäre auf der Hauptversammlung kann der Aufsichtsrat nach §102 Abs. 1 AktG auf höchstens vier Jahre bestellt werden. Der Aufsichtsrat besteht nach §95 AktG in den meisten Fällen aus mindestens drei Mitgliedern, jedoch kann darüber in der Satzung eine abweichende Regelung getroffen werden. Hierbei ist zu beachten, dass die Zahl der Aufsichtsratsmitglieder immer durch drei teilbar sein muss.

Die maximale Höchstzahl wird dabei aufgrund des eingebrachten Grundkapitals nach §95 AktG festgelegt. Bei einem Grundkapital von bis zu 1,5 Millionen Euro dürfen maximal neun Mitglieder bestellt werden, ab einem Grundkapital von 1,5 Millionen Euro bis zu 15 Personen, und bei einem Grundkapital von mehr als 10 Millionen Euro darf das Gremium die Zahl von 21 Mitgliedern nicht übersteigen.

Bei den Rechten und Pflichten eines Aufsichtsrats lassen sich fünf Hauptaufgaben unterscheiden:

- Bestellung und Abberufung der Vorstandsmitglieder nach §84 Abs. 1 und 3 AktG.
- Vertretung der AG gegenüber Vorstandsmitglieder nach §112 AktG.
- Laufende Überwachung der Geschäftsführung nach §111 Abs. 1 bis 3 AktG. Der Umfang der zu überwachenden Gegenstände lässt sich am besten anhand von §90 AktG konkretisieren. Eine Kontrolle ist nur möglich, wenn der Aufsichtsrat hinreichende Informationen erhält. Über welche Bereiche der Geschäftsführung der Vorstand Bericht zu erstatten hat, regelt §90 AktG. Über diese Bereiche muss sich dann aber grundsätzlich auch die Überwachungsaufgabe des Aufsichtsrats erstrecken.
- Zustimmung zu grundlegenden Geschäftsführungsmaßnahmen nach §111 Abs. 4 AktG, wobei die Zustimmungserfordernisse nicht so weit gefasst sein dürfen, dass die grundsätzliche Leitungsmacht des Vorstands nach §76 Abs. 1 AktG untergraben wird.
- Prüfung des Rechnungswesens nach §171 AktG, Feststellung des Jahresabschlusses nach §172 AktG und Bildung von Gewinnrücklagen nach §58 Abs. 2 AktG.

Nach § 118 Abs. 1 AktG ist die Hauptversammlung bei der AG das Organ, bei dem die Aktionäre zu ihren Rechten kommen, welche im Wesentlichen aus dem Auskunftsrecht und dem Stimmrecht bestehen.

Die Hauptversammlung übernimmt die Bestellung der Aufsichtsratsmitglieder nach § 101 Abs. 1 AktG ebenso wie deren Abberufung nach § 103 Abs. 2 AktG und entscheidet über die Verwendung des erwirtschafteten Bilanzgewinns nach § 119 Abs. 1 Nr. 2 AktG. Die Hauptversammlung hat nach § 119 Abs. 1 Nr. 6 AktG das Recht, bei Satzungsänderungen der AG mitzuwirken und informiert zu werden, und sie darf nach § 119 Abs. 1 Nr. 4 AktG über Entlastungsmöglichkeiten des Aufsichtsrates sowie des Vorstands entscheiden. Zu den Rechten der Aktionäre zählen die Bestellung des Abschlussprüfers nach § 119 Abs. 1 Nr. 5 AktG und die Entscheidung über die Auflösung der Gesellschaft nach § 119 Abs. 1 Nr. 9 AktG. Ein Mitbestimmungsrecht herrscht nach § 119 Abs. 1 Nr. 7 AktG bei der Herab- und Heraufsetzung des Kapitals sowie nach § 119 Abs. 1 Nr. 8 AktG bei der Bestellung von Prüfern, die zur Prüfung von Vorgängen bei der Gründung der AG oder der Unternehmensleitung herangezogen werden. Nach § 119 Abs. 1 Nr. 3 AktG beschließt die Hauptversammlung das Vergütungssystem und den Vergütungsbericht für Mitglieder des Vorstands und des Aufsichtsrats bei einer börsennotierten Gesellschaft.

Die Hauptversammlung kann dem Vorstand keine Vorschriften machen bzw. Anweisungen erteilen, und über Fragen der Geschäftsführung kann die Hauptversammlung nur entscheiden, wenn der Vorstand es nach § 119 Abs. 2 AktG verlangt. Zur Teilnahme an der Hauptversammlung berechtigt sind alle Aktionäre. Nach § 118 Abs. 3 AktG sollen der Vorstand und der Aufsichtsrat an der Hauptversammlung teilnehmen.

Um Beschlüsse in der Hauptversammlung fassen zu können, reicht nach § 133 Abs. 1 AktG die einfache Mehrheit der abgegebenen Stimmen. Das Erfordernis der einfachen Mehrheit kann durch die Satzung wegen § 133 Abs. 1 AktG grundsätzlich nur verschärft, nicht jedoch abgemildert werden. Eine Ausnahme ist jedoch nach § 133 Abs. 2 AktG für Wahlen möglich.

Die Hauptversammlung ist nach § 121 Abs. 1 AktG einzuberufen, wenn es das Gesetz oder die Satzung vorsieht oder wenn es das Wohl der Gesellschaft erfordert. Dabei sind sogenannte ordentliche und außerordentliche Hauptversammlungen zu unterscheiden. Die ordentliche Hauptversammlung findet in den ersten acht Monaten des Geschäftsjahres zwecks Entlastung von Vorstand und Aufsichtsrat nach § 120 Abs. 1 AktG sowie zur Entscheidung über die Gewinnverwendung nach § 174 Abs. 1 AktG statt.

Gründe für die Einberufung einer außerordentlichen Hauptversammlung finden sich insbesondere in den §§ 92 Abs. 1, 121 Abs. 1 und 122 Abs. 1 AktG. Von besonderer Bedeutung sind dabei die außerordentliche Hauptversammlung wegen des Verlustes der Hälfte des Grundkapitals nach § 92 Abs. 1 AktG und aufgrund des Verlangens einer Aktionärsminderheit von 5 % nach § 122 Abs. 1 AktG.

Nach § 121 Abs. 2 AktG ist die Hauptversammlung vom Vorstand einzuberufen. In besonderen Fällen kann sie nach § 111 Abs. 3 AktG auch durch den Aufsichtsrat und nach § 122 Abs. 3 AktG gegebenenfalls auch auf Antrag einer Aktionärsgruppe einberufen werden. Falls ein nicht zuständiges Organ oder Vorstandsmitglied die Hauptversammlung einberuft, sind die dort gefassten Beschlüsse nach § 241 Nr. 1 AktG nichtig.

Bei der Einberufung der Hauptversammlung ist darauf zu achten, dass diese nach § 123 Abs. 1 AktG mindestens 30 Tage vor dem Tag der Versammlung einzuladen ist. Dabei ist den Aktionären nach § 124 AktG die Tagesordnung bekannt zu geben. Falls Tagesordnungspunkte nicht ordnungsgemäß bekannt gemacht worden sind, dürfen darüber nach § 124 Abs. 4 AktG keine Beschlüsse gefasst werden. Mitteilungen für Aktionäre und Aufsichtsratsmitglieder wie auch Anträge und Wahlvorschläge von Aktionären müssen der Hauptversammlung fristgerecht mitgeteilt werden. Grundlage dafür sind die §§ 125 bis 127a AktG.

Die Hauptversammlung wird durch den zu wählenden oder in der Satzung bestimmten Vorsitzenden geleitet. In den meisten Fällen wird dies der Vorsitzende des Aufsichtsrats sein. Der Leiter der Hauptversammlung ist auch für die sachgemäße Erledigung der Geschäfte der Hauptversammlung zuständig und hat die entsprechenden Befugnisse.

Nach § 130 Abs. 1 Satz 1 AktG ist über die Hauptversammlung eine notarielle Niederschrift aufzunehmen. Für nicht börsennotierte Gesellschaften genügt nach § 130 Abs. 1 Satz 3 AktG eine vom Vorsitzenden des Aufsichtsrats unterschriebene Niederschrift, soweit in der Hauptversammlung keine Beschlüsse gefasst werden, für die das Gesetz mindestens eine Dreiviertelmehrheit vorsieht.

Gesellschaftsrechtlich ist eine AG Formkaufmann nach § 6 HGB, da sie eine Kapitalgesellschaft ist. Für die AG gelten deshalb die Regelungen des Handelsgesetzbuches. Für die Rechnungslegung sind somit die Vorschriften ab § 238 HGB anzuwenden. Eine AG ist zur doppelten Buchführung verpflichtet und muss einen Jahresabschluss nach § 264 Abs. 1 HGB aufstellen. Dieser Jahresabschluss besteht aus Bilanz, Gewinn- und Verlustrechnung und Anhang. Eine AG, die nach den Größenkriterien des § 267 HGB als mittelgroße oder große Kapitalgesellschaft einzuordnen ist, muss den Jahresabschluss um einen Lagebericht nach § 289 HGB ergänzen.

Eine kapitalmarktorientierte AG, die nicht zur Aufstellung eines Konzernabschlusses verpflichtet ist, hat nach § 264 Abs. 1 Satz 2 HGB den Jahresabschluss um eine Kapitalflussrechnung und einen Eigenkapitalspiegel zu erweitern. Eine Segmentberichterstattung kann diesen Jahresabschluss erweitern.

In vielen Fällen wird die AG auch Konzernmuttergesellschaft sein. In diesen Fällen müssen die Konzernrechnungslegungsvorschriften ab § 290 HGB beachtet werden. Für den Konzernabschluss bedeutet dies, dass er nach § 297 Abs. 1 Satz 1 HGB aus Konzernbilanz, Konzern-Gewinn- und Verlustrechnung, Konzernanhang, Kapitalflussrechnung und Eigenkapitalspiegel besteht. Er kann um eine Segmentberichterstattung nach § 297 Abs. 1 Satz 2 HGB erweitert werden.

Wie bei allen Kapitalgesellschaften gilt auch bei der AG steuerlich das Trennungsprinzip zwischen Gesellschaft und Aktionär. Das bedeutet, dass die AG, wie die übrigen Kapitalgesellschaften, selbstständiges Steuersubjekt ist und dass nach § 23 Abs. 1 KStG ihre Gewinne mit 15 % Körperschaftsteuer zu besteuern sind. Nach § 4 Satz 1 Solidaritätszuschlagsgesetz (SolzG) muss die AG 5,5 % Solidaritätszuschlag auf die festgesetzte Körperschaftsteuer des Veranlagungszeitraums entrichten. Die Gewinne bei der AG werden steuerlich als Einkünfte aus Gewerbebetrieb qualifiziert und unterliegen deshalb nach § 7 GewStG im jeweiligen Veranlagungsjahr der Gewerbesteuer.

1.4.2.2 Gesellschaft mit beschränkter Haftung (GmbH)

Ziel des Gesetzgebers war es, mit der Einführung der Gesellschaft mit beschränkter Haftung (GmbH) Ende des 18. Jahrhunderts die passende Rechtsform für kleinere und mittelständische Betriebe zu schaffen. Rückblickend hat sie sich im Laufe der Zeit auch tatsächlich zu der am weitesten verbreiteten Form der Kapitalgesellschaft entwickelt.

Gemäß § 13 Abs. 1 GmbHG ist jede GmbH juristische Person und daher selbst Zuordnungssubjekt von Rechten und Pflichten. Zugleich ist jede im Handelsregister eingetragene GmbH nach § 13 Abs. 3 GmbHG i. V. m. § 6 HGB unabhängig von Größe und Geschäftsgegenstand Formkaufmann. Auf die GmbH können daher stets sämtliche für Kaufleute geltende Vorschriften Anwendung finden. Dies ist besonders zu beachten, da eine GmbH anders als eine OHG und KG keineswegs notwendig auf den Betrieb eines Handelsgewerbes gerichtet sein muss. Eine GmbH kann man vielmehr zur Verfolgung jedes gesetzlich zulässigen Zwecks gründen.

Die Entstehung als juristische Person ist bei der GmbH nach § 11 Abs. 1 GmbHG geknüpft an die Eintragung ins Handelsregister. Die Eintragung wiederum erfolgt nur, wenn bestimmte Gründungsvoraussetzungen eingehalten wurden.

Die GmbH benötigt wie jede andere Gesellschaft zur Regelung ihrer Bestimmungen einen eigenen Gesellschaftsvertrag. Bei der GmbH spricht man dabei von einer Satzung.

Eine solche Satzung muss nach § 2 Abs. 1 GmbHG zwingend in notarieller Form verfasst werden. Inhaltlich besteht demgegenüber eine sehr weitgehende Gestaltungsfreiheit. Lediglich der in § 3 Abs. 1 GmbHG vorgeschriebene Mindestinhalt muss in jeder Satzung enthalten sein. Somit unentbehrlich sind Regelungen betreffend die nach den Grundsätzen des § 4 GmbHG zu bildende Firma, den Sitz der Gesellschaft, den Gegenstand ihres Unternehmens, das Stammkapital und die von den einzelnen Gesellschaften auf das Stammkapital zu leistenden Stammeinlagen.

Die GmbH besteht dem Grunde nach aus einer Mehrheit von Personen. Im Normalfall werden an der Gründung einer GmbH mindestens zwei natürliche oder juristische Personen beteiligt sein, die durch den Beschluss über die Satzung eine Vor-GmbH ins Leben rufen. Allerdings bleibt eine GmbH auch dann überlebensfähig, wenn sie nur einen Gesellschafter hat. Um eine derartige Ein-Mann-GmbH zu erreichen, wurden früher zahlreiche Strohmann-Gründungen vorgenommen. Gegründet wurde die Gesellschaft durch zwei Gesellschafter, wobei eine beteiligte Person unverzüglich nach der Gründung aus der Gesellschaft ausschied. Um diesen Umweg entbehrlich zu machen, hat der Gesetzgeber in der Zwischenzeit die Ein-Mann-Gründung in § 1 GmbHG ausdrücklich zugelassen.

Von entscheidender Bedeutung sind im Bereich des GmbH-Rechts vor allem die Regelungen betreffend das Gesellschaftervermögen, welches bei der GmbH als Stammkapital bezeichnet wird. Die Beschränkung der Haftung auf dieses Gesellschaftervermögen macht es im Interesse des Rechtsverkehrs unerlässlich, für eine hinreichende Ausstattung der Gesellschaft mit eigenem Vermögen zu sorgen. Dementsprechend wird durch § 5 Abs. 1 GmbHG ein Mindeststammkapital von 25.000 Euro vorgeschrieben.

Gebildet wird das Stammkapital aus der Summe der von den einzelnen Gesellschaftern zu erbringenden Einlageleistungen, den sogenannten Stammeinlagen nach §5 Abs. 3 GmbHG. Auch für diese Stammeinlagen gelten bestimmte Anforderungen. So darf gemäß §5 Abs. 1 HS. 2 GmbHG keine Stammeinlage kleiner als 100 Euro sein. Gleichzeitig müssen nach §5 Abs. 3 Satz 2 GmbHG alle Stammeinlagen jeweils durch fünfzig geteilt werden können. Schließlich schreibt §5 Abs. 2 GmbHG zwingend vor, dass bei der Gründung einer GmbH kein Gesellschafter mehr als eine Stammeinlage übernehmen darf.

Beispiel

Luigi Farfalle und drei weitere Personen möchten gemeinsam eine GmbH gründen, mit der sie in Zukunft ihren Stuckateurbetrieb betreiben wollen. Das Mindeststammkapital soll 25.000,00 Euro betragen. Luigi Farfalle wird an der zukünftigen Stuckateur-GmbH mit 62,5% beteiligt sein, die weiteren drei Personen mit jeweils 12,5%.

Lösung:
Da nach §5 Abs. 2 GmbHG bei der Gründung einer GmbH jeder Gesellschafter nur eine Stammeinlage übernehmen darf, wird der Wert der Stammeinlage, die Luigi Farfalle bei Gründung übernehmen wird, 15.625,00 Euro betragen. Die weiteren drei Personen werden bei Gründung Stammeinlagen im Wert von je 3.125,00 Euro übernehmen.

Beispiel

Luigi Farfalle und drei weitere Personen möchten gemeinsam eine GmbH gründen, mit der sie in Zukunft ihren Stuckateurbetrieb betreiben wollen. Das Mindeststammkapital soll 25.000,00 Euro betragen. Jeder Gesellschafter soll an der zukünftigen Stuckateur-GmbH zu einem Viertel beteiligt sein.

Lösung:
Da nach §5 Abs. 2 GmbHG bei der Gründung einer GmbH jeder Gesellschafter nur eine Stammeinlage übernehmen darf, wird es bei der Gründung in diesem Fall vier Stammeinlagen zu je 6.250,00 Euro geben. Somit hält jeder der vier Gründungsgesellschafter eine Stammeinlage an der neu gegründeten GmbH in Höhe von 6.250,00 Euro.

Die Stammeinlagen können bei der Gründung in zwei verschiedenen Formen erbracht werden. Entweder erfolgt die Stammeinlage als Bareinlage oder als Sacheinlage. Unproblematisch ist dabei die Bareinlage, da hier einfach der entsprechende Geldbetrag an die Gesellschaft zu zahlen ist. Bei der Erbringung als Sacheinlage drängt sich hingegen immer die Frage nach der Werthaltigkeit der eingebrachten Gegenstände auf. Aus diesem Grund stellt §5 Abs. 4 GmbHG für die Sacheinlagen zusätzliche Anforderungen auf.

Nur die Übernahme von Einlagepflichten durch die Gründungsgesellschafter erschien dem Gesetzgeber noch nicht als ausreichend dafür, dass auch tatsächlich eine hinreichende Ausstattung der Gesellschaft mit verwertbarem eigenen Vermögen gewährleistet ist. Der Gesetzgeber hat demzufolge in §7 Abs. 2 GmbHG verbindlich vorgeschrieben, dass einer zu gründenden Gesellschaft das Stammkapital noch vor ihrer Anmeldung zum Handelsregister in einem bestimmten Mindestumfang zur Verfügung gestellt sein muss. Sacheinlagen müssen nach § 7 Abs. 3 GmbHG schon zu diesem Zeitpunkt vollständig erbracht sein. Für Bareinlagen genügt eine Mindesteinzahlung von einem Viertel, sprich 6.250,00 Euro. Insgesamt muss jedoch bis zur Anmeldung zum Handelsregister nach § 7 Abs. 2 Satz 2 GmbHG bereits ein Stammkapital in Höhe von wenigstens 12.500,00 Euro vorhanden sein.

Beispiel

Luigi Farfalle und seine drei Mitstreiter gründen nun die Stuckateur-GmbH mit einem Mindeststammkapital in Höhe von 25.000,00 Euro. Jeder Gesellschafter soll an der zukünftigen Stuckateur-GmbH zu einem Viertel beteiligt sein. Zwei der zukünftigen Gesellschafter erbringen ihre Stammeinlage als Sacheinlage, die anderen zwei zukünftigen Gesellschafter als Bareinlage.

Lösung:
Nach § 7 Abs. 2 GmbHG muss der zu gründenden Stuckateur-GmbH das Stammkapital noch vor ihrer Anmeldung zum Handelsregister zur Verfügung gestellt werden. Dabei müssen nach § 7 Abs. 3 GmbHG die Sacheinlagen vollständig erbracht werden. Dies bedeutet, dass zwei Gesellschafter ihre Stammeinlagen mit jeweils 6.250,00 Euro erbringen müssen. Für die Bareinlagen genügt nach § 7 Abs. 3 GmbHG eine Mindesteinzahlung in Höhe von einem Viertel. Das bedeutet für die anderen zwei Gesellschafter, dass sie jeweils nur 1.562,50 Euro erbringen müssen. Auch § 7 Abs. 2 Satz 2 GmbHG ist erfüllt, da insgesamt wenigstens 12.500,00 Euro, hier 15.625,00 Euro, erbracht sind.

Beispiel

Luigi Farfalle und seine drei Mitstreiter gründen nun die Stuckateur-GmbH mit einem Mindeststammkapital in Höhe von 25.000,00 Euro. Jeder Gesellschafter soll an der zukünftigen Stuckateur-GmbH zu einem Viertel beteiligt sein. Es wird aber nur ein zukünftiger Gesellschafter seine Stammeinlage als Sacheinlage einbringen, die anderen zukünftigen drei Gesellschafter jeweils als Bareinlage.

Lösung:
Nach § 7 Abs. 2 GmbHG muss der zu gründenden Stuckateur-GmbH das Stammkapital noch vor ihrer Anmeldung zum Handelsregister zur Verfügung gestellt werden. Dabei müssen nach § 7 Abs. 3 GmbHG die Sacheinlagen vollständig erbracht werden. Dies bedeutet in diesem Fall, dass nur ein Gesellschafter eine Stammeinlage mit 6.250,00 Euro erbringen muss. Für die Bareinlagen genügt nach § 7 Abs. 3 GmbHG eine Mindesteinzahlung in Höhe von einem Viertel. Dies würde bedeuten, dass die anderen drei Gesellschafter nur 1.562,50 Euro erbringen müssen. Dies entspricht einem Gesamtbetrag in Höhe von 4.687,50 Euro. In diesem Fall ist aber die Vorschrift des § 7 Abs. 2 Satz 2 GmbHG nicht erfüllt, da insgesamt wenigstens 12.500,00 Euro nicht erbracht sind, hier kommen lediglich 10.937,50 Euro zusammen. § 7 Abs. 2 Satz 2 GmbHG ist nur dann erfüllt, wenn die drei zukünftigen Gesellschafter jeweils mindestens ein Drittel, sprich 2.084,00 Euro, einzahlen. In diesem Fall ist jetzt § 7 Abs. 2 Satz 2 GmbHG erfüllt, da jetzt insgesamt 12.502,00 Euro erbracht sind.

Die Eintragung einer GmbH in das Handelsregister setzt eine ordnungsgemäße Anmeldung i. S. d. §§ 7 und 8 GmbHG voraus. Da diese Anmeldung nach § 8 Abs. 1 Nr. 2 und Abs. 2 bis 5 GmbHG wichtige Angaben betreffend die Geschäftsführer der Gesellschaft zu beinhalten hat, müssen die Geschäftsführer bereits vor der Anmeldung wirksam bestellt sein. Erst bei Vorliegen aller genannten Entstehungsvoraussetzungen, die das Registergericht anhand von § 9c GmbHG prüft, wird die Gesellschaft in das Handelsregister eingetragen.

Angesichts der Vielfalt der von der GmbH einzuhaltenden Entstehungsvoraussetzungen ist es leicht einsichtig, dass sich die Gründung einer solchen Gesellschaft nicht in einem einzigen Akt erledigt. Sie gliedert sich vielmehr in zwei unterschiedliche Phasen.

Zuerst wird die GmbH durch den formgültigen Abschluss des Gesellschaftsvertrages errichtet. Hierbei entsteht eine sogenannte Vorgründungsgesellschaft, bei der es sich regelmäßig um eine GbR handelt, deren Zweck allein auf die Gründung einer GmbH gerichtet ist und daher üblicherweise mit dem notariellen Beschluss über den Gesellschaftsvertrag endet. Besteht ausnahmsweise bereits zu diesem Zeitpunkt der Gesellschaftszweck in dem Betrieb eines Handelsgewerbes i. S. d. § 1 Abs. 2 HGB, so handelt es sich bei der Vorgründungsgesellschaft um eine OHG i. S. d. § 105 HGB.

Mit dem Beschluss des notariellen Gesellschaftsvertrages bzw. mit der notariellen Feststellung der Satzung der GmbH entsteht eine sogenannte Vorgesellschaft, die ihrerseits nach erfolgter Eintragung von der eigentlichen GmbH abgelöst wird. Endgültig entstanden als juristische Person ist die GmbH somit nach § 11 Abs. 1 GmbHG erst nach erfolgter Eintragung in das Handelsregister.

Beispiel

Luigi Farfalle und drei weitere Personen möchten eine Stuckateur-GmbH gründen. Am 04.02.2019 schließen alle vier Beteiligten deshalb einen Gesellschaftsvertrag ab. Am 19.08.2019 erfolgt der notarielle Beschluss des Gesellschaftsvertrages und am 11.12.2019 wird die Stuckateur-GmbH in das Handelsregister eingetragen.

Lösung:
Mit Abschluss des Gesellschaftsvertrages am 04.02.2019 und bis zum 18.08.2019 besteht eine Vorgründungsgesellschaft, bei der es sich in diesem Fall um eine GbR handelt.

Mit Beschluss des notariellen Gesellschaftsvertrages am 19.08.2019 entsteht die Vorgesellschaft. Diese wiederum endet mit der Eintragung der Stuckateur-GmbH in das Handelsregister am 11.12.2019. Durch die erfolgte Eintragung in das Handelsregister ist nach § 11 Abs. 1 GmbHG die Stuckateur-GmbH als juristische Person entstanden.

Nach erfolgter Eintragung in das Handelsregister tritt die GmbH als eigenständige Rechtspersönlichkeit ganz in den Vordergrund. Die hinter der Gesellschaft stehenden Personen verlieren demgegenüber zunehmend an Bedeutung. Begründet die GmbH nach ihrer Eintragung selbst Verbindlichkeiten aus einem Rechtsgeschäft, so stellt sich die Haftungsproblematik weitgehend unkritisch dar.

Für derartige Verbindlichkeiten haftet gemäß § 13 Abs. 2 GmbHG allein die GmbH mit ihrem Gesellschaftsvermögen. Gerade diese Haftungsbeschränkung auf das eingetragene Stammkapital macht schließlich das Wesen der GmbH aus.

Wer mit einer GmbH Geschäfte schließt, muss insoweit wissen, worauf er sich einlässt. Nach alledem kann der Gesetzgeber zum Schutz des Rechtsverkehrs nicht mehr tun, als dafür zu sorgen, dass das eingetragene Stammkapital den Gläubigern auch wirklich zur Verfügung steht. Dementsprechend hat er nicht nur die bereits angesprochenen Regelungen der Kapitalaufbringung, sondern in den §§ 30, 31, 32a und 32b GmbHG zugleich auch Vorschriften zur Kapitalerhaltung eingeführt.

Eine Mithaftung anderer Personen für die von der GmbH selbst begründeten Verbindlichkeiten besteht daneben grundsätzlich nicht. § 11 Abs. 1 GmbHG ist nicht mehr einschlägig, da die GmbH in das Handelsregister eingetragen ist. Somitist ein ein Durchgriff auf das persönliche Vermögen der Gesellschafter nach § 11 Abs. 2 GmbHG nicht möglich.

Die Geschäftsführer können von außenstehenden Dritten in Anspruch genommen werden, jedoch höchstens für eigenes Fehlverhalten. Zu denken ist dabei in erster Linie an Ansprüche aus § 280 Abs. 1 BGB, § 311 Abs. 3 BGB und § 241 Abs. 2 BGB unter dem Gesichtspunkt der Eigenhaftung des Vertreters wegen Inanspruchnahme besonderen persönlichen Vertrauens oder wegen eines unmittelbaren wirtschaftlichen Eigeninteresses. Allein die Tatsache einer maßgeblichen Beteiligung an der Gesellschaft genügt dabei allerdings nicht zur Begründung eines solchen Eigeninteresses. Denkbar bleiben gegen einen sich deliktisch verhaltenden Geschäftsführer immer auch Schadensersatzansprüche aus den §§ 823 ff. BGB.

Gesellschaftsrechtlich ist eine GmbH Formkaufmann nach § 6 HGB, da sie eine Kapitalgesellschaft ist. Für die GmbH gelten deshalb die Regelungen des Handelsgesetzbuches. Für die Rechnungslegung sind somit die Vorschriften ab § 238 HGB anzuwenden. Die GmbH ist zur doppelten Buchführung verpflichtet und muss einen Jahresabschluss nach § 264 Abs. 1 HGB aufstellen. Dieser Jahresabschluss besteht aus Bilanz, Gewinn- und Verlustrechnung und Anhang. Eine GmbH, die nach den Größenkriterien des § 267 HGB als mittelgroße oder große Kapitalgesellschaft einzuordnen ist, muss den Jahresabschluss um einen Lagebericht nach § 289 HGB ergänzen. Für eine kapitalmarktorientierte GmbH gelten die Ausführungen bei der AG sinngemäß.

Da eine GmbH auch Konzernmuttergesellschaft sein kann, müssen in diesem Fall die Konzernrechnungslegungsvorschriften ab § 290 HGB beachtet werden. Für den Konzernabschluss bedeutet dies, dass er nach § 297 Abs. 1 Satz 1 HGB aus der Konzernbilanz, Konzern-Gewinn- und Verlustrechnung, Konzernanhang, Kapitalflussrechnung und Eigenkapitalspiegel besteht. Er kann um eine Segmentberichterstattung nach § 297 Abs. 1 Satz 2 HGB erweitert werden.

Wie bei allen Kapitalgesellschaften gilt auch bei der GmbH steuerlich das Trennungsprinzip zwischen Gesellschaft und Gesellschafter. Das bedeutet, dass die GmbH wie die übrigen Kapitalgesellschaften selbstständiges Steuersubjekt ist und ihre Gewinne mit 15 % Körperschaftsteuer nach § 23 Abs. 1 KStG zu besteuern sind. Nach § 4 Satz 1 SolzG muss die GmbH 5,5 % Solidaritätszuschlag auf die festgesetzte

Körperschaftsteuer des Veranlagungszeitraums entrichten. Die Gewinne bei der GmbH werden steuerlich qualifiziert als Einkünfte aus Gewerbebetrieb und unterliegen deshalb nach § 7 GewStG im jeweiligen Veranlagungsjahr der Gewerbesteuer.

1.4.2.3 Kommanditgesellschaft auf Aktien (KGaA)

Eine Kommanditgesellschaft auf Aktien (KGaA) ist nach § 278 Abs. 1 AktG eine Gesellschaft mit eigener Rechtspersönlichkeit, bei der mindestens ein Gesellschafter den Gesellschaftsgläubigern unbeschränkt für die Verbindlichkeiten der Gesellschaft haftet. Dieser Gesellschafter wird als persönlich haftender Gesellschafter bzw. Komplementär der KGaA bezeichnet. Die übrigen an dem in Aktien zerlegten Grundkapital beteiligten Gesellschafter, die nicht persönlich für die Verbindlichkeiten der Gesellschaft haften, werden als Kommanditaktionäre bezeichnet. Die unbeschränkte Haftung des persönlich haftenden Gesellschafters ist der wesentliche Unterschied zu einer reinen Aktiengesellschaft.

Die Gesetzesvorschriften zur KGaA sind kodifiziert in den §§ 278 bis 290 AktG. Wie eine AG kann auch die KGaA von einer oder mehreren Personen gegründet werden. Nach Beschluss des Bundesgerichtshofs (BGH) ist bei der Gründung einer KGaA auch möglich, dass eine Kapitalgesellschaft persönlich haftender Gesellschafter wird.[5]

Bei einer KGaA verbinden sich personengesellschaftsrechtliche mit aktienrechtlichen Strukturen, was den Umgang mit dieser Rechtsform nicht erleichtert. Dieser Umstand ist sicherlich auch dafür verantwortlich, dass bei der Wahl zur Rechtsform der KGaA eher Zurückhaltung geübt wird. Die Verbindung von personengesellschaftsrechtlichen mit aktienrechtlichen Strukturen wird durch § 278 Abs. 2 und 3 AktG in der Weise deutlich, dass im Verhältnis der persönlich haftenden Gesellschafter untereinander und gegenüber der Gesamtheit der Kommanditaktionäre sowie gegenüber Dritten die Vorschriften des HGB über die Kommanditgesellschaft gelten, wohingegen für alle anderen Bereiche, insbesondere die Bereiche, die die Kommanditaktionäre und die KGaA betreffen, die Gesetzesvorschriften des Aktienrechts zur Anwendung kommen. Nach § 278 Abs. 3 i.V.m § 3 AktG ist die KGaA, wie die reine AG, eine Handelsgesellschaft kraft Rechtsform und somit Kaufmann i. S. d. HGB. Deshalb ist sie buchführungspflichtig nach dem HGB und die §§ 238 ff. HGB gelten für die Rechnungslegung.

Wie bei der reinen Aktiengesellschaft muss auch bei der KGaA das Grundkapital mindestens 50.000 Euro betragen. Nach § 281 Abs. 2 AktG hat der persönlich haftende Gesellschafter die Möglichkeit, Vermögenseinlagen in die Gesellschaft zu tätigen, falls die Satzung der Gesellschaft dies vorsieht. Diese Vermögenseinlagen richten sich grundsätzlich nach dem Personengesellschaftsrecht.

Das durch die Kommanditaktionäre aufzubringende Grundkapital und die von den Komplementären zu erbringenden Vermögenseinlagen bilden zusammen das Gesamtkapital der KGaA. Was hinsichtlich der Unterscheidung der verschiedenen Aktienarten und deren Übertragung bei einer AG gilt, ist über-

5 Siehe hierzu den Beschluss des BGH vom 24.02.1997, II ZB 11/96.

tragbar auf eine KGaA. Deshalb wird hier auf die Ausführungen in Kap. 1.4.2.1 Aktiengesellschaft verwiesen.

Nach § 280 Abs. 1 AktG geschieht die Gründung einer KGaA durch eine notariell beurkundete Feststellung der Satzung. Nach § 280 Abs. 2 Satz 1 AktG müssen alle persönlich haftenden Gesellschafter und nach § 280 Abs. 2 Satz 2 AktG alle Kommanditaktionäre, die Aktien gegen Einlagen übernehmen, sich an der Feststellung der Satzung beteiligen. Gesellschafter, die die Satzung festgestellt haben, sind nach § 280 Abs. 3 AktG die Gründer der Gesellschaft.

Die KGaA hat ähnlich wie eine AG als Organe den Aufsichtsrat und die Hauptversammlung. Die Aufgaben des Vorstands bei einer AG übernehmen die persönlich haftenden Gesellschafter bei einer KGaA. Die auszuführenden Aufgaben sind in § 283 AktG aufgeführt. Nach § 287 Abs. 3 AktG können persönlich haftende Gesellschafter nicht Mitglied des Aufsichtsrates werden. Zu Tätigkeiten und Aufgaben des Aufsichtsrats, der Hauptversammlung und des Vorstands sowie zur Rechnungslegung bei einer KGaA wird auch hier auf die Ausführungen in Kap. 1.4.2.1 Aktiengesellschaft verwiesen.

Steuerlich betrachtet fällt die KGaA unter das Körperschaftsteuerrecht. Sie erzielt Einkünfte aus Gewerbebetrieb nach § 8 Abs. 2 KStG und wird steuerlich genau gleich behandelt wie eine AG oder GmbH.

Beim persönlich haftenden Gesellschafter ist zu unterscheiden, ob es sich um eine Kapitalgesellschaft oder um eine natürliche Person handelt. Falls es sich um eine Kapitalgesellschaft handelt, gelten steuerlich die Ausführungen wie bei der Aktiengesellschaft oder GmbH.

Handelt es sich jedoch um eine natürliche Person, dann erzielt diese nach § 15 Abs. 1 Nr. 3 EStG Einkünfte aus Gewerbebetrieb für Gewinnanteile, soweit sie nicht auf Anteile am Grundkapital entfallen, für Vergütungen, die der persönlich haftende Gesellschafter von der Gesellschaft für seine Tätigkeit im Dienste der Gesellschaft oder für die Hingabe von Darlehen oder für die Überlassung von Wirtschaftsgütern bezogen hat. Seine Einkünfte aus Gewerbebetrieb werden im Rahmen seiner Einkommensteuerveranlagung mit seinem individuellen Steuersatz besteuert. Das Besteuerungsverfahren ist somit identisch mit dem eines Einzelunternehmers.

1.4.2.4 Unternehmergesellschaft (haftungsbeschränkt)

Der Gesetzgeber führte im Jahr 2008 die Unternehmergesellschaft (haftungsbeschränkt) oder UG (haftungsbeschränkt) ein, um in Deutschland ein Gegenmodell zur britischen Rechtsform der Limited zu schaffen.

Die UG (haftungsbeschränkt) ist keine eigenständige Rechtsform, sondern eine Variante bzw. Sonderform der GmbH. Deshalb wird sie auch als »kleine Schwester« der GmbH bezeichnet und basiert auf derselben Rechtsgrundlage wie die GmbH, auf dem GmbH-Gesetz (GmbHG).

Die UG ist wie die GmbH haftungsbeschränkt. Das bedeutet, dass die Gesellschafter ausschließlich mit dem Gesellschaftervermögen und nicht mit ihrem Privatvermögen haften.

Der größte Unterschied zwischen einer UG und einer GmbH und der Vorteil der UG gegenüber der GmbH liegt in der Höhe des Stammkapitals. Eine UG kann bereits ab 1,00 Euro gegründet werden. Das Mindeststammkapital von 1,00 Euro pro Gesellschafter muss zwingend vor der Anmeldung zum Handelsregister auf das Geschäftskonto einbezahlt worden sein. Zu bedenken gilt es hier, dass sich die Kapitalhöhe bei Gründung einer Gesellschaft immer am konkreten Bedarf orientieren sollte, denn eine unzureichende Kapitalausstattung birgt immer auch eine hohe Insolvenzgefahr.

Gegründet werden kann eine UG entweder mit dem sogenannten Musterprotokoll oder einem individuell aufgesetzten Gesellschaftervertrag. Das Musterprotokoll ist eine standardisierte Vorlage und trägt zu einem schnelleren und kostengünstigeren Gründungsprozess bei. Das GmbH-Gesetz enthält dazu zwei Musterprotokolle als Anlage.

Die Gründung mit dem Musterprotokoll ist aber auch mit einigen Einschränkungen verbunden:

- Die Gesellschaft bestellt nur einen Geschäftsführer und besteht aus maximal drei Gesellschaftern.
- Das Geschäftsjahr weicht nicht vom Kalenderjahr ab.
- Für den Gesellschafter gelten nicht die Regelungen des § 181 BGB zu Insichgeschäften.

Wenn von Beginn an Klarheit darüber besteht, dass mehrere Geschäftsführer eingesetzt werden sollen, wird die Gründung mit einer individuellen Satzung sinnvoller sein. Denn während das Musterprotokoll nicht verändert werden darf, können in einer Satzung Regelungen wie Gewinnverteilung, Erbfolge oder Verkaufsrecht individuell vereinbart werden. Deshalb sollte genau überlegt werden, ob der vereinfachte und somit auch günstigere Ablauf einer Gründung mit dem Musterprotokoll in Anspruch genommen werden soll. In der Praxis zeigt sich, dass es sich bei UG-Gründungen im Regelfall um Ein-Personen-Unternehmen handelt. In diesen Fällen wird die Gründung mit dem Musterprotokoll in Bezug auf Kosten und Einfachheit gegenüber der individuellen Satzung die deutlich bessere Alternative sein.

Aufgrund des sehr niedrigen Stammkapitals bei Gründung einer UG dürfen erzielte Gewinne bei der UG nicht in voller Höhe ausgeschüttet werden. 25 % des Gewinns müssen so lange in eine gesetzliche Rücklage eingestellt werden, bis das Mindeststammkapital von 25.000 Euro aufgebracht ist. Eine zeitliche Frist gibt es dafür nicht. Falls die Gesellschaft in einem Geschäftsjahr keine Gewinne erzielt, muss sie auch keinen Betrag in die gesetzliche Rücklage einstellen.

Die Ansparpflicht darf aber nicht dadurch umgangen werden, dass Gewinne verdeckt ausgeschüttet werden, z. B. durch überhöhte Geschäftsführerbezüge. Erhöht die UG ihr Stammkapital auf mindestens 25.000 Euro, so entfällt die jährliche Einstellungspflicht in die gesetzliche Rücklage. Ab diesem Zeitpunkt steht es der Gesellschaft frei, in eine GmbH umzufirmieren oder aber die Bezeichnung UG (haftungsbeschränkt) beizubehalten.

Gesellschaftsrechtlich ist eine UG Formkaufmann nach § 6 HGB, da sie eine Kapitalgesellschaft ist. Deshalb gelten für die UG die Regelungen des Handelsgesetzbuches. Für die Rechnungslegung sind somit die Vorschriften ab § 238 HGB anzuwenden. Die UG ist zur doppelten Buchführung verpflichtet und muss einen Jahresabschluss nach § 264 Abs. 1 HGB aufstellen. Dieser Jahresabschluss besteht aus Bilanz, Gewinn- und Verlustrechnung und Anhang. Falls eine UG unter die Vorschriften der Kleinstkapitalgesellschaften nach § 267a HGB fällt, bestehen Erleichterungen in Bezug auf die Bilanz nach § 266 Abs. 1 Satz 4 HGB, der Gewinn- und Verlustrechnung nach § 275 Abs. 5 HGB und für den Anhang nach § 264 Abs. 1 Satz 5 HGB. Ein Anhang muss nicht erstellt werden, wenn bestimmte Angaben, die § 264 Abs. 1 Satz 5 HGB fordert, unter der Bilanz angegeben werden.

Steuerlich ist die UG zu behandeln wie die anderen Kapitalgesellschaften. Das bedeutet, dass die UG selbstständiges Steuersubjekt ist und ihre Gewinne mit 15 % Körperschaftsteuer nach § 23 Abs. 1 KStG zu besteuern sind. Nach § 4 Satz 1 Solidaritätszuschlagsgesetz (SolzG) muss die UG 5,5 % Solidaritätszuschlag auf die festgesetzte Körperschaftsteuer des Veranlagungszeitraums entrichten. Die Gewinne bei der UG werden steuerlich qualifiziert als Einkünfte aus Gewerbebetrieb und unterliegen deshalb nach § 7 GewStG im jeweiligen Veranlagungsjahr der Gewerbesteuer.

1.4.2.5 Europäische Aktiengesellschaft (SE)

Seit dem 8. Oktober 2004 wird mit der Europäischen Aktiengesellschaft, lateinisch Societas Europaea (SE), Konzernen und Unternehmen der Europäischen Union sowie des Europäischen Wirtschaftsraums eine neue europäische, supranationale Rechtsform zur Verfügung gestellt.

Die Europäische Aktiengesellschaft (vgl. hierzu die Ausführungen bei Schaper (2018), S. 1 ff.) blickt auf eine jahrzehntelange Entwicklungsgeschichte zurück. Ziel war es von Anfang an, eine einheitliche europäische Rechtsform für europaweit tätige Unternehmen zu schaffen, um damit grenzüberschreitende Transaktionen dieser Unternehmen zu erleichtern.

Als Rechtsgrundlage zur Errichtung einer SE hat der Europäische Rat die Verordnung ((EG) Nr. 2157/2001) sowie die ergänzende Richtlinie über das Statut der Europäischen Gesellschaft (Richtlinie 2001/86/EG) erlassen. Die Verordnung und die ergänzende Richtlinie reichen allein als unmittelbar geltendes Recht nicht aus, sondern regeln lediglich den gesellschaftsrechtlichen Rahmen einer SE, den der jeweilige nationale Gesetzgeber weitreichend selbst auszufüllen hat.

Bei der Rechtsform der SE handelt es sich um eine Aktiengesellschaft, die nach Art. 1 Abs. 3 SE-VO über eine eigene Rechtspersönlichkeit verfügt und juristische Person ist. Wie jede AG des nationalen Rechts ist die SE Trägerin von Rechten und Pflichten. Durch die konstitutive Eintragung der SE in das jeweils zuständige Register des Mitgliedstaates erwirbt sie ihre Rechtsfähigkeit. Demnach ist eine SE mit Sitz in Deutschland in das Handelsregister einzutragen. Es bedarf zudem der Bekanntmachung im Bundesanzeiger und im Amtsblatt der Europäischen Union.

Eine SE kann erst in das entsprechende Register eingetragen werden, wenn eine Vereinbarung über die Arbeitnehmerbeteiligung getroffen wurde oder aufgrund erfolglosen Ablaufs der Verhandlungsfrist eine Auffanglösung greift. Die SE-VO sieht daher in Art. 12 Abs. 2 ein Harmonisierungsgebot vor, wonach die Satzung nicht im Widerspruch zu den ausgehandelten Vereinbarungen über die Arbeitnehmerbeteiligung stehen darf. Sollte dies der Fall sein, so ist die Satzung zu ändern. Damit bildet die Beteiligung der Arbeitnehmer einen integrativen Bestandteil der Verfassung einer SE.

Das gezeichnete Kapital ist in Aktien zerlegt und muss sich auf mindestens 120.000 Euro belaufen. Sollten nationale Rechtsvorschriften eines Mitgliedstaates nach Art. 4 Abs. 3 SE-VO ein höheres gezeichnetes Kapital für Aktiengesellschaften vorschreiben, sind die entsprechenden nationalen Bestimmungen anzuwenden. Gegenüber den Gläubigern haftet die SE mit ihrem Gesellschaftsvermögen. Der einzelne Aktionär haftet nur bis zur Höhe des von ihm gezeichneten Kapitals.

Jede SE hat in ihrem Firmennamen zwingend den Zusatz »SE« zu führen. Andere Formulierungen, die zwar die Rechtsform materiell rechtlich korrekt beschreiben, wie beispielsweise »Europäische Aktiengesellschaft« in der jeweiligen Landessprache oder »Societas Europaea« ausgeschrieben, sind als Firmenzusatz unzulässig. Ebenso werden umgangssprachliche Bezeichnungen wie »Europäische Gesellschaft«, »Europa-SAG« oder »Europäische AG« als illegitim gewertet. Beispiele für eine korrekte Firmenbezeichnung sind Allianz SE, SAP SE, BASF SE oder E.ON SE.

Als vertragliche Basis liegt der Europäischen Aktiengesellschaft eine Satzung in Schriftform zugrunde, die durch notarielle Beurkundung festzustellen ist.

Die maßgebliche Rechtsgrundlage für die SE ist die Verordnung (EG) Nr. 2157/2001 des Rates der Europäischen Union vom 08.10.2001 über das Statut der Europäischen Aktiengesellschaft (SE-VO), die in allen Mitgliedstaaten allgemein, verbindlich und unmittelbar gilt. Durch die Bestimmungen der SE-VO erhalten alle vereinigten Unternehmensteile einer SE einen einheitlichen rechtlichen Rahmen.

Ebenso bedeutsam ist die Richtlinie (2001/86/EG) des Rates vom 08.10.2001 zur Ergänzung des Statuts der Europäischen Gesellschaft (SE-RL) hinsichtlich der Beteiligung der Arbeitnehmer. Nach einer Übergangsfrist von drei Jahren sind die Verordnung (SE-VO) und die ergänzende Richtlinie (SE-RL) am 08.10.2004 in Kraft getreten.

Die SE-VO weist eine Vielzahl an Verweisungsvorschriften bzw. Wahlrechten und Regelungsaufträgen auf, die der nationale Gesetzgeber umzusetzen hat. Darüber hinaus haben die Mitgliedstaaten die SE-RIL in nationales Recht umzusetzen. Die daraus resultierende Normenvielfalt lässt sich in einer Rechtsquellenpyramide systematisieren. Die SE unterliegt zunächst den Bestimmungen der Verordnung selbst. Sofern es die Verordnung ausdrücklich zulässt, finden die Bestimmungen der Satzung Anwendung. Damit gilt also der Grundsatz der Satzungsstrenge. Bestimmte Bereiche werden aber durch die SE-VO nicht oder nur teilweise geregelt. Für diese Bereiche verweist die SE-VO auf nationale Rechtsvorschriften, die die Mitgliedstaaten speziell für die Rechtsform der SE erlassen haben. So wurde beispielsweise die SE mit dem »Gesetz zur Einführung der Europäischen Gesellschaft (SEEG)« im deutschen Recht realisiert.

Das SEEG besteht aus zwei Teilen, und zwar aus dem
- SE-Ausführungsgesetz (SEAG), und dem
- SE-Beteiligungsgesetz (SEBG).

Das SE-Ausführungsgesetz (SEAG) regelt im Wesentlichen die gesellschaftsrechtlichen Fragestellungen der SE. Das SE-Beteiligungsgesetz (SEBG) setzt die Vorschriften der SE-RL um und vervollständigt die gesellschaftsrechtlichen Regelungen der SE im Hinblick auf die Arbeitnehmerbeteiligung.

Auf der vorletzten Stufe der Rechtsquellenpyramide finden die Rechtsvorschriften Anwendung, die auf eine nach dem Recht des Sitzstaates der SE gegründete AG Anwendung finden würden. Abschließend sind die Satzungsbestimmungen der SE zu berücksichtigen, die nach dem nationalen Aktienrecht des Sitzstaates der SE vorgegeben sind. Eine SE wird vorbehaltlich der Bestimmungen der SE-VO in dem Mitgliedstaat, in dem sie gegründet wurde, wie eine nationale AG behandelt. Abbildung 3 zeigt die Rechtsquellenpyramide.

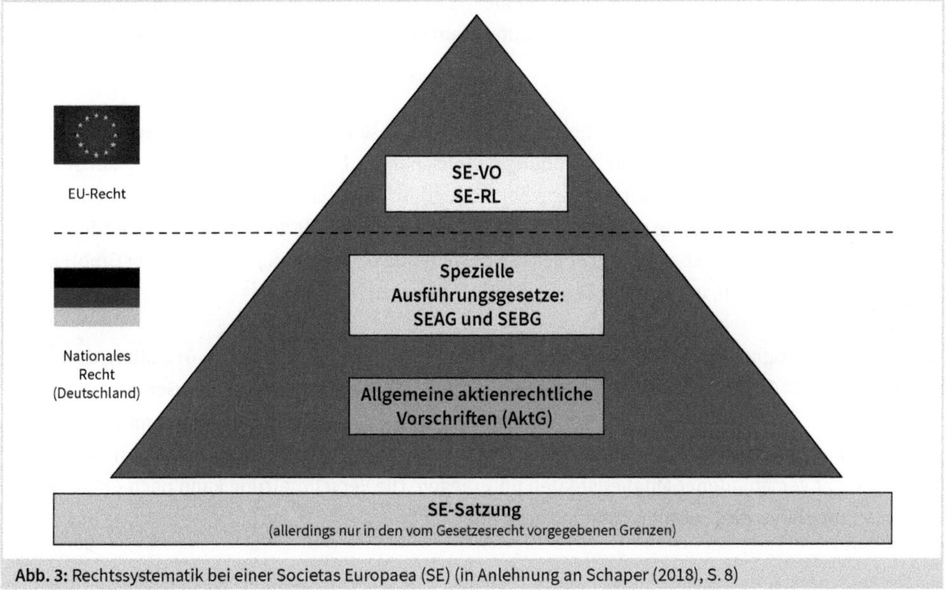

Abb. 3: Rechtssystematik bei einer Societas Europaea (SE) (in Anlehnung an Schaper (2018), S. 8)

Für die Gründung einer SE sieht die SE-Verordnung (SE-VO) in Art. 2 Abs. 1 bis 4 vier primäre Gründungsformen vor.

Im Einzelnen sind dies die Gründungsformen:

- grenzüberschreitende Verschmelzung (Fusion) (Art. 2 Abs. 1 SE-VO),
- Gründung einer Holding-SE (Art. 2 Abs. 2 SE-VO),
- Gründung einer Tochter-SE (Art. 2 Abs. 3 SE-VO),
- Formwechsel (Umwandlung) (Art. 2 Abs. 4 SE-VO).

Man spricht in diesem Zusammenhang vom »Numerus clausus der Gründungsformen«, da nur diese Gründungsalternativen in der SE-VO vorgesehen sind.

Im Rahmen der Gründung sieht die SE-VO für alle Gründungsalternativen Zugangsbeschränkungen vor, durch die Unternehmen und Konzerne gezwungen sind, bestimmte Richtlinien einzuhalten.

Grundlegend für die Gründung einer SE ist gemäß Art. 7 SE-VO, dass der Sitz der SE in der Europäischen Gemeinschaft liegen muss, und zwar in jenem Mitgliedstaat, in dem auch die Hauptverwaltung der SE ist. Darüber hinaus kann jeder Mitgliedstaat festlegen, dass eine in seinem Hoheitsgebiet eingetragene SE Sitz und Hauptverwaltung am selben Ort haben muss. Nach einer Gründung ist die Sitzverlegung in einen anderen Mitgliedstaat möglich, ohne dass die Verlegung zur Auflösung der SE führt oder die Gründung einer neuen Kapitalgesellschaft notwendig wird.

Ein weiteres wichtiges Kriterium zur Gründung einer SE ist das Mehrstaatlichkeitsprinzip. Dieses besagt, dass mindestens zwei der Gründungsgesellschaften dem Recht verschiedener Mitgliedstaaten der Europäischen Gemeinschaft unterliegen müssen.

Eine SE kann grundsätzlich nur durch bereits bestehende Gesellschaften gegründet werden. Dies geschieht durch Umstrukturierung der Gründungsgesellschaften. Die Neugründung einer SE ist damit ausgeschlossen. Zudem kann die Gründung einer SE nur durch juristische Personen und nicht durch natürliche Personen erfolgen. Eine natürliche Person kann sich nur als Mitgründer an der Gründung einer Tochter-SE beteiligen oder aber auf Umwegen die bestehende Gesellschaft in eine AG oder GmbH nationalen Rechts umwandeln, um anschließend eine SE gründen zu können.

Eine Gründungsmöglichkeit ist die Gründung einer SE durch Verschmelzung. Die Gründung durch Verschmelzung ist die Gründungsform, die in der SE-VO am ausführlichsten geregelt ist. Gemäß Art. 2 Abs. 1 SE-VO kann eine SE durch grenzüberschreitende Verschmelzung entstehen. Allerdings muss es sich bei den Gründungsgesellschaften um Aktiengesellschaften handeln und mindestens zwei von ihnen müssen dem Recht verschiedener Mitgliedstaaten unterliegen. Die Verschmelzung kann nach Art. 17 Abs. 2 SE-VO zur Aufnahme oder zur Neugründung erfolgen.

Bei der Verschmelzung zur Aufnahme nach Art. 17 Abs. 2 lit. a) SE-VO geht im Wege der Gesamtrechtsnachfolge das gesamte Aktiv- und Passivvermögen des übertragenden Rechtsträgers auf den übernehmenden Rechtsträger über. Die Aktionäre des übertragenden Rechtsträgers werden Aktionäre des aufnehmenden Rechtsträgers. Anschließend erlischt die übertragende Gesellschaft und die aufnehmende Gesellschaft nimmt die Rechtsform der SE an. Abbildung 4 soll die Verschmelzung zur Aufnahme verdeutlichen.

Die Italy SpA (italienische Aktiengesellschaft) wird grenzüberschreitend (upstream) auf ihre deutsche Muttergesellschaft, die X-AG, verschmolzen. Durch die Verschmelzung gehen die Aktiva und Passiva der Italy SpA im Wege der Gesamtrechtsnachfolge auf die X-AG über und die X-AG wird im Zuge der Verschmelzung in eine SE umgewandelt. Nach der Verschmelzung erlischt die Italy SpA.

Bei der Verschmelzung zur Neugründung nach Art. 17 Abs. 2 lit. b) SE-VO übertragen die beteiligten Rechtsträger ihr gesamtes Aktiv- und Passivvermögen im Zuge des Gründungsvorgangs auf den neu entstandenen Rechtsträger, die SE. Mit Wirksam-Werden der SE erlöschen die beteiligten Rechtsträger. Die Aktionäre der beteiligten Rechtsträger halten nach dem Verschmelzungsvorgang die Aktien der neu entstandenen SE.

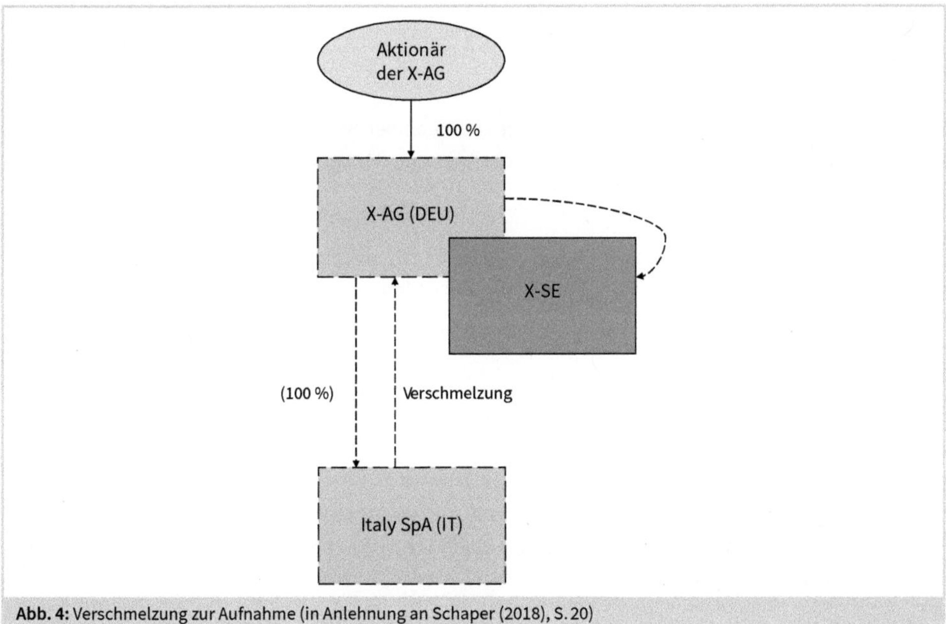

Abb. 4: Verschmelzung zur Aufnahme (in Anlehnung an Schaper (2018), S. 20)

Die nachfolgende Abbildung 5 verdeutlicht die Verschmelzung zur Neugründung.

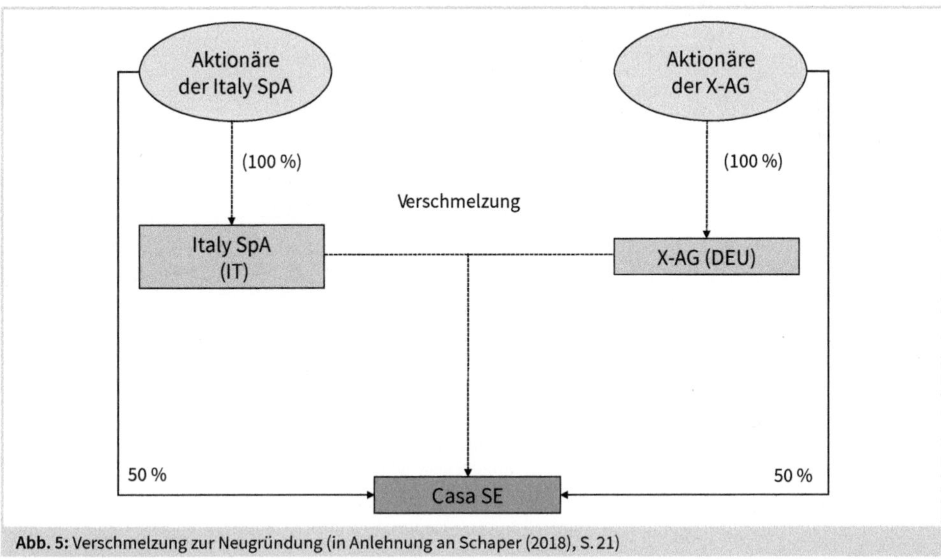

Abb. 5: Verschmelzung zur Neugründung (in Anlehnung an Schaper (2018), S. 21)

Die Italy SpA (italienische Aktiengesellschaft) und die deutsche X-AG werden miteinander verschmolzen. Durch die grenzüberschreitende SE-Verschmelzung gehen die Aktiva und Passiva der Italy SpA und der

X-AG im Wege der Gesamtrechtsnachfolge jeweils auf die neu entstandene Casa SE über. Die Italy SpA und die X-AG gehen somit rechtlich unter.

Das vorliegende Beispiel geht davon aus, dass die Unternehmenswerte der Italy SpA und der X-AG identisch sind und die Aktionäre der beiden Gesellschaften nach der Verschmelzung zu jeweils 50% an der neu entstandenen Casa SE beteiligt sind.

Eine weitere Möglichkeit, eine SE zu gründen, ist gemäß Art. 2 Abs. 2 SE-VO die Gründung einer SE-Holding. Anders als bei der Verschmelzung kommen bei der Gründung einer SE-Holding neben Aktiengesellschaften auch Gesellschaften mit beschränkter Haftung (GmbH) infrage.

Neben den allgemeinen Vorschriften ist zu beachten, dass mindestens zwei der Gründungsgesellschaften dem Recht verschiedener Mitgliedstaaten unterliegen oder aber seit mindestens zwei Jahren eine Tochtergesellschaft oder Zweigniederlassung in einem anderen EU-Mitgliedstaat existiert.

Durch die Möglichkeit der Gründung einer Holding-SE wird ein im deutschen Recht bislang nicht bekanntes Gründungsverfahren eingeführt, wonach zwei oder mehrere nationale Gesellschaften eine europäische Muttergesellschaft gründen können.

Bei dieser Gründungsmöglichkeit bringen die Gründungsgesellschaften mehr als 50% ihrer Anteile im Wege einer Sachgründung in die SE-Holding ein. Gesellschafter, die bei der Gründung der SE ihre Anteile einbringen, erhalten im Gegenzug Anteile der SE. Die SE setzt sich als beherrschende Muttergesellschaft der beteiligten Gründungsgesellschaften an die Spitze.

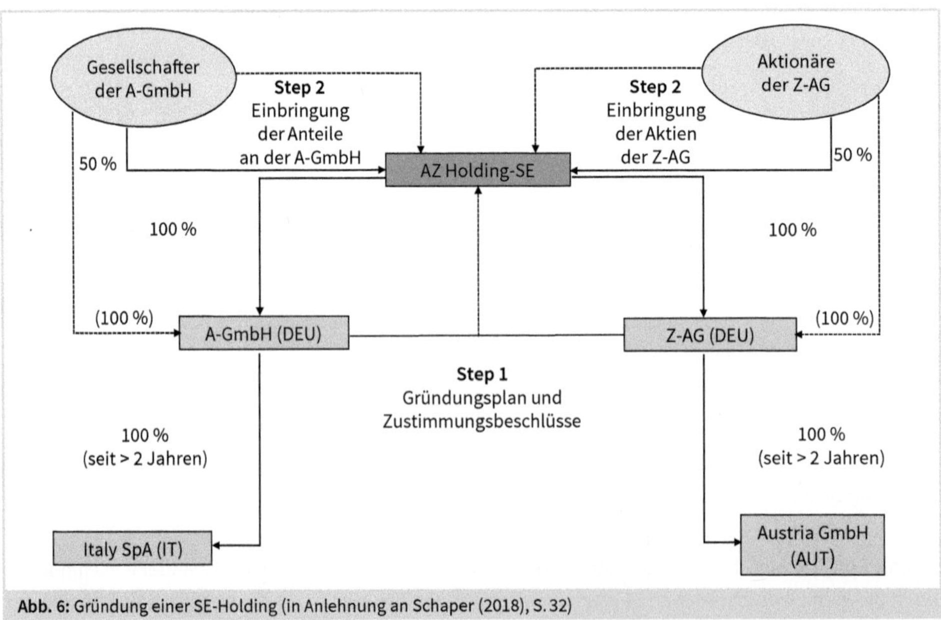

Abb. 6: Gründung einer SE-Holding (in Anlehnung an Schaper (2018), S. 32)

Anders als bei der Verschmelzung bleiben die beteiligten Gründungsgesellschaften als Tochtergesellschaften der neu entstandenen SE-Holding erhalten. Nach Gründung der SE-Holding unterliegen die abhängigen Untergesellschaften weiterhin dem jeweiligen nationalen Recht. Zentrale Entscheidungen werden aber in Zukunft auf Ebene der SE-Holding gefällt. Abbildung 6 soll die Gründung einer SE-Holding verdeutlichen.

Die deutsche A-GmbH und die ebenfalls deutsche Z-AG verfügen jeweils seit über zwei Jahren über eine 100%ige Tochtergesellschaft in einem anderen Mitgliedstaat.

- Step 1: Die A-GmbH und die Z-AG erstellen einen Gründungsplan und die Gesellschafterversammlung der A-GmbH sowie die Hauptversammlung der Z-AG stimmen dem Gründungsplan zu.
- Step 2: Die Gesellschafter der A-GmbH und die Aktionäre der Z-AG bringen ihre Anteile bzw. Aktien in die Holding-SE ein und erhalten im Gegenzug Aktien der AZ Holding-SE. Hierdurch werden die A-GmbH und die Z-AG zu Tochtergesellschaften der AZ Holding-SE und die Gesellschafter der A-GmbH und die Aktionäre der Z-AG werden zu Aktionären der AZ Holding-SE.

Das vorliegende Beispiel geht davon aus, dass die Unternehmenswerte der A-GmbH und der Z-AG identisch sind und die Gesellschafter der A-GmbH sowie die Aktionäre der Z-AG zu jeweils 50% an der AZ Holding-SE beteiligt sein werden.

Eine SE kann gemäß Art. 2 Abs. 3 SE-VO auch in Form einer gemeinsamen Tochtergesellschaft gegründet werden. Eine Besonderheit bei dieser Gründungsalternative ist, dass neben der Rechtsform der AG nach Art. 48 Abs. 2 SE-VO des Vertrags zur Gründung der Europäischen Gemeinschaft (EGV) auch Personengesellschaften wie KG, GmbH & Co. KG, OHG, GbR, Partnergesellschaften und juristische Personen des öffentlichen und privaten Rechts eines Mitgliedstaates (GmbH, KGaA, Genossenschaften, GmbH & Co. KGaA) eine Europäische Aktiengesellschaft gründen können. Auch die zweite europäische Rechtsform neben der SE, die Europäische Wirtschaftliche Interessenvereinigung (EWIV), kommt als potenzielle Gründungsgesellschaft infrage.

Die Gründung einer Tochter-SE setzt die Beachtung der allgemeinen Gründungsvorschriften voraus. Neben den allgemeinen Gründungsvorschriften ist zu beachten, dass mindestens zwei der Gründungsgesellschaften dem Recht verschiedener Mitgliedstaaten unterliegen müssen oder zwei von ihnen seit mindestens zwei Jahren eine Zweigniederlassung oder Tochtergesellschaft in einem anderen Mitgliedstaat unterhalten müssen, die dem dortigen Recht unterliegt. Somit entspricht das Mehrstaatlichkeitserfordernis dem der Holding-Gründung.

Die SE-VO selbst enthält für diese Gründungsvariante keine genauen Angaben. Sie sieht für diese Gründungsvariante lediglich eine Regelung in Art. 36 SE-VO vor. Diese Regelung verweist für den Gründungsvorgang einer SE als Tochtergesellschaft auf die Gründungsvorschriften des jeweiligen nationalen Rechts. Generell verläuft die Gründung einer Tochter-SE in der Form, dass die Gründungsgesellschaften Teile ihres Vermögens in die zu gründende Tochter-SE einbringen und dafür entsprechende Anteile an der SE erhalten. Abbildung 7 verdeutlicht die Gründung einer Tochter-SE.

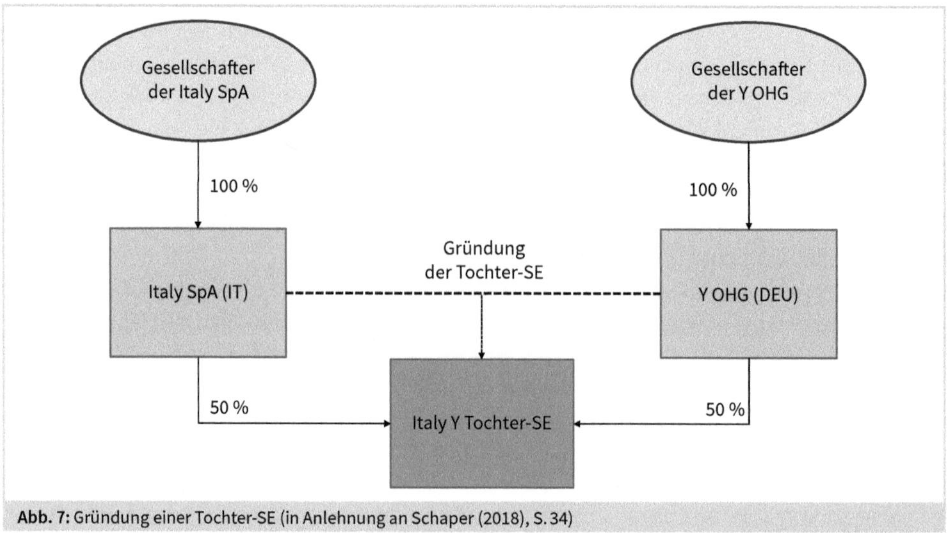

Abb. 7: Gründung einer Tochter-SE (in Anlehnung an Schaper (2018), S. 34)

Die Italy SpA (italienische Aktiengesellschaft) und die deutsche Y OHG gründen die Italy-Y-Tochter-SE, an der sie jeweils zu 50 % beteiligt sind. Der Sitz der Italy-Y-Tochter-SE liegt in Italien.

Die letzte Möglichkeit, eine Europäische Aktiengesellschaft zu gründen, ist nach Art. 2 Abs. 4 SE-VO eine formwechselnde Umwandlung.

Die Gründung einer SE durch Umwandlung bietet einer Gesellschaft die einzige Möglichkeit, alleine, also ohne das Mitwirken anderer Gesellschaften, eine SE zu errichten. Lediglich Aktiengesellschaften, die seit mindestens zwei Jahren eine dem Recht eines anderen Mitgliedstaates unterliegende Tochtergesellschaft haben, können eine formwechselnde Umwandlung vornehmen. Im Gegensatz zur Gründung einer Tochter-SE oder Holding-SE reicht eine Zweigniederlassung hier nicht aus.

Die Umwandlung der AG in eine SE hat nach Art. 37 Abs. 2 SE-VO weder die Auflösung der bisherigen Gesellschaft noch die Gründung einer neuen juristischen Person zur Folge. Die umzuwandelnde AG wechselt nur ihr Rechtskleid, während ihre rechtliche Identität bestehen bleibt. Es kommt daher weder zu einer Übertragung von Vermögen noch zu einer Übertragung von Gesellschaftsanteilen.

Im Rahmen der formwechselnden Umwandlung darf der Sitz der Gesellschaft nach Art. 37 Abs. 3 SE-VO nicht in einen anderen Mitgliedstaat verlegt werden, sondern muss im ursprünglichen Sitzstaat verbleiben. Allerdings kann eine spätere Sitzverlegung nach Art. 8 SE-VO nach vollzogenem Formwechsel von den Aktionären beschlossen werden.

Durch die formwechselnde Umwandlung der AG in eine SE ergibt sich keine Änderung bei der Anteilsstruktur. Die bisherigen Aktionäre der AG sind jetzt die Aktionäre der SE. Abbildung 8 soll die formwechselnde Umwandlung in eine SE verdeutlichen.

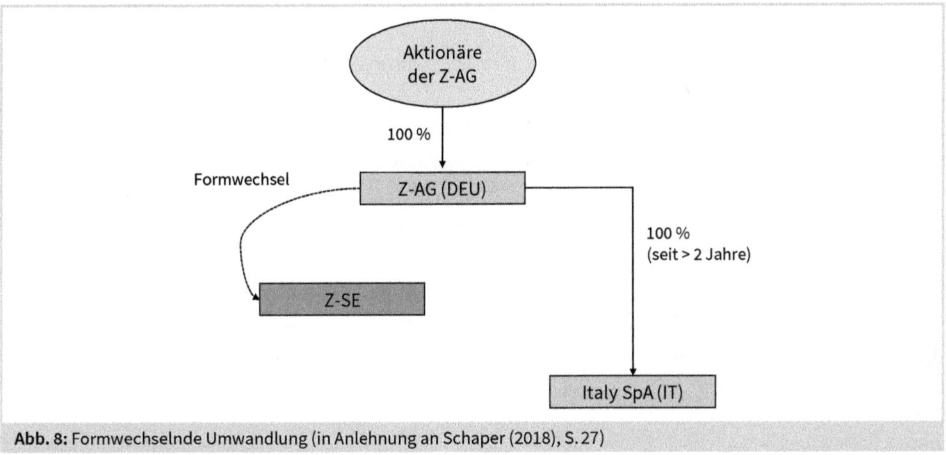

Abb. 8: Formwechselnde Umwandlung (in Anlehnung an Schaper (2018), S. 27)

Die deutsche Z-AG hält seit über zwei Jahren 100 % der Anteile an ihrer italienischen Tochtergesellschaft, der Italy SpA (italienische Aktiengesellschaft), und wird durch Formwechsel in die Z-SE umgewandelt. Der Sitz der Z-SE liegt, wie bereits der Sitz der Z-AG, in Deutschland.

Gesellschaftsrechtlich ist eine SE Formkaufmann nach § 6 HGB, da sie eine Kapitalgesellschaft ist. Für die SE gelten deshalb die Regelungen des Handelsgesetzbuches. Für die Rechnungslegung sind somit die Vorschriften ab § 238 HGB anzuwenden. Die SE ist zur doppelten Buchführung verpflichtet und muss einen Jahresabschluss nach § 264 Abs. 1 HGB aufstellen. Dieser Jahresabschluss besteht aus Bilanz, Gewinn- und Verlustrechnung und Anhang. Mittelgroße und große SE nach § 267 HGB müssen den Jahresabschluss um einen Lagebericht nach § 289 HGB ergänzen.

Da es sich bei der SE auch um einen Konzern handeln kann, müssen die Konzernrechnungslegungsvorschriften ab § 290 HGB beachtet werden. Für den Konzernabschluss bedeutet dies, dass er nach § 297 Abs. 1 Satz 1 HGB aus der Konzernbilanz, Konzern-Gewinn- und Verlustrechnung, Konzernanhang, Kapitalflussrechnung und Eigenkapitalspiegel besteht. Er kann um eine Segmentberichterstattung nach § 297 Abs. 1 Satz 2 HGB erweitert werden.

Steuerlich ist die SE zu behandeln wie die übrigen Kapitalgesellschaften. Das bedeutet, dass die SE selbstständiges Steuersubjekt ist und ihre Gewinne mit 15 % Körperschaftsteuer nach § 23 Abs. 1 KStG zu besteuern sind. Nach § 4 Satz 1 SolzG muss die SE 5,5 % Solidaritätszuschlag auf die festgesetzte Körperschaftsteuer des Veranlagungszeitraums entrichten. Die Gewinne bei der SE werden steuerlich qualifiziert als Einkünfte aus Gewerbebetrieb und unterliegen deshalb nach § 7 GewStG im jeweiligen Veranlagungsjahr der Gewerbesteuer.

1.4.3 GmbH & Co. KG

Bei der GmbH & Co. KG handelt es sich um eine Mischform aus den Rechtsformen GmbH und Kommanditgesellschaft. Sie wird als eine Sonderform der Kommanditgesellschaft angesehen und gehört deshalb zu den Personengesellschaften. Im Ergebnis verbirgt sich somit hinter einer GmbH & Co. KG nichts anderes als eine KG, an welcher eine GmbH als Gesellschafterin beteiligt ist.

Dass die GmbH & Co KG eine Personengesellschaft ist, wird anhand der letzten beiden Buchstaben »KG« begründet. Die GmbH & Co. KG ist eine KG, deren einer Gesellschafter eine GmbH ist und die daneben noch weitere Gesellschafter, im Normalfall ausschließlich Kommanditisten, hat. Auch eine GmbH & Co. OHG wäre rechtlich möglich, kommt aber in der Praxis so gut wie nie vor.

Die Beliebtheit der Konstruktion der GmbH & Co. KG beruht auf der Möglichkeit, eine Personengesellschaft zu gründen, ohne dass eine einzige natürliche Person die unbeschränkte Haftung übernehmen muss. Als Komplementär dient eine GmbH und die an ihr beteiligten Personen haften lediglich mit ihrer Beteiligung am Stammkapital. Alle übrigen Gesellschafter werden Kommanditisten und haften als solche nur mit ihrer Kommanditeinlage. Gleichzeitig ist die für die Kapitalgesellschaften charakteristische Kontinuität gewahrt. Anders als eine natürliche Person als Komplementär stirbt die GmbH nicht, außer sie würde in die Insolvenz gehen. Die GmbH & Co. KG verbindet somit die Vorteile einer GmbH und einer KG.

Der gleiche Effekt würde sich auch bei einer AG & Co. KG einstellen, indem sich anstatt einer GmbH eine Aktiengesellschaft beteiligt. Auch diese Gesellschaftsform hat bisher kaum praktische Bedeutung. Der Vorteil einer AG & Co. KG liegt vor allem an der Weisungsunabhängigkeit des AG-Vorstands, der nicht von den Gesellschaftern, sprich den Aktionären, sondern vom Aufsichtsrat bestellt wird.

Damit eine GmbH & Co. KG gegründet werden kann, benötigt man mindestens zwei Personen, und zwar mindestens einen persönlich haftenden Gesellschafter und einen Teilhaber. Im ersten Schritt gründet der oder gründen die Gesellschafter eine GmbH. Damit im Gründungsstadium im Hinblick auf die Haftungsbeschränkung keine Fehler unterlaufen, sollte unbedingt darauf geachtet werden, dass die GmbH im Handelsregister eingetragen wurde, bevor die GmbH & Co. KG gegründet wird. Ist die GmbH im Handelsregister eingetragen, kann die GmbH & Co. KG gegründet werden.

Zwingend erforderlich für die Gründung der GmbH sind ein notariell beurkundeter Gesellschaftsvertrag und eine Satzung. Das Stammkapital der GmbH muss mindestens 25.000 Euro betragen, wobei grundsätzlich auch Sachwerte möglich sind.

Wie die GmbH wird auch die GmbH & Co. KG in das Handelsregister eingetragen. Ab dem Zeitpunkt der Eintragung in das Handelsregister tritt die volle Haftungsbeschränkung für die Kommanditisten in Kraft. Wichtig zu beachten ist, dass die GmbH & Co. KG schon vor ihrer Handelsregistereintragung geschäftsfähig ist. Die Folge daraus ist, dass in diesem Stadium bis zur Eintragung in das Handelsregister die Kommanditisten auch mit ihrem Privatvermögen haften.

Die Errichtung einer GmbH & Co. KG kann zum Betrieb eines neuen Handelsgewerbes erfolgen. Dann werden zwei Gesellschaftsverträge abgeschlossen, der einer GmbH und der einer KG. Häufig ist auch der Fall der Umwandlung des Geschäftes eines Einzelkaufmanns in eine GmbH & Co. KG. Dabei handelt es sich meist nicht um eine Umwandlung nach den Vorschriften des Umwandlungsgesetzes, sondern um einen Sachverhalt, der im nachfolgenden Beispiel erläutert wird.

Beispiel

Luigi Farfalle betreibt einen Stuckateurbetrieb in der Rechtsform des Einzelkaufmanns. Da Luigi Farfalle in Zukunft auch seinen Sohn im Stuckateurbetrieb gleichberechtigt einbinden möchte, kommt ihm der Gedanke, dies im Rahmen einer GmbH & Co. KG umzusetzen.

Lösung:
Die Umwandlung in eine GmbH & Co. KG ist wie folgt vorzunehmen: Der bisherige Einzelkaufmann Luigi Farfalle gründet eine GmbH und nimmt diese in sein Geschäft als weiteren Gesellschafter auf, wodurch für eine »juristische Sekunde« eine OHG entsteht. In dieser »juristischen Sekunde« scheidet er als persönlich haftender Gesellschafter sofort wieder aus und tritt als Kommanditist wieder ein, wodurch die Gesellschaft zur GmbH & Co. KG wird. Sein Sohn kann anschließend als Kommanditist in die GmbH & Co. KG aufgenommen werden und hat die gleiche Gesellschafterstellung wie Luigi Farfalle.

Aus Haftungsgesichtspunkten ist zu berücksichtigen, dass Luigi Farfalle als bisheriger Einzelkaufmann nach § 28 Abs. 3 HGB für Verbindlichkeiten aus seinem bisherigen Einzelunternehmen nur noch fünf Jahre haftet, nachdem der Wechsel der Gesellschafterstellung in das Handelsregister eingetragen wurde.

Für den Gesellschaftervertrag der KG ist zu beachten, dass die Beteiligung der GmbH am Gesellschaftsvermögen und am Gewinn und Verlust der KG sachgerecht zu regeln ist. Im Regelfall leistet die GmbH in der KG nur eine kleine Kapitaleinlage. Im Gesellschaftsvertrag der KG kann auch bestimmt werden, dass sie überhaupt keine Einlage zu leisten hat und nur die Aufgabe der Geschäftsführung übernehmen muss.

Sinnvoll ist die Aufnahme der Bestimmung im Gesellschaftsvertrag, dass die GmbH nicht am Verlust der KG beteiligt ist. Wenn sich nämlich vor allem in der ersten Zeit nach der Gründung größere Verluste ergeben, besteht die Gefahr einer Überschuldung und der Insolvenz der GmbH. Hat die KG in einem solchen Fall nur einen einzigen Kommanditisten, so ist das fatal, weil die KG beendet ist, wenn ihr vorletzter Gesellschafter, die Komplementär-GmbH, im Handelsregister als vermögenslos gelöscht wird. Denn es gibt keine Ein-Mann-Personengesellschaft.

Des Weiteren ist festzuhalten, dass sich zum Gesellschaftsvertrag einer »normalen« KG keine Unterschiede ergeben. Soll der Gesellschafterbestand der GmbH und der KG stets gleich gehalten werden, so müssen in beide Gesellschafterverträge, vor allem aber in den der GmbH, Bestimmungen aufgenommen werden, die dieses sicherstellen. In einer solchen personengleichen GmbH & Co. KG kann das Stimmrecht der GmbH im Gesellschaftsvertrag wirksam ausgeschlossen werden.

Im Rechtsverkehr nach außen vertreten wird die GmbH & Co. KG gemäß § 161 Abs. 2 i. V. m. § 125 HGB durch ihre Komplementäre. Ist einziger Komplementär eine GmbH, so ist zur organschaftlichen Vertretung der KG eben diese GmbH berufen. Da jedoch die GmbH als solche wiederum nach außen grundsätzlich nur durch ihre Vertretungsorgane, also die Geschäftsführer, handeln kann, treten im Rechtsverkehr für die KG praktisch die Geschäftsführer der GmbH auf. Es handelt sich dabei nicht um eine unmittelbare organschaftliche Vertretung der KG durch die Person des GmbH-Geschäftsführers, sondern um eine zweistufige Vertretung, bei der der Geschäftsführer der GmbH die KG nur mittelbar, gleichsam durch die GmbH hindurch, vertritt.

Erst diese Zweistufigkeit der Vertretungsverhältnisse ermöglicht es vom praktischen Ergebnis her, einen Kommanditisten trotz der zwingenden Vorschrift des § 170 HGB mit der Befugnis zur umfassenden Vertretung der KG auszustatten. § 170 HGB verbietet nämlich nur die unmittelbare organschaftliche Vertretung durch den Kommanditisten, nicht aber sein Tätigwerden als Organ einer Komplementär-GmbH. Auf demselben Weg gelangt man schließlich mittelbar auch zur Zulässigkeit einer Fremdorganschaft im Bereich der KG. Nur die unmittelbaren Vertretungsorgane von Personengesellschaften müssen sich nämlich aus dem Gesellschafterkreis selbst rekrutieren.

Die Firmenbezeichnung bei einer GmbH & Co. KG kann relativ frei gewählt werden. Zu beachten sind dabei jedoch zwei Erfordernisse:

- Wenn die KG und die GmbH ihren Sitz am gleichen Ort haben, was die Gesellschafter der Einfachheit halber normalerweise wünschen, müssen sie sich nach § 30 HGB in ihrer Firma unterscheiden.
- Es muss nach § 19 HGB ein Hinweis auf die Haftungsverhältnisse (GmbH & Co.) und die Angabe der Rechtsform (KG) enthalten sein.

Da die GmbH normalerweise nicht am Rechtsverkehr teilnimmt, wird man ihr einen beliebigen, notfalls einen Fantasienamen geben und die GmbH & Co. KG, die die Geschäfte macht, mit dem gewünschten Firmennamen ausstatten.

Gründet beispielsweise Luigi Farfalle mit seinen Geschäftspartnern einen Stuckateurbetrieb, der »Stuckateurbetrieb Farfalle GmbH & Co. KG« heißen soll, kann die GmbH entweder »Farfalle GmbH« oder »Strahlender Weißer Stuckateur GmbH« heißen. Die Firma »Stuckateurbetrieb Farfalle GmbH« wäre jedoch durch § 30 HGB verboten.

Da die GmbH & Co. KG im Grunde eine KG ist, gelten auch für ihre Besteuerung die gleichen steuerlichen Grundsätze wie für die KG. Nur für die Gewinne, die die GmbH als Komplementärin macht, gelten die Vorschriften über die Besteuerung der GmbH. Die Gewinne unterliegen der Körperschaftsteuer mit einem Steuersatz in Höhe von 15 % nach § 23 Abs. 1 KStG.

Bei der Gewinnverteilung empfiehlt es sich, dass die KG der Komplementär-GmbH ohne Rücksicht auf die Höhe des Gewinns die Gehälter für ihre Arbeitnehmer, vor allem das des Geschäftsführers, zu erstatten hat. Darüber hinaus ist es aus steuerlichen Gründen erforderlich, ihr einen angemessenen Anteil am Jahresgewinn zuzubilligen, der dem Haftungsrisiko, dem Aufwand für die Geschäftsführung und, falls vereinbart, der Kapitalbeteiligung entspricht. Falls dieser zugebilligte Anteil zu gering bemessen wird, besteht steuerlich die Gefahr, dass die Finanzverwaltung eine sogenannte verdeckte Gewinnausschüttung annehmen wird, wenn, wie es in der Praxis üblich der Fall ist, Kommanditisten und GmbH-Gesellschafter identisch sind.

In Bezug auf die Rechnungslegung ist zu beachten, dass für die Komplementär-GmbH die Ausführungen in Kap. 1.4.2.2 zur GmbH gelten. Nach § 161 Abs. 1 HGB betreibt die KG ein Handelsgewerbe[6], weshalb sie nach § 1 Abs. 1 HGB Kaufmann nach dem HGB ist. Sie ist deshalb zur doppelten Buchführung verpflichtet und muss wie der Einzelkaufmann für die Rechnungslegung die §§ 238 bis 263 HGB anwenden.[7]

1.5 Sonstige Gesellschaften

Unter die sonstigen Gesellschaften fallen bei der Einteilung der Gesellschaftsformen die **Stiftungen**, **Genossenschaften** und der **Versicherungsverein auf Gegenseitigkeit (VVaG)**.

Bei einer **Stiftung** handelt es sich um eine juristische Person, die im Gegensatz zu anderen juristischen Personen keine Gesellschafter oder Mitglieder hat. Wie andere Gesellschaften ist auch eine Stiftung auf Dauer angelegt und stellt eine Zusammenfassung von Vermögen dar, welches einem bestimmten Stiftungszweck dienen muss.

Die relevanten gesetzlichen Vorschriften eine Stiftung betreffend finden sich in den §§ 80 bis 88 BGB. Die §§ 14 und 51 ff. Abgabenordnung (AO), das Körperschaftsteuer- und Einkommensteuergesetz ebenso wie die für Stiftungen betreffenden Landesgesetze der verschiedenen Bundesländer sind bei der Betreibung einer Stiftung zu beachten.

Stiftungen können in privatrechtlicher oder öffentlich-rechtlicher Form gegründet werden. Unter einer privatrechtlichen Stiftung wird eine Stiftung des bürgerlichen Rechts verstanden. Sie tritt in der Praxis oft als Familienstiftung, Unternehmens- oder Beteiligungsstiftung auf. Eine privatrechtliche Stiftung kann aber auch dem Gemeinwohl dienen und als gemeinnützige Stiftung steuerbegünstigte Zwecke verfolgen. Bei öffentlich-rechtlichen Stiftungen handelt es sich in den meisten Fällen um staatliche, kommunale oder kirchliche Stiftungen, die nach eigenen Rechtsvorschriften von staatlichen Hoheitsträgern oder der Kirche errichtet und verwaltet werden. Privatrechtliche wie öffentlich-rechtliche Stiftungen sind selbstständige Stiftungen i. S. d. Stiftungsrechts mit einer eigenen Rechtspersönlichkeit.

Das Leitbild aller Stiftungen ist die in den §§ 80 ff. BGB geregelte rechtsfähige Stiftung des bürgerlichen Rechts. Eine rechtsfähige Stiftung des bürgerlichen Rechts kann sowohl private Interessen verfolgen als auch dem Gemeinwohl dienen. Zur Unterscheidung von privaten und öffentlichen Stiftungen bürgerlichen Rechts dient das Kriterium der »Privatnützigkeit«.

Unter einer Privatstiftung werden solche Stiftungen verstanden, deren Zweck ausschließlich einem begrenzten Personenkreis, z. B. einer Familie oder einem Unternehmen, dient. Öffentliche Stiftungen begünstigen hingegen die Allgemeinheit, beispielsweise im Bereich Religion, Wohltätigkeit oder Kunst. Auch die Unterstützung der Forschung und Wissenschaft an Hochschulen und Universitäten ist ein häu-

6 Siehe zur KG die Ausführungen in Kap. 1.2.

7 Siehe zur Rechnungslegung die Ausführungen beim Einzelkaufmann in Kap. 1.4.1.1.

figer Stiftungszweck öffentlicher Stiftungen des bürgerlichen Rechts. Die Gemeinnützigkeit und somit die Steuerbefreiung einer öffentlichen Stiftung des bürgerlichen Rechts regelt die Abgabenordnung in § 52 AO.

Die in der Praxis am häufigsten vorkommende Privatstiftung ist die Familienstiftung. Sie verfolgt in besonderem Maße die Interessen einer Familie oder eines Familienstammes. Ihr Zweck und somit ihr Nutzen richtet sich deshalb an den Interessen der Beteiligten aus. Der Grund für die Gründung einer Familienstiftung liegt in den meisten Fällen darin, dass eine Teilung von Familienvermögen durch dessen Einbringung in eine Stiftung verhindert werden soll.

In Bezug auf die Rechnungslegung gilt für Stiftungen nach § 86 i. V. m. § 259 Abs. 1 BGB und § 260 Abs. 1 BGB, dass sie eine geordnete Zusammenstellung von Einnahmen und Ausgaben sowie Belege und ein Verzeichnis über den vorliegenden Bestand an Vermögensgegenständen vorzulegen haben. Welches Buchführungssystem bei einer Stiftung verwendet wird, Einnahmen-Überschuss-Rechnung oder doppelte Buchführung, hängt von entsprechenden Gesetzesgrundlagen und von der Größe einer Stiftung ab. Auch kann in der Satzung einer Stiftung geregelt sein, welche Art von Rechnungslegung angewendet werden muss. So kann die Satzung die Erstellung eines handelsrechtlichen Jahresabschlusses verlangen bzw. sich mit einer Einnahmen-Überschuss-Rechnung begnügen.

Für Stiftungen gelten die Rechnungslegungsvorschriften für Kaufleute nach den §§ 238 bis 263 HGB, wenn die Stiftung einen Gewerbebetrieb unterhält und dessen Gegenstand oder Art oder Umfang nach § 1 HGB, § 2 HGB, § 33 Abs. 1 HGB die Eintragung in das Handelsregister erfordert. In diesem Fall wird die Stiftung ihren Erfolg auf der Basis einer doppelten Buchführung ermitteln. Falls eine Stiftung unter das Publizitätsgesetz (PublG) fällt, müssen die ergänzenden Rechnungslegungsvorschriften für Kapitalgesellschaften nach den §§ 294 bis 335 HGB beachtet werden. Nach § 3 Abs. 1 Nr. 4 PublG ist dies dann der Fall, wenn es sich um eine rechtsfähige Stiftung des bürgerlichen Rechts handelt und diese ein Gewerbe i. S. d. § 1 HGB oder § 2 HGB betreibt.

Steuerrechtlich gilt es zu prüfen, ob sich nach § 140 AO oder § 141 AO für die Stiftung eine gesetzliche Verpflichtung zur doppelten Buchführung ergibt. Falls sich diese Verpflichtung nicht bereits aus § 140 AO ergibt, kann sich bei Überschreitung der Grenzen des § 141 AO die Verpflichtung zur doppelten Buchführung ergeben.

In Bezug auf die Besteuerung ihres Einkommens fällt eine privatrechtliche Stiftung nach § 1 Abs. 1 Nr. 5 KStG unter das Körperschaftsteuergesetz und wird letztendlich in gleicher Weise besteuert wie eine Kapitalgesellschaft. Nach § 2 Abs. 3 GewStG fällt eine privatrechtliche Stiftung unter die Gewerbesteuer und muss deshalb ihren erzielten Gewinn ebenso wie die Kapitalgesellschaft der Gewerbesteuer unterwerfen.

Der ursprüngliche Grundgedanke einer **Genossenschaft** war der Zusammenschluss vieler Personen zum Schutz für den Einzelnen, da mehrere zusammen für die Verpflichtungen des Einzelnen einstanden. Diese unmittelbare Haftung wurde später in eine subsidiäre verwandelt, wodurch der Einzelne weiterhin gegen Schicksalsschläge geschützt war (vgl. Schmidt 1949, S. 1 ff.).

Nach § 1 Genossenschaftsgesetz (GenG) ist eine Genossenschaft der Zusammenschluss einer nicht abschließenden Zahl von Mitgliedern, der im Wesentlichen der Förderung des Erwerbs oder der Wirtschaft seiner Mitglieder dient. Beispiele sind Kredit-, Einkaufs-, Verkaufs-, Konsum-, Verwertungs-, Nutzungs-, Bau-, Wohnungs- oder Siedlungsgenossenschaften.

Der wesentliche Unterschied zu einem Verein liegt darin, dass eine Genossenschaft vom Hauptzweck ausgehend wirtschaftlich orientiert ist. Ein Verein verfolgt demgegenüber fast ausschließlich nur ideelle Zwecke.

Damit eine Genossenschaft voll rechtsfähig ist, muss sie nach § 10 Abs. 1 GenG in das Genossenschaftsregister eingetragen werden, in dessen Bezirk die Genossenschaft ihren Sitz hat.

Nach § 17 Abs. 1 GenG handelt es sich bei einer Genossenschaft um eine juristische Person, die nach § 17 Abs. 2 GenG Kaufmann i. S. d. Handelsgesetzbuches ist. Genossenschaften sind somit zur doppelten Buchführung verpflichtet und müssen für die Rechnungslegung die Vorschriften für alle Kaufleute nach den §§ 238 bis 263 HGB anwenden. Darüber hinaus müssen sie die ergänzenden Vorschriften für eingetragene Genossenschaften nach den §§ 336 bis 339 HGB beachten. Dabei wird deutlich, dass nach § 336 Abs. 1 Satz 1 HGB der Jahresabschluss einer Genossenschaft aus den gleichen Bestandteilen besteht wie der einer großen bzw. mittelgroßen Kapitalgesellschaft, und zwar aus Bilanz, Gewinn- und Verlustrechnung und Anhang. Auch muss eine Genossenschaft ihren Jahresabschluss nach § 336 Abs. 1 Satz 1 HS. 2 HGB um einen Lagebericht ergänzen, wie dies große und mittelgroße Kapitalgesellschaften nach § 264 Abs. 1 Satz 1 HS. 2 HGB machen müssen. In § 336 Abs. 2 HGB wird konkret auf die Anwendung der ergänzenden Vorschriften für Kapitalgesellschaften nach § 264 ff. HGB verwiesen. Somit müssen die dort aufgeführten Rechnungslegungsvorschriften bei Genossenschaften angewendet werden.

Bei einem **Versicherungsverein auf Gegenseitigkeit (VVaG)** handelt es sich um eine besondere Rechtsform, die nur für ein Versicherungsunternehmen gilt.

Charakteristisch für den VVaG ist nach § 176 Satz 2 Versicherungsaufsichtsgesetz (VAG), dass die Versicherungsnehmer gleichzeitig Mitglieder des Vereins sind. Das bedeutet, dass der Versicherungsnehmer zwingend mit dem Verein ein Versicherungsverhältnis begründen muss. Soweit die Satzung des VVaG nichts anderes bestimmt, endet nach § 176 Satz 3 VAG die Mitgliedschaft, wenn das Versicherungsverhältnis aufgelöst wird.

Aufgrund des vorliegenden besonderen Charakteristikum handelt es sich bei einem VVaG nicht um eine Rechtsform eines Unternehmens, vielmehr ähnelt der rechtliche Status des VVaG dem einer Körperschaft des öffentlichen Rechts. Der eigentliche Vorteil liegt darin, dass die erzielten Gewinne im Verein verbleiben, da es keine Fremdgesellschafter zu bedienen gilt.

Nach § 172 Satz 2 VAG gelten für die Rechnungslegung, analog zu derjenigen der Kapitalgesellschaften, die allgemeinen Vorschriften für Kaufleute nach den §§ 238 bis 263 HGB sowie die ergänzenden Vorschriften für Kapitalgesellschaften nach den §§ 264 bis 335c HGB. Des Weiteren müssen die ergänzenden Vorschriften für Versicherungsunternehmen und Pensionsfonds nach den §§ 341 bis 341p HGB beachtet werden. Da nach § 172 Satz 2 VAG für die Rechnungslegung die allgemeinen Vorschriften für Kaufleute gelten, ist der VVaG zur doppelten Buchführung verpflichtet.

Da es sich bei einer Genossenschaft ebenso wie bei einem VVaG um eine juristische Person handelt, fallen beide Rechtsformen mit ihren erzielten Einkommen unter das Körperschaftsteuergesetz nach § 1 Abs. 1 Nr. 2 und Nr. 3 KStG. Da die beiden Rechtsformen einen Gewerbebetrieb unterhalten, unterliegen sie, wie jede Kapitalgesellschaft auch, mit ihren erzielten Einkünften der Gewerbesteuerpflicht. Die Gewerbesteuerpflicht ergibt sich für die Genossenschaft und den VVaG aus § 2 Abs. 2 Satz 1 GewStG.

2 Kaufmannseigenschaft und Buchführungspflicht

2.1 Grundlagen der unternehmerischen Tätigkeit

2.1.1 Kaufmann nach dem Handelsrecht

2.1.1.1 Bestimmung des Begriffs »Gewerbe«

Um nach der Bestimmung der Rechtsformwahl abklären zu können, welche Art von Buchführung – einfache oder doppelte – ein Unternehmen machen muss, ist als Weiteres zu prüfen, ob die Kaufmannseigenschaft nach dem Handelsgesetzbuch (HGB) gegeben ist.

Wer Kaufmann nach dem HGB ist, findet sich in § 1 Abs. 1 HGB. Die Gesetzesvorschrift lautet wie folgt: »Kaufmann im Sinne dieses Gesetzbuchs ist, wer ein Handelsgewerbe betreibt.«

§ 1 Abs. 1 HGB lässt somit den Schluss zu, dass ein Kaufmann i. S. d. HGB nur sein kann, wer ein Handelsgewerbe betreibt. Um jedoch sagen zu können, dass ein Handelsgewerbe vorliegt, muss zuerst geklärt werden, was ein »Gewerbe« ist.

Das HGB hat auf die Einführung einer Legaldefinition des Begriffs »Gewerbe« verzichtet. Da dieser Begriff im Rahmen unterschiedlicher Gesetze (Einkommensteuergesetz (EStG), Gewerbesteuergesetz (GewStG), Gewerbeordnung (GewO)) unter Berücksichtigung des jeweiligen Gesetzeszwecks auszulegen ist, gibt es keinen einheitlichen Gewerbebegriff. Der Begriff des Gewerbes ist vielmehr geprägt von seiner historischen Entwicklung und dem allgemeinen Sprachgebrauch der Kaufleute. Aus der geschichtlichen und sprachlichen Entwicklung haben Rechtsprechung und Literatur unter Berücksichtigung der gesetzgeberischen Intentionen einen Gewerbebegriff des Handelsrechts geprägt. Dieser unterliegt aufgrund der kontinuierlichen Gesetzesänderungen auch heute noch Wandlungen.

Nach den von Rechtsprechung und Literatur entwickelten Kriterien erfordert der Betrieb eines Gewerbes im Handelsrecht

- eine erkennbare, auf Dauer angelegte und planmäßig betriebene,
- selbstständige und
- auf Gewinnerzielungsabsicht ausgerichtete
- Tätigkeit am Markt,
- die nicht freiberuflich, wissenschaftlich oder künstlerischer Natur ist.

Auch die Verfolgung ideeller Zwecke ohne Gewinnerzielungsabsicht und die bloße Verwaltung des eigenen Vermögens stellt kein Gewerbe im handelsrechtlichen Sinne dar.

Um klären zu können, ob die geforderten Kriterien im jeweiligen Fall gegeben sind, werden sie im Folgenden kurz erläutert.

Erkennbare auf Dauer angelegte und planmäßig betriebene Tätigkeit
Eine auf Dauer angelegte und planmäßige Tätigkeit betreibt jemand, wenn er für Dritte erkennbar gleichartige Geschäfte planmäßig und in von vornherein auf Wiederholung gerichteter Absicht tätigt. Wiederholte Gelegenheitsgeschäfte führen nicht zum Betrieb eines Gewerbes. Unterbrechungen, wie z. B. bei einem Saisonbetrieb oder einer nur auf einen bestimmten Zeitraum angelegten Tätigkeit, schaden dem Vorliegen eines Gewerbes nicht.

Beispiel

Der gelegentliche Verkauf von privaten Gebrauchsgegenständen auf einem Flohmarkt oder im Internet führt nicht zum Betrieb eines Gewerbes.

Beispiel

Der Betrieb einer Eisdiele im Sommer oder eines Skiverleihs immer in den gleichen Ladenlokalen oder eine auf Dauer (z. B. 3 Monate) angelegte Bilderausstellung schaden dem Vorliegen eines Gewerbes nicht.

Selbstständige Tätigkeit
Die Selbstständigkeit einer Tätigkeit ist gegeben, wenn die Tätigkeit

- in eigenem Namen und
- auf eigene Rechnung ausgeführt wird und
- unabhängig von Vorgaben Dritter ist.

Ein Selbstständiger trägt auch persönlich das Risiko des von ihm eingesetzten Kapitals, kann seine Arbeitszeit bzw. seinen Arbeitseinsatz selbst bestimmen, kann Mitarbeitende einstellen und entlassen und ist vor allem nicht weisungsgebunden.

Beispiel

Gabriela Brettone wird Franchisenehmer des »BodyShop LUNA«. Ist sie jetzt selbstständig i. S. d. Gewerbebegriffs?

Lösung:
Nach der Legaldefinition in § 84 Abs. 1 Satz 2 HGB sind die rechtliche und wirtschaftliche Freiheit maßgeblich bei der Beurteilung. Neben den klassischen Kriterien der persönlichen Unabhängigkeit nach § 84 Abs. 1 Satz 2 HGB wird bei einer Selbstständigkeit vermehrt auf die eigenständige Nutzung unternehmerischer Chancen abgestellt. Da Gabriela Brettone gemäß § 84 Abs. 1 Satz 2 HGB ihre Tätigkeit im Wesentlichen frei gestalten und ihre Arbeitszeit bestimmen kann und die unternehmerischen Chancen gegeben sind, erfüllt die Franchisetätigkeit die Kriterien der selbstständigen Tätigkeit i. S. d. Gewerbebegriffs.

Gewinnerzielungsabsicht

Gewinnerzielungsabsicht bedeutet nicht, dass in jedem Geschäftsjahr Gewinn erzielt werden muss, die reine Absicht genügt. Dies gilt vor allem in der Gründungsphase eines Unternehmens. Denn beispielsweise durch hohe Investitionen und wegen (noch) fehlender Marktetablierung kann es neuen Unternehmen anfangs schwerfallen, Gewinne zu erzielen. Eine zielgerichtete Tätigkeit sollte jedoch erkennbar sein, bei der auf Dauer die Betriebseinnahmen größer sind als die Betriebsausgaben. Sonst könnte es schnell geschehen, dass die Tätigkeit in den Bereich der Liebhaberei fällt.

Tätigkeit am Markt

Einen Gewerbetrieb kann jemand nur betreiben, wenn er auch am Markt tätig ist. Dieses Kriterium ist dann erfüllt, wenn Waren und Dienstleistungen Abnehmern in einer unbestimmten Anzahl angeboten werden. Die Verwaltung des eigenen Vermögens oder eine Tätigkeit, die ausschließlich im Privatbereich ausgeübt wird, genügt daher nicht.

Beispiel

Der kaufmännische Angestellte Sparrer spekuliert mit seinem Privatvermögen an den Kapitalmärkten. Da es sich hierbei um eine private Börsenspekulation handelt, die im Privatbereich verbleibt und somit keine Tätigkeit am Markt darstellt, liegt hier kein Gewerbebetrieb vor.

Beispiel

Der Hobby-Briefmarkensammler Silvio Brettone versucht, seine Sammlung zu komplettieren, um sie anschließend mit Gewinn verkaufen zu können.

Lösung:

Da eine Tätigkeit am Markt begrifflich eine nach außen erkennbare Teilnahme voraussetzt, liegt hier kein Gewerbe vor.

Auch eine reine Holdinggesellschaft kann kein Gewerbebetrieb sein, da sie für den eigenen Konzern, nicht aber am Markt tätig ist.

In der Gewerbeordnung (GewO) werden die Ausnahmen genauer spezifiziert. Die Gewerbeordnung nach § 6 Abs. 1 GewO findet keine Anwendung auf folgende Tätigkeiten, was dann den Schluss zulässt, dass auch kein Gewerbebetrieb vorliegt:

- die Fischerei,
- die Errichtung und Verlegung von Apotheken,
- die Erziehung von Kindern gegen Entgelt,
- das Unterrichtswesen,
- die Tätigkeit der Rechtsanwälte und Notare, Rechtsbeistände, Wirtschaftsprüfer und Wirtschaftsprüfergesellschaften, Steuerberater und Steuerberatergesellschaften sowie Steuerbevollmächtigte,
- einen Gewerbebetrieb der Auswandererberater,

- die Befugnis zum Halten öffentlicher Fähren, Seelotswesen, Rechtsverhältnisse der Kapitäne und der Besatzungsmitglieder auf Seeschiffen und
- die Verwaltung eigenen Vermögens.

Eingeschränkte Bedeutung hat die Gewerbeordnung nach § 6 Abs. 1 Satz 2 und Satz 3 GewO für
- das Bergwesen,
- Versicherungsunternehmen,
- die Ausübung von ärztlichen und anderen Heilberufen,
- den Verkauf von Arzneimitteln,
- den Vertrieb von Lotterielosen,
- die Viehzucht und
- die Beförderung mit Krankenkraftwagen.

Falls also eine Tätigkeit i. S. d. § 6 Abs. 1 GewO vorliegt, ist dies keine Tätigkeit im Rahmen eines Gewerbes.

Beispiel

Peter Müller betreibt im Rahmen seines Betriebes eine Fischzucht. Da die Fischzucht nach § 6 Abs. 1 der Gewerbeordnung kein Gewerbe darstellt, liegt auch kein Gewerbebetrieb vor.

Zwischen Rechtsprechung und Literatur besteht Uneinigkeit darüber, ob bestimmte weitere Merkmale zur Definition des Gewerbebegriffs notwendig sind. So verlangt die Rechtsprechung, dass die Tätigkeit des Gewerbetreibenden berufsmäßig erfolgen müsse. Auch wird die Meinung vertreten, dass eine Tätigkeit dann kein Gewerbe darstellen kann, wenn sie verboten oder rechtswidrig ist oder die ihr zugrunde liegenden Rechtsgeschäfte unwirksam sind. Das Gleiche gilt, wenn die Tätigkeit gegen die »guten Sitten« verstößt.

Folgende Tätigkeiten sind auf jeden Fall sittenwidrig und werden auch strafrechtlich verfolgt:
- Zuhälterei (§ 181a StGB),
- der Vertrieb von Mitteln zum Schwangerschaftsabbruch (§ 219b StGB),
- gewerbsmäßige Hehlerei (§ 260 StGB) und
- die unerlaubte Veranstaltung von Glücksspielen (§ 284 StGB).

Da nach § 138 Abs. 1 BGB Rechtsgeschäfte nichtig sind, die gegen die »guten Sitten« verstoßen, können die oben angeführten Tätigkeiten nicht als Gewerbebetrieb genehmigt werden.

2.1.1.2 Bestimmung des Begriffs »Handelsgewerbe«

Ein Gewerbe wird zum Handelsgewerbe, wenn die gewerbliche Betätigung einen bestimmten Umfang erreicht. Andernfalls wird vom Kleingewerbe gesprochen. Jeder Gewerbebetrieb ist nach § 1 Abs. 2 HGB – unabhängig vom Gegenstand des Gewerbes und unabhängig von der Eintragung ins Handelsregister – somit ein Handelsgewerbe, wenn das Unternehmen nach Art oder Umfang einen in kaufmännischer

Weise eingerichteten Geschäftsbetrieb erfordert. Entscheidend ist dabei allein, ob eine kaufmännische Einrichtung objektiv erforderlich ist, nicht aber, ob der Inhaber seinen Betrieb tatsächlich kaufmännisch eingerichtet hat.

Da in der Praxis vermutet wird, dass jeder Gewerbebetrieb ein Handelsgewerbe ist, trägt ein Kleingewerbetreibender die Beweislast dafür, dass sein Betrieb keinen in kaufmännischer Weise eingerichteten Geschäftsbetrieb erfordert. Somit kommt nach § 1 Abs. 2 HGB die umgekehrte Beweislast zum Tragen.

Für die Abgrenzung, ob ein in kaufmännischer Weise eingerichteter Geschäftsbetrieb vorliegt, zählt das Gesamtbild des Betriebes. Somit muss eine Gesamtbetrachtung aller relevanten Kriterien stattfinden. Dies bedeutet nicht, dass alle relevanten Kriterien erfüllt sein müssen, sondern nur, dass diese normalerweise vorhanden bzw. zu erwarten sind.

Gesetzlich festgelegte bzw. zahlenmäßig bezifferte Grenzwerte gibt es nicht. Als relevante Kriterien werden immer die Vielfalt der Erzeugnisse und Leistungen, das Umsatzvolumen, das Anlage- und Betriebskapital, die Zahl und Funktion der Mitarbeiter sowie die Größe, die Anzahl und Organisation der Betriebsstätten gesehen.

Viele Industrie- und Handelskammern (IHK) versuchen, die Kriterien qualitativ und quantitativ zu erläutern, damit den Betroffenen die Einordnung eines Gewerbes als Handelsgewerbe etwas leichter fällt. Dafür veröffentlichen die Industrie- und Handelskammern (IHK) folgende Kriterien:

Art der Geschäftstätigkeit (Qualität des (Handels-)Gewerbes)
Zum Beispiel Vielfalt der Erzeugnisse und Leistung der Geschäftsbeziehungen, Schwierigkeit der Geschäftsvorgänge, Inanspruchnahme und Gewährung von Fremdfinanzierungen, namentliche internationale Tätigkeit, umfangreiche Werbung, größere Lagerhaltung.

Umfang der Geschäftstätigkeit (Quantität des (Handels-)Gewerbes)
Zum Beispiel Umsatzvolumen (nicht Bilanzgewinn), Anlage- und Umlaufvermögen, Anzahl und Funktion der Beschäftigten, Schichtbetrieb, Größe des Geschäftslokals, Anzahl und Organisation der Betriebsstätten, Auslandsfilialen.

Umsatz
Die nachfolgenden Jahresumsatzzahlen geben einen Anhaltspunkt dafür, wann eine kaufmännische Einrichtung erforderlich ist:

- Produktion: 300.000 Euro,
- Großhandel: 300.000 Euro,
- Einzelhandel: 50.000 Euro,
- Dienstleistungen: 175.000 Euro,
- Handelsvertreterprovision: 120.000 Euro,
- Speisegaststätten: 300.000 Euro,
- Hotels: 250.000 Euro.

Anzahl der Beschäftigten
Wenn mehr als 5 Personen beschäftigt sind, spricht dies für eine kaufmännische Einrichtung.

Betriebsvermögen
Ein Betriebsvermögen ab einer Höhe von ca. 100.000 Euro spricht für eine kaufmännische Einrichtung.

Kredithöhe
Erst ab Beträgen von 50.000 Euro spricht dies für eine kaufmännische Einrichtung.

Standorte
Mehrere Standorte bzw. Niederlassungen sprechen für eine kaufmännische Einrichtung.

Alle diese Kriterien sind im Zweifelsfall im Gesamtzusammenhang zu prüfen, um festzustellen, ob ein kaufmännischer Geschäftsbetrieb vorliegt bzw. notwendig ist.

Beispiel

Liegt bei einer gepachteten Bundeswehrkantine mit einem Jahresumsatz von 500.000 DM ein kaufmännischer Geschäftsbetrieb vor?

Lösung:
Nach dem OLG Celle (vgl. Urteil des OLG Celle, NJW 1963, S. 540) liegt kein kaufmännischer Geschäftsbetrieb vor, da nur gleichförmige Geschäfte gegen Barzahlung getätigt werden. Somit ist eine Schwierigkeit der Geschäftsvorgänge nicht gegeben.

Die Kantine ist zwar ein Gewerbe und widerspricht somit nicht § 6 GewO, sie ist jedoch kein Handelsgewerbe.

Beispiel

Ein Optiker hat lediglich einen Jahresumsatz von 40.000 DM, welchen er mit ca. 2.000 Kunden erzielt. Die Abrechnung erfolgt separat mit der jeweiligen Krankenkasse. Liegt ein kaufmännischer Geschäftsbetrieb vor?

Lösung:
Da die Tätigkeit des Optikers nicht § 6 GewO widerspricht, betreibt der Optiker ein Gewerbe. Das OLG Hamm (vgl. Urteil des OLG Hamm, OLGZ 1969, S. 131) vertritt die Auffassung, dass beim Optiker ein kaufmännischer Geschäftsbetrieb erforderlich ist, denn die Abwicklung der Geschäftsvorgänge gegenüber verschiedenen Krankenkassen durch eine verzögerte und unbare Zahlungsweise macht einen kaufmännischen Geschäftsbetrieb erforderlich. Somit betreibt der Optiker nicht nur ein Gewerbe, sondern auch ein Handelsgewerbe mit der Folge, dass der Optiker nach § 1 Abs. 1 HGB Kaufmann i. S. d. HGB ist.

Beispiel

Ein Stuckateur hat sich vor 10 Jahren selbstständig gemacht. Sein Jahresumsatz beträgt 340.000 Euro. Er beschäftigt 7 Mitarbeiter, welche schwerpunktmäßig in der Gebäudesanierung und dem Trockenbau tätig sind. Liegt ein kaufmännischer Geschäftsbetrieb vor?

Lösung:
Die Tätigkeit des Stuckateurs widerspricht nicht § 6 GewO. Somit betreibt der Stuckateur ein Gewerbe. Für das Vorliegen eines kaufmännischen Geschäftsbetriebs ist immer das Gesamtbild des Betriebs maßgebend. Aufgrund der Vielfalt der Leistung, der Abwicklung der Geschäftsvorgänge, des Jahresumsatzes und der Mitarbeiterzahl erfordert diese Betriebsgröße einen in kaufmännischer Weise eingerichteten Geschäftsbetrieb. Somit betreibt der Stuckateur ein Handelsgewerbe mit der Folge, dass der Stuckateur nach § 1 Abs. 1 HGB Kaufmann i. S. d. HGB ist.

Beispiel

Ein Schreinermeister führt zusammen mit einem Mitarbeiter kleinere Schreinerarbeiten durch. Der Jahresumsatz beläuft sich auf 120.000 Euro. Liegt hier ein kaufmännischer Geschäftsbetrieb vor?

Lösung:
Auch die Tätigkeit des Schreiners widerspricht § 6 GewO nicht und somit betreibt er ein Gewerbe. Dem Gesamtbild entsprechend (Jahresumsatz, Mitarbeiter, Schwierigkeit der Geschäftsvorgänge) erfordert dieser Gewerbebetrieb keinen in kaufmännischer Weise eingerichteten Geschäftsbetrieb. Somit ist § 1 Abs. 2 HGB nicht erfüllt. Hieraus folgt, dass kein Handelsgewerbe und somit auch kein Kaufmann nach § 1 Abs. 1 HGB vorliegt.

Liegt kein kaufmännischer Geschäftsbetrieb vor, so wird von einem »Kleingewerbe« gesprochen. Der Begriff »Kleingewerbe« darf jedoch nicht falsch verstanden werden. Darunter fällt nicht nur der als klassisches Beispiel in der Literatur immer erwähnte Kiosk, vielmehr fallen ca. zwei Drittel aller Gewerbeanmeldungen bei den Industrie- und Handelskammern (IHK) unter »Kleingewerbe«.

§ 1 Abs. 2 HGB muss als Generalklausel verstanden werden, die neben den klassischen Handelsgewerben wie Groß- und Einzelhandel auch Dienstleistungs- und Handwerksbetriebe erfasst.

Handelsregister
Nach § 2 HGB gilt jedes im Handelsregister eingetragene gewerbliche Unternehmen als Handelsgewerbe, selbst wenn es »nicht schon nach § 1 Abs. 2 HGB Handelsgewerbe ist«. Das bedeutet, ein im Handelsregister eingetragenes Unternehmen gilt auch dann als Handelsgewerbe, wenn es sich um ein Kleingewerbe handelt, das nach Art und Umfang einen kaufmännischen Geschäftsbetrieb nicht erfordert.

Wie schon ausgeführt, unterscheidet das Gesetz bezüglich der Frage, ob ein Gewerbe ein Handelsgewerbe ist, zunächst danach, ob seine Art und sein Umfang einen kaufmännischen Betrieb erfordern.

Kleingewerbe sind demnach grundsätzlich nicht kaufmännisch. Sie können sich aber im Handelsregister eintragen lassen und durch diese Eintragung wird nach § 2 HGB das Kleingewerbe Handelsgewerbe und somit auch Kaufmann nach HGB.

Abbildung 9 soll die Problematik nochmals verdeutlichen:

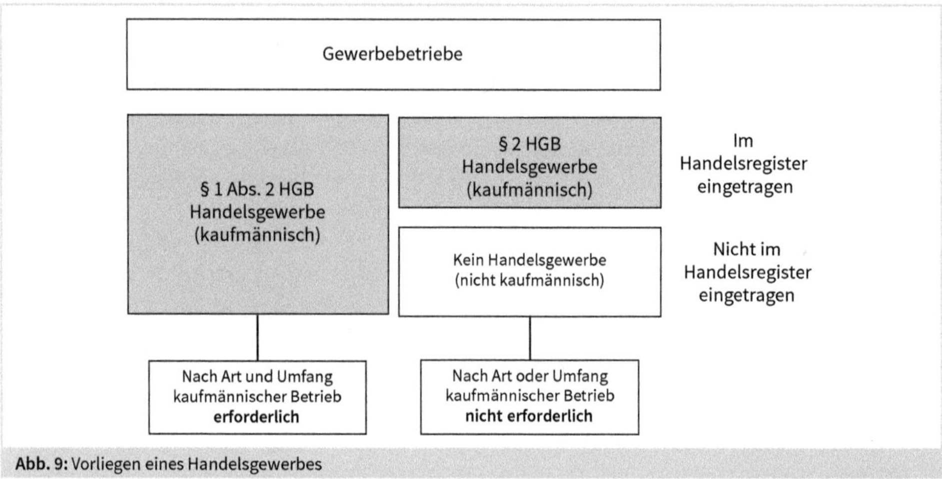

Abb. 9: Vorliegen eines Handelsgewerbes

Materiellrechtlich liegt demnach kein Handelsgewerbe vor, wenn ein Kleingewerbe nicht eingetragen ist. Von erheblicher Bedeutung ist aber, dass mit der Formulierung »es sei denn« in § 1 Abs. 2 HGB demjenigen die Darlegungs- und Beweislast auferlegt wird, der sich auf das Vorliegen eines Kleingewerbes berufen will.

Beispiel

Der italienische Metzgermeister Antonio Luceri ist **nicht** im Handelsregister eingetragen. Da sein Bruder Luca ein Darlehen benötigt, gibt Antonio für die Darlehensschuld seines Bruders Luca der Alpenbank gegenüber schriftlich eine Bürgschaftserklärung ab. Nach einigen Monaten nimmt die Alpenbank Antonio Luceri in Anspruch, da sein Bruder Luca das Darlehen nicht zurückbezahlen kann. Antonio Luceri wendet gegenüber der Alpenbank ein, sie müsse sich zunächst an seinen Bruder Luca halten. Er, Antonio Luceri, sei kein Kaufmann i. S. d. HGB, und deshalb gilt seine schriftliche Bürgschaftserklärung auch nicht als Handelsgeschäft nach § 349 Satz 1 HGB.

Sein Metzgereibetrieb hat einen Jahresumsatz von 500.000 Euro. Die von Antonio Luceri mit einem Gesellen und zwei Lehrlingen hergestellten Fleisch- und Wurstwaren werden von seiner Ehefrau und seiner Mutter in der im Haus von Antonio Luceri befindlichen Metzgerei verkauft. Die Metzgerei wird nur von zwei Lieferanten versorgt. Die Abrechnung mit diesen erfolgt teils durch Barzahlung, teils durch Banküberweisung. Andere Zahlungsmodalitäten werden nicht getätigt.

Lösung:
Bei der italienischen Metzgerei von Antonio Luceri handelt es sich dem Umfang nach um einen einfach strukturierten Familienbetrieb. Die Betriebsräume sind im Wohnhaus des Antonio Luceri gelegen und neben einem Gesellen und zwei Lehrlingen sind nur die Ehefrau und die Mutter beschäftigt. Allerdings ist der Umsatz in Höhe von 500.000 Euro erheblich und erfordert regelmäßig kaufmännische Einrichtungen.

Dennoch ist Antonio Luceri kein Kaufmann, wenn der Betrieb **seiner Art nach** keine kaufmännischen Einrichtungen erfordert. Da Metzgermeister Antonio Luceri die Waren nur von zwei Lieferanten bezieht und sie i. d. R. sofort aus eigenen oder aus Mitteln eines eingeräumten Kredits (Kontokorrentkredits) bezahlt, ist die Betriebsführung insoweit einfach und durchsichtig. Die Weiterveräußerung erfolgt überwiegend gegen Barzahlung, sodass eine einfache Gewinn- und Verlustrechnung einen hinreichenden Überblick über die finanzielle Lage des Betriebs gewährt. Zudem ist keine umfangreiche Lohnbuchhaltung geboten, sodass bei Würdigung des Gesamtbildes des gewöhnlichen Geschäftsablaufes die Art des Betriebs keinen kaufmännisch eingerichteten Betrieb erfordert.

Im Ergebnis ist Antonio Luceri **kein** Kaufmann i. S. d. HGB.

Da für Antonio Luceri § 349 Satz 1 HGB nicht greift, kann er sich auf die Einrede der Vorausklage gemäß § 771 BGB berufen.

Ob ein nach Art und Umfang in kaufmännischer Weise eingerichteter Geschäftsbetrieb benötigt wird, kann in der Praxis also nur einzelfallspezifisch, wie im Beispiel des italienischen Metzgermeisters Antonio Luceri geschildert, entschieden werden. Dies an einzelnen Kriterien festzumachen reicht nicht aus. Wie bereits erwähnt, gibt vielmehr die Gesamtschau aller Kriterien den Ausschlag.

2.1.2 Arten der Kaufleute nach dem Handelsgesetzbuch (HGB)

2.1.2.1 Istkaufmann nach § 1 HGB

Der Istkaufmann nach § 1 HGB ist Kaufmann kraft Gewerbebetrieb. Hierunter fallen alle Gewerbebetriebe, die einen nach Art und Umfang in kaufmännischer Weise eingerichteten Geschäftsbetrieb benötigen (siehe hierzu die Ausführungen in Kap. 2.1.1.2 Bestimmung des Begriffs »Handelsgewerbe«).

Der Istkaufmann ist nach § 29 HGB zur Eintragung in das Handelsregister verpflichtet. Dort müssen alle wichtigen Merkmale des Handelsgewerbes (z. B. Niederlassungsort, Zweck des Unternehmens, Gesellschafter) eingetragen werden. Die Eintragung selbst hat nur deklaratorische Wirkung. Das bedeutet, dass die Rechtswirkung schon vor der eigentlichen Eintragung ins Handelsregister ein getreten ist, nämlich zu dem Zeitpunkt, zu dem er seine gewerbliche Tätigkeit beginnt.

2.1.2.2 Kannkaufmann nach §§ 2 und 3 HGB

Beim Kannkaufmann nach den §§ 2 und 3 HGB handelt es sich um den Kaufmann kraft Eintragung. Betriebe, die nach § 1 HGB nicht Kaufmann kraft Gewerbebetrieb sind, unterliegen auch nicht den Vorschriften des HGB.

Wie oben erläutert, können nach § 2 Satz 1 HGB gewerbliche Unternehmen (sogenanntes Kleingewerbe), die unter § 1 Abs. 2 HS. 2 HGB fallen, sich trotzdem in das Handelsregister eintragen lassen. Die gleiche Möglichkeit haben nach § 3 Abs. 2 HS. 1 HGB auch land- und forstwirtschaftliche Betriebe, die einen kaufmännischen Geschäftsbetrieb benötigen. Die Eintragung in das Handelsregister hat konstitutive Wirkung. Das bedeutet, dass die Kaufmannseigenschaften des HGB mit der Handelsregistereintragung erworben werden.

2.1.2.3 Formkaufmann nach § 6 HGB

Beim Formkaufmann nach § 6 HGB handelt es sich um den Kaufmann kraft Rechtsform. Beim Formkaufmann handelt es sich um Handelsgesellschaften, die aufgrund ihrer Rechtsform in das Handelsregister einzutragen sind. Die Handelsregistereintragung hat nach den §§ 2 und 3 HGB wie beim Kannkaufmann konstitutive Wirkung.

Die OHG und KG sind die Handelsgesellschaften des HGB. Für sie hat deshalb § 6 Abs. 1 HGB im Regelfall keine Bedeutung. Diese Gesellschaften sind regelmäßig schon deswegen Kaufleute, weil sie ein Handelsgewerbe betreiben, und zwar nach § 1 und § 2 i. V. m. § 105 Abs. 1 HGB für die OHG bzw. i. V. m. § 161 Abs. 2 HGB für die KG. Durch besondere gesetzliche Anordnung sind die GmbH gemäß § 13 Abs. 3 GmbHG, die AG gemäß § 3 Abs. 1 AktG, die KGaA gemäß § 278 Abs. 3 i. V. m. § 3 Abs. 1 AktG und die EWIV gemäß § 1 EWIV-Ausführungsgesetz Handelsgesellschaften. Genossenschaften wiederum sind keine Handelsgesellschaften, sie gelten aber gemäß § 17 Abs. 2 GenG als Kaufleute i. S. d. HGB.

Formkaufleute sind somit i. S. d. § 6 HGB die GmbH, die AG, die KGaA und die Genossenschaft. Nach dem Wortlaut des § 6 Abs. 2 HGB sind diese Gesellschaften grundsätzlich Kaufleute, auch wenn nach Art oder Umfang kein kaufmännischer Geschäftsbetrieb erforderlich ist.[8]

Formkaufmann ist aber nur die Gesellschaft als solche. Die Vorstandsmitglieder und die Aktionäre der AG oder die Geschäftsführer und Gesellschafter der GmbH sind keine Kaufleute, weil allein die Gesellschaft als juristische Person Inhaber des Unternehmens ist.

8 Dies ergibt sich nach § 6 Abs. 2 HGB aus der Formulierung »auch wenn die Voraussetzungen des § 1 Abs. 2 HGB nicht vorliegen«.

2.1.2.4 Fiktivkaufmann nach § 5 HGB

Nach § 5 HGB kann bei einer Eintragung im Handelsregister nicht geltend gemacht werden, dass das unter der Firma betriebene Gewerbe kein Handelsgewerbe sei. Da ein eingetragenes Kleingewerbe bereits nach § 2 HGB als Handelsgewerbe gilt, stellt sich die Frage, ob § 5 HGB daneben überhaupt einen Anwendungsbereich hat.

Überwiegend wird in der Rechtswissenschaft angenommen, § 5 HGB sei neben § 2 HGB bedeutungslos. Wolle ein im Handelsregister eingetragener Unternehmer geltend machen, dass sein Gewerbe kein Handelsgewerbe ist, so sei ihm dieser Einwand bereits durch § 2 HGB genommen. § 5 HGB habe daneben keinen eigenen Regelungsgehalt.

In der Rechtswissenschaft wird aber auch die Meinung vertreten, § 2 HGB gelte nur für die Fälle, in denen ein Kleingewerbe freiwillig aufgrund einer wirksamen Anmeldung ins Handelsregister eingetragen werde. § 5 HGB greife darüber hinaus in zwei Fällen, nämlich dann, wenn ein Gewerbebetrieb nach der Eintragung sich zu einem Kleingewerbe entwickele, und dann, wenn die Anmeldung zum Handelsregister fehle oder nichtig sei.

Beispiel

Gehen wir vom vorigen Beispielsfall der italienischen Metzgerei von Antonio Luceri aus. Antonio Luceri hat inzwischen mehrere Filialen, 25 Angestellte, 80 Lieferanten und einen Umsatz von 1,5 Mio. Euro. Gleichwohl hat er es in der Vergangenheit versäumt, seinen Gewerbebetrieb in das Handelsregister einzutragen. Wie ist jetzt die rechtliche Stellung der Alpenbank zwecks der Bürgschaftserklärung?

Lösung:
Nach den oben aufgeführten Kriterien ist Antonio Luceri Kaufmann i. S. d. HGB, da sein Unternehmen einen nach Art oder Umfang in kaufmännischer Weise eingerichteten Geschäftsbetrieb erfordert. Somit ist Antonio Luceri Istkaufmann nach § 1 Abs. 1 HGB. Nach § 29 HGB ist er verpflichtet, seine Firma im Handelsregister anzumelden. Laut Sachverhalt hat er dies versäumt.

Durch Rechtsauffassung ist dieser Sachverhalt durch § 5 HGB gedeckt. Dies bedeutet, dass Antonio Luceri sich nicht darauf berufen kann, dass er kein Handelsgewerbe betreibe, weil seine Firma im Handelsregister **nicht** eingetragen sei.

Da Antonio Luceri durch § 5 HGB Fiktivkaufmann ist, greift in diesem Fall § 349 HGB. Die Folge daraus ist, dass er sich nunmehr auf die Einrede der Vorausklage gemäß § 771 BGB nicht berufen kann. Somit kann er als Bürge die Befriedigung des Gläubigers nicht verweigern und direkt von der Alpenbank in Haftung genommen werden.

Nach herrschender Rechtsauffassung setzt § 5 HGB entsprechend seinem Wortlaut voraus, dass das eingetragene Unternehmen überhaupt ein Gewerbe betreibt. Eingetragene Nichtgewerbetreibende gelten daher auch nach § 5 HGB nicht als Kaufmann.

2.1.2.5 Scheinkaufmann

Einer zügigen Geschäftsabwicklung im Handelsverkehr würde es widersprechen, müsste der Geschäftspartner bei jeder Geschäftsanbahnung die Kaufmannseigenschaften seines zukünftigen Kunden nachprüfen. Rechtssicherheit und Vertrauensschutz machen es daher erforderlich, dass unter Umständen auch solche Personen wie Kaufleute behandelt werden, die es in Wahrheit nicht sind. Diese Personen werden als Scheinkaufleute bezeichnet.

Nach allgemeinen Rechtsscheingrundsätzen muss sich derjenige, der im Rechtsverkehr als Kaufmann auftritt, gutgläubigen Dritten gegenüber auch als solcher behandeln lassen. Falls eine Person im Geschäftsverkehr als Kaufmann auftritt, muss sich, soweit Treu und Glauben es erfordern, diese Person im Rechtsverkehr Gutgläubigen gegenüber diesen Rechtsschein zurechnen lassen.

Beispiel

Der Bruder von Antonio Luceri, Salvatore Luceri, betreibt ein kleines Lebensmittelgeschäft und ist nicht im Handelsregister eingetragen. Auf seinen Geschäftsbriefen firmiert er als »Lebensmittelgroßhandel Salvatore Luceri«. Er tritt auch gegenüber seinen Geschäftspartnern immer als Großhändler auf.

Lösung:
Da Salvatore Luceri gegenüber seinen Geschäftspartnern als Großhändler auftritt und auch auf seinen Geschäftsbriefen als Lebensmittelgroßhandel firmiert, muss er sich gutgläubigen Dritten gegenüber wie ein Kaufmann behandeln lassen, obwohl er ein Kleingewerbetreibender ist und sein Betrieb eine kaufmännische Einrichtung nicht erfordert.

Der Scheinkaufmann ist somit kein Kaufmann im eigentlichen Sinne des HGB. Er wird lediglich nach Rechtsscheingrundsätzen als solcher behandelt.

2.2 Handelsregister

2.2.1 Bedeutung des Handelsregisters

Das Handelsregister wird von den Handelsregistergerichten bei den Amtsgerichten geführt. Seit dem 1. Januar 2007 erfolgt dies ausschließlich in elektronischer Form. Der Begriff »elektronisches Handelsregister« bezeichnet daher kein anderes Handelsregister, sondern ist nur ein Hinweis auf die Umstellung vom Papierregister auf ein Register, abrufbar im Internet.

Das Handelsregister ist ein öffentlich geführtes Verzeichnis der Kaufleute (Handelsgesellschaften zählen, wie in Kap. 2.1.2.3 ausgeführt, ebenfalls zu den Kaufleuten) und gibt Auskunft über rechtserhebliche Tatsachen, die für Geschäftspartner der Kaufleute relevant sind. Es dient somit der Sicherheit des Geschäftsverkehrs. Jeder Kaufmann ist verpflichtet, seine Firma und den Ort seiner Handelsniederlassung beim örtlich zuständigen Handelsregister anzumelden. Das Handelsregister genießt öffentlichen Glauben, was bedeutet, dass auf die Richtigkeit der darin enthaltenen Informationen vertraut werden darf. Des Weiteren dient es dem Schutz der einzelnen Firmen. Denn jede neue Firma muss sich deutlich von den am selben Ort oder Gemeinde bereits bestehenden Firmen unterscheiden. Andernfalls ist eine Eintragung nicht möglich.

Zu Informationszwecken kann jede Person in die Handelsregistereintragungen und die zum Handelsregister eingereichten Dokumente über das Internet im elektronischen Unternehmensregister Einsicht nehmen (www.unternehmensregister.de). Auch besteht die Möglichkeit, gegen einen geringen Kostenbeitrag Registerdateien abzurufen.

2.2.2 Abteilungen des Handelsregisters und deren Informationen

Das Handelsregister selbst ist in zwei Abteilungen unterteilt. Tabelle 1 und Tabelle 2 zeigen, welche Kaufleute sich in welcher Abteilung eintragen lassen müssen.

Abteilung A	Eingetragen werden hier die Einzelkaufleute (e.K.), die Personengesellschaften (OHG, KG, GmbH & Co. KG) sowie die Europäische wirtschaftliche Interessenvereinigung (EWIV); vgl. dazu §§ 40 bis 42 HRV.

Tab. 1: Abteilung A des Handelsregisters

Die Angaben in beiden Abteilungen sind im Prinzip ähnlich, nur jeweils bezogen auf die dort enthaltenen Unternehmen.

Den Angaben in Abteilung A sind vor allem folgende Informationen zu entnehmen:

- Sitz und Rechtsform,
- Inhaber bzw. Gesellschafter,
- bei der KG die Höhe der Kommanditeinlage,
- Bestellung und Abbestellung von Prokuristen,
- ein möglicher Haftungsausschluss bei Geschäftsübernahme,
- die Eröffnung, Einstellung oder Aufhebung eines Insolvenzverfahrens,
- die Auflösung einer Gesellschaft und
- das Erlöschen einer Firma.

Abteilung B	Eingetragen werden hier die Kapitalgesellschaften (AG, GmbH, KGaA, UG (haftungsbeschränkt)), die Societas Europaea (SE) und die Versicherungsvereine auf Gegenseitigkeit (VVaG); vgl. dazu §§ 43 bis 46 HRV.

Tab. 2: Abteilung B des Handelsregisters

Die Abteilung B gibt insbesondere Aufschluss über folgende Sachverhalte:

- Sitz, Rechtsform und Gegenstand des Unternehmens,
- für eine AG die Höhe des Grundkapitals und die Mitglieder des Vorstands,
- für eine GmbH die Höhe des Stammkapitals und die Geschäftsführer,
- Bestellung und Abbestellung von Prokuristen,
- die Eröffnung, Einstellung oder Aufhebung eines Insolvenzverfahrens,
- die Auflösung einer Gesellschaft und
- das Erlöschen einer Firma.

2.2.3 Vorgehensweise beim Eintragungsverfahren ins Handelsregister

Die Anmeldung zur Eintragung in das Handelsregister sowie die zur Aufbewahrung bei dem Gericht bestimmten Zeichnungen von Unterschriften müssen vor Einreichung zum Handelsregister von einem Notar beglaubigt werden. Anschließend werden die Unterlagen in elektronischer Form an das Registergericht übermittelt und dort geprüft. Sofern keine Beanstandung besteht, trägt das Gericht die entsprechenden Inhalte ein. Ändern sich eintragungsrelevante Umstände, muss dies umgehend zur Eintragung beim Handelsregister angemeldet werden, damit die Aktualität der Informationen immer gewährleistet ist. Zusätzlich werden fast alle Neueinträge und Änderungen vom Registergericht von Amts wegen durch Veröffentlichung im elektronischen Bundesanzeiger (www.ebundesanzeiger.de) und einem weiteren Blatt (z. B. Tageszeitung) bekannt gemacht.

2.2.4 Handelsregistereintragungen und dessen Wirkungen

Bei den Eintragungen in das Handelsregister wird zwischen einer deklaratorischen und einer konstitutiven Wirkung unterschieden.

Deklaratorische (rechtsbezeugende) Wirkung
Durch die Eintragung in das Handelsregister wird eine bestehende Tatsache bekannt gemacht, die auch ohne Eintragung bereits rechtswirksam war.

Beispiel

Eine Prokuraerteilung ist auch vor der Eintragung in das Handelsregister gültig. Die Kaufmannseigenschaft des Istkaufmanns entsteht bereits bei der Aufnahme des Geschäftsbetriebs.

Konstitutive (rechtserzeugende) Wirkung
Eine Tatsache entsteht erst durch die Eintragung in das Handelsregister, sodass durch die Eintragung ein Rechtszustand erst herbeigeführt wird.

> **Beispiel**
>
> Kann- und Formkaufleute erwerben die Kaufmannseigenschaft erst durch die Eintragung in das Handelsregister.

2.2.5 Publizitätswirkung des Handelsregisters

Die einzelnen Publizitätswirkungen der Eintragungen und Bekanntmachungen werden im Folgenden gemäß § 15 Abs. 1 bis 3 HGB dargestellt.

- **§ 15 Abs. 1 HGB (negative Publizität)**
  Wurde eine Tatsache noch nicht in das Handelsregister eingetragen, so kann sie nicht gegen einen Dritten verwendet werden, da sich dieser auf die Vollständigkeit der Angaben des Handelsregisters verlassen darf, es sei denn, dass er von der Tatsache wusste.
- **§ 15 Abs. 2 HGB (positive Publizität)**
  Ist eine Tatsache in das Handelsregister eingetragen und bekannt gemacht worden, so muss ein Dritter sie gegen sich gelten lassen. Dies gilt nicht innerhalb der ersten 15 Tage nach Bekanntmachung, sofern der Dritte beweist, dass er die Tatsache weder kannte noch kennen musste.
- **§ 15 Abs. 3 HGB**
  Ist eine einzutragende Tatsache unrichtig bekannt gemacht worden, so kann sich ein Dritter demjenigen gegenüber, in dessen Angelegenheiten die Tatsache einzutragen war, auf die bekannt gemachte Tatsache berufen, es sein denn, dass er die Unrichtigkeit kannte.

2.3 Firma als Bezeichnung des Unternehmens

2.3.1 Begriffsbestimmung

Nach § 17 HGB ist die Firma
- der Name eines Kaufmanns,
- unter dem der Kaufmann seine Geschäfte betreibt,
- seine Unterschrift gibt,
- klagen und
- verklagt werden kann.

Deutlich wird, dass es sich bei dem Terminus »Firma« um den »Firmennamen« bzw. »Name des Unternehmens« des Kaufmanns handelt. Denn nach § 18 Abs. 1 HGB muss die Firma zur Kennzeichnung des Kaufmanns geeignet sein und Unterscheidungskraft besitzen.

Die Firma bzw. der Firmenname darf keine Angaben enthalten, die geeignet sind, über tatsächliche Verhältnisse hinwegzutäuschen bzw. Verhältnisse vorzutäuschen, die potenzielle Geschäftspartner irreführen würden.

2.3.2 Bezeichnung der Firma

Damit die Geschäftspartner eines Unternehmens sich darüber im Klaren sind, mit was für einer »Firma« sie geschäftliche Aktivitäten tätigen, muss die Bezeichnung der Firma eindeutig ersichtlich sein.

Die Firma besteht immer aus dem Firmenkern, z. B. dem Vor- und/oder Nachname des Einzelkaufmanns, und dem Firmenzusatz.

Der Firmenzusatz bei einem Einzelkaufmann, einer OHG oder einer KG ist gesetzlich geregelt in § 19 Abs. 1 HGB. Bei Einzelkaufleuten muss nach § 19 Abs. 1 Nr. 1 HGB die Bezeichnung »eingetragener Kaufmann«, »eingetragene Kauffrau« oder eine allgemein verständliche Abkürzung dieser Bezeichnung, insbesondere »e.K.«, »e.Kfm.« oder »e.Kfr.«, angegeben werden.

> **Beispiel**
>
> Luigi Farfalle e.K.

Nach § 19 Abs. 1 Nr. 2 HGB muss bei einer offenen Handelsgesellschaft die Bezeichnung »offene Handelsgesellschaft« oder der Zusatz »OHG« angeführt werden.

> **Beispiel**
>
> Farfalle & Luceri OHG

Bei einer Kommanditgesellschaft muss nach § 19 Abs. 1 Nr. 3 HGB die Bezeichnung »Kommanditgesellschaft« oder der Zusatz »KG« angeführt werden.

> **Beispiel**
>
> Farfalle KG

Auch ist es wichtig, dass aus einer Firma die Haftungsverhältnisse abgeleitet werden können. Dies betrifft nach § 19 Abs. 2 HGB die offene Handelsgesellschaft und die Kommanditgesellschaft. Falls bei diesen Rechtsformen keine natürliche Person haftet, muss die Firma eine Bezeichnung enthalten, aus der die Haftungsbeschränkung hervorgeht.

> **Beispiel**
>
> Luigi Farfalle GmbH & Co. KG

Die »Firma« bzw. der »Firmenname« kann in unterschiedlicher Art dargestellt werden. Folgende Firmenarten sind möglich:

- **Personenfirma**
  Die Firma darf einen oder mehrere Personennamen enthalten, z. B. Farfalle & Luceri OHG; Luigi Farfalle KG
- **Sachfirma**
  Grundlage für die Sachfirma ist der Zweck oder der Gegenstand des Unternehmens, z. B. Pfälzer Winzerverein Deidesheim e. G.
- **Fantasiefirma**
  Mit Ausnahme von völlig sinnlosen Wörtern ist jedes Wortgebilde für eine Firmierung denkbar. Die Kennzeichnungseignung muss jedoch zuvor geprüft und gegeben sein. Ausgeschlossen sind deshalb bildhafte Zeichen (z. B. @, künstlerische Symbole), da sie den Kaufmann nicht eindeutig bezeichnen können und im Geschäftsverkehr nicht als Namen verstanden werden.
  Zahlen dagegen haben grundsätzlich Kennzeichnungseignung und können als Firma verwendet werden. Die ausschließliche Verwendung von Zahlen wird sich in der Praxis jedoch als problematisch erweisen.
  Strittig in der Praxis ist die Kennzeichnungseignung von Buchstabenfolgen wie z. B. BBR GmbH, AGL AG usw. Unabhängig von der Frage, ob es sich dabei um Abkürzungen wie z. B. BMW, VW, IBM, LTU oder um eine Fantasiefolge handelt, ist die Kennzeichnungseignung grundsätzlich zu bejahen. Liegen jedoch Buchstabenfolgen vor, die dem Rechtsmissbrauch dienen sollen, haben sie keine Kennzeichnungskraft, z. B. BKA, BKK, LKA. Beispiel für eine Fantasiefirma könnte sein, z. B. E.ON SE oder Evonik Industries AG.
- **Gemischte Firma**
  Denkbar sind auch Kombinationen aus den oben genannten Firmierungsmöglichkeiten, wie z. B. Stuckateurbetrieb Farfalle & Luceri OHG.

2.3.3 Typenfreiheit bei der Rechtsformwahl

Unter welcher Rechtsform ein Unternehmen betrieben wird, ist dem oder den Beteiligten völlig freigestellt. Natürlich hängt die Wahl von den verschiedenartigsten Präferenzen des jeweils Einzelnen ab, z. B. in Bezug auf die Haftungsbeschränkung. Aber auch der Gesellschaftszweck kann die Rechtsformwahl beeinflussen. Dies trifft bei Personengesellschaften zu und wird als »Rechtsformzwang« bezeichnet.

Beispiel

Zwei Studienfreunde der Pharmazie beschließen, nach ihrer Approbation zum Apotheker eine gut gehende Apotheke zu gleichen Anteilen zu übernehmen. Einig sind sich die beiden Studienfreunde darin, dass sie die Apotheke als »BGB-Gesellschaft« (GbR) führen möchten. Ist dies möglich?

Lösung:
Gründen zwei Gesellschafter eine »BGB-Gesellschaft«, obwohl der Gesellschaftszweck der Betrieb eines Handelsgewerbes ist, so entsteht kraft Gesetzes eine OHG nach § 105 Abs. 1 HGB.

Nach einem Urteil des BGH vom 20. Januar 1983 (NJW 1983, S. 2086) ist ein Apotheker Kaufmann, konkret nach dem HGB Istkaufmann, da der Betrieb einer Apotheke als Handelsgewerbe nach § 1 Abs. 2 HGB anzusehen ist. Somit betreiben die beiden Apotheker ein Handelsgewerbe mit der Folge, dass sie aufgrund des Typenzwangs ihre Apotheke in der Rechtsform einer OHG führen müssen.

Ebenso kann es sein, dass eine zu Beginn gegründete GbR später zu einer OHG wird. Dies ist immer dann der Fall, wenn eine GbR gewerblich tätig ist und diese gewerbliche Tätigkeit einen gewissen Umfang erreicht.

Beispiel

Zwei Jungunternehmer erwerben ein kleines Taxigeschäft. Hierbei übernehmen sie 2 Taxen, einen fest angestellten Fahrer sowie 2 Aushilfsfahrer. Bei der Übernahme beträgt der Jahresumsatz 110.000 Euro.

Nach einigen Jahren erweitern die beiden Jungunternehmer ihr Taxiunternehmen. Sie erwerben 3 Taxilizenzen hinzu, bieten Kurierfahrten für verschiedenartigste Auftraggeber sowie Flughafen-, Kranken- und Umzugstransporte an. Eine kleine Autovermietung rundet ihr Angebot ab. In welcher Rechtsform wird ihr Taxiunternehmen geführt?

Lösung:
Bei dem Erwerb des kleinen Taxiunternehmens liegt zwar eine gewerbliche Tätigkeit vor, da aber die in § 1 Abs. 2 HGB geforderte Bedingung erfüllt ist (das Taxiunternehmen erfordert einen nicht in Art und Umfang in kaufmännischer Weise eingerichteten Geschäftsbetrieb), liegt kein Handelsgewerbe vor. Somit wird anfangs das Taxiunternehmen von den beiden Jungunternehmern als GbR geführt.

Durch die beschriebene ausgeweitete Geschäftstätigkeit werden mit Sicherheit einige Parameter wie Jahresumsatz, Anzahl der Beschäftigten, Höhe des Betriebsvermögens, Kredithöhe ansteigen, was letztendlich bedeutet, dass nun ein Handelsgewerbe vorliegt. Denn eine gewerblich tätige GbR wird automatisch zu einer OHG, wenn sie ihre Geschäftstätigkeit zu einem Handelsgewerbe ausweitet. Dies bedeutet konkret für die beiden »Jungunternehmer«, dass sie Kaufmann (Istkaufmann) nach § 1 Abs. 1 HGB mit der Folge sind, dass sie ihr Taxiunternehmen in das Handelsregister in Abteilung A eintragen lassen müssen. Die Eintragung selbst hat jedoch nur deklaratorischen, somit rechtsbezeugenden Charakter.

In der Praxis ebenfalls vorstellbar ist, dass eine OHG ihre gewerbliche Tätigkeit einstellt und sich fortan ausschließlich der Ausübung eines freien Berufes widmet.

In diesem Fall wandelt sich eine OHG kraft Gesetzes in eine GbR um.[9] Dieser nachträgliche Rechtsformzwang bewirkt also kraft Gesetzes einen Rechtsformwechsel außerhalb des Umwandlungsgesetzes.

9 Vgl. dazu § 705 BGB und § 105 Abs. 1 HGB.

Beispiel

Da zwei Architekten in Zukunft gemeinsam Projekte abwickeln möchten, schließen sie sich zusammen und gründen eine Gesellschaft. Ein Architekt führt rein planerische Tätigkeiten durch. Der andere Architekt ist im Bauträgergewerbe tätig und vermittelt hauptsächlich Immobilien. Da es sich bei der zukünftigen Gesellschaft um eine gemischt tätige[10] Personengesellschaft handelt, gründen sie eine OHG und beantragen, falls die OHG nicht bereits nach § 105 Abs. 1 HGB besteht, die Eintragung ins Handelsregister, Abteilung A, nach § 105 Abs. 2 HGB.

Wenn die beiden Architekten dann in Zukunft die Bauträgertätigkeit einstellen, dann üben beide Tätigkeiten im Rahmen eines freien Berufes (reine Architektentätigkeiten) aus. In diesem Fall liegt keine gewerbliche Tätigkeit mehr vor, was dazu führt, dass sich die OHG kraft Gesetzes in eine »BGB-Gesellschaft«, sprich in eine GbR, umwandelt. Nach der Einstellung der gewerblichen Tätigkeit werden sie Gesellschafter einer Architekten-GbR[11] sein. Das bedeutet, dass sie die Austragung aus dem Handelsregister, Abteilung A, beantragen müssen. Die Austragung selbst hat nur deklaratorischen, sprich rechtsbezeugenden, Charakter.

2.4 Vorschriften zur Buchführung im Handels- und Steuerrecht

2.4.1 Buchführungspflicht nach dem Handels- und Steuerrecht

2.4.1.1 Handelsrechtliche Buchführungspflicht

Nach § 238 Abs. 1 HGB ist jeder Kaufmann verpflichtet, Bücher zu führen und darin seine Handelsgeschäfte und die Lage seines Vermögens nach den Grundsätzen ordnungsmäßiger Buchführung ersichtlich zu machen. Somit muss jeder, der Kaufmann nach dem HGB ist, doppelte Buchführung machen. Bevor die Frage gestellt wird, wie die Bücher eines Betriebes zu führen sind, ist es daher wichtig abzuklären, ob überhaupt ein Kaufmann i. S. d. HGB vorliegt.[12]

Liegt ein Istkaufmann nach § 1 HGB, ein Kannkaufmann nach den §§ 2 und 3 HGB oder ein Formkaufmann nach § 6 HGB vor, dann sind alle diese Kaufleute buchführungspflichtig nach § 238 Abs. 1 HGB, da sie alle ein Handelsgewerbe betreiben. Buchführungspflichtig in diesem Sinne bedeutet, dass die Geschäftsvorfälle doppelt zu erfassen sind, sprich »doppelte Buchführung« zu machen ist.

Gewerbetreibende Nicht-Kaufleute sind somit nicht buchführungspflichtig nach dem HGB.

Anhand der Beispiele aus Kap. 2.1.1.2 soll exemplarisch aufgezeigt werden, ob die vorliegenden Betriebe nach dem HGB buchführungspflichtig sind.

10 Eine gewerbliche und freiberufliche Tätigkeit wird im Rahmen der Gesellschaft gemeinsam erbracht.
11 Hier handelt es sich um einen nachträglichen Rechtsformzwang.
12 Zu den Kaufmannseigenschaften vgl. Kap. 2.1.2.

Beispiele

Gepachtete Bundeswehrkantine: Die gepachtete Bundeswehrkantine ist gewerblich tätig, jedoch kein Handelsgewerbe. Deshalb besteht keine Buchführungspflicht nach dem HGB.

Optiker: Der Optiker ist Istkaufmann nach § 1 Abs. 1 HGB. Somit ist er mit seinem Optikergeschäft buchführungspflichtig nach § 238 Abs. 1 HGB.

Stuckateur: Auch der Stuckateur ist Istkaufmann nach § 1 Abs. 1 HGB und somit buchführungspflichtig nach § 238 Abs. 1 HGB.

Schreiner: Der Schreiner ist kein Istkaufmann nach § 1 Abs. 1 HGB und somit auch nicht buchführungspflichtig nach § 238 Abs. 1 HGB.

In Abhängigkeit von der Rechtsform sind die zu beachtenden gesetzlichen Vorschriften im HGB allerdings unterschiedlich streng. Einzelkaufleute und Personengesellschaften müssen bei der Führung der Handelsbücher lediglich die Vorschriften der §§ 238 bis 263 HGB beachten. Für Kapitalgesellschaften und Kapitalgesellschaften & Co. KG/OHG[13] gelten neben den allgemeinen gesetzlichen Vorschriften der §§ 238 bis 263 HGB die ergänzenden gesetzlichen Vorschriften der §§ 264 bis 335b HGB. Eingetragene Genossenschaften müssen darüber hinaus auch noch die gesetzlichen Vorschriften der §§ 336 bis 339 HGB beachten.

Als Merksätze können in Bezug auf die Buchführungspflicht festgehalten werden:

MERKSÄTZE ZUR BUCHFÜHRUNGSPFLICHT

- Das HGB gilt für alle Kaufleute nach § 1 HGB.
- Eingetragene Kaufleute sind buchführungspflichtig und müssen deshalb doppelte Buchführung machen.
- Gewerbetreibende Nicht-Kaufleute sind nach HGB nicht buchführungspflichtig.
- Istkaufleute sind immer Kaufleute nach dem HGB, da sie deklaratorisch in das Handelsregister eingetragen werden.

2.4.1.2 Steuerliche Buchführungspflicht

Die §§ 140 und 141 AO regeln die Buchführungspflicht nach dem Steuerrecht. Während § 140 AO die Pflicht zur Buchführung aus den Vorschriften anderer Gesetze ableitet, legt § 141 AO eine besondere Buchführungspflicht für bestimmte Steuerpflichtige fest.

13 Wenn bei ihnen nicht wenigstens ein persönlich haftender Gesellschafter eine natürliche Person ist; vgl. § 264a Abs. 1 HGB.

DERIVATIVE BUCHFÜHRUNGSPFLICHT NACH § 140 AO

Wer nach anderen Gesetzen als den Steuergesetzen Bücher und Aufzeichnungen zu führen hat, die für die Besteuerung von Bedeutung sind, muss diese Verpflichtung auch für die Besteuerung erfüllen.

Durch § 140 AO wird die steuerrechtliche Buchführungspflicht z. B. nach § 238 Abs. 1 HGB abgeleitet. Deshalb wird hier von der derivativen, sprich abgeleiteten Buchführungspflicht gesprochen.

Beispiel

Stuckateur Luigi Farfalle ist nach § 238 Abs. 1 HGB buchführungspflichtig. Somit leitet sich die steuerliche Buchführungspflicht für seinen Stuckateurbetrieb aus § 140 AO ab.

ORIGINÄRE BUCHFÜHRUNGSPFLICHT NACH § 141 AO

§ 141 AO erweitert den Kreis der Buchführungspflichtigen auch auf gewerbliche Unternehmer und Land- und Forstwirte, die nach dem Handelsrecht nicht zur Buchführung verpflichtet sind. In diesem Fall spricht man von der originären Buchführungspflicht.
Nach § 141 Abs. 1 AO tritt allerdings die Buchführungspflicht für gewerbliche Unternehmer und Land- und Forstwirte nur dann ein, falls nach den Feststellungen der Finanzbehörde für den einzelnen Betrieb eine der in Tabelle 3 genannten Wertgrenzen überschritten wird.

	Bei Land- und Forstwirten von mehr als	**Bei Gewerbetreibenden von mehr als**
Umsätze einschließlich der steuerfreien Umsätze, ausgenommen die Umsätze nach § 4 Nr. 8 bis 10 UStG, im Kalenderjahr	600.000 Euro	600.000 Euro
selbst bewirtschaftete land- und forstwirtschaftliche Flächen mit einem Wirtschaftswert (§ 46 BewG)	25.000 Euro	
Gewinn aus Gewerbebetrieb im Wirtschaftsjahr		60.000 Euro
Gewinn aus Land- und Forstwirtschaft im Kalenderjahr	60.000 Euro	

Tab. 3: Wertgrenzen der steuerlichen Buchführungspflicht

§ 141 Abs. 1 AO betrifft ausschließlich gewerbliche Nicht-Kaufleute[14] sowie Land- und Forstwirte nach § 13 EStG. Das Überschreiten einer dieser Wertgrenzen genügt, um originär zur Buchführung verpflichtet zu werden.

14 Konkret: gewerbliche Unternehmer nach § 15 EStG.

Beispiel

Luca Notte betreibt als gewerblicher Nicht-Kaufmann ein Sportgeschäft. Anhand der von Luca Notte eingereichten Steuererklärung stellt das zuständige Finanzamt einen Umsatz von 240.000 Euro und einen Gewinn in Höhe von 64.000 Euro fest.

Ist Luca Notte zur Buchführungspflicht nach § 141 AO verpflichtet?

Lösung:
Weil Luca Notte kein Kaufmann nach dem HGB ist, ist er nach § 140 AO nicht buchführungspflichtig. Seine Verpflichtung zur Buchführung ergibt sich jedoch aus § 141 AO, weil er eine in § 141 Abs. 1 AO genannte Wertgrenze, hier die Gewinngrenze von 60.000 Euro, überschritten hat.

Freiberufler, also nach § 18 EStG selbstständig Tätige, fallen nicht unter § 141 Abs. 1 AO. Deshalb sind Freiberufler weder nach dem Handels- noch nach dem Steuerrecht zur »doppelten Buchführung« verpflichtet.

2.4.2 Beginn und Ende der Buchführungspflicht

2.4.2.1 Beginn und Ende der Buchführungspflicht nach dem Handelsrecht

Die Buchführungspflicht nach §238 Abs. 1 HGB beginnt für Kaufleute mit dem Zeitpunkt, in dem die Kaufmannseigenschaft beginnt.

Für den Istkaufmann nach § 1 HGB ist dieser Zeitpunkt im Regelfall der Beginn der gewerblichen Tätigkeit. Personengesellschaften, die ein Handelsgewerbe betreiben, also Personenhandelsgesellschaften wie OHG und KG, müssen ab Beginn der gewerblichen Tätigkeit ebenfalls Bücher führen. Lässt sich ein gewerbliches oder land- und forstwirtschaftliches Unternehmen in das Handelsregister eintragen – sogenannter Kannkaufmann nach §§2 und 3 HGB – dann unterliegt das jeweilige Unternehmen ab Eintragung der Buchführungspflicht. Formkaufleute, sprich Kapitalgesellschaften wie AG, GmbH, KGaA und UG (haftungsbeschränkt), erhalten ab Eintragung ins Handelsregister die Kaufmannseigenschaft kraft Rechtsform nach §6 HGB und unterliegen dann der Buchführungspflicht.

Finden bei all diesen Unternehmen zwischen der faktischen Gründung und der Eintragung in das Handelsregister bereits geschäftliche Aktivitäten statt, wie z. B. Gründungs-, Vorbereitungs- und Ingangsetzungsmaßnahmen, dann liegt nach herrschender Meinung bereits Buchführungspflicht vor.

Die handelsrechtliche Buchführungspflicht endet im Grundsatz:
- mit der Beendigung der Kaufmannseigenschaft,
- bei den Istkaufleuten mit der Beendigung der gewerblichen Tätigkeit,
- bei den Kann- und Formkaufleuten mit der Löschung aus dem Handelsregister,
- regelmäßig im Zeitpunkt der Betriebsaufgabe und bei Insolvenz mit dem Abschluss des Insolvenzverfahrens.

2.4.2.2 Beginn und Ende der Buchführungspflicht nach dem Steuerrecht

Bei allen unter § 140 AO (derivative Buchführungspflicht) fallenden Steuerpflichtigen richten sich Beginn und Ende der Buchführungspflicht nach dem HGB (siehe Kap. 2.4.2.1) oder dem jeweils einschlägigen Gesetz (z. B. GenG).

Unter § 141 Abs. 1 AO (originäre Buchführungspflicht) fallende Steuerpflichtige haben die Verpflichtung zur Buchführung vom Beginn des Wirtschaftsjahres an zu erfüllen, »... das auf die Bekanntgabe der Mitteilung folgt, durch die die Finanzbehörde auf den Beginn dieser Verpflichtung hingewiesen hat«[15]. Mindestens jedoch einen Monat vor Beginn des Wirtschaftsjahres, ab dem die Buchführungspflicht beginnt, soll diese Mitteilung erfolgen.[16]

Steuerrechtlich erlischt die derivative Buchführungspflicht, wenn die Kaufmannseigenschaft nach HGB nicht mehr gegeben ist. Die originäre Buchführungspflicht endet mit Ablauf des Wirtschaftsjahres, das auf das Wirtschaftsjahr folgt, in dem die Finanzbehörde feststellt, dass die Voraussetzungen für diese Verpflichtung nicht mehr vorliegen.[17]

Beispiel

Schreiner Hubertus Max ist kein Istkaufmann nach dem HGB und hat sich auch nicht freiwillig ins Handelsregister eingetragen. Seine Einkommensteuererklärung hat er am 30.05.2021 beim Finanzamt eingereicht. Das Finanzamt stellt daraufhin zum ersten Mal einen Gewinn in Höhe von 61.000 Euro fest.

Lösung:
Durch das Überschreiten der Gewinngrenze ist Schreiner Hubertus Max buchführungspflichtig geworden. Seiner Verpflichtung, Bücher zu führen, muss er jedoch erst nachkommen, wenn er durch Mitteilung des Finanzamts dazu aufgefordert wird. Dies kann frühestens vom Wirtschaftsjahr 2022 an der Fall sein.

2.4.3 Buchführungssysteme

2.4.3.1 Kameralistische Buchführung

Die kameralistische Buchführung ist ein Instrument staatlicher und kommunaler Behörden mit einigen Unterschieden zur doppelten Buchführung. Für die Kameralistik charakteristisch ist der Vergleich zwischen den tatsächlich angefallenen Ausgaben und Einnahmen mit den entsprechenden Sollansätzen.

15 § 141 Abs. 2 Satz 1 AO.
16 Vgl. Abschnitt 105 Nr. 4 AEAO; AEAO zu § 141 AO.
17 Vgl. § 141 Abs. 2 Satz 2 AO.

Da die Kameralistik in der öffentlichen Verwaltung teilweise bereits durch die doppelte Buchführung ersetzt wurde, wird sie in Zukunft als Buchführungssystem nicht mehr die große Bedeutung haben, die sie einst hatte. Im Folgenden wird deshalb auf die Kameralistik nicht weiter eingegangen.

2.4.3.2 Kaufmännische Buchführung

2.4.3.2.1 Einfache Buchführung

Die einfachste Möglichkeit, den Gewinn eines Unternehmens zu bestimmen, ist die einfache Buchführung. In der Praxis wird die einfache Buchführung jedoch, wenn überhaupt, nur bei sehr kleinen Gewerbetreibenden vorzufinden sein.

Beispiel

Lucia Perone betreibt ihren kleinen Getränkehandel als zusätzliche Einkunftsquelle. Der Getränkehandel hat zweimal die Woche abends für 3 Stunden und am Samstagmorgen geöffnet. Da es sich hierbei fast ausschließlich um Bargeschäfte handelt und nur Getränke verkauft werden, genügt es, den Gewinn anhand der einfachen Buchführung zu bestimmen.

Die einfache Buchführung ist dadurch gekennzeichnet, dass die Geschäftsvorgänge nur in zeitlicher – chronologischer – Reihenfolge im sogenannten Grundbuch verbucht bzw. dokumentiert werden. Somit werden die Beträge nur »einmal« und nicht wie bei der doppelten Buchführung »doppelt« erfasst. In der Praxis wird es dabei um die Konten »Kasse« und »Bank« (»Kassenbuch« und »Ordner für Bankauszüge – Bankbuch«) handeln. Eine sachliche Gliederung auf mehrere Konten wie z. B. Miete, Strom, Heizung etc. wird nicht vorgenommen. In Einzelfällen werden für Zwecke der Übersichtlichkeit die Kunden und Lieferanten und deren Veränderungen auf getrennten Konten festgehalten.

Die einfache Buchhaltung ist weitgehend auf die Erfassung von Zahlungsvorgängen beschränkt und erfasst somit keine Leistungsvorgänge in Form von Aufwand und Ertrag.

Artspezifische Bücher der einfachen Buchführung und ihr Zweck sind in Tabelle 4 aufgelistet.

Bücher	Zweck
Inventar- und Bilanzbuch	Verzeichnis der Vermögens- und Kapitalbestände und Ermittlung des Reinvermögens (Eigenkapital)
Grundbücher • Kassenbuch • Tagebuch	 Erfassung der Bargeschäfte in zeitlicher Reihenfolge Erfassung der unbaren Geschäftsvorfälle (Verkauf auf Rechnung) in zeitlicher Reihenfolge
Hauptbuch	Erfassung der Forderungen und Verbindlichkeiten auf Personenkonten (Debitoren- und Kreditorenkonten) und der Bankgeschäfte mittels der Bankbelege (Bankbuch)

Tab. 4: Bücher der einfachen Buchführung

Sachkonten, die ein Kernstück der doppelten Buchführung sind, werden bei der einfachen Buchführung nicht geführt. Das bedeutet, dass eine sachliche Ordnung aller Geschäftsvorfälle nach Bilanz- und Erfolgsposten nicht vorgenommen wird.

Problematisch bei einer einfachen Buchführung ist Folgendes:

- Eine exakte, permanente und umfassende Übersicht über die Bestände an Vermögen und Schulden gibt es i. d. R. nicht.
- Es werden i. d. R. nur Kassen- und Bankbestände vorhanden sein, nur in bestimmten Fällen auch die Kunden- und Lieferantenbestände.
- Ein umfassender Überblick über das betriebliche Vermögen kann nur durch eine Inventur gewonnen werden.
- Nur durch den Abgleich des Betriebsvermögens zu Beginn des Wirtschaftsjahres mit dem Betriebsvermögen zum Ende eines Wirtschaftsjahres lässt sich ein Gewinn ermitteln.

Aufgrund der Tatsache, dass die einfache Buchführung nur eine geringe Aussagekraft hat, wird sie in der Praxis kaum anzutreffen sein. Im Regelfall werden die in Betracht kommenden kleineren Gewerbebetriebe sich wegen der steuerlichen Gewinnermittlungspflicht für eine Einnahmen-Überschuss-Rechnung (Einnahmen-Ausgaben-Rechnung) nach §4 Abs. 3 EStG entscheiden.

In der Praxis hat die einfache Buchführung nur eine sehr geringe Bedeutung, daher wird im Folgenden auf sie nicht weiter eingegangen.

2.4.3.2.2 Doppelte Buchführung

Wer zur Buchführung nach dem HGB verpflichtet ist und regelmäßig Abschlüsse aufzustellen hat, der muss einen Betriebsvermögensvergleich nach §5 EStG durchführen.

Beispiel

Unser Stuckateur Luigi Farfalle ist Istkaufmann nach §1 Abs. 1 HGB. Damit ist er sowohl nach HGB als auch nach §140 AO buchführungspflichtig. Somit ist er verpflichtet, einen derivativen Betriebsvermögensvergleich nach §5 Abs. 1 EStG durchzuführen.

Es ist auch möglich, diese Gewinnermittlungsart freiwillig zu wählen, sprich freiwillig doppelte Buchführung zu machen. Wer das macht, muss es dann jedoch mit allen Rechten und Pflichten tun.

Beispiel

Unser Schreiner Hubertus Max ist kein Istkaufmann nach §1 Abs. 1 HGB und daher weder nach dem HGB noch nach §140 AO buchführungspflichtig. Freiwillig kann er jedoch doppelte Buchführung machen. Dann muss er allerdings auch einen originären Betriebsvermögensvergleich nach §4 Abs. 1 EStG durchführen.

Das Charakteristikum der doppelten Buchführung ist die doppelte Erfassung eines jeden Betrages. Dies bedeutet, dass bei jeder Buchung mindestens zwei Konten berührt werden. Des Weiteren wird jede Buchung und ihre dazugehörige Gegenbuchung in zwei Büchern erfasst, dem **Grundbuch** und dem **Hauptbuch**.

Im **Grundbuch** werden die Geschäftsvorfälle chronologisch aufgezeichnet. Im **Hauptbuch** werden die vorgenommenen Buchungen sachlich sortiert auf Bestands- und Erfolgskonten, den sogenannten Sachkonten, geführt. Somit hat das Hauptbuch der doppelten Buchführung eine andere Funktion als das Hauptbuch bei der einfachen Buchführung.

Auf den Bestandskonten werden die Stände an Vermögen und Schulden und ihre dazugehörigen Veränderungen aufgezeigt.

Auf den Erfolgskonten werden die Aufwendungen und Erträge einer Abrechnungsperiode erfasst.

Am Ende einer Abrechnungsperiode lassen sich aus den Kontenaufzeichnungen und den Ergebnissen einer Bestandsaufnahme (Inventur) das Vermögen und die Schulden des Unternehmens ermitteln.

Durch die doppelte Buchführung wird eine doppelte Erfolgsermittlung ermöglicht, und zwar durch den Vergleich der in zwei aufeinander folgenden Wirtschaftsjahren ausgewiesenen Eigenkapitalbestände und durch die Gegenüberstellung von Aufwendungen und Erträgen, die in einer Abrechnungsperiode angefallen sind.

2.4.4 Bücher der Buchführung

In der Buchführung werden folgende Handelsbücher unterschieden:

- **Grundbuch**
  Jeder Geschäftsvorfall muss in zeitlicher – chronologischer – Reihenfolge mit Tag, Buchungssatz, Belegangabe und Betrag in einem Buch festgehalten werden. Da dieses Buch die Grundlage der gesamten Buchführung bildet, wird es Grundbuch genannt.
- **Hauptbuch**
  Neben der zeitlichen Reihenfolge geht es in der Buchführung auch darum, die Geschäftsvorfälle sachlich zu ordnen. Diese sachliche Sortierung geschieht mit dem Hauptbuch. Somit werden z. B. Geschäftsvorfälle, welche über das Bankkonto bezahlt werden, im Hauptbuch auf dem Konto »Bank« erfasst. Als Grundlage für die Eintragungen im Hauptbuch dienen die chronologischen Eintragungen im Grundbuch.
- **Nebenbücher**
  Zusätzlich zum Grund- und Hauptbuch benötigt der Kaufmann weitere Bücher, in denen weitere wichtige Einzelheiten festgehalten werden. Die sogenannten Nebenbücher werden eigenständig geführt und sollen Erkenntnisse über spezifische Einzeltatbestände erleichtern. Die wichtigsten Nebenbücher in der Praxis sind das **Kontokorrentbuch**, das **Wareneingangsbuch**, das **Lohn- und Gehaltsbuch**, das **Anlagenbuch** sowie das **Kassenbuch**.

Wie diese Bücher im Einzelnen geführt werden, obliegt dem Kaufmann selbst. Wichtig ist nur, dass sämtliche aufzeichnungspflichtigen Vorgänge laufend erfasst werden und dass am Ende mithilfe einer körperlichen Bestandsaufnahme das Inventar und die Bilanz erstellt werden können.

Gemäß Handelsrecht sind bei der »Führung der Bücher« nach § 239 HGB folgende Kriterien zu erfüllen:

- Bei der Führung der Handelsbücher und bei den sonst erforderlichen Aufzeichnungen hat sich der Kaufmann einer lebenden Sprache zu bedienen.
- Werden Abkürzungen, Ziffern, Buchstaben oder Symbole verwendet, muss im Einzelfall deren Bedeutung eindeutig festgelegt werden.
- Die Eintragungen in Büchern und die sonst erforderlichen Aufzeichnungen müssen vollständig, richtig, zeitgerecht und geordnet vorgenommen werden.
- Anstelle schriftlicher Eintragungen und Aufzeichnungen ist unter bestimmten Voraussetzungen auch eine geordnete Ablage von Belegen oder die Übernahme von Vorgängen auf Datenträger zulässig.

Zu diesen allgemeinen handelsrechtlichen Anforderungen an die Buchführung enthält auch das Steuerrecht nach den §§ 145 und 146 AO Anforderungen an die Buchführung, die beachtet werden müssen und wie folgt lauten:

- Die Buchführung muss so beschaffen sein, dass sie einem sachverständigen Dritten innerhalb angemessener Zeit einen Überblick über die Geschäftsvorfälle und die Lage des Unternehmens vermitteln kann.
- Die Geschäftsvorfälle müssen sich in ihrer Entstehung und Abwicklung verfolgen lassen.
- Aufzeichnungen sind so vorzunehmen, dass der Zweck, den sie für die Besteuerung erfüllen sollen, erreicht wird.
- Buchungen und die sonst erforderlichen Aufzeichnungen sind vollständig, richtig, zeitgerecht und gesondert vorzunehmen.
- Kasseneinnahmen und Kassenausgaben sollen täglich festgehalten werden.

2.4.5 Ordnungsmäßigkeit der Buchführung

2.4.5.1 Grundsätze ordnungsmäßiger Buchführung und Bilanzierung

Das Handelsrecht verweist sowohl bei der Verpflichtung zur Aufstellung des Jahresabschlusses als auch bei der Generalnorm der Rechnungslegung nach § 264 Abs. 2 Satz 1 HGB auf die Einhaltung der Grundsätze ordnungsmäßiger Buchführung (GoB). So bestimmt der § 243 Abs. 1 HGB generell: »Der Jahresabschluß ist nach den Grundsätzen ordnungsmäßiger Buchführung aufzustellen.« Neben dem Handelsrecht nimmt aber auch das Steuerrecht mehrfach auf die GoB Bezug. Sie werden jedoch in keinem Gesetz definiert oder gar vollständig kodifiziert. Somit handelt es sich bei den Grundsätzen ordnungsmäßiger Buchführung um einen »unbestimmten Rechtsbegriff«. Allerdings wurden durch das Bilanzrichtliniengesetz 1986 viele der bisher nicht normierten Grundsätze in die gesetzlichen Regelungen des HGB aufgenommen, wie z. B. die Bewertungsgrundsätze in § 252 HGB.

Ganz allgemein können unter den GoB alle jene Regeln zusammengefasst werden, nach denen Geschäftsvorfälle aufzuzeichnen und im Jahresabschluss darzustellen sind. Damit bilden sie für sämtliche Unternehmen die Grundlage für Buchhaltung und Bilanzierung.

Nach heutiger Ansicht kann festgestellt werden, dass die Grundsätze ordnungsmäßiger Buchhaltung und Bilanzierung zurückgehen auf:

- einschlägige gesetzliche Bestimmungen und die Behandlung einzelner diesbezüglicher Fragen durch die Rechtsprechung,
- zum Gewohnheitsrecht gewordene allgemein anerkannte Übungen der kaufmännischen Praxis (Kaufmannsbrauch) und
- Gutachten und Stellungnahmen des Instituts der Wirtschaftsprüfer (IDW) über die Führung von Büchern und die Erstellung von Bilanzen betreffende Teilfragen.

Die GoB reflektieren damit die Wert- und Ordnungsvorstellungen des Gesetzgebers im Geschäftsleben. Einfluss auf die ständige Fortentwicklung der GoB haben deshalb u. a. Gesetze, Verordnungen, Rechtsprechung, Fachgutachten und unter Umständen die Verhaltensweisen im Geschäftsleben.

Derzeit gibt es noch kein geschlossenes System von Grundsätzen. Vielmehr werden im Schrifttum die Grundsätze ordnungsmäßiger Buchführung von den Grundsätzen ordnungsmäßiger Bilanzierung unterschieden. Die Grundsätze ordnungsmäßiger Buchführung umfassen die Organisations- und Formvorschriften für die Buchführung wie z. B. Buchungstechnik oder Aufbewahrung. Demgegenüber enthalten die Grundsätze ordnungsmäßiger Bilanzierung generelle Bilanzierungs- und Bewertungsregeln, nach denen der Jahresabschluss zu erstellen ist.

2.4.5.2 Bedeutende Bilanzierungs- und Bewertungsgrundsätze

2.4.5.2.1 Grundsatz der Bilanzwahrheit

Nach diesem Grundsatz sind die Vermögensgegenstände und Geschäftsvorfälle wahrheitsgemäß auszuweisen und im Rahmen der gesetzlichen Vorschriften zu bewerten. Da sich der Inhalt des Begriffes Bilanzwahrheit nicht präzisieren lässt, wird immer öfter das Prinzip der Wahrheit durch den Grundsatz der Richtigkeit und Willkürfreiheit ersetzt.

Richtig ist ein Bilanzansatz dann, wenn er bei der Abbildung der wirtschaftlichen Tatbestände den gesetzlichen Vorschriften und geltenden Grundsätzen am besten entspricht. Willkürfreiheit verlangt eine Übereinstimmung von Bilanzausweis und innerer Überzeugung des Bilanzierenden, die auch objektiv nachprüfbar sein sollte.

2.4.5.2.2 Grundsatz der Bilanzklarheit

Dieser Grundsatz verlangt eine klare und übersichtliche Darstellung des Vermögens sowie die Anwendung des Bruttoprinzips. Nach dem Bruttoprinzip ist eine Saldierung von Aktiv- und Passivposten bzw. Aufwands- und Ertragsposten unzulässig. Dies ergibt sich aus § 246 Abs. 2 Satz 1 HGB.

Des Weiteren fordert dieser Grundsatz nach § 243 Abs. 2 HGB eine klare und zutreffende Bezeichnung der Posten des Jahresabschlusses, sodass sie eindeutig gegen andere Bilanzposten abgrenzbar sind. Wird hingegen das Vermögen oder die Schulden unübersichtlich dargestellt und Bilanzposten irreführend bezeichnet oder unzulässige Saldierungen und Zusammenfassungen vorgenommen, dann liegt eine Bilanzverschleierung vor.

2.4.5.2.3 Grundsatz der Vollständigkeit

Nach dem Vollständigkeitsgebot gemäß § 246 Abs. 1 Satz 1 HGB hat der Jahresabschluss sämtliche Vermögensgegenstände, Verbindlichkeiten und Rückstellungen, Rechnungsabgrenzungsposten, Aufwendungen und Erträge zu enthalten, soweit gesetzlich nichts anderes bestimmt ist. Danach sind alle buchungspflichtigen Geschäftsvorfälle, bei denen Änderung im Wert oder in der Zusammensetzung des Vermögens eintritt, zu erfassen. Dabei sind alle Informationen über Geschäftsvorfälle und Vorgänge, die bis zum Bilanzstichtag eingetreten sind, zu berücksichtigen, auch wenn die Informationen erst nach dem Bilanzstichtag, jedoch vor der Bilanzerstellung bekannt geworden sind.[18]

2.4.5.2.4 Grundsatz der Bilanzverknüpfung

In der Bilanzlehre herrscht der Grundsatz der Bilanzverknüpfung. Dieser Grundsatz spaltet sich auf in die Teilgrundsätze der Bilanzkontinuität und der Bilanzidentität.

(a) Grundsatz der Bilanzkontinuität

Unter dem Grundsatz der Bilanzkontinuität ist eine zeitraumbezogene Bilanzverknüpfung zu verstehen. Es muss ein organischer Zusammenhang zwischen der Schlussbilanz einer Periode und der Schlussbilanz der folgenden Periode gegeben sein.

Die Bilanzkontinuität unterteilt sich wieder in formelle und materielle Art. Die formelle Bilanzkontinuität bezieht sich auf die Beibehaltung einmal angewendeter Gliederungsgrundsätze und Kontenbezeichnungen. Gemäß § 265 Abs. 1 HGB ist die einmal gewählte Form der Darstellung, insbesondere die Gliederung der aufeinander folgenden Bilanzen und Gewinn- und Verlustrechnungen, beizubehalten. Eine Abweichung von diesem Grundsatz ist nur unter besonderen Umständen zulässig.

Die materielle Bilanzkontinuität wird auch als Bewertungsstetigkeit bezeichnet. Sie umfasst nach § 252 Abs. 1 Nr. 6 HGB die Anwendung gleicher Bewertungsmethoden und das Prinzip des Wertzusammenhangs. Abweichungen sind nur in begründeten Ausnahmefällen nach § 252 Abs. 2 HGB zulässig.

18 Hierbei handelt es sich um die sogenannte Wertaufhellungstheorie, die in § 252 Abs. 1 Nr. 4 HS. 1 HGB ihren Niederschlag gefunden hat.

(b) Grundsatz der Bilanzidentität

Der Grundsatz der Bilanzidentität fordert, dass die Eröffnungsbilanz des neuen Geschäftsjahres mit der Schlussbilanz des alten Geschäftsjahres identisch sein muss. Diese Forderung ist auch gesetzlich kodifiziert, nämlich in § 252 Abs. 1 Nr. 1 HGB.

Bei der Bilanzen-Euro-Umstellung im Jahr 2000 auf das Jahr 2001 wurde dieser Grundsatz durch die Gesetzgebung durchbrochen. Nach § 252 Abs. 2 HGB ist dies aber gesetzlich möglich.

Abbildung 10 verdeutlicht nochmals den Grundsatz der Bilanzverknüpfung:

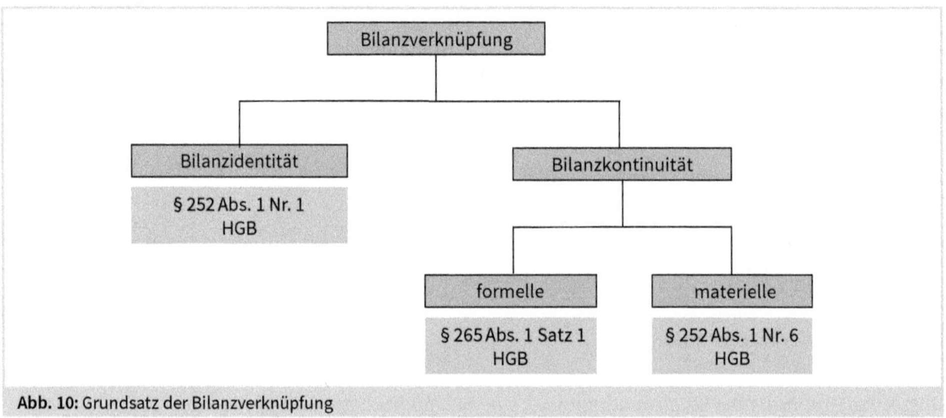

Abb. 10: Grundsatz der Bilanzverknüpfung

2.4.5.2.5 Beibehaltung der Bewertungsmethoden

Unter »Bewertungsmethode« ist jedes Verfahren der Ermittlung von Wertansätzen zu verstehen, das einem bestimmten, festgelegten Ablauf folgt und bestimmte, festgelegte Bewertungselemente verwendet. Jeder Wertansatz muss nach einer aus den gesetzlichen Vorschriften abgeleiteten Bewertungsmethode ermittelt werden. Die gewählten Bewertungsmethoden sind beizubehalten, außer es sprechen zwingende wirtschaftliche Gründe oder besondere Umstände für ein Abgehen.

2.4.5.2.6 Prinzip des Wertzusammenhangs

Die einmal gewählten Wertansätze in der Bilanz sind in den Folgeperioden fortzuführen, sofern keine bilanzierbaren Wertänderungen eingetreten sind. Bei dem Prinzip des Wertzusammenhangs wird zwischen dem uneingeschränkten und dem eingeschränkten Wertzusammenhang unterschieden. Nach dem Prinzip des uneingeschränkten Wertzusammenhangs darf ein Wertansatz nicht höher sein als der Wertansatz in der Schlussbilanz des Vorjahres. Hingegen kann beim Prinzip des eingeschränkten Wertzusammenhangs ein höherer Wert als der Bilanzwert des Vorjahres angesetzt werden, wenn der Wert des Gegenstands am Bilanzstichtag gestiegen ist.

Eine Abweichung vom Grundsatz der Bewertungsstetigkeit ist nur bei Vorliegen besonderer Umstände zulässig. Gründe für ein Abweichen von der Bewertungsstetigkeit sind u. a.:

- Änderung der Rechtsprechung,
- Einleitung von Sanierungsmaßnahmen,
- wesentliche Änderungen in der Gesellschaftsstruktur, in der Finanz- und Kapitalstruktur,
- Einbeziehung in einen Konzern,
- technische Umwälzungen,
- steuerliche Gründe wie z. B. das Ergebnis einer Betriebsprüfung oder die Nutzung von sonst nicht ausnutzbaren Verlustvorträgen.

Kapitalgesellschaften haben im Anhang das Abweichen von der Bewertungsstetigkeit ausreichend zu begründen, da eine Änderung aus rein bilanzpolitischen Gründen nicht zulässig ist.

2.4.5.2.7 Grundsatz der Vorsicht

Das Vorsichtsprinzip resultiert aus der Vorstellung eines vorsichtigen Kaufmanns, der sich zum Schutz der Gläubiger und des Eigenkapitals im Zweifel nicht reicher, sondern ärmer darstellt. Nach § 252 Abs. 1 Nr. 4 HGB ist der Grundsatz der Vorsicht einzuhalten, wobei insbesondere nur die am Abschlussstichtag realisierten Gewinne auszuweisen und namentlich alle vorhersehbaren Risiken und Verluste, die bis zum Abschlussstichtag entstanden sind, zu berücksichtigen sind, selbst wenn diese erst zwischen dem Abschlussstichtag und dem Tag der Aufstellung des Jahresabschlusses bekannt geworden sind.

Der Vorsichtsgrundsatz wird durch folgende Prinzipien konkretisiert:

(a) Realisationsprinzip

Gewinne und Verluste können dann ausgewiesen werden, wenn sie durch einen Umsatzakt tatsächlich realisiert wurden. Als Realisationszeitpunkt ist der Zeitpunkt der Erfüllung einer vertraglich übernommenen Leistungsverpflichtung anzusehen. Das liegt insbesondere dann vor, wenn

- das Eigentum übergeht,
- die wirtschaftliche Verfügungsmacht über einen Gegenstand auf den Erwerber übergeht,
- die wirtschaftliche Zugehörigkeit von Vermögensgegenständen und Schulden sich ändert,
- eine Dienstleistung oder ein Werk vollendet wurde,
- Gefahren und Kosten übergehen (geregelt durch Incoterms wie z. B. »Ab Werk«, »Frei an Bord«, »Frachtfrei«).

In der Praxis wird als Buchungszeitpunkt und damit als »Realisationszeitpunkt« vielfach die Rechnungslegung angenommen. Im laufenden Geschäftsjahr kann dieser Buchführungspraxis gefolgt werden, jedoch muss bei der Bilanzerstellung eine genaue Untersuchung der zum Bilanzstichtag zeitnahen Geschäftsvorfälle hinsichtlich des Realisations- und Imparitätsprinzips erfolgen.

(b) Imparitätsprinzip

Im Gegensatz zu den Gewinnen müssen erkennbare Risiken und drohende Verluste dann berücksichtigt werden, wenn sie zwar noch nicht realisiert, aber in der Bilanzperiode oder davor entstanden und bis zum Zeitpunkt der Bilanzaufstellung bekannt geworden sind. Als Zeitpunkt der Bilanzaufstellung gilt der Tag, an dem der Kaufmann mit seiner Unterschrift die Fertigstellung der Bilanzarbeiten dokumentiert.

Das Imparitätsprinzip wird durch die Bildung von Rückstellungen sowie durch die Beachtung des **Niederstwertprinzips** bei der Bewertung von Vermögensgegenständen und Beachtung des **Höchstwertprinzips** bei der Bewertung von Schulden verwirklicht.

1. **Niederstwertprinzip**
   Nach diesem Grundsatz sind Vermögensposten, bei denen verschiedene Wertansätze (z. B. Anschaffungswert und Vergleichswert) vorliegen, mit dem niedrigeren Wert anzusetzen.
   Im Handelsrecht gibt es zwei Varianten des Niederstwertprinzips:
   a) **Gemildertes Niederstwertprinzip**
      Ein niedriger Wert muss gemäß § 253 Abs. 3 Satz 5 HGB nur bei voraussichtlich dauernder Wertminderung angesetzt werden.
   b) **Strenges Niederstwertprinzip**
      Es ist gemäß § 253 Abs. 4 Satz 1 HGB immer eine Abwertung auf den niedrigeren Wert am Abschlussstichtag vorzunehmen.
2. **Höchstwertprinzip**
   Bei der Bewertung von Verbindlichkeiten ist gemäß § 253 Abs. 1 Satz 2 HGB bei verschiedenen Wertansätzen (z. B. Verfügungsbetrag und Rückzahlungsbetrag) stets der höhere Wert zu passivieren.
   Realisationsprinzip und Imparitätsprinzip werden in der Literatur auch den Grundsätzen der Abgrenzung zugeordnet, wenn bei Verlust- oder Gewinnerwartung von sicheren Annahmen ausgegangen werden kann.

2.4.5.2.8 Grundsatz der Abgrenzung

Die Grundsätze der Abgrenzung dienen der periodenrichtigen Zuordnung von Aufwendungen und Erträgen. Außer Realisations- und Imparitätsprinzip zählen dazu:

(a) Abgrenzung der Sache nach

Danach sind Aufwendungen, die dazu dienen, bestimmte Erträge zu erzielen, entsprechend dem Ertragsanfall zu periodisieren.

> **Beispiel**
>
> Abschreibungswerte einer Produktionsmaschine werden in der Periode als Aufwand angesetzt, in der auch die durch die Leistungserstellung erzielten Erträge realisiert werden.

(b) Abgrenzung der Zeit nach

Danach sind die zeitraumbezogenen Aufwendungen und Erträge, die sich also über einen bestimmten Zeitraum erstrecken, zeitproportional zu periodisieren.

Beispiel

Eine Mietzahlung für den Zeitraum vom 1.12. bis 31.3. ist auf diesen Zeitraum pro rata temporis (zeitanteilig) zu verteilen.

2.4.5.2.9 Grundsatz der Wesentlichkeit

Dieser Grundsatz fordert, dass nur all jene Tatbestände bei der Bilanzierung zu berücksichtigen sind, die wesentlich sind und damit Einfluss auf die Entscheidungen des Bilanzadressaten haben könnten. Die Beurteilung der Wesentlichkeit ist oft problematisch. Hierbei können die Art und Höhe der Jahresabschlussposten sowie ihre Bedeutung für andere Posten wichtige Orientierungsfaktoren sein.[19]

2.4.5.2.10 Grundsatz der Bilanzstichtags- und Wertaufhellungstheorie

Eine Bilanz ist für einen bestimmten Bilanzstichtag aufzustellen. Nach dem Stichtagsprinzip, welches in den §§ 242 Abs. 1 und 252 Abs. 1 Nr. 3 HGB kodifiziert ist, sind für die Bilanzierung und Bewertung die objektiven Verhältnisse und subjektiven Einschätzungen an diesem bestimmten Bilanzstichtag maßgeblich. Geschäftsvorfälle, die erst nach dem Bilanzstichtag eintreten, sind nicht zu berücksichtigen, außer sie sind im Bilanzierungszeitraum verursacht worden.

Zudem ist für die Bilanzierung nicht der Informationsstand am Bilanzstichtag, sondern derjenige am Bilanzaufstellungstag maßgeblich. Nach dem Wertaufhellungsprinzip müssen nämlich bei der Bilanzerstellung alle Informationen über wertbeeinflussende Ereignisse, die vor dem Bilanzstichtag eingetreten sind, berücksichtigt werden, wenn der Bilanzierende von diesen Ereignissen bis zum Tag der Bilanzaufstellung Kenntnis erhält.

Wertveränderungen, die auf ein Ereignis, das erst nach dem Bilanzstichtag erfolgte, zurückzuführen sind, dürfen daher nicht berücksichtigt werden. In diesem Zusammenhang spricht man von wertbegründenden Tatsachen. Demgegenüber liegen werterhellende Umstände vor, wenn zusätzliche Informationen über am Bilanzstichtag bereits bestehende Verhältnisse bekannt werden. Die Rechtsgrundlage für die Wertaufhellungstheorie ist in § 252 Abs. 1 Nr. 4 HGB kodifiziert.

19 Zum Grundsatz der Wesentlichkeit siehe z. B. § 285 Nr. 3 HGB; § 240 Abs. 3 Satz 1 HGB und die Ausführungen bei Rossmanith 1998, S. 1 ff.

2.4.5.2.11 Grundsatz der Einzelbewertung

Der Grundsatz der Einzelbewertung nach §252 Abs. 1 Nr. 3 HGB verlangt, dass sämtliche Vermögensgegenstände und Schulden einzeln zu bewerten sind. Wertminderungen bei einem Gegenstand dürfen nicht mit Wertsteigerungen bei einem anderen ausgeglichen werden. Schwierigkeiten können sich bei der Abgrenzung eines einheitlich zu bewertenden Gegenstandes, also der Abgrenzung sogenannter Bewertungseinheiten, ergeben. Besonders beim Anlagevermögen kommen Sachgesamtheiten vor, die aus unterschiedlich abnutzbaren Teilen bestehen. In Anlehnung an das Steuerrecht kann eine Abgrenzung in wirtschaftlicher Betrachtungsweise nach Art der Nutzung oder Funktion vorgenommen werden.

Beispiel

Ein Kino kauft 300 neue Kinosessel, die in dem vorgesehenen Kinosaal eingebaut werden. Müssen jetzt nach dem Grundsatz der Einzelbewertung die 300 Kinosessel einzeln als Anlagegut oder darf auch eine Sachgesamtheit, z. B. Bestuhlung, aktiviert werden? Daraus abgeleitet würden sich entweder 300 Einzelabschreibungen oder eine einzige Gesamtabschreibung bei identischer Summe ergeben.

Lösung:
Nach der BFH-Rechtsprechung ist in erster Linie nach der Verkehrsauffassung zu beurteilen. Damit stellt sich die Frage, ob nun die einzelnen Gegenstände selbstständig nutzbar und bewertbar sind oder ob sie eine Sachgesamtheit bilden. Dabei ist von Bedeutung, dass die einzelnen, für sich selbstständigen Gegenstände wie hier die Kinosessel als Möbelstücke dann, wenn sie zu einem nach Zahl, Art und Stil oder anderen Merkmalen in sich einheitlichen Ganzen vereinigt werden, wirtschaftlich als etwas anderes und im Geschäftsverkehr als Einheit behandelt werden. Da dies bei der Kinobestuhlung zu bejahen ist, liegt eine Sachgesamtheit vor mit der Folge, dass die 300 Kinosessel zusammen als Bewertungseinheit aktiviert und über eine gemeinsame Laufzeit abgeschrieben werden dürfen.

In diesem Sinne gilt beispielsweise auch ein Besprechungstisch mit Sesseln als eine Bewertungseinheit. Ebenso wird für Gebäude und Gebäudeteile als Abgrenzungskriterium der einheitliche Nutzungs- und Funktionszusammenhang verwendet. So wird z. B. bei der Erstellung eines Gebäudes der Einbau einer Zentralheizung trotz kürzerer Lebensdauer mit dem Gebäude einheitlich bewertet und auf die Laufzeit des Gebäudes abgeschrieben (vgl. BFH-Urteil vom 9. August 1989 – XR 77/87).

Von einer exakten Befolgung der Einzelbewertung kann in bestimmten Fällen, bei denen eine individuelle Ermittlung der Vermögenswerte zu einem unvertretbar hohen Verwaltungsaufwand führt, abgewichen werden. Für diese Gegenstände bestehen die nachfolgend beschriebenen Ausnahmeverfahren, die eine Vereinfachung des Bewertungsvorganges zulassen. Die Inanspruchnahme einer Bewertungsvereinfachung bindet den Kaufmann dann aber, solange die Voraussetzungen für die Anwendbarkeit dieses Bewertungsvereinfachungsverfahrens vorliegen.

2.4.5.2.12 Festwertverfahren

Das Festwertverfahren ist dadurch gekennzeichnet, dass Vermögensgegenstände nicht einzeln im jährlichen Inventar aufgenommen und bewertet werden, sondern mit einem bestimmten Wert, dem Festwert, in der Bilanz angesetzt werden. Dieser Wert bleibt i. d. R. in den folgenden Jahren unverändert.

Die Aktivierung des Festwertes in Form eines gleichbleibenden Wertes in der Bilanz kann bei den Gegenständen des Sachanlagevermögens sowie bei den Roh-, Hilfs- und Betriebsstoffen erfolgen, wenn

- sie regelmäßig ersetzt werden,
- ihr Gesamtwert von nachrangiger Bedeutung[20] ist und
- ihr Bestand in seiner Größe, seinem Wert und seiner Zusammensetzung nur geringen Veränderungen unterliegt.

Gemäß § 240 Abs. 3 Satz 2 HGB ist mindestens alle drei Jahre eine Inventur vorzunehmen und bei einer wesentlichen Änderung des mengenmäßigen Bestandes der Wert anzupassen.

In der gängigen Literatur wird der Festwert als spezifische Bewertungsmethode zur Ermittlung der Anschaffungs- oder Herstellungskosten betrachtet. Danach werden die Anschaffungskosten bzw. Herstellungskosten um den durchschnittlichen Abschreibungssatz von im Allgemeinen 40 % bis 60 % gekürzt und dieser Wert wird als Anschaffungskosten bzw. Herstellungskosten des Festwerts für den Anlagenspiegel genommen. Die laufenden Ersatzbeschaffungen werden in der Folge bei Festwerten des Sachanlagevermögens als sonstiger betrieblicher Aufwand und beim Umlaufvermögen unter dem Materialaufwand verbucht. Wertmäßige Anpassungen aufgrund gestiegener Beschaffungspreise werden beim Festwert im Anlagenspiegel nicht berücksichtigt. Dieser wird nur bei einer mengenmäßigen Änderung angepasst, und zwar bei einer Erhöhung in Form eines Zugangs zum Anlagenspiegel und einer Saldierung der entsprechenden GuV-Posten sowie bei einer Verminderung als Abgang und als sonstiger betrieblicher Aufwand. Kann der durch die Bestandsaufnahme festgestellte Festwert in der Bilanzierungsperiode nicht durch die Aktivierung des Zugangs erreicht werden, dann wird die restliche Zuführung zum Festwert über die »sonstigen betrieblichen Erträge« gegengebucht.

Beispiel

Stuckateur Luigi Farfalle hat im Rahmen seiner Inventur zum 31.12.2021 bei seinem Stahlgerüst einen Festwert in Höhe von 30.000,00 Euro bestimmt. Im Geschäftsjahr 2021 wurden neue Stahlgerüstteile im Wert von 6.000,00 Euro angeschafft. Der bisher aktivierte Festwert betrug 20.000,00 Euro.

Welche Anpassungen muss Luigi Farfalle bei seinem Festwert »Stahlgerüst« zum Bilanzstichtag 31.12.2021 vornehmen?

20 Ein Beurteilungskriterium wäre: Der einzelne Festwert liegt unter 10 % der Bilanzsumme des Unternehmens.

Lösung:
Da der Wertunterschied vom bisherigen Festwert in Höhe von 20.000,00 Euro zum festgestellten Festwert laut Inventur in Höhe von 30.000,00 Euro nach § 240 Abs. 3 Satz 1 HGB **keine** geringe Veränderung darstellt, muss der Festwert zum Bilanzstichtag 31.12.2021 mit 30.000,00 Euro ausgewiesen werden.

Der bisherige Festwert in Höhe von 20.000,00 Euro wird wie folgt angepasst:

Zugänge des laufenden Geschäftsjahres 2021:

1.	Festwert Stahlgerüst	6.000,00	an	Bank	6.000,00

Anpassungsbuchung Festwert »Stahlgerüst« auf Bilanzwert 31.12.2021:

2.	Festwert Stahlgerüst	4.000,00	an	Sonstige betriebliche Erträge	4.000,00

Der umgekehrte Fall kann sich in der Praxis dann ergeben, wenn der bisher aktivierte Festwert deutlich höher ist als der im Rahmen einer Inventur festgestellte Festwert. In diesem Fall muss der bisher aktivierte Festwert nach § 240 Abs. 3 Satz 1 HGB i. V. m. dem »true and fair view«-Prinzip nach § 264 Abs. 2 Satz 1 HGB zwingend nach unten angepasst werden.

Beispiel

Stuckateur Luigi Farfalle hat im Rahmen seiner Inventur zum 31.12.2021 bei seinem Stahlgerüst einen Festwert in Höhe von 18.000,00 Euro bestimmt. Im Geschäftsjahr 2021 wurden neue Stahlgerüstteile im Wert von 2.000,00 Euro angeschafft. Der bisher aktivierte Festwert betrug 26.000,00 Euro.

Welche Anpassungen muss Luigi Farfalle bei seinem Festwert »Stahlgerüst« zum Bilanzstichtag 31.12.2021 vornehmen?

Lösung:
Da der Wertunterschied vom bisherigen Festwert in Höhe von 26.000,00 Euro zum festgestellten Festwert laut Inventur in Höhe von 18.000,00 Euro nach § 240 Abs. 3 Satz 1 HGB **keine** geringe Veränderung darstellt, muss der Festwert zum Bilanzstichtag 31.12.2021 mit 18.000,00 Euro ausgewiesen werden.

Der bisherige Festwert in Höhe von 26.000,00 Euro wird wie folgt angepasst:

Zugänge des laufenden Geschäftsjahres 2021:

1.	Aufwand für Roh-, Hilfs- und Betriebsstoffe	2.000,00	an	Bank	2.000,00

Anpassungsbuchung Festwert »Stahlgerüst« auf Bilanzwert 31.12.2021:

2.	Sonstige betriebliche Aufwendungen	8.000,00	an	Festwert Stahlgerüst	8.000,00

Veräußerungserlöse, die bei Abgängen erzielt werden, sind als Erträge aus Anlagenabgängen auszuweisen. Im Sinne des »true and fair view« wäre im Anlagenspiegel allerdings der Ausweis der dem Festwert zugrunde liegenden tatsächlichen Anschaffungskosten bzw. der Herstellungskosten, verbunden mit der kumulierten Abschreibung, vorzuziehen, was auch die Vergleichbarkeit mit den anderen Anlagenposten verbessert.

2.4.5.2.13 Durchschnittswertverfahren

Gleichartige oder annähernd gleichwertige Gegenstände, wie z. B. Vorräte oder Wertpapiere, können jeweils zu einer Gruppe zusammengefasst und mit einem Durchschnittspreis bewertet werden. Dabei wird zwischen dem einfachen gewogenen und dem gleitenden gewogenen Durchschnittswertverfahren unterschieden. Die Rechtsgrundlage dafür findet sich in § 240 Abs. 4 HGB.

Beim **einfachen gewogenen Durchschnittswertverfahren** werden die Abgänge und der Inventurbestand mit dem gewogenen Durchschnittspreis bewertet. Der gewogene Durchschnittspreis »p« entsteht, indem die einzelnen Anschaffungswerte in Bezug auf die Menge gemittelt werden:

$$p = \frac{\sum pi * mi}{\sum mi}$$

(pi ist der Preis bezogen auf die Mengeneinheit mi).

Beispiel

Stuckateur Luigi Farfalle kauft Spezialmörtel für seinen Stuckateurbetrieb zu unterschiedlichen Preisen wie folgt ein:

Nr.	Zugänge/Abgänge	Preis/kg	Gesamtwert
1	Zugang 100 kg Spezialmörtel	10,00 Euro	1.000,00 Euro
2	Zugang 200 kg Spezialmörtel	13,00 Euro	2.600,00 Euro
	Endbestand: 300 kg Spezialmörtel	**12,00 Euro**	**3.600,00 Euro**

Die Bewertung des Endbestandes sowie der Abgänge erfolgt mit dem

$$\text{Durchschnittspreis } p = \frac{(100 * 10 + 200 * 13)}{300} = 12{,}00 \text{ Euro/kg}$$

Kann ein gewogener Durchschnitt für die Periode nicht ermittelt werden, weil nicht sämtliche Zugänge zeitlich vor den Abgängen erfolgen, dann wird das **gleitende gewogene Durchschnittswertverfahren** verwendet. Bei diesem wird sogleich nach jedem Zugang ein neuer gleitender Durchschnittspreis bestimmt, mit dem die Abgänge so lange zu bewerten sind, bis sich der gleitende Durchschnittspreis durch einen neuen Zugang wieder ändert.

Beispiel

Stuckateur Luigi Farfalle kauft Spezialmörtel für seinen Stuckateurbetrieb zu unterschiedlichen Preisen ein. Der Verbrauch des Spezialmörtels weicht zeitlich von den Anschaffungsvorgängen ab.

Folgende Informationen liegen Luigi Farfalle vor:

Nr.	Zugänge/Abgänge	Preis/kg	Gesamtwert
1	Zugang 100 kg Spezialmörtel	10,00 Euro	1.000,00 Euro
2	Zugang 200 kg Spezialmörtel	13,00 Euro	2.600,00 Euro
	Abgang 100 kg Spezialmörtel		
3	Zugang 150 kg Spezialmörtel	14,00 Euro	2.100,00 Euro
	Abgang 80 kg Spezialmörtel		
4	Zugang 120 kg Spezialmörtel	9,00 Euro	1.080,00 Euro
	Abgang 130 kg Spezialmörtel		
5	Zugang 50 kg Spezialmörtel	12,50 Euro	625,00 Euro

Die Bewertung der jeweiligen Endbestände sowie der jeweiligen Abgänge bestimmen sich wie folgt:

$$\text{Durchschnittspreis } p = \frac{(100 * 10 + 200 * 13)}{300} = 12{,}00 \text{ Euro/kg}$$

Bewertung des Bestandes von 300 kg:

300 kg x 12,00 Euro/kg = 3.600,00 Euro

Nr.	Zugänge/Abgänge	Preis/kg	Gesamtwert
1	Zugang 100 kg Spezialmörtel	10,00 Euro	1.000,00 Euro
2	Zugang 200 kg Spezialmörtel	13,00 Euro	2.600,00 Euro
	Bestand 300 kg Spezialmörtel	**12,00 Euro**	**3.600,00 Euro**

Bestimmung des Abgangswerts der 100 kg:

100 kg x 12,00 Euro/kg = 1.200 Euro

Bewertung des nun vorhandenen Bestandes von 200 kg:

200 kg x 12,00 Euro/kg = 2.400,00 Euro

	Bestand 300 kg Spezialmörtel	**12,00 Euro**	**3.600,00 Euro**
	Abgang 100 kg Spezialmörtel	12,00 Euro	1.200,00 Euro
	Bestand 200 kg Spezialmörtel	**12,00 Euro**	**2.400,00 Euro**

Zukauf von 150 kg Spezialmörtel zu 14,00 Euro/kg:

$$\text{Durchschnittspreis } p = \frac{(200 * 12 + 150 * 14)}{350} = 12{,}86 \text{ Euro/kg}$$

Bewertung des Bestandes von 350 kg:

350 kg x 12,86 Euro/kg = 4.501,00 Euro

	Bestand 200 kg Spezialmörtel	**12,00 Euro**	**2.400,00 Euro**
3	Zugang 150 kg Spezialmörtel	14,00 Euro	2.100,00 Euro
	Bestand 350 kg Spezialmörtel	**12,86 Euro**	**4.501,00 Euro**

Bestimmung des Abgangswerts der 80 kg:

80 kg x 12,86 Euro/kg = 1.028,80 Euro.

Bewertung des Bestandes von 270 kg:

270 kg x 12,86 Euro/kg = 3.472,20 Euro

	Bestand 350 kg Spezialmörtel	**12,86 Euro**	**4.501,00 Euro**
	Abgang 80 kg Spezialmörtel	12,86 Euro	1.028,80 Euro
	Bestand 270 kg Spezialmörtel	**12,86 Euro**	**3.472,20 Euro**

Zukauf von 120 kg Spezialmörtel zu 9,00 Euro/kg:

$$\text{Durchschnittspreis } p = \frac{(270 * 12{,}86 + 120 * 9{,}00)}{390} = 11{,}67 \text{ Euro/kg}$$

Bewertung des Bestandes von 390 kg:

390 kg x 11,67 Euro/kg = **4.551,30 Euro**

	Bestand 270 kg Spezialmörtel	**12,86 Euro**	**3.472,20 Euro**
4	Zugang 120 kg Spezialmörtel	9,00 Euro	1.080,00 Euro
	Bestand 390 kg Spezialmörtel	**11,67 Euro**	**4.551,30 Euro**

Bestimmung des Abgangswerts der 130 kg:

130 kg x 11,67 Euro/kg = 1.517,10 Euro.

Bewertung des Bestandes von 260 kg:

260 kg x 11,67 Euro/kg = 3.034,20 Euro

	Bestand 390 kg Spezialmörtel	**11,67 Euro**	**4.551,30 Euro**
	Abgang 130 kg Spezialmörtel	11,67 Euro	1.517,10 Euro
	Bestand 260 kg Spezialmörtel	**11,67 Euro**	**3.034,20 Euro**

Zukauf von 50 kg Spezialmörtel zu 12,50 Euro/kg:

$$\text{Durchschnittspreis } p = \frac{(260 * 11{,}67 + 50 * 12{,}50)}{310} = 11{,}80 \text{ Euro/kg}$$

Bewertung des Bestandes von 310 kg:

310 kg x 11,80 Euro/kg = 3.658,00 Euro

	Bestand 260 kg Spezialmörtel	11,67 Euro	3.034,20 Euro
5	Zugang 50 kg Spezialmörtel	12,50 Euro	625,00 Euro
	Endbestand 310 kg Spezialmörtel	**11,80 Euro**	**3.658,00 Euro**[21]

2.4.5.2.14 Sonstige Bewertungsvereinfachungsverfahren

Fehlen überhaupt Informationen für eine Einzelbewertung, dann kann eine Pauschalbewertung durchgeführt werden. Dazu wird ein Globalwert aufgrund von Schätzungen oder Erfahrungen ermittelt, mit dem die Bewertung erfolgt.

Auch die Verbrauchsfolgeverfahren, welche gesetzlich in § 256 Satz 1 HGB kodifiziert sind, stellen eine Bewertungsvereinfachung dar. Bei diesen Verfahren ist es i. d. R. nicht möglich oder zweckmäßig, den Weg eines jeden einzelnen Vermögensgegenstandes buchmäßig zu verfolgen. Es werden daher vereinfachende Annahmen über bestimmte Verbrauchsfolgen getroffen, die zu einer pauschalen Zuordnung der Preise zu den Verbrauchs- und Lagermengen führen.

Die wichtigsten Verbrauchsfolgeverfahren sind:

- **das FIFO-Verfahren (First-In-First-Out)** und
- **das LIFO-Verfahren (Last-In-First-Out).**

Beim FIFO-Verfahren (First-In-First-Out) wird unterstellt, dass die zuerst eingekauften Gegenstände auch zuerst verbraucht werden, sodass sich der Endbestand nur aus den letzten Zukäufen zusammensetzt und insofern mit diesen Preisen zu bewerten ist.

Beim LIFO-Verfahren (Last-In-First-Out) wird unterstellt, dass die zuletzt eingekauften Gegenstände auch zuerst verbraucht werden, sodass sich der Endbestand nur aus den ersten Zukäufen zusammensetzt und insofern mit diesen Preisen zu bewerten ist.

Bedeutung kommt den Verbrauchsfolgeverfahren insbesondere bei der Vorratsbewertung zu.

Beispiel

Stuckateur Luigi Farfalle kauft hochwertigen Spezialkleber für seinen Stuckateurbetrieb zu unterschiedlichen Preisen ein. Am Jahresende sind noch 180 kg von diesem hochwertigen Spezialkleber auf Lager. Diesen Bestand an hochwertigem Spezialkleber möchte er nach dem **FIFO-Verbrauchsfolgeverfahren** bewerten.

21 Differenzen durch Rundungen.

Folgende Informationen liegen Luigi Farfalle vor:

Nr.	Anfangsbestand/Zugänge	Preis/kg
	Anfangsbestand (AB): 150 kg Spezialkleber	40,00 Euro
1	Zugang 250 kg Spezialkleber	42,00 Euro
2	Zugang 200 kg Spezialkleber	38,00 Euro
3	Zugang 150 kg Spezialkleber	39,00 Euro
4	Zugang 120 kg Spezialkleber	46,00 Euro

Lösung:

Nr.	AB + Zugänge	870 kg		
	Verbrauch	690 kg		
	Endbestand	**180 kg**		
	Bewertung Endbestand		**Preis/kg**	**Gesamtwert**
4	Zugang	120 kg	46,00 Euro	5.520,00 Euro
3	Zugang	60 kg	39,00 Euro	2.340,00 Euro
	Endbestandswert			**7.860,00 Euro**

Beispiel

Stuckateur Luigi Farfalle stellt sich jetzt die Frage, welcher Endbestandswert sich ergeben würde, wenn bei der Bestandsbewertung das **LIFO-Verbrauchsfolgeverfahren** zur Anwendung kommen würde.

Lösung:

Nr.	AB + Zugänge	870 kg		
	Verbrauch	690 kg		
	Endbestand	**180 kg**		
	Bewertung Endbestand		**Preis/kg**	**Gesamtwert**
	Anfangsbestand	150 kg	40,00 Euro	6.000,00 Euro
1	Zugang	30 kg	42,00 Euro	1.260,00 Euro
	Endbestandswert			**7.260,00 Euro**

Gegenüber dem »normalen« FIFO- bzw. LIFO-Verfahren erfolgt beim »**permanenten**« FIFO- bzw. LIFO-Verfahren die Wertermittlung direkt nachdem die Vermögensgegenstände verbraucht wurden oder zugegangen sind.

Beispiel

Stuckateur Luigi Farfalle würde jetzt gerne die Lösung dafür haben, welcher Endbestandswert sich ergeben würde, wenn bei der Bestandsbewertung das **permanente FIFO-Verbrauchsfolgeverfahren** zur Anwendung kommen würde.

Folgende Informationen stehen zur Verfügung:

Nr.	Anfangsbestand/Zugänge	Preis/kg
	AB: 150 kg Spezialkleber	40,00 Euro
1	Zugang 250 kg Spezialkleber	42,00 Euro
	Abgang 100 kg Spezialkleber	
2	Zugang 200 kg Spezialkleber	38,00 Euro
	Abgang 400 kg Spezialkleber	
3	Zugang 150 kg Spezialkleber	39,00 Euro
	Abgang 50 kg Spezialkleber	
4	Zugang 120 kg Spezialkleber	46,00 Euro

Lösung:

Nr.	Anfangsbestand/Zugänge/Abgänge	Menge x Preis	Gesamtbetrag
	AB: 150 kg Spezialkleber	150 kg x 40,00 Euro	6.000,00 Euro
1	Zugang 250 kg Spezialkleber	250 kg x 42,00 Euro	10.500,00 Euro
	Wert vorläufiger Endbestand		*16.500,00 Euro*
	Abgang 100 kg Spezialkleber Anfangsbestand	 100 kg x 40,00 Euro	 4.000,00 Euro
	Wert vorläufiger Endbestand		*12.500,00 Euro*
2	Zugang 200 kg Spezialkleber	200 kg x 38,00 Euro	7.600,00 Euro
	Wert vorläufiger Endbestand		*20.100,00 Euro*
	Abgang 400 kg Spezialkleber Anfangsbestand Zugang Nr. 1 Zugang Nr. 2	 50 kg x 40,00 Euro 250 kg x 42,00 Euro 100 kg x 38,00 Euro	 2.000,00 Euro 10.500,00 Euro 3.800,00 Euro
	Wert vorläufiger Endbestand		*3.800,00 Euro*
3	Zugang 150 kg Spezialkleber	150 kg x 39,00 Euro	5.850,00 Euro
	Wert vorläufiger Endbestand		*9.650,00 Euro*
	Abgang 50 kg Spezialkleber Zugang Nr. 2	 50 kg x 38,00 Euro	 1.900,00 Euro
	Wert vorläufiger Endbestand		*7.750,00 Euro*
4	Zugang 120 kg Spezialkleber	120 kg x 46,00 Euro	5.520,00 Euro
	Endbestandswert		**13.270,00 Euro**

Beispiel

Stuckateur Luigi Farfalle würde jetzt gerne noch die Lösung dafür haben, welcher Endbestandswert sich ergeben würde, wenn bei der Bestandsbewertung das **permanente LIFO-Verbrauchsfolgeverfahren** zur Anwendung kommen würde.

Lösung:

Nr.	Anfangsbestand/Zugänge/Abgänge	Menge x Preis	Gesamtbetrag
	AB: 150 kg Spezialkleber	150 kg x 40,00 Euro	6.000,00 Euro
1	Zugang 250 kg Spezialkleber	250 kg x 42,00 Euro	10.500,00 Euro
	Wert vorläufiger Endbestand		*16.500,00 Euro*
	Abgang 100 kg Spezialkleber Zugang Nr. 1	 100 kg x 42,00 Euro	 4.200,00 Euro
	Wert vorläufiger Endbestand		*12.300,00 Euro*
2	Zugang 200 kg Spezialkleber	200 kg x 38,00 Euro	7.600,00 Euro
	Wert vorläufiger Endbestand		*19.900,00 Euro*
	Abgang 400 kg Spezialkleber Zugang Nr. 2 Zugang Nr. 1 Anfangsbestand	 200 kg x 38,00 Euro 150 kg x 42,00 Euro 50 kg x 40,00 Euro	 7.600,00 Euro 6.300,00 Euro 2.000,00 Euro
	Wert vorläufiger Endbestand		*4.000,00 Euro*
3	Zugang 150 kg Spezialkleber	150 kg x 39,00 Euro	5.850,00 Euro
	Wert vorläufiger Endbestand		*9.850,00 Euro*
	Abgang 50 kg Spezialkleber		
	Zugang Nr. 3	50 kg x 39,00 Euro	1.950,00 Euro
	Wert vorläufiger Endbestand		*7.900,00 Euro*
4	Zugang 120 kg Spezialkleber	120 kg x 46,00 Euro	5.520,00 Euro
	Endbestandswert		**13.420,00 Euro**

Zu erwähnen ist, dass das LIFO-Verbrauchsfolgeverfahren nach § 6 Abs. 1 Nr. 2a EStG ebenso wie das permanente LIFO-Verbrauchsfolgeverfahren nach R 36a Abs. 4 EStR für die steuerliche Gewinnermittlung zulässig ist.

2.4.5.2.15 Grundsatz der Unternehmensfortführung (Going-Concern-Prinzip)

Dieser Grundsatz, kodifiziert in § 252 Abs. 1 Nr. 2 HGB, verlangt, dass bei der Bewertung der Vermögensgegenstände und Schulden von der Fortführung der Unternehmenstätigkeit auszugehen ist. Dadurch sind für die Bewertung ganz andere Wertmaßstäbe anzuwenden als im Falle einer Liquidation oder Veräußerung. Erst wenn tatsächliche Umstände oder rechtliche Gründe die Beendigung der Unternehmung bedingen, kann von diesem Prinzip abgegangen und es können Zerschlagungswerte angesetzt werden.

Als Beispiel sei der Kauf einer EDV-Anlage genannt. Die Inbetriebnahme des Computers im Unternehmen führt i. d. R. zu einem starken Verfall des Wiederverkaufspreises. Trotz des gesunkenen Verkaufspreises wird dieser EDV-Anlage unter Berücksichtigung der Unternehmensfortführung ein weitaus höherer Wert zukommen, der das für das Unternehmen spezifische Nutzungspotenzial zum Ausdruck bringt.

2.4.5.2.16 Anschaffungswertprinzip

Nach diesem Prinzip dürfen Gegenstände in der Bilanz höchstens mit den Anschaffungs- oder Herstellungskosten angesetzt werden, die für die Anschaffung oder Herstellung angefallen sind, wobei die Zurechnung dieses Prinzips zu den Grundsätzen ordnungsmäßiger Buchführung (GoB) umstritten ist. Gesetzlich kodifiziert ist das Anschaffungskostenprinzip in § 253 Abs. 1 Satz 1 i. V. m. § 255 Abs. 1 HGB und das Herstellungskostenprinzip in § 253 Abs. 1 Satz 1 i. V. m. § 255 Abs. 2 HGB.

2.4.5.3 Rechtsfolgen einer nicht ordnungsmäßigen Buchführung

2.4.5.3.1 Steuerrechtliche Folgen

Als Grundlage für die Besteuerung dient i. d. R. eine ordnungsgemäß geführte Buchführung. Werden jedoch trotz Buchhaltungspflicht keine Bücher geführt, ist das Finanzamt nach § 162 AO verpflichtet, die Besteuerungsgrundlagen anhand der vorhandenen Unterlagen (Belege, Kontrollmitteilungen) zu schätzen.

Werden Bücher geführt, können Fehler auftreten. Diese können sowohl in formeller wie materieller Art vorkommen.

Werden formelle Mängel festgestellt, dann gilt die Buchführung noch als ordnungsgemäß, wenn das sachliche Ergebnis, insbesondere der Gewinn, durch diese Fehler nicht beeinflusst wird und diese Mängel keinen erheblichen Verstoß gegen die GoB darstellen. Ein erheblicher Verstoß liegt z. B. dann vor, wenn Kasseneinnahmen und Kassenausgaben nicht täglich, sondern nur wöchentlich bzw. monatlich erfasst werden oder Eintragungen in den Büchern durch Benutzung von radierfähigem Schreibwerkzeug (Tintenkiller) rückgängig gemacht werden.

Enthält eine Buchführung unwesentliche materielle Mängel, dann wirkt sich dies ebenfalls nicht negativ auf die Ordnungsmäßigkeit aus. Es muss jedoch gewährleistet sein, dass die Fehler berichtigt werden oder das Buchführungsergebnis durch eine zusätzliche Schätzung oder Teilschätzung richtiggestellt wird. Dies ist z. B. möglich, wenn unwesentliche bzw. unbedeutende Geschäftsvorfälle nicht oder nicht korrekt gebucht worden sind.

Wenn eine Buchführung erhebliche formelle oder wesentliche sachliche, sogenannte materielle Mängel aufweist, wird sie vonseiten des Finanzamtes verworfen und es kommt zu einer Vollschätzung der Besteuerungsgrundlagen. Dies ist z. B. der Fall, wenn kein **Grundbuch** geführt worden oder nur ein Teil des Warenbestandes in der Bilanz ausgewiesen ist.

Ist die Schätzung durch das Finanzamt aufgrund fahrlässiger oder vorsätzlicher Falschbuchungen erforderlich, können wegen Steuergefährdung nach § 379 AO

- gemäß § 379 Abs. 4 AO Geldbußen bis zu 5.000 Euro,
- bei leichtfertiger Steuerverkürzung nach § 378 Abs. 1 Satz 1 AO gemäß § 378 Abs. 2 AO eine Geldbuße bis zu 50.000 Euro und
- bei Steuerhinterziehung nach § 370 Abs. 1 AO eine Geld- oder Freiheitsstrafe bis zu 5 Jahren und in besonders schweren Fällen nach § 370 Abs. 3 Satz 1 AO von 6 Monaten bis zu 10 Jahren

verhängt werden.

2.4.5.3.2 Strafrechtliche Folgen

Sind Handelsbücher nicht ordnungsgemäß geführt, dann kommt es nur zu strafrechtlichen Folgen, wenn das Unternehmen seine Zahlungen eingestellt hat oder das Insolvenzverfahren eröffnet bzw. dieses mangels Masse abgelehnt wurde.

Strafbar nach § 283 Abs. 1 StGB sind u. a.

- gemäß Nr. 5 die Nichtführung oder die mangelhafte Führung von Handelsbüchern, sodass die Übersicht über den Vermögensstand erschwert wird,
- gemäß Nr. 6 die Erschwerung der Einsichtnahme in aufbewahrungspflichtige Unterlagen vor Ablauf der Aufbewahrungsfristen durch Beiseiteschaffen, Verheimlichen, Beschädigen oder Zerstören, sodass die Übersicht über den Vermögensstand beeinträchtigt wird,
- gemäß Nr. 7 die Aufstellung von Bilanzen entgegen dem Handelsrecht in der Weise, dass die Übersicht über den Vermögensstand erschwert wird (a) oder die Nicht-Aufstellung der Bilanz von Vermögen oder Inventar in der handelsrechtlich vorgeschriebenen Zeit (b).

Je nach Schwere der Fälle drohen hier Geld- oder Freiheitsstrafen bis zu 5 Jahren.

2.4.5.3.3 Steuerliche Aufzeichnungen

Das Ziel der Buchführung ist es, sämtliche Geschäftsvorfälle, die stattgefunden haben, zu erfassen. Im Gegensatz dazu beschränkt sich die Verpflichtung, Aufzeichnungen zu tätigen, auf die Erfassung bestimmter geschäftlicher Vorgänge.

Aufzeichnungen dienen dazu, Besteuerungsgrundlagen nachprüfbar zu machen, und liefern die Grundlage für die Inanspruchnahme vorteilhafter steuerlicher Regelungen.

Steuerliche Aufzeichnungen sind insbesondere zu führen

- über die Warenbewegungen (Wareneingang nach § 143 AO, Warenausgang § 144 AO),
- zur Feststellung und Berechnung der Umsatzsteuer (§ 22 UStG, §§ 63 bis 68 UStDV),
- zur Berücksichtigung bestimmter Betriebsausgaben, z. B. Geschenke, bei der Gewinnermittlung (§ 4 Abs. 5 und 7 EStG, R 4.10 EStR),
- für geringwertige Wirtschaftsgüter, die in voller Höhe als Betriebsausgaben abgesetzt werden (§ 6 Abs. 2 EStG, R 6.13 EStR),
- für alle Angaben (§ 41 EStG, § 4 LStDV), die für die Lohn-/Gehaltsabrechnung von Bedeutung sind.

Da Unternehmer, die Bücher führen, der steuerlichen Aufzeichnungspflicht im Rahmen ihrer Buchführung nachkommen, haben die steuerlichen Aufzeichnungspflichten i. d. R. nur besondere Bedeutung für Steuerpflichtige, die weder nach Handels- noch nach Steuerrecht der Buchführungspflicht unterliegen. Dies sind Freiberufler und Unternehmer, die die Grenzen des § 141 AO nicht überschreiten.

2.4.6 Übungsaufgabe 1: Vorratsbewertung zum Bilanzstichtag

SACHVERHALT

Im Geschäftsjahr 2022 haben sich bei Baustoffhändlerin Francesca Umbro folgende Geschäftsvorfälle ereignet:

1. Einkauf von 100 qm exklusiven Marmorplatten zum Nettoeinkaufspreis von 88,00 Euro/qm. Der inländische Marmorgroßhändler kreditiert Baustoffhändlerin Francesca Umbro den Rechnungsbetrag.
2. Einkauf von 70 qm exklusiven Marmorplatten zum Nettoeinkaufspreis von 90,00 Euro/qm. Der inländische Marmorgroßhändler kreditiert Baustoffhändlerin Francesca Umbro den Rechnungsbetrag.
3. Da Stuckateur Luigi Farfalle für ein Bauprojekt exklusive Marmorplatten benötigt, verkauft Baustoffhändlerin Francesca Umbro 170 qm an Stuckateur Luigi Farfalle. Der Bruttoverkaufspreis für 1 qm beträgt 178,50 Euro. Die Baustoffhändlerin Francesca Umbro kreditiert Stuckateur Luigi Farfalle den Rechnungsbetrag.
4. Einkauf von 90 qm exklusiven Marmorplatten zum Bruttoeinkaufspreis von 119,00 Euro/qm. Der inländische Marmorgroßhändler kreditiert Baustoffhändlerin Francesca Umbro den Rechnungsbetrag.
5. Baustoffhändlerin Francesca Umbro begleicht offene Rechnungen in Höhe von 10.000,00 Euro per Banküberweisung.
6. Stuckateur Luigi Farfalle benötigt nochmals exklusive Marmorplatten. Die Baustoffhändlerin Francesca Umbro verkauft 230 qm zum Bruttoverkaufspreis von 214,20 Euro/qm an Stuckateur Luigi Farfalle und kreditiert den Rechnungsbetrag.
7. Kunden von Baustoffhändlerin Francesca Umbro begleichen offene Rechnungen in Höhe von 46.000,00 Euro per Banküberweisung.
8. Baustoffhändlerin Francesca Umbro verkauft nochmals 160 qm exklusive Marmorplatten an Stuckateur Luigi Farfalle. Der Nettoverkaufspreis beträgt pro qm 160,00 Euro. Der Rechnungsbetrag wird Stuckateur Luigi Farfalle kreditiert.

AUFGABE

a) Verbuchen Sie die laufenden Geschäftsvorfälle.
b) Bewerten Sie den Warenendbestand der exklusiven Marmorplatten nach dem LIFO-Verbrauchsfolgeverfahren. Gehen Sie bei der Bewertung davon aus, dass 525 qm exklusive Marmorplatten zum Nettopreis von 80,00 Euro/qm zu Beginn des Geschäftsjahres 2022 auf Lager waren. Schließen Sie das Wareneinkaufskonto und das Warenverkaufskonto nach dem Bruttoverfahren ab.

c) Bewerten Sie den Warenendbestand der exklusiven Marmorplatten nach dem FIFO-Verbrauchsfolgeverfahren. Gehen Sie bei der Bewertung davon aus, dass 525 qm exklusive Marmorplatten zum Nettopreis von 80,00 Euro/qm zu Beginn des Geschäftsjahres 2022 auf Lager waren.
   Schließen Sie das Wareneinkaufskonto und das Warenverkaufskonto nach dem Nettoverfahren ab.
d) Bewerten Sie den Warenendbestand der exklusiven Marmorplatten nach dem einfachen gewogenen Durchschnittswertverfahren. Gehen Sie bei der Bewertung davon aus, dass 525 qm exklusive Marmorplatten zum Nettopreis von 80,00 Euro/qm zu Beginn des Geschäftsjahres 2022 auf Lager waren.
   Schließen Sie das Wareneinkaufskonto und das Warenverkaufskonto nach dem Bruttoverfahren ab.

Musterlösung siehe Kap. 4.1.

2.4.7 Aufbewahrungspflichten nach dem Handels- und Steuerrecht

2.4.7.1 Handelsrechtliche Aufbewahrungspflichten

Nach § 257 Abs. 1 HGB ist jeder Kaufmann verpflichtet, folgende Unterlagen geordnet aufzubewahren:

- Handelsbücher, Inventare, Eröffnungsbilanzen, Jahresabschlüsse, Einzelabschlüsse nach § 325 Abs. 2a HGB, Lageberichte, Konzernabschlüsse, Konzernlageberichte sowie die zu ihrem Verständnis erforderlichen Arbeitsanweisungen und sonstigen Organisationsunterlagen,
- die empfangenen Handelsbriefe,
- Wiedergaben der abgesandten Handelsbriefe,
- Belege für Buchungen in den von ihm nach § 238 Abs. 1 HGB zu führenden Büchern (Buchungsbelege).

Durch die Vorschrift des § 257 Abs. 1 HGB ist gewährleistet, dass später einzelne Vorgänge identifiziert, nachvollzogen und die Zahlen und Inhalte der Buchführung und sonstigen Aufzeichnungen überprüft werden können.

Alle in § 257 Abs. 1 Nr. 1 und Nr. 4 HGB aufgeführten Unterlagen sind 10 Jahre und die sonstigen in § 257 Abs. 1 HGB aufgeführten Unterlagen sind nach § 257 Abs. 4 HGB 6 Jahre aufzubewahren.

Nach § 257 Abs. 5 HGB beginnt die Aufbewahrungsfrist mit dem Schluss des Kalenderjahres, in dem die letzte Eintragung in das Handelsregister gemacht, das Inventar aufgestellt, die Eröffnungsbilanz oder der Jahresabschluss festgestellt, der Einzelabschluss nach § 325 Abs. 2a HGB oder der Konzernabschluss aufgestellt, der Handelsbrief empfangen oder abgesandt worden oder der Buchungsbeleg entstanden ist.

2.4.7.2 Steuerrechtliche Aufbewahrungspflichten

§ 147 Abs. 1 AO bezüglich der steuerrechtlichen Aufbewahrungspflichten lautet wie folgt:

»(1) Die folgenden Unterlagen sind geordnet aufzubewahren:

1. Bücher und Aufzeichnungen, Inventare, Jahresabschlüsse, Lageberichte, die Eröffnungsbilanz sowie die zu ihrem Verständnis erforderlichen Arbeitsanweisungen und sonstigen Organisationsunterlagen,
2. die empfangenen Handels- oder Geschäftsbriefe,
3. Wiedergaben der abgesandten Handels- oder Geschäftsbriefe,
4. Buchungsbelege,

4a. Unterlagen nach Artikel 15 Absatz 1 und Artikel 163 des Zollkodex der Union,

5. sonstige Unterlagen, soweit sie für die Besteuerung von Bedeutung sind.«

Die steuerrechtlichen Aufbewahrungsfristen nach § 147 Abs. 3 AO entsprechen den handelsrechtlichen Aufbewahrungsfristen nach § 257 Abs. 4 HGB.

Nach § 147 Abs. 3 Satz 3 AO läuft die Aufbewahrungspflicht jedoch nicht ab, soweit und solange die Unterlagen für Steuern von Bedeutung sind, für welche die Festsetzungsfrist nach §§ 169 bis 171 AO noch nicht abgelaufen ist.

Die Aufbewahrungsfristen beginnen nach § 147 Abs. 4 AO mit Ablauf des Kalenderjahres, in dem

- die letzte Eintragung in das Buch gemacht worden ist,
- das Inventar, die Eröffnungsbilanz, der Jahresabschluss oder der Lagebericht aufgestellt worden sind,
- der Handels- oder Geschäftsbrief empfangen oder abgesandt worden ist bzw.
- der Buchungsbeleg entstanden ist.

Nach § 147 Abs. 2 AO sind die Eröffnungsbilanz und die Jahresabschlüsse im Original in Papierform aufzubewahren, Handelsbücher und die weiteren aufgeführten Unterlagen nach § 147 Abs. 1 AO dürfen im Gegensatz dazu auch auf Datenträger aufbewahrt werden.

Wichtig ist auch, dass die steuerrechtlichen Aufbewahrungsvorschriften auch für Unternehmen gelten, die weder handels- noch steuerrechtlich zur Buchführung verpflichtet sind.

2.4.7.3 Folgen durch die Verletzung von Buchführungs-, Aufzeichnungs- und Aufbewahrungspflichten

Falls Buchführungs-, Aufzeichnungs- oder Aufbewahrungsvorschriften nicht eingehalten werden, kann dies erhebliche Folgen nach sich ziehen. Das Handelsgesetzbuch sieht in den §§ 331 bis 335c HGB Zwangsgelder wie folgt vor:

- Mit **Freiheitsstrafe** bis zu drei Jahren oder mit **Geldstrafe** wird bestraft, wer nach § 331 HGB u. a.
  - als Mitglied des vertretungsberechtigten Organs oder des Aufsichtsrats einer Kapitalgesellschaft die Verhältnisse der Kapitalgesellschaft in der Eröffnungsbilanz, im Jahresabschluss, im Lagebericht oder im Zwischenabschluss nach § 340a Abs. 3 HGB unrichtig wiedergibt oder verschleiert,
  - als Mitglied des vertretungsberechtigten Organs oder des Aufsichtsrats einer Kapitalgesellschaft Verhältnisse des Konzerns im Konzernabschluss, im Konzernlagebericht oder im Konzernzwischenabschluss nach § 340i Abs. 4 HGB unrichtig wiedergibt oder verschleiert.
- **Bußgelder** bis zu 50.000 Euro werden nach § 334 Abs. 3 Satz 1 HGB auferlegt, wenn die Kapitalgesellschaft bei der Aufstellung oder Feststellung des Jahresabschlusses gegen bestimmte Vorschriften verstößt.
- **Ordnungsgelder** können gegen Mitglieder des vertretungsberechtigten Organs einer Kapitalgesellschaft nach § 335 Abs. 1 HGB festgesetzt werden, sofern sie der Pflicht zur Offenlegung des Jahresabschlusses, des Lageberichts, des Konzernabschlusses, des Konzernlageberichts und anderer Unterlagen der Rechnungslegung nicht nachkommen.

Das Steuerrecht droht mit folgenden Strafen, falls die Buchführungs-, Aufzeichnungs- oder Aufbewahrungsvorschriften verletzt wurden:
- Zwangsgelder können nach § 329 AO bis zu einer Höhe von 25.000 Euro festgesetzt werden, um die Erfüllung der Pflichten nach § 328 AO zu erwirken.
- Bei nicht oder unvollständig oder formell und sachlich unrichtig erfüllten Pflichten schätzt das Finanzamt die Besteuerungsgrundlagen nach § 162 AO. Bei einer verspäteten Vorlage von verwertbaren Besteuerungsgrundlagen kann nach § 162 Abs. 4 Satz 3 AO ein Zuschlag von bis zu 1.000.000 Euro, mindestens jedoch 100 Euro für jeden vollen Tag der Fristüberschreitung, fällig werden.
- Eine vorsätzliche oder leichtfertige Steuergefährdung nach § 379 AO kann nach § 379 Abs. 4 AO mit einer Geldbuße von bis zu 5.000 Euro geahndet werden.
- Eine leichtfertige Steuerverkürzung nach § 378 AO kann nach § 378 Abs. 2 AO mit einer Geldbuße von bis zu 50.000 Euro geahndet werden.
- Eine Steuerhinterziehung nach § 370 AO kann mit einer Freiheitsstrafe bis zu fünf Jahren oder einer Geldstrafe bestraft werden.

2.4.8 Gewinnermittlung nach Handels- und Steuerrecht

2.4.8.1 Handelsrechtliche Gewinnermittlung

Aufgrund der Tatsache, dass es eine Buchführungspflicht nach dem Handelsrecht und dem Steuerrecht gibt, kann auch der Gewinn eines Unternehmens nach handelsrechtlichen oder steuerrechtlichen Grundsätzen bestimmt werden. Da die Grundlage der handelsrechtlichen Gewinnermittlung die Buchführungspflicht nach § 238 Abs. 1 HGB ist und diese die doppelte Buchführung fordert, muss nach dem Handelsrecht die Gewinnermittlung auf der Basis der doppelten Buchführung erfolgen. Der Gewinn einer Periode lässt sich dann entweder direkt durch die Gewinn- und Verlustrechnung nach § 242

Abs. 2 HGB bestimmen oder indirekt durch die Veränderung des Eigenkapitals zweier aufeinanderfolgender Handelsbilanzen.[22]

2.4.8.2 Steuerrechtliche Gewinnermittlung

2.4.8.2.1 Begriff »Gewinn«

Bei den Einkünften aus Land- und Forstwirtschaft, Gewerbebetrieb und selbstständiger Arbeit sind nach §2 Abs. 2 Nr. 1 EStG die Einkünfte der Gewinn. Der Gewinn ist auf der Grundlage der Vorschriften des Bilanzsteuerrechts gemäß den §§4 bis 7k EStG zu ermitteln. Wie der Gewinn des Steuerpflichtigen im Einzelfall zu ermitteln ist, dazu schlägt das Einkommensteuerrecht verschiedene Konzeptionen vor.

Im Wesentlichen sind dies
- der **originäre Betriebsvermögensvergleich** nach §4 Abs. 1 EStG,
- die **Einnahmen-Überschuss-Rechnung** nach §4 Abs. 3 EStG und
- der **derivative Betriebsvermögensvergleich** nach §5 Abs. 1 EStG.

Unabhängig davon unterliegen nur betrieblich veranlasste Veränderungen des Reinvermögens der Besteuerung, sodass sich der Gewinn auf die Veränderung des Reinvermögens durch Betriebseinnahmen und Betriebsausgaben beschränkt.

Allgemein bestimmt sich der Gewinn bei der indirekten Erfolgsermittlung als Unterschiedsbetrag zwischen dem Eigenkapital (Betriebsreinvermögen) am Schluss des Wirtschaftsjahres und dem Eigenkapital am Schluss des vorangegangenen Wirtschaftsjahres (Betriebsvermögensvergleich), vermehrt um die Entnahmen und verringert um die Einlagen nach §4 Abs. 1 Satz 1 EStG. Der Grund für die Korrektur durch Entnahmen und Einlagen liegt darin, die betrieblich veranlassten Reinvermögensänderungen von den Eigenkapitalveränderungen zu trennen sind, die ihre Ursache im privaten oder gesellschaftsrechtlichen Bereich haben.

Beispiel

Stuckateur Luigi Farfalle hat im Wirtschaftsjahr 2022 einen Gewinn in Höhe von 35.000,00 Euro erzielt. Zu Beginn des Wirtschaftsjahres am 01.01.2022 hatte sein Stuckateurbetrieb ein Eigenkapital in Höhe von 86.000,00 Euro. Am Ende des Wirtschaftsjahres 2022 betrug sein Eigenkapital 98.000,00 Euro. Im Wirtschaftsjahr 2022 hat Luigi Farfalle 3.000,00 Euro Einlagen und 26.000,00 Euro Entnahmen getätigt.

Luigi Farfalle möchte zu Kontrollzwecken den Gewinn des Wirtschaftsjahres 2022 nach der indirekten Erfolgsrechnung überprüfen.

22 Zur Vorgehensweise siehe die Ausführungen in Kap. 2.4.8.2.1.

Lösung:
Die Überprüfung des Gewinns nach der indirekten Erfolgsermittlung kann für Luigi Farfalle wie folgt vorgenommen werden:

	Wert des EK zum 31.12.2022	**98.000,00 Euro**
–	Wert des EK zum **01.01.2022**	86.000,00 Euro
+	Entnahme	26.000,00 Euro
–	Einlagen	3.000,00 Euro
	Gewinn des Wirtschaftsjahres 2022	**35.000,00 Euro**

2.4.8.2.2 Gewinnermittlungsmethoden

Originärer Betriebsvermögensvergleich

Der originäre Betriebsvermögensvergleich nach § 4 Abs. 1 EStG ist auf der Grundlage einer eigenständigen Steuerbilanz durchzuführen. Sein Anwendungsbereich beschränkt sich auf die Gewinnermittlung der Land- und Forstwirte und Gewerbetreibende, die nur aufgrund steuerlicher Vorschriften zur Buchführung nach § 141 Abs. 1 AO verpflichtet sind, sowie auf Land- und Forstwirte, Gewerbetreibende und Freiberufler, die freiwillig Bücher führen und regelmäßig Abschlüsse machen. Rechtsgrundlage dafür bilden die steuerlichen Gewinnermittlungsvorschriften des § 141 AO und der §§ 4 bis 7k EStG.

Derivativer Betriebsvermögensvergleich

Nach § 5 Abs. 1 EStG haben Gewerbetreibende, die aufgrund gesetzlicher Vorschriften verpflichtet sind, Bücher zu führen und regelmäßig Abschlüsse zu machen, oder die ohne eine solche Verpflichtung freiwillig Bücher führen und regelmäßig Abschlüsse machen, haben für Zwecke der Gewinnermittlung das Betriebsvermögen anzusetzen, das nach den handelsrechtlichen Grundsätzen ordnungsmäßiger Buchführung (GoB) auszuweisen ist.

Damit ist der aus dem handelsrechtlichen Jahresabschluss abgeleitete derivative Betriebsvermögensvergleich die zentrale Gewinnermittlungskonzeption für alle Kaufleute, die nach den handelsrechtlichen Vorschriften in § 242 Abs. 1 bis 3 HGB zur Aufstellung eines Jahresabschlusses verpflichtet sind.

Zwischen dem originären und derivativen Betriebsvermögensvergleich besteht hinsichtlich der Vorgehensweise kein Unterschied, da in beiden Fällen eine ordnungsmäßige Buchführung[23] benötigt wird. In beiden Fällen wird der Gewinn im Zeitpunkt der Feststellung ausgewiesen. Dies wird auch als Feststellungsprinzip bezeichnet.

Für die originäre Steuerbilanz gemäß § 4 Abs. 1 EStG sind aber ausschließlich die steuerlichen Bilanzierungs- und Bewertungsvorschriften ausschlaggebend. Damit finden die handelsrechtlichen Bilanzie-

23 Siehe hierzu § 145 AO und § 146 AO.

rungs- und Bewertungsvorschriften nur insoweit Beachtung, als sie auch für das Steuerrecht Gültigkeit haben. Hingegen sind die allgemeinen Vorschriften des Handelsgesetzbuches über den Jahresabschluss nach den §§ 243 bis 256a HGB bei gewerblichen Unternehmen sowie Land- und Forstwirten, die nach § 141 AO buchführungspflichtig sind, auch in der originären Steuerbilanz zu berücksichtigen. Damit bleiben die GoB für die Gewinnermittlung im Rahmen des originären Betriebsvermögensvergleichs praktisch nur für die Freiberufler unbeachtlich, die aber freiwillig Bücher führen können.

Von dem Ansatz des Betriebsvermögens nach handelsrechtlichen GoB kann nach § 5 Abs. 1 EStG abgewichen werden, wenn im Rahmen der Ausübung eines steuerlichen Wahlrechts ein anderer Ansatz gewählt wurde. Dies ist zum Beispiel möglich beim

- **Ansatz geringwertiger Wirtschaftsgüter nach § 6 Abs. 2 EStG,**
- **Ansatz eines Sammelpostens nach § 6 Abs. 2a EStG.**

Mit der Einführung des Bilanzrechtsmodernisierungsgesetzes (BilMoG) zum 1. Januar 2010 hat der Gesetzgeber § 241a HGB als neue Rechtsgrundlage im Handelsrecht kodifiziert.

Durch § 241a HGB werden Einzelkaufleute, die an den Abschlussstichtagen von zwei aufeinander folgenden Geschäftsjahren nicht mehr als jeweils 600.000 Euro Umsatzerlöse und jeweils 60.000 Euro Jahresüberschuss aufweisen, von der Anwendung der §§ 238 bis 241 HGB befreit. Im Fall der Neugründung treten nach § 241a Satz 2 HGB die Rechtsfolgen bereits dann ein, wenn die Werte am ersten Abschlussstichtag nach der Neugründung nicht überschritten sind. Falls § 241a HGB zur Anwendung kommt, muss gemäß § 242 Abs. 4 HGB § 242 Abs. 1 bis 3 HGB ebenfalls nicht berücksichtigt werden.

Das bedeutet, dass ein Einzelkaufmann, der Istkaufmann nach § 1 HGB ist, befreit ist von der handelsrechtlichen Buchführungspflicht und auch keinen derivativen Betriebsvermögensvergleich nach § 5 Abs. 1 EStG durchführen muss. Letztendlich bedeutet dies, dass die unter § 241a HGB fallenden Einzelkaufleute für die Gewinnermittlung eine Einnahmen-Überschuss-Rechnung durchführen werden.

Beispiel

Stuckateur Luigi Farfalle hat seit Jahren 5 Mitarbeiter in seinem Stuckateurbetrieb beschäftigt. Mit seiner Unternehmensgröße erzielt er seit Jahren einen Jahresumsatz in Höhe von 500.000,00 Euro und einen Jahresüberschuss von 50.000,00 Euro.

Lösung:
Durch seine Unternehmensgröße, die Beschäftigung der Mitarbeiter und die Erzielung des jeweiligen Jahresumsatzes und Jahresüberschusses benötigt er einen nach Art und Umfang eingerichteten Geschäftsbetrieb. Somit ist Luigi Farfalle Istkaufmann nach § 1 Abs. 1 HGB und sowohl nach HGB als auch nach § 140 AO buchführungspflichtig. Somit ist er im Prinzip verpflichtet, einen derivativen Betriebsvermögensvergleich nach § 5 Abs. 1 EStG durchzuführen.

Da Luigi Farfalle die Größenmerkmale des § 241a HGB jedoch nicht überschreitet, kann er auf die handelsrechtliche Buchführungspflicht nach § 238 Abs. 1 HGB verzichten mit der Folge, dass er auch nicht verpflichtet ist, einen derivativen Betriebsvermögensvergleich nach § 5 Abs. 1 EStG durchzuführen. Auch muss er § 242 Abs. 1 bis 3 HGB nicht berücksichtigen.

Dies bedeutet letztendlich, dass Luigi Farfalle seine Gewinnermittlung anhand einer Einnahmen-Überschuss-Rechnung durchführen kann.

Der Gesetzgeber hat das BilMoG auch unter der Maxime eingeführt, dass kleinere Unternehmen bürokratisch entlastet werden. Mit der Einführung von § 241a HGB ist dies sicherlich gelungen.

Einnahmen-Überschuss-Rechnung

Besteht für einen Steuerpflichtigen aufgrund gesetzlicher Vorschriften nicht die Pflicht, Bücher zu führen und regelmäßig Abschlüsse zu machen, und macht er dies auch nicht freiwillig gemäß den §§ 140 und 141 AO, kann er als Gewinn den Überschuss der Betriebseinnahmen über die Betriebsausgaben ansetzen. Diese Form der Gewinnermittlung kommt vor allem für Freiberufler nach § 18 EStG in Betracht. Als Gewinnermittlungszeitraum ist das Kalenderjahr zugrunde zu legen.

Bei der Einnahmen-Überschuss-Rechnung handelt es sich um eine reine Geldflussrechnung, allerdings mit bestimmten Einschränkungen. Der Grundgedanke der erfolgswirksamen Zuordnung der Betriebseinnahmen und Betriebsausgaben richtet sich hierbei auf den Zeitpunkt des Zuflusses der Einnahmen und des Abflusses der Ausgaben nach § 11 Abs. 1 und 2 EStG. Nach § 4 Abs. 3 Satz 3 EStG wird bei Ausgaben in den Investitionsbereich dieses Prinzip durchbrochen. Bei Erwerb eines abnutzbaren Wirtschaftsgutes mit einer Nutzungsdauer länger als ein Jahr ist die Ausgabe auf die Nutzungsdauer zu verteilen und als Abschreibung (Absetzungen für Abnutzungen) zu erfassen. Der Einnahmen-Überschuss-Rechner muss bei seiner Gewinnermittlung auch die Vorschriften über die Bewertungsfreiheit für geringwertige Wirtschaftsgüter nach § 6 Abs. 2 EStG und die Bildung eines Sammelpostens nach § 6 Abs. 2a EStG beachten. Keine Betriebsausgaben sind Ausgaben für Wirtschaftsgüter, die nicht der Abnutzung unterliegen. Um Wertänderungen während der Zugehörigkeit zum Betriebsvermögen zu erfassen, sind die Anschaffungs- oder Herstellungskosten dieser Wirtschaftsgüter erst im Zeitpunkt des Zuflusses des Veräußerungserlöses oder bei Entnahme im Zeitpunkt der Entnahme als Betriebsausgaben zu berücksichtigen.

Nach § 4 Abs. 3 Satz 4 EStG handelt es sich hierbei um folgende Wirtschaftsgüter:
- nicht abnutzbare Wirtschaftsgüter des Anlagevermögens,
- Anteile an Kapitalgesellschaften,
- Wertpapiere und vergleichbare nicht verbriefte Forderungen und Rechte,
- Grund und Boden sowie
- Gebäude des Umlaufvermögens.

Einnahmen aus der Aufnahme eines Darlehens stellen keine Betriebseinnahmen dar. Umgekehrt stellt die Rückzahlung eines Darlehens keine Betriebsausgabe dar.

Bei regelmäßig wiederkehrenden Betriebseinnahmen und Betriebsausgaben, die kurze Zeit vor Beginn oder kurze Zeit nach Beendigung des Kalenderjahres zu- oder abgeflossen sind, müssen in dem Kalenderjahr erfasst werden, zu dem sie wirtschaftlich gehören.[24] Nach einem BFH-Urteil vom 24. Juli 1986 (IV R 309/84) gilt als »kurze Zeit« ein Zeitraum von bis zu 10 Tagen (22.12.t0 – 10.01.t1).

Beispiel

Die Zinsen für ein betriebliches Darlehen mit einer Laufzeit von 8 Jahren werden immer am Quartalsende abgebucht. Die Zinsen für das 4. Quartal 2021 wurden am 03.01.2022 abgebucht.

Lösung:
Die Zinsen stellen eine Betriebsausgabe nach § 11 Abs. 2 Satz 1 EStG dar und werden dem Wirtschaftsjahr 2021 wirtschaftlich zugerechnet, da sie nach § 11 Abs. 2 Satz 2 EStG regelmäßig wiederkehrend sind und die Abbuchung im 10-Tages-Zeitraum stattfindet. Dass der Geldabfluss 2022 stattfindet, hat hier keine Bedeutung.

Beispiel

Ein Rechtsanwalt stellt im November 2021 eine Honorarnote in Höhe von 3.500,00 Euro. Am 08.01.2022 werden die 3.500,00 Euro auf seinem Bankkonto gutgeschrieben.

Lösung:
Bei der gestellten Honorarnote handelt es sich **nicht** um regelmäßig wiederkehrende Einnahmen nach § 11 Abs. 1 Satz 2 EStG. Somit kommt auch die 10-Tages-Regelung nicht zum Tragen. Der Geldzufluss in Höhe von 3.500,00 Euro ist als Betriebseinnahme für das Jahr 2022 nach § 11 Abs. 1 Satz 1 EStG zu erfassen und erhöht dementsprechend den Gewinn für das Jahr 2022.

Beispiel

Die Guthabenzinsen aus einer betrieblichen langfristigen Festgeldanlage wurden für das Jahr 2021 erst am 05.01.2022 gutgeschrieben.

Lösung:
Bei den Guthabenzinsen handelt es sich um regelmäßig wiederkehrende Einnahmen nach § 11 Abs. 1 Satz 2 EStG. Somit kommt auch die 10-Tages-Regelung zum Tragen. Die Betriebseinnahme wird dem Wirtschaftsjahr 2021 wirtschaftlich zugerechnet, da der Zahlungseingang im 10-Tages-Zeitraum stattfindet. Dass der Geldzufluss 2022 stattfindet, hat hier keine Bedeutung.

24 Vgl. § 11 Abs. 1 Satz 2 und Abs. 2 Satz 2 EStG.

Beispiel

Ein Rechtsanwalt bestellt Druckerpatronen für seinen betrieblichen Drucker im Dezember 2021. Die Bezahlung der Druckerpatronen erfolgt am 07.01.2022 durch Banküberweisung.

Lösung:
Bei dem Kauf der Druckerpatronen handelt es sich **nicht** um regelmäßig wiederkehrende Ausgaben nach § 11 Abs. 2 Satz 2 EStG. Somit kommt auch die 10-Tages-Regelung nicht zum Tragen. Der Geldabfluss ist als Betriebsausgabe für das Jahr 2022 nach § 11 Abs. 2 Satz 1 EStG zu erfassen und vermindert dementsprechend den Gewinn für das Jahr 2022.

Die Einnahmen-Überschuss-Rechnung nach § 4 Abs. 3 EStG wird auch als vereinfachte Gewinnermittlungsmethode bezeichnet, die nicht nur von freiberuflich Tätigen nach § 18 EStG angewendet wird. Um den berechtigten Personenkreis korrekt zu identifizieren, muss zuerst geprüft werden, ob die Einnahmen-Überschuss-Rechnung überhaupt angewendet werden darf.

Die nachfolgenden Beispiele sollen dies verdeutlichen:

Beispiel

Dr. Marina Staller ist als Zahnärztin selbstständig tätig. Sie ist keine Kauffrau i. S. d. HGB und somit weder nach HGB noch nach § 140 AO buchführungspflichtig. Auch § 141 AO ist nicht anwendbar, da § 141 AO nur für Gewerbetreibende und Land- und Forstwirte gilt. Somit besteht keine Buchführungspflicht. Die Umsatz- und Gewinnhöhe ist völlig irrelevant.

Lösung:
Eine Gewinnermittlung in Form einer Einnahmen-Überschuss-Rechnung nach § 4 Abs. 3 EStG ist möglich.

Beispiel

Stuckateur Luigi Farfalle ist als »e.K.« Kaufmann i. S. d. HGB und daher sowohl nach HGB wie auch nach § 140 AO buchführungspflichtig.

Lösung:
Stuckateur Luigi Farfalle kann seinen Gewinn unabhängig von der Umsatz- und Gewinnhöhe **nicht** nach § 4 Abs. 3 EStG ermitteln.

Beispiel

Lucia Hinterhuber betreibt ein kleines Kurzwarengeschäft, welches nur an 3 Tagen der Woche geöffnet hat. Der Jahresumsatz beläuft sich auf 35.000,00 Euro und als Gewinn erwirtschaftet sie 10.000,00 Euro.

Lösung:
Lucia Hinterhuber ist kein Kaufmann i. S. d. HGB und daher weder nach HGB noch nach § 140 AO buchführungspflichtig. Sie ist aber eine Gewerbetreibende, für die die Grenzen des § 141 AO zu untersuchen sind. Sie überschreitet diese Grenzen weder im Umsatz noch im Gewinn und ist daher auch nach § 141 AO nicht buchführungspflichtig. Lucia Hinterhuber kann ihren Gewinn nach § 4 Abs. 3 EStG ermitteln.

Beispiel

Die Sigmaringer Steuerberatungsgesellschaft mbH ist aufgrund ihrer Rechtsform Kaufmann i. S. d. HGB und nach HGB und § 140 AO buchführungspflichtig.

Lösung:
Für die Sigmaringer Steuerberatungsgesellschaft mbH kommt eine Gewinnermittlung nach § 4 Abs. 3 EStG nicht infrage.

Beispiel

Pedro Nero betreibt einen Getränkehandel mit Festzeltverleih. Sein erwirtschafteter Jahresgewinn beträgt seit Jahren 70.000,00 Euro. Nach Beurteilung seiner Gesamtumstände kommt man zum Ergebnis, dass er kein Kaufmann i. S. d. HGB und daher weder nach HGB noch nach § 140 AO buchführungspflichtig ist.

Lösung:
Pedro Nero erzielt als Getränkehändler und Festzeltverleiher Einkünfte aus Gewerbebetrieb nach § 15 Abs. 1 Nr. 1 EStG, daher sind die Grenzen des § 141 AO zu untersuchen. Durch die Überschreitung der Gewinngrenze ist Pedro Nero buchführungspflichtig nach § 141 AO.

Pedro Nero kann seinen Gewinn **nicht** nach der Einnahmen-Überschuss-Rechnung gemäß § 4 Abs. 3 EStG ermitteln.

Auch im gewöhnlichen Geschäftsbetrieb werden beim Einnahmen-Überschuss-Rechner nach § 4 Abs. 3 EStG Sachverhalte nach dem Vereinnahmungs- und Verausgabungsprinzips des § 11 EStG beurteilt.

Nachfolgende Beispiele sollen dies verdeutlichen:

Beispiel

Stuckateur Luigi Farfalle erwirbt im Dezember 2021 gegen Barzahlung Waren im Wert von 10.000,00 Euro und verkauft sie im Jahr 2022 um 13.000,00 Euro.

Lösung:
Die Bezahlung der Waren in Höhe von 10.000,00 Euro stellt im Jahr 2021 in voller Höhe eine Betriebsausgabe nach § 11 Abs. 2 Satz 1 EStG dar und wirkt sich somit gewinnmindernd für das Jahr 2021 aus.

Der Verkauf der Waren in Höhe von 13.000,00 Euro wird im Jahr 2022 in voller Höhe als Betriebseinnahme nach § 11 Abs. 1 Satz 1 EStG erfasst und wirkt sich somit gewinnerhöhend für das Jahr 2022 aus.

Beispiel

Im Dezember 2021 hat Stuckateur Luigi Farfalle Vorauszahlungen in Höhe von 5.000,00 Euro für Rohstoffe geleistet, die erst 2022 geliefert werden.

Lösung:
Die Vorauszahlungen stellen nach § 11 Abs. 2 Satz 1 EStG eine Betriebsausgabe für 2021 dar und bewirken eine Gewinnminderung für das Jahr 2021, obwohl die Rohstoffe erst 2022 geliefert werden.

Beispiel

Im November 2021 hat Stuckateur Luigi Farfalle Anzahlungen über 8.000,00 Euro für Rohstoffe erhalten, die er erst 2022 liefern wird.

Lösung:
Die erhaltenen Anzahlungen stellen für ihn nach § 11 Abs. 1 Satz 1 EStG Betriebseinnahmen für 2021 dar und bewirken eine Gewinnerhöhung für das Jahr 2021, obwohl er die Rohstoffe erst 2022 liefern wird.

2.4.8.3 Übungsaufgabe 2: Einnahmen-Überschuss-Rechnung Zahnarzt Dr. Salvatore Gattone

SACHVERHALT

Bezüglich der Praxis von Zahnarzt Dr. Salvatore Gattone, einem guten Freund von Luigi Farfalle, liegen folgende Sachverhalte vor:

1. Im Dezember 2021 kauft Dr. Salvatore Gattone noch diverse Büroartikel zum Rechnungsbetrag von 133,50 Euro in einem Büroartikelgeschäft auf Rechnung ein. Am 07.01.2022 wird der Betrag über das betriebliche Bankkonto bezahlt.
2. Dr. Salvatore Gattone hat seit Jahren ein betriebliches Darlehen. Am 03.01.2022 werden Zinsen in Höhe von 300,00 Euro und eine Tilgungssumme in Höhe von 1.200 Euro für den Dezember 2021 vom betrieblichen Bankkonto abgebucht.
3. Am 09.01.2022 überweist ein Privatpatient seine Behandlungsrechnung vom Oktober 2021 in Höhe von 875,00 Euro. Der Betrag wird am gleichen Tag dem betrieblichen Bankkonto gutgeschrieben.
4. Am 28. Dezember 2021 kauft sich Dr. Salvatore Gattone einen neuen Bürostuhl. Den Rechnungsbetrag in Höhe von 575,00 Euro bezahlt er sofort bar bei dem Büroausstatter.
5. Anfang Oktober 2021 hat Dr. Salvatore Gattone ein spezielles Knochenmikroskop zum Rechnungsbetrag von 6.960,00 Euro angeschafft. Bezahlt hat er die Rechnung für das Knochenmikroskop Anfang November 2021 über sein betriebliches Bankkonto. Die Nutzungsdauer des Knochenmikroskops wird auf 12 Jahre geschätzt. Den Rechnungsbetrag in Höhe von 6.960,00 Euro hat er 2021 in voller Höhe als Betriebsausgabe steuerlich geltend gemacht.
6. Die Leasingrate für Januar 2022 für seinen betrieblichen Pkw wurde vom Leasinghändler versehentlich bereits am 27. Dezember 2021 in Höhe von 950,00 Euro abgebucht. Die Leasingrate hat er bereits 2021 als Betriebsausgabe erfasst.
7. Für eine private Wochenendreise zu einem Fußballspiel bei Atalanta Bergamo im Herbst 2021 entnimmt Dr. Salvatore Gattone seiner betrieblichen Kasse 2.000,00 Euro. Diesen Betrag hat er in voller Höhe als Betriebsausgabe steuerlich geltend gemacht.
8. 2020 hat Dr. Salvatore Gattone einen Patienten behandelt. Da seit dieser Zeit auch nach mehrmaliger Mahnung kein Zahlungseingang auf seinem betrieblichen Bankkonto zu verzeichnen war, schreibt er im Dezember 2021 die Forderung in Höhe von 650,00 Euro ab. Den Betrag hat er in voller Höhe als Betriebsausgabe steuerlich geltend gemacht.
9. Da Dr. Salvatore Gattone seine Praxisräume neu gestalten möchte, nimmt er hierfür bei seiner Hausbank ein Darlehen in Höhe von 80.000,00 Euro auf. Die Darlehenssumme überweist die Hausbank Anfang Dezember 2021 auf sein betriebliches Bankkonto. Den Betrag hat er als Betriebseinnahme erfasst.
10. Im Wirtschaftsjahr 2021 hat Dr. Salvatore Gattone für einen Patienten mehrere Leistungen erbracht. Der Gesamtrechnungsbetrag beläuft sich auf 13.000,00 Euro. Im November 2021 macht der Patient eine Anzahlung in Höhe von 10.000,00 Euro. Die restlichen 3.000,00 Euro bezahlt der Patient im Januar 2022.

11. Am 30. Dezember 2021 macht Dr. Salvatore Gattone eine Privateinlage auf sein betriebliches Bankkonto in Höhe von 3.500,00 Euro. Den Betrag hat er als Betriebseinnahme erfasst.
12. Dr. Salvatore Gattone ist als Gutachter für eine Versicherung tätig. Im Wirtschaftsjahr 2021 hat er mehrere Gutachten angefertigt. Die Honorarnote in Höhe von 1.600,00 Euro für die letzten beiden Gutachten im Wirtschaftsjahr 2021 wird von der Versicherung zum 08.01.2022 überwiesen. Am gleichen Tag geht der Honorarbetrag auf seinem betrieblichen Bankkonto ein. Den Betrag hat er als Betriebseinnahme 2022 erfasst.

AUFGABE

Zum Ende des Wirtschaftsjahres 2021 sind bestimmte Sachverhalte bezüglich der steuerlichen sowie buchführungstechnischen Rechte und Pflichten des Zahnarzts Dr. Salvatore Gattone noch abzuklären.
Des Weiteren möchte Zahnarzt Dr. Salvatore Gattone die Höhe seiner Betriebsausgaben und Betriebseinnahmen sowie seinen Gewinn für das Wirtschaftsjahr 2021 errechnet haben.

Musterlösung siehe Kap. 4.2.

3 System der doppelten Buchführung als Grundlage für den betrieblichen Entscheidungsprozess

3.1 Inventur, Inventar und Bilanz

3.1.1 Inventur und Inventar

3.1.1.1 Allgemeines

Nach § 240 Abs. 1 und 2 HGB muss der Kaufmann zu Beginn seines Handelsgewerbes und für den Schluss eines jeden Geschäftsjahres seine Vermögensgegenstände und Schulden in einem Verzeichnis darstellen. Dieses Verzeichnis wird als Inventar bezeichnet.

Damit der Kaufmann sämtliche Vermögensgegenstände und Schulden auch erfasst, muss er eine Bestandsaufnahme durchführen. Diese Bestandsaufnahme wird als Inventur bezeichnet.

Die Verpflichtung zur Inventur ergibt sich aus § 242 HGB sowie aus den §§ 140 und 141 AO. Nach diesen Vorschriften sind Jahresabschlüsse aufgrund jährlicher Bestandsaufnahmen zu erstellen. Eine Inventur ist danach nur erforderlich, wenn der Unternehmer bilanziert. Die ordnungsgemäße Inventur ist eine Voraussetzung für die Ordnungsmäßigkeit der Buchführung (generell zur Buchführung vgl. die Ausführungen bei Coenenberg/Haller/Mattner/Schultze 2021, S. 3 ff.; Horschitz/Fanck/Guschl/Kirschbaum/Schustek/Haug 2021, S. 1 ff.).

Unter der Inventur versteht man die körperliche, d. h. die art-, mengen- (nach Stückzahl, Gewicht, Länge usw.) und wertmäßige (in Euro) Bestandsaufnahme (Tätigkeit) aller Vermögensgegenstände und Schulden zu einem bestimmten Zeitpunkt (Gründung, Übernahme, Auflösung, Veräußerung eines Unternehmens, zum Schluss eines jeden Geschäftsjahres). Diese körperliche Bestandaufnahme erfolgt durch Zählen, Messen oder Wiegen. Da dieses Vorgehen nicht immer möglich ist, z. B. bei Krediten, erfolgt stattdessen eine Überprüfung der entsprechenden Vertragsunterlagen, z. B. von Darlehensverträgen.

Die Durchführung der Inventur ist Voraussetzung für die Erstellung des Inventars. Das Inventar ist die art-, mengen- und wertmäßige Darstellung der dem Unternehmen gewidmeten Vermögensgegenstände und Schulden. Privatvermögen und Privatschulden des Unternehmers sind, da sie nicht dem Unternehmen gewidmet sind, nicht im Inventar zu erfassen.

Durch die Inventur soll sichergestellt werden, dass die in der Bilanz – und auch die in der Gewinn- und Verlustrechnung – ausgewiesenen Posten der Realität entsprechen und insgesamt gesehen einen zuverlässigen Einblick in die wirtschaftliche Lage eines Unternehmens gewährleisten. Deshalb wird die Inventur als unentbehrliche Vorstufe für die Jahresabschlusserstellung angesehen.

Die Erstellung der Inventur und des Inventars hat den GoB zu entsprechen. Zu diesen Grundsätzen zählen insbesondere die Vollständigkeit, Richtigkeit und Genauigkeit.

Die Inventurergebnisse werden im Inventar zusammengefasst. Das Inventar besteht aus drei Teilen.

1. Der erste Teil des Inventars umfasst das nach seiner Liquidierbarkeit gegliederte Vermögen. Das bedeutet, das am schwierigsten zu liquidierende Vermögen steht ganz oben (Grundstücke, Gebäude), das am leichtesten zu liquidierende Vermögen steht ganz unten (Bank, Kasse).
2. Im zweiten Teil des Inventars werden die Schulden (Fremdkapital) des Unternehmens aufgelistet. Die Schulden werden nach seiner Fälligkeit, zuerst die langfristigen, dann die kurzfristigen, gegliedert.
3. Im dritten Teil des Inventars wird das Reinvermögen bzw. Eigenkapital des Unternehmens bestimmt. Dies ergibt sich aus der Differenz zwischen den Vermögensgegenständen und Schulden.

Die Auflistung der Vermögensgegenstände und Schulden erfolgt untereinander, d. h. in Staffelform. Dies ist ein Charakteristikum des Inventars.

Das nachfolgende Beispiel soll die Struktur des Inventars verdeutlichen.

Beispiel

Der Stuckateurbetrieb Luigi Farfalle hat zum 31.12.2021 seine Inventur durchgeführt. Dabei hat sich die nachfolgend dargestellte Inventurliste ergeben.

Stuckateur Luigi Farfalle möchte nun, dass aus der vorliegenden Inventurliste sein Inventar erstellt wird.

Vermögen		**Inventurwert (Euro)**	
Posten	***Menge***	***Einzeln***	***Gesamt***
Werkstatt	1	100.000,00	100.000,00
Fuhrpark	3	17.500,00	52.500,00
Betonbohrer	2	400,00	800,00
Rundschleifer	2	350,00	700,00
Schreibtisch	2	500,00	1.000,00
Stuhl	4	200,00	800,00
Regal	5	150,00	750,00
Gips	20	50,00	1.000,00
Kellen und Spachteln	15	15,00	225,00
Bargeld			400,00
Bankkonto			40.000,00
Rechnungen an Kunden			5.800,00

Schulden		Inventurwert (Euro)	
Posten	*Menge*	*Einzeln*	*Gesamt*
Offene Rechnungen			15.300,00
Darlehen			150.000,00

Lösung:

A. Vermögen	**Euro**	**Euro**
I. Anlagevermögen		
1. Grundstücke und Gebäude		100.000,00
2. Fuhrpark		52.500,00
3. Maschinen		
Betonbohrer	800,00	
Rundschleifer	700,00	1.500,00
4. Betriebs- und Geschäftsausstattung		
Schreibtisch	1.000,00	
Stuhl	800,00	
Regal	750,00	2.550,00
II. Umlaufvermögen		
1. Roh-, Hilfs- und Betriebsstoffe		
Gips	1.000,00	
Kellen und Spachteln	225,00	1.225,00
2. Forderungen aus Lieferungen und Leistungen		5.800,00
3. Bankguthaben		40.000,00
4. Kasse		400,00
Summe des Vermögens		**203.975,00**

B. Schulden	**Euro**
I. Langfristige Schulden	
Darlehen	150.000,00
II. Kurzfristige Schulden	
Verbindlichkeiten aus Lieferungen und Leistungen	15.300,00
Summe der Schulden	**165.300,00**

C. Reinvermögen (Eigenkapital)	**Euro**
Summe des Vermögens	203.975,00
– Summe der Schulden	165.300,00
= Reinvermögen	**38.675,00**

3.1.1.2 Inventurvereinfachungen

Die §§ 240 Abs. 3 und 4 sowie 241 HGB erlauben einige Vereinfachungen für die Durchführung einer Inventur, da i. d. R. ein erheblicher organisatorischer und personeller Einsatz damit verbunden ist. § 241 Abs. 2 HGB besagt:

»Bei der Aufstellung des Inventars für den Schluß eines Geschäftsjahrs bedarf es einer körperlichen Bestandsaufnahme der Vermögensgegenstände für diesen Zeitraum nicht, soweit durch Anwendung eines den Grundsätzen ordnungsmäßiger Buchführung entsprechenden anderen Verfahrens gesichert ist, dass der Bestand der Vermögensgegenstände nach Art, Menge und Wert auch ohne die körperliche Bestandsaufnahme für diesen Zeitpunkt festgestellt werden kann.«

Durch § 241 Abs. 2 HGB besteht für das Anlagevermögen die Möglichkeit der buchmäßigen Bestandsaufnahme. Voraussetzung hierfür ist ein laufend geführtes Anlagenverzeichnis, in dem genau einzutragen ist:

- die Bezeichnung der Anlage;
- der Tag der Anschaffung bzw. Herstellung;
- die Anschaffungskosten bzw. Herstellungskosten;
- die laufende Abschreibung (AfA);
- der jeweilige Stichtagswert;
- die Anlagenabgänge.

Bei der Durchführung einer sogenannten Stichtagsinventur ist es nicht zwingend erforderlich, dass die Durchführung der Inventur am Bilanzstichtag zu erfolgen hat. Die zeitpunktbezogenen Inventurvereinfachungen, zu denen die zeitnahe Inventur, die permanente Inventur und die zeitlich verlegte Inventur zählen, erleichtern dem Unternehmer die körperliche Bestandsaufnahme.

Zeitnahe Inventur

Die zeitnahe Inventur – sie wird auch als Bilanzstichtagsinventur bezeichnet – erfordert keine Bestandsaufnahmen am betreffenden Bilanzstichtag. Sie hat aber zeitnah, d. h. innerhalb von 10 Tagen vor oder nach dem Bilanzstichtag zu erfolgen. Dabei muss eine mengen- und wertmäßige Fortschreibung bzw. Rückrechnung zum Bilanzstichtag gewährleistet sein.

Permanente Inventur

Bei einer permanenten Inventur besteht die Möglichkeit, die Bestände den Lagerbüchern zu entnehmen. Voraussetzungen hierfür sind:

- Alle Bestände, Zugänge und Abgänge sind in Lagerbüchern einzeln nach Tag, Art und Menge einzutragen. Dies erfolgt auf der Basis EDV-gestützter Technik.
- Mindestens einmal pro Jahr ist durch eine körperliche Bestandsaufnahme die Richtigkeit des Lagerverzeichnisses nachzuprüfen.
- Es sind Protokolle anzufertigen über die durchgeführte körperliche Bestandsaufnahme, sogenannte Inventuraufnahmelisten.
- Werden Differenzen zwischen dem Bestand aus dem Lagerverzeichnis und dem tatsächlichen Bestand festgestellt, müssen sie sofort bereinigt werden.

Der große Vorteil bei einer permanenten Inventur liegt darin, dass zu jedem Zeitpunkt der Inventurbestand abgefragt werden kann und Inventurdifferenzen leichter identifiziert werden können. Eine permanente Inventur kann im Unternehmen aber nur durchgeführt werden, wenn ein geschlossenes System, ein sogenanntes Warenwirtschaftssystem, vorhanden ist. Ein solches Inventursystem funktioniert nur unter Einsatz eines gut funktionierenden EDV-Systems.

Zeitlich verlegte Inventur

Bei der zeitlich verlegten Inventur nach § 241 Abs. 3 HGB wird dem Unternehmen erlaubt, die körperliche Bestandsaufnahme in einem Zeitraum von drei Monaten vor bis zwei Monate nach dem Bilanzstichtag durchzuführen. Der zu diesem Zeitpunkt festgestellte Bestand wird in einem gesonderten Inventar verzeichnet und bewertet. Um auf den am Bilanzstichtag tatsächlichen Bestand zu kommen, erfolgt eine Fortschreibung bzw. Rückrechnung. Diese findet aber nur wertmäßig statt, ohne Mengenangaben.

Beispiel zum Fortschreibungsverfahren:

Antonio Farfalle betreibt einen Lebensmittelgroßhandelsbetrieb. Als Bilanzstichtag hat er den 31.12. gewählt. Am 30.11.2021 hat er seine körperliche Inventur durchgeführt.

Bei einem Produkt stehen noch folgende Informationen zur Verfügung:

Champagner Nummero Uno	Stückzahl	Preis/Stück	Gesamtwert
Inventurbestand 30.11.2021	125	35,00 Euro	4.375,00 Euro
Zugang 01.12.–31.12.2021	35	37,00 Euro	1.295,00 Euro
Abgang 01.12.–31.12.2021	18	35,00 Euro	630,00 Euro

Lösung:

Wert des Bestandes am Inventurstichtag lt. besonderem Inventar	4.375,00 Euro
+ Wert der Zugänge zwischen Inventur- und Bilanzstichtag	1.295,00 Euro
– Wert der Abgänge zwischen Inventur- und Bilanzstichtag	630,00 Euro
= Wert des Bestandes am Bilanzstichtag 31.12.2021	**5.040,00 Euro**

Tab. 5: Lösung Fortschreibungsverfahren

Beispiel zum Rückrechnungsverfahren

Antonio Farfalle betreibt einen Lebensmittelgroßhandelsbetrieb. Als Bilanzstichtag hat er den 31.12. gewählt. Am 20.01.2022 hat er seine körperliche Inventur durchgeführt.

Bei einem Produkt stehen noch folgende Informationen zur Verfügung:

Vino Rosso Lagrein Riserva	Stückzahl	Preis/Stück	Gesamtwert
Inventurbestand 20.01.2022	740	14,00 Euro	10.360,00 Euro
Zugang 01.01.–19.01.2022	90	14,00 Euro	1.260,00 Euro
Abgang 01.01.–19.01.2022	115	14,00 Euro	1.610,00 Euro

Lösung:

Wert des Bestandes am Inventurstichtag lt. besonderem Inventar	10.360,00 Euro
– Wert der Zugänge zwischen Inventur- und Bilanzstichtag	1.260,00 Euro
+ Wert der Abgänge zwischen Inventur- und Bilanzstichtag	1.610,00 Euro
= Wert des Bestandes am Bilanzstichtag 31.12.2021	**10.710,00 Euro**

Tab. 6: Lösung Rückrechnungsverfahren

Als Inventurerleichterung lässt § 241 Abs. 1 HGB eine Stichprobeninventur zu. Hierbei wird der Bestand an Vermögensgegenständen nach Art, Menge und Wert mithilfe anerkannter mathematisch-statistischer Verfahren aufgrund von Stichproben ermittelt. Dazu wird aus dem Gesamtbestand eine Anzahl von Vermögensgegenständen ausgewählt, körperlich aufgenommen und bewertet. Hochrechnungen erlauben es, den Gesamtbestand zu ermitteln. Der Vorteil einer Stichprobeninventur liegt eindeutig in der Reduzierung des Arbeitsaufwands im Rahmen der physischen Inventur. Die Stichprobeninventur kann auch im Rahmen der zeitlich verlegten oder der permanenten Inventur eingesetzt werden. Da eine Stichprobeninventur nur unter Einsatz von komplexen IT-Systemen angewendet werden kann, wird dieses Inventurverfahren nur bei Großunternehmen anzutreffen sein, die ein überdurchschnittlich großes Lager vorhalten müssen. Für alle anderen Unternehmen würden die dafür zu entrichtenden EDV-Kosten in keinem Verhältnis stehen.

Als Beispiele für **statistische Verfahren** wären hier das geschichtete Stichprobenverfahren und die Verhältnisschätzung zu nennen.

3.1.1.3 Übungsaufgabe 3: Inventar Maschinenfabrik Luis Sappone

SACHVERHALT

Luis Sappone, Maschinenfabrikant aus München, hat zum 31.12.2021 seine Inventur durchgeführt. Folgende Inventurliste ist gegeben:

Posten	Euro
Technische Anlagen und Maschinen	6.789.452,00
Rohstoffe laut Liste 7	3.147.689,00
Gebäude	
Werkhallen laut Liste 1	10.567.400,00
Verwaltungsgebäude	2.123.450,00
Verbindlichkeiten an Lieferanten	
Fuller Werke, München	4.555.747,20
Schellmann und Partner, Traunstein	954.456,41
Bargeld	80.466,50
Forderungen an Kunden	
Rudolf Langer, Augsburg	2.589.777,11
Firma Kautz, Füssen	3.988.889,99
Grund und Boden	5.900.876,00
Betriebs- und Geschäftsausstattung laut Liste 2	2.456.122,00
Hypothekenschulden	6.123.125,00
Guthaben bei Postbank München	3.588.999,56
Handelswaren laut Liste 12	3.258.254,00
Fuhrpark	
LKW laut Liste 6	1.699.887,00
PKW laut Liste 5	125.677,00
Anlagen im Bau	256.145,00
Unfertige Erzeugnisse laut Liste 9	8.236.155,00

AUFGABE

Anhand seiner Inventurliste möchte Luis Sappone, dass man sein Inventar zum 31.12.2021 erstellt.

Musterlösung siehe Kap. 4.3.

3.1.2 Bilanz

3.1.2.1 Allgemeines

Unternehmen verfügen normalerweise über eine Vielzahl unterschiedlichster Vermögenswerte, die sie in ihren Unternehmen einsetzen. Darüber hinaus bedienen sie sich Vermögensquellen, die zur Finanzierung der Vermögensgegenstände herangezogen werden. Um den Vermögensgegenständen und Vermögensquellen eine Struktur zu geben, bedient sich der Unternehmer der Bilanz.

Die Bilanz (ital. la bilancia = die Waage) lässt sich als eine Gegenüberstellung von Vermögenswerten und Vermögensquellen (Eigenkapital und Fremdkapital) bezeichnen, wobei beide Seiten ausgeglichen sind, das bedeutet, sich die »Waage« halten.

Die Verpflichtung, eine Bilanz aufzustellen, ergibt sich aus § 242 Abs. 1 HGB. Der Gesetzestext lautet:

»Der Kaufmann hat zu Beginn seines Handelsgewerbes und für den Schluß eines jeden Geschäftsjahres einen das Verhältnis seines Vermögens und seiner Schulden darstellenden Abschluß (Eröffnungsbilanz, Bilanz) aufzustellen. Auf die Eröffnungsbilanz sind die für den Jahresabschluß geltenden Vorschriften entsprechend anzuwenden, soweit sie sich auf die Bilanz beziehen.«

Die Vermögenswerte und Schulden der Bilanz entnimmt der Kaufmann dem Inventar. Das Inventar stellt somit die Grundlage der Bilanz dar.

3.1.2.2 Inventar und Bilanz

Die Bilanz fasst die Angaben des Inventars in einer übersichtlichen Form zusammen:

- Die einzelnen Posten des Inventars werden zu größeren Gruppen zusammengefasst;
- die Mengenangaben des Inventars werden nicht aufgeführt;
- Vermögen und Schulden werden einander gegenübergestellt;
- die Differenz von Vermögen und Schulden, das Eigenkapital (Reinvermögen) wird dargestellt;
- das Eigenkapital wird i. S. d. Bilanzgleichung **Vermögen = Eigenkapital + Fremdkapital** auf der Passivseite gemeinsam mit dem Fremdkapital (Schulden) ausgewiesen.

Die wichtigsten Unterschiede zwischen dem Inventar und der Bilanz können der Tabelle 7 entnommen werden.

Inventar	Bilanz
wird in Staffelform dargestellt	wird in Kontenform dargestellt
enthält Mengen- und Wertangaben	enthält nur Wertangaben
jeder Vermögensgegenstand und jede Schuld werden einzeln aufgezählt	gleichartige Posten werden zu Gruppen zusammengefasst
erlaubt kaum vergleichende Analysen der Posten	gestattet vergleichende Analysen der Posten
muss nicht veröffentlicht werden	muss unter bestimmten Umständen veröffentlicht werden

Tab. 7: Gegenüberstellung von Inventar und Bilanz

Für ein Inventar und eine Bilanz kann somit abgeleitet werden:

Inventar:
- detaillierte Aufstellung der Vermögens- und Schuldenteile,
- Angaben von Mengen, Einzel- und Gesamtwerten.

Bilanz:
- kurzgefasste Gegenüberstellung der Vermögens- und Schuldenteile,
- Angabe der Gesamtwerte homogener Gütergruppen.

Inventar und Bilanz sind aufzustellen:
- bei der Gründung eines Unternehmens,
- regelmäßig am Ende eines jeden Geschäftsjahres und
- bei Veräußerung, Auflösung oder Umwandlung des Unternehmens.

Im Gegensatz zum Inventar erfolgt in der Bilanz die Erfassung von Vermögen und Kapital
- nur wertmäßig,
- in Kurzform und
- in Kontenform.

3.1.2.3 Gliederung und Aussagewert der Bilanz

Unternehmen verfügen über eine Vielzahl unterschiedlichster Vermögenswerte, die im Geschäftsbetrieb eingesetzt werden. Daher ist es notwendig, dass die Posten der Aktivseite und der Passivseite nach bestimmten Kriterien geordnet werden. Dadurch erhält man nicht nur einen besseren Überblick über den Vermögens- und Kapitalstand, auch betriebsfremde interessierte Personen bekommen Einblick in die Struktur des Unternehmens. Dies ist für Banken von Interesse, wenn sie Kredite gewähren sollen, oder für Steuerberater und Wirtschaftsprüfer, falls sie Unternehmen prüfen, bewerten oder miteinander vergleichen sollen.

In §266 Abs. 2 und 3 HGB ist das Bilanzgliederungsschema für Kapitalgesellschaften gesetzlich kodifiziert. Einzelunternehmen und Personengesellschaften können sich an dieses Bilanzgliederungsschema anlehnen. Das Bilanzgliederungsschema gibt vor, wie die einzelnen Posten der Aktiv- und Passivseite gegliedert sein müssen.

Die Aktivseite der Bilanz zeigt das Vermögen als die Verwendung des im Unternehmen investierten Kapitals. Dies wird als Mittelverwendung bezeichnet.

Die Passivseite zeigt, wie das Vermögen finanziert ist bzw. die Herkunft des Kapitals. Dies wird als Mittelherkunft bezeichnet.

Auf der Aktivseite wird das Vermögen nach dem Grad der Liquidierbarkeit (nur langfristig liquidierbar – kurzfristig liquidierbar), auf der Passivseite die Schulden nach der Dringlichkeit der Verpflichtung (langfristig – kurzfristig) geordnet.

Für alle Bilanzen können deshalb nachfolgende Grundgleichungen abgeleitet werden:

- Summe der Aktiva = Summe der Passiva
- Mittelverwendung = Mittelherkunft
- Summe des Vermögens = Summe des Kapitals
- Vermögen = Anlagevermögen + Umlaufvermögen
- Kapital = Eigenkapital + Fremdkapital

Für Unternehmen gilt folgendes Bilanzgrobschema (Abb. 11):

Aktiva	**Bilanz**	**Passiva**
Anlagevermögen		Eigenkapital
Umlaufvermögen		Fremdkapital

Abb. 11: Grundschema einer Bilanz

Anlagevermögen

Unter Anlagevermögen versteht man jenes Vermögen, das dem Unternehmen für längere Zeit, nach Bilanzierungspraxis über ein Jahr, unverändert zur Verfügung steht. Das Kapital, das in diese Form von Vermögen investiert wurde, sollte langfristig gebunden sein, d. h., Anlagen können nicht sofort und jederzeit wieder zu Bargeld gemacht werden, z. B. Grundstücke, Gebäude oder Maschinen.

Umlaufvermögen

Das Umlaufvermögen ist jenes Vermögen, das durch die betriebliche Tätigkeit der Unternehmen ständig seine Zusammensetzung ändert, wie z. B. Waren, Rohstoffe, Forderungen, Bank, Kasse. Das Umlaufvermögen steht den Unternehmen kurzfristig, somit unter einem Jahr, zur Verfügung.

Fremdkapital

Darunter fallen alle Schulden des Unternehmens, d. h. die Verbindlichkeiten des Unternehmens und die Rückstellungen. Die Schulden können lang- oder kurzfristig sein. Langfristige Schulden sind Darlehen oder Obligationen, die nach einem bestimmten Tilgungsplan über mehrere Jahre hinweg zurückgezahlt werden. Kurzfristige Schulden entstehen meistens durch Waren- und Rohstoffeinkäufe auf Ziel. Das bedeutet, der Käufer bezahlt nach einer bestimmten Frist. Die Rückstellungen sind gegenüber den Schulden noch nicht konkretisiert. Das bedeutet, ein Sachverhalt liegt vor, ob jedoch das Unternehmen überhaupt und falls ja, in welcher Höhe zur Begleichung des Sachverhalts herangezogen wird, ist nicht konkretisiert.

Eigenkapital (Reinvermögen)

Das Eigenkapital, auch Reinvermögen genannt, ist die Summe aller vom Unternehmen selbst zur Verfügung gestellten Mittel. Während sich die anderen drei Bilanzbereiche durch Zählen und Bewerten in ihrer Höhe feststellen lassen, ist dies beim Eigenkapital so nicht möglich. Die Höhe des Eigenkapitals ergibt sich vielmehr als Ergebnis einer Rechenoperation bzw. als saldierte Größe zwischen den Vermögensgegenständen und Schulden. Das Eigenkapital ist somit keine gegebene Größe, sondern eine Restgröße.

Aufgrund der Größengleichheit der Aktiv- und Passivseite der Bilanz lassen sich folgende Grundgleichungen ableiten:

- Aktiva (Gesamtvermögen) = Passiva (Gesamtkapital),
- Gesamtvermögen = Anlagevermögen + Umlaufvermögen,
- Gesamtkapital = Eigenkapital + Fremdkapital,
- Eigenkapital = Gesamtvermögen – Schulden.

Anhand der Musterbilanz von Stuckateur Luigi Farfalle werden die Grundgleichungen deutlich (Abb. 12).

BILANZ
Stuckateur Luigi Farfalle, 31.12.2022

Aktiva		Passiva	
A. Anlagevermögen		**A. Eigenkapital**	45.175
I. Sachanlagen			
1. Grundstücke und Gebäude	100.000	**B. Fremdkapital**	
2. Fuhrpark	52.500	1. Verbindlichkeiten gegenüber Kreditinstituten	150.000
3. Maschinen	8.000	2. Verbindlichkeiten aus Lieferungen und Leistungen	15.300
4. Betriebs- und Geschäftsausstattung	2.550		
B. Umlaufvermögen			
I. Vorräte			
Roh-, Hilfs- und Betriebsstoffe	1.225		
II. Forderungen und sonstige Vermögensgegenstände			
Forderungen aus Lieferungen und Leistungen	5.800		
III. Kassenbestand und Bankguthaben			
1. Bankguthaben	40.000		
2. Kassenbestand	400		
	210.475		210.475

Abb. 12: Musterbilanz Stuckateur Luigi Farfalle

- Aktiva (Gesamtvermögen) = Passiva (Gesamtkapital)
  210.475 Euro = 210.475 Euro,
- Gesamtvermögen = Anlagevermögen + Umlaufvermögen,
- 210.475 Euro = 163.050 Euro + 47.425 Euro,
- Gesamtkapital = Eigenkapital + Fremdkapital,
- 210.475 Euro = 45.175 Euro + 165.300 Euro,
- Eigenkapital = Gesamtvermögen - Schulden
- 45.175 Euro = 210.475 Euro - 165.300 Euro.

3.1.2.4 Übungsaufgabe 4: Bilanz Malerbetrieb Mario Gallo

SACHVERHALT

Malermeister Mario Gallo aus Sigmaringen hat im Rahmen seiner Inventur folgende Vermögensgegenstände und Schulden ermittelt:

	Euro
Kassenbestand	1.273,16
Gebäude	115.000,00
Verbindlichkeiten aus Lieferungen und Leistungen	3.400,00
Forderungen aus Lieferungen und Leistungen	5.100,00
Betriebs- und Geschäftsausstattung	11.000,00
Verbindlichkeiten gegenüber dem Finanzamt	4.428,81
Roh-, Hilfs- und Betriebsstoffe	22.000,00
Verbindlichkeiten gegenüber Kreditinstituten	68.000,00
Bankguthaben	2.700,00

AUFGABE

Malermeister Mario Gallo möchte, dass aus den vorhandenen Informationen die Bilanz zum 31.12.2022 erstellt wird.

Musterlösung siehe Kap. 4.4.

3.1.2.5 Änderung der Bilanzposten

Die Bilanz ist die Gegenüberstellung des Vermögens und des Kapitals in Kontenform. Durch Geschäftsvorfälle ändert sich die Zusammensetzung der einzelnen Posten permanent.

Nach § 242 Abs. 1 HGB ist eine Bilanz immer zum Geschäftsjahresende aufzustellen. Dieser Zeitpunkt wird als Bilanzstichtag bezeichnet. In der Regel ist der Bilanzstichtag der 31.12. jedes Jahres. Somit ist bei den Unternehmen das Geschäftsjahr gleich das Kalenderjahr. Es gibt aber auch das vom Kalenderjahr abweichende Geschäftsjahr. Falls zum Kalenderjahresende eine Hochphase der wirtschaftlichen

Tätigkeit vorherrscht, wie z. B. bei der Hotellerie, der Gastronomie oder dem Lebensmittelhandel, ist ein unterjähriger Bilanzstichtag von großem Vorteil. Aber auch historisch bedingt kann der Bilanzstichtag unterjährig sein, z. B. zum 30.09. jeden Jahres, wie bei der Siemens AG oder der ThyssenKrupp AG.

Ein Geschäftsjahr umfasst i. d. R. 12 Monate. Somit ergeben sich in einer Bilanz zum Bilanzstichtag zwangsläufig Änderungen der Bestände durch Geschäftsvorfälle.

Als Geschäftsvorfälle werden Vorgänge bezeichnet, die zwischen Unternehmen und ihrer Umwelt stattfinden bzw. die innerhalb einem Unternehmen stattfinden und eine Änderung von Vermögen, Schulden oder dem Eigenkapital bewirken.

In der Praxis unterscheidet man zwei Gruppen von Geschäftsvorfällen:

- Geschäftsvorfälle, die das Eigenkapital nicht beeinflussen,
- Geschäftsvorfälle, die das Eigenkapital beeinflussen.

Geschäftsvorfälle, die das Eigenkapital nicht beeinflussen, werden als Betriebsvermögensumschichtungen bezeichnet. Betriebsvermögensänderungen liegen vor, falls sich das Eigenkapital bei einem Geschäftsvorfall ändert.

Bei einer Betriebsvermögensumschichtung verändert ein Geschäftsvorfall einen Posten in der Bilanz. Um eine Übereinstimmung der Aktiva mit den Passiva zu erreichen, erfolgt eine gleichzeitige Änderung eines anderen Bilanzpostens in gleicher Höhe.

Beispiel

Bei Stuckateur Luigi Farfalle ereignen sich die nachfolgend dargestellten Geschäftsvorfälle. Luigi Farfalle möchte nun gerne wissen, wie die Geschäftsvorfälle das Aussehen seiner Bilanz verändern.

Geschäftsvorfall Nr. 1:

Luigi Farfalle verkauft Vorräte (Zement) gegen bar (Kasse) für 800,00 Euro.

Lösung:
Aktivposten »Kassenbestand« nimmt um 800,00 Euro zu;

Aktivposten »Vorräte« nimmt um 800,00 Euro ab.

Hier spricht man von einem **Aktivtausch**.

Geschäftsvorfall Nr. 2:

Um einen kurzfristigen Kredit bei seiner Hausbank langfristig zu finanzieren, nimmt Luigi Farfalle ein Langfristdarlehen bei seiner Hausbank in Höhe von 10.000,00 Euro auf.

Lösung:
Passivposten »kurzfristiges Darlehen« nimmt um 10.000,00 Euro ab;

Passivposten »langfristiges Darlehen« nimmt um 10.000,00 Euro zu;

Hier spricht man von einem **Passivtausch**.

Geschäftsvorfall Nr. 3:

Luigi Farfalle kauft von einem Baustoffgroßhändler Gipsplatten (Vorräte) auf Ziel (Luigi Farfalle bezahlt zu einem späteren Zeitpunkt) in Höhe von 1.500,00 Euro.

Lösung:
Aktivposten »Vorräte« nimmt um 1.500,00 Euro zu;

Passivposten »Verbindlichkeiten aus Lieferungen und Leistungen« nimmt um 1.500,00 Euro zu.

Hier spricht man von einer **Aktiv-Passiv-Mehrung** oder auch von einer **Bilanzverlängerung**.

Geschäftsvorfall Nr. 4:

Luigi Farfalle begleicht mit Banküberweisung Lieferantenverbindlichkeiten in Höhe von 1.000,00 Euro.

Lösung:
Aktivposten »Bankguthaben« nimmt um 1.000,00 Euro ab;

Passivposten »Verbindlichkeiten aus Lieferungen und Leistungen« nimmt um 1.000,00 Euro ab.

Hier spricht man von einer **Aktiv-Passiv-Minderung** oder auch von einer **Bilanzverkürzung**.

Deutlich wird bei diesen Geschäftsvorfällen, dass auf der Aktivseite der Bilanz die Vermögensgegenstände aufgezählt werden, über die der Unternehmer an einem bestimmten Tag, dem Bilanzstichtag, rechtmäßig verfügen kann.

Auf der Passivseite der Bilanz wird aufgezeigt, woher die Mittel der Finanzierung des Vermögens stammen. Entweder vom Unternehmen selbst, dann handelt es sich um das Eigenkapital, oder stammt es von dritter Seite, dann spricht man von Fremdkapital. Ohne nähere Erläuterungen zur Bilanz kann jedoch nicht gesagt werden, welche Vermögensgegenstände mit Fremdkapital finanziert werden.

Die einzelnen Posten der Bilanz ändern sich mit jedem Geschäftsvorfall. Es muss aber immer Gleichheit herrschen zwischen der Aktivseite und der Passivseite einer Bilanz.

3.1.2.6 Vier Typen der Bilanzänderungen

Im Rahmen der doppelten Buchführung unterscheidet man, wie am vorhergehenden Beispiel dargestellt, also vier Typen von Bilanzänderungen:

- **Aktivtausch**
  Durch einen Geschäftsvorfall erhöht sich ein Bilanzposten auf der Aktivseite. Gleichzeitig verringert sich ein anderer Bilanzposten auf derselben Seite um den gleichen Betrag. Wichtig dabei ist, die **Bilanzsumme bleibt gleich**.
- **Passivtausch**
  Zwei Posten auf der Passivseite der Bilanz werden durch einen Geschäftsvorfall verändert. Während der eine Posten steigt, verringert sich der andere Posten um den gleichen Betrag. Auch hier wichtig: die **Bilanzsumme bleibt gleich**.
- **Aktiv-Passiv-Mehrung bzw. Bilanzverlängerung**
  Hier sind Bilanzposten auf beiden Seiten betroffen. Eine Erhöhung eines Postens auf der Aktivseite zieht gleichzeitig eine Erhöhung eines Postens auf der Passivseite nach sich. Durch die gleichzeitige Erhöhung der Aktiv- und der Passivseite **steigt** auch die **Bilanzsumme**.
- **Aktiv-Passiv-Minderung bzw. Bilanzverkürzung**
  Auch hier sind Bilanzposten auf beiden Seiten betroffen. Durch eine Minderung eines Postens auf der Aktivseite vermindert sich in gleicher Höhe ein Posten auf der Passivseite. Eine gleichzeitige Minderung auf der Aktiv- und Passivseite bewirkt, dass die **Bilanzsumme sinkt**.

Jeder Geschäftsvorfall zieht zwei Änderungen in der Bilanz nach sich. Falls jeder Geschäftsvorfall während eines Geschäftsjahres in der Bilanz dargestellt würde, würde dies zu einer völlig unübersichtlichen Buchhaltung führen. Da sich die einzelnen Posten ständig ändern, wäre dies auf Dauer gesehen auch sehr aufwendig, denn das Unternehmen müsste nach jeder Verbuchung eines Geschäftsvorfalls sein Vermögen und seine Schulden feststellen. Um die laufenden Änderungen der einzelnen Posten für ein Unternehmen ersichtlich zu machen, werden während einer Geschäftsperiode die Geschäftsvorfälle daher auf sogenannte Konten erfasst. Erst am Ende der Geschäftsperiode, i. d. R. des Geschäftsjahres, werden alle Konten wieder zu einer Bilanz zusammengefasst.

3.1.2.7 Übungsaufgabe 5: Grundfälle der Bilanzänderung

SACHVERHALT

Der Student Pasquale Salvatore beschließt, nach Beendigung seines Studiums ein Geschäft zu eröffnen.

Folgende Sachverhalte sind gegeben:

1. Pasquale Salvatore bringt 10.000,00 Euro in das Geschäft ein. Das Geld besitzt er bar.
2. Pasquale Salvatore kauft mithilfe eines langfristigen Darlehens seiner Bank ein Gebäude für 500.000,00 Euro.
3. Ein Lieferant liefert Waren für 12.000,00 Euro auf Ziel.
4. Pasquale Salvatore erbt 1.000.000,00 Euro, die er voll in das Geschäft einbringt (bar).
5. Pasquale Salvatore zahlt die Rechnung aus Geschäftsvorfall Nr. 3 bar.

6. Pasquale Salvatore kauft einen Geschäftswagen für 20.000,00 Euro und Waren für 15.000,00 Euro gegen Barzahlung.
7. Pasquale Salvatore entnimmt der Kasse 50.000,00 Euro und eröffnet damit ein Bankkonto.
8. Pasquale Salvatore schuldet das langfristige Darlehen (Geschäftsvorfall Nr. 2) in eine kurzfristige Verbindlichkeit um.
9. Pasquale Salvatore begleicht diesen Kredit (Geschäftsvorfall Nr. 8) bar.

AUFGABE

Bilden Sie die Buchungssätze und geben Sie jeweils den Bilanzänderungstyp an.

Musterlösung siehe Kap. 4.5.

3.2 Konten, Buchungssatz und Buchungssystematik in der Buchführung

3.2.1 Konten und der Buchungssatz

Das Konto (ital. il conto = die Rechnung) ist eine zweiseitige Aufstellung, die ursprünglich dazu diente, Forderungen und Schulden zu erfassen. Es hat die Form eines großen »T«, deshalb spricht man auch von einem »T-Konto« oder »Kontenkreuz«.

Jedes Konto besitzt zwei Seiten. Die linke Seite wird als **Soll (S)** bezeichnet, die rechte Seite als **Haben (H)**. In der Mitte über dem Konto steht die jeweilige Bezeichnung des Kontos (vgl. Abb. 13).

Abb. 13: Darstellung eines Kontenkreuzes

Auf der einen Seite des Kontos werden die Mehrungen, auf der anderen Seite die Minderungen verbucht. Beide sind zunächst nicht unmittelbar miteinander zu verrechnen, sondern jeweils getrennt für sich aufzuaddieren. Zum Schluss ergibt sich ein Kontensaldo. Dieser Kontensaldo kann am Ende eines Geschäftsjahres auf der Soll- oder Habenseite eines Kontos stehen. Entscheidend dafür ist, was für ein Kontotyp vorliegt.

Eine Bilanz in einzelne Konten auflösen bedeutet, jedem Bilanzposten ein Konto zuzuteilen und die Werte aus der Bilanz in das Konto zu übernehmen. Die Anzahl und die Art der Konten hängen damit vom Aussehen der Bilanz ab.

Die aus dem Vermögen und den Kapitalbeständen abgeleiteten Konten der Bilanz werden als **Bestandskonten** bezeichnet. Die Bestandskonten, die die Eintragungen auf der Aktivseite der Bilanz aufnehmen, nennt man **Aktivkonten**. Die Bestandskonten, bei denen die Eintragungen auf der Passivseite erfolgen, werden **Passivkonten** genannt.

Die zu den Bilanzposten gehörenden Werte aus der Bilanz werden als Anfangsbestände in die entsprechenden Konten übernommen. Diese Werte stammen aus der Bilanz des Vorjahres oder bei Gründung eines Unternehmens durch die Ersterfassung mithilfe einer Inventur.

Bei den Aktivkonten werden die Anfangsbestände auf der Sollseite, bei Passivkonten auf der Habenseite erfasst.

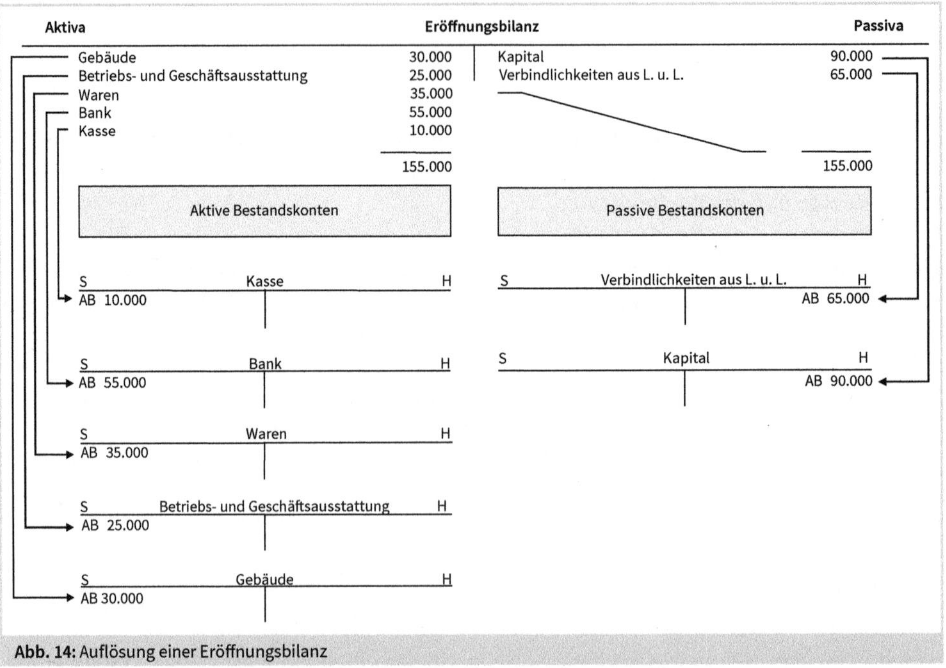

Abb. 14: Auflösung einer Eröffnungsbilanz

Neben den Bestandskonten gibt es die **Erfolgskonten** in der Buchführung. Auf den Erfolgskonten werden die Geschäftsvorfälle erfasst, die den Erfolg eines Unternehmens, den Gewinn oder Verlust, beeinflussen.

Erfolgskonten gliedern sich in Aufwands- und Ertragskonten. Geschäftsvorfälle, die Aufwandskonten betreffen, werden auf der Sollseite des Kontos erfasst, bei den Ertragskonten erfolgt dies auf der Habenseite.

Neben den Bestands- und Erfolgskonten finden sich weitere Konten in einer Buchführung. Um zu Beginn des Geschäftsjahres sämtliche Bestandskonten eröffnen zu können, benötigt man das **Eröffnungsbi-**

lanzkonto. Am Ende des Geschäftsjahres werden sämtliche Bestandskonten über das **Schlussbilanzkonto** abgeschlossen.

Alle Aufwands- und Ertragskonten werden am Geschäftsjahresende über das **Gewinn- und Verlustkonto (GuV-Konto)** abgeschlossen.

Das **Privatkonto** wird benötigt, damit eine Trennung von betrieblichen und privaten Sachverhalten nachvollziehbar gelingt. Hilfskonten dienen einer besseren Informationsgewinnung und sämtliche **Umsatzsteuerkonten** dazu, dass gesetzliche Vorschriften bei den Geschäftsvorfällen eingehalten und transparent dargestellt werden.

Die Eintragung der Geschäftsvorfälle auf den Konten wird anhand von Buchungen vorgenommen. Hierbei gilt der Grundsatz:

Keine Buchung ohne Beleg!

Ein Beleg muss, um den GoB zu entsprechen, folgende Bestandteile enthalten:

- den Betrag sowie die Mengen- und Wertangaben,
- den Zeitpunkt des Geschäftsvorfalls,
- einen Text zur Erläuterung des Geschäftsvorfalls und
- die Unterschrift eines Zeichnungsberechtigten.

Nur wenn für jede Buchung ein Beleg existiert, erfüllt die Buchung das Erfordernis der Ordnungsmäßigkeit. Der Beleg macht eine Buchung nachvollziehbar. Somit ist der Beleg das Bindeglied zwischen dem Geschäftsvorfall und der Buchung.

Um eine Buchung vornehmen zu können, benötigt man einen Buchungssatz. Jeder Buchungssatz hat die Form:

Sollkonto	an	Habenkonto	Betrag

Um bei der Verbuchung keine Fehler zu machen, gibt es zwei Buchungsgrundsätze:

1. Erst Soll, dann Haben

Dies bedeutet, dass bei der Bildung von Buchungssätzen erst die Sollbuchung und dann die Habenbuchung vorgenommen wird.

2. Keine Buchung ohne Gegenbuchung in gleicher Höhe

Es ist immer streng darauf zu achten, dass die Summen beider Buchungen eines Buchungssatzes genau gleich sind.

Für die Bildung eines Buchungssatzes kann deshalb Folgendes abgeleitet werden:

- Den Eintrag in ein Konto nennt man Buchung.
- Jeder Geschäftsvorfall löst eine Buchung auf mindestens zwei Konten aus.
- Es gibt keine Buchung ohne Gegenbuchung.
- Es gibt immer mindestens eine Sollbuchung und eine Habenbuchung.
- Der einfache Buchungssatz lautet somit: **Soll an Haben.**
- Der Buchungssatz bildet die Grundlage für die Buchung der Konten.

3.2.2 Buchungen auf Bestandskonten

3.2.2.1 Aktive Bestandskonten

Alle Geschäftsvorgänge, die Veränderungen von Beständen nach sich ziehen, müssen auf Bestandskonten verbucht werden.

Aktive Bestandskonten entstehen durch die Auflösung der Aktivseite der Bilanz zu Beginn eines Geschäftsjahres und durch Buchungen, die während des Geschäftsjahres durchzuführen sind. Aktive Bestandskonten sind z. B. Gebäude, Betriebs- und Geschäftsausstattung, Fuhrpark, Bank und Kasse.

Die Funktionsweise eines **aktiven Bestandskontos** ist wie folgt (Abb. 15):

- Im Soll stehen der Anfangsbestand (Saldovortrag) und die Zugänge (Bestandsmehrungen);
- im Haben stehen die Abgänge (Bestandsminderungen) und der Endbestand (Saldo).

Soll	Bankkonto	Haben
Anfangsbestand (AB)		Abgang
Zugang		Endbestand (EB)

Abb. 15: Aktives Bestandskonto

Die Differenz zwischen der Summe der Sollbuchungen und der Summe der Habenbuchungen wird als Endbestand bzw. Saldo bezeichnet. Dieser ist stets auf der wertmäßig kleineren Seite einzusetzen, wird jedoch nach der wertmäßig größeren Seite benannt. Aktive Bestandskonten weisen daher einen Sollsaldo auf. Nach dem Einbuchen des Saldos auf der wertmäßig kleineren Seite ergibt sich durch Addition der Soll- und der Habenseite des Kontos Summengleichheit.

3.2.2.2 Passive Bestandskonten

Passive Bestandskonten entstehen durch die Auflösung der Passivseite der Bilanz zu Beginn eines Geschäftsjahres und durch Buchungen, die während seines Geschäftsjahres durchzuführen sind. Passive

Bestandskonten sind z. B. Darlehen, kurzfristige Verbindlichkeiten, Verbindlichkeiten aus Lieferung und Leistung (L. u. L.) und Rückstellungen.

Die Funktionsweise eines **passiven Bestandskontos** ist wie folgt:

- Im Haben stehen der Anfangsbestand (Saldovortrag) und die Zugänge (Bestandsmehrungen);
- im Soll stehen und die Abgänge (Bestandsminderungen) und der Endbestand (Saldo).

Soll	Darlehen	Haben
Abgang		Anfangsbestand (AB)
Endbestand (EB)		Zugang

Abb. 16: Passives Bestandskonto

Der Endbestand bzw. Saldo wird bei passiven Bestandskonten auf der wertmäßig kleineren Sollseite verbucht. Passive Bestandskonten haben daher einen Habensaldo.

Beispiel: Buchung auf aktive- und passive Bestandskonten

1. Luigi Farfalle kauft eine neue EDV-Anlage für 5.500,00 Euro und bezahlt sie durch Banküberweisung.

Buchungssatz:

1.	EDV-Anlage	5.500,00	an	Bank	5.500,00

Soll	EDV-Anlage	Haben		Soll	Bank	Haben
1.	5.500,00				1.	5.500,00

2. Luigi Farfalle kauft Vorräte für seinen Stuckateurbetrieb für 2.500,00 Euro auf Ziel.

Buchungssatz:

2.	Vorräte	2.500,00	an	Verbindlichkeiten aus L.u.L.	2.500,00

Soll	Vorräte	Haben		Soll	Verb. aus L.u.L.	Haben
2.	2.500,00				2.	2.500,00

3. Luigi Farfalle hebt von seinem Bankkonto 600,00 Euro ab und legt diese in seine Kasse ein.

Buchungssatz:

3.	Kasse	600,00	an	Bank	600,00

Soll	Kasse	Haben		Soll	Bank	Haben
3.	600,00				3.	600,00

4. Luigi Farfalle führt in seinem Stuckateurbetrieb eine Umfinanzierung durch. Er schuldet ein kurzfristiges Darlehen in ein Langfristdarlehen in Höhe von 30.000,00 Euro um.

Buchungssatz:

4.	kurzfristiges Darlehen	30.000,00	an	Langfristdarlehen	30.000,00

Soll	kurzfr. Darlehen	Haben
4.	30.000,00	

Soll	Langfristdarlehen	Haben
	4.	30.000,00

3.2.2.3 Übungsaufgabe 6: Verbuchung erfolgsneutraler Geschäftsvorfälle

SACHVERHALT

Folgende Anfangsbestände sind für Luigi Farfalle zum 01.01.2022 gegeben:

Eigenkapital	109.000 Euro
Kasse	2.000 Euro
Bank	33.000 Euro
Waren	6.000 Euro
Grundstücke	50.000 Euro
Gebäude	80.000 Euro
Betriebs- und Geschäftsausstattung	20.000 Euro
Verbindlichkeiten aus L.u.L.	20.000 Euro
Langfristige Verbindlichkeiten	80.000 Euro
Forderungen aus L.u.L.	18.000 Euro

Während des Geschäftsjahres 2022 haben sich folgende Geschäftsvorfälle ereignet:

1. Kauf eines Laptops per Banküberweisung für 1.000,00 Euro.
2. Begleichung einer langfristigen Verbindlichkeit per Bank in Höhe von 8.000,00 Euro.
3. Kauf von Waren auf Ziel, Summe 600,00 Euro.
4. Ein Kunde begleicht eine fällige Rechnung in bar über 500,00 Euro.
5. Kauf von Rohstoffen über das Bankkonto in Höhe von 400,00 Euro.
6. Luigi Farfalle begleicht fällige Lieferantenrechnungen per Bankkonto in Höhe von 1.200,00 Euro.
7. Barabhebung von 100,00 Euro vom Bankkonto.
8. Zieleinkauf von neuen Büromöbeln in Höhe von 700,00 Euro.
9. Luigi Farfalle begleicht fällige Lieferantenrechnungen, davon 800,00 Euro in bar und 1.200,00 Euro per Banküberweisung.
10. Luigi Farfalle begleicht eine langfristige Verbindlichkeit mittels Banküberweisung in Höhe von 20.000,00 Euro.

AUFGABE

a) Erstellen Sie für Luigi Farfalle die Eröffnungsbilanz und eröffnen Sie die Bestandskonten.
b) Verbuchen Sie die Geschäftsvorfälle im Grundbuch und Hauptbuch.
c) Schließen Sie die Bestandskonten ab.

Musterlösung siehe Kap. 4.6.

3.2.3 Erfolgskonten

3.2.3.1 Aufwands- und Ertragskonten

Erfolg entsteht in einem Unternehmen durch Umsatztätigkeit. Güter (Stuckateurbetrieb) oder Dienstleistungen (Architektur) werden dem Beschaffungsmarkt entnommen und in gleicher Weise (etwa Handelsbetrieb) oder in veränderter Form (etwa Handwerks- oder Industriebetrieb durch Weiterverarbeitung) an den Absatzmarkt abgegeben.

Die Geschäftsvorfälle, die dabei anfallen und sich in der Gewinn- und Verlustrechnung niederschlagen, sind von anderer Art als jene, die in der Bilanz auftreten. In der Gewinn- und Verlustrechnung geht es nicht um Bestände, sondern um Aufwendungen und Erträge. Die Begriffe **Aufwand** und **Ertrag** zählen zu den Zentralbegriffen in der Betriebswirtschaftslehre. »Aufwand« oder »Ertrag« entstehen ausschließlich im Zusammenhang mit **erfolgswirksamen Geschäftsvorfällen.**

Das Gegenkonto zum Aufwands- bzw. Ertragskonto ist immer ein aktives oder passives Bestandskonto. Die Belege für die erfolgswirksamen Geschäftsvorfälle sind in den meisten Fällen die Einkaufs- oder Verkaufsrechnungen. Daher wird das Gegenkonto zum »Aufwand« meistens das Konto »Verbindlichkeiten aus Lieferungen und Leistungen« (Lieferverbindlichkeiten) sein und das Gegenkonto zum »Ertrag« ist meistens das Konto »Forderungen aus Lieferungen und Leistungen« (Kundenforderungen).

Erfolgswirksame Geschäftsvorfälle verändern das Eigenkapital eines Unternehmens. Somit müsste jeder erfolgswirksame Geschäftsvorfall direkt auf dem Eigenkapitalkonto verbucht werden. Die Konsequenz daraus wäre ein Aufblähen des Eigenkapitalkontos, außerdem würden wichtige Informationen über die Quellen und Ursachen des betrieblichen Erfolgs verloren gehen. Damit dies nicht geschieht, werden in der Buchführung die erfolgswirksamen Geschäftsvorfälle getrennt auf Aufwands- und Ertragskonten erfasst. Deshalb werden die Aufwands- und Ertragskonten auch als Unterkonten des Eigenkapitalkontos bezeichnet.

Die Salden von den Aufwands- und Ertragskonten werden auf dem Gewinn- und Verlustkonto (GVK) abgeschlossen. Dort wird dann der Erfolg des Unternehmens sichtbar. Entsteht in einem Geschäftsjahr ein Gewinn, wird das Eigenkapital des Unternehmens steigen. Im Verlustjahr wird das Eigenkapital sinken.

3.2.3.2 Verbuchung von Aufwendungen

Aufwendungen entstehen durch den Werteverzehr von Gütern und Dienstleistungen, die ein Unternehmen dem Markt zur Durchführung seiner Tätigkeit entnimmt.

Typische Aufwendungen in einem Unternehmen sind z. B.:

- Verbrauch an Roh-, Hilfs- und Betriebsstoffen;
- Löhne und Gehälter;
- Verbrauch von Strom, Wasser und Heizmaterialien;
- Telekommunikation;
- Miete;
- Steuern und Abgaben.

Aufwendungen vermindern letztendlich das Eigenkapital eines Unternehmens, bewirken wirtschaftlich somit eine **Verringerung** bzw. einen **Abgang** des Passivkontos Eigenkapital. Verringerungen bzw. Abgänge werden auf den Passivkonten auf der Sollseite verbucht. Dementsprechend werden die Aufwendungen im Soll verbucht.

Beispiel: Verbuchung von Aufwendungen

1. Luigi Farfalle bezahlt die Miete für seine Lagerhalle in Höhe von 600,00 Euro durch Banküberweisung.

Buchungssatz:

1.	Mietaufwand	600,00	an	Bank	600,00

Soll	Mietaufwand	Haben		Soll	Bank	Haben
1.	600,00				1.	600,00

2. Luigi Farfalle kauft Briefmarken für 40,00 Euro und bezahlt sie bar.

Buchungssatz:

2.	Portoaufwand	40,00	an	Kasse	40,00

Soll	Portoaufwand	Haben		Soll	Kasse	Haben
2.	40,00				2.	40,00

3. Luigi Farfalle kauft für sein Büro bei einem Bürofachgeschäft Druckerpatronen und Druckerpapier für 260,00 Euro. Der Rechnungsbetrag wird Luigi Farfalle kreditiert.

Buchungssatz:

3.	Büromaterial	260,00	an	Verbindlichkeiten aus L.u.L.	260,00

Soll	Büromaterial	Haben		Soll	Verb. aus L.u.L.	Haben
3.	260,00				3.	260,00

3.2.3.3 Verbuchung von Erträgen

Erträge entstehen in der Folge einer Verwertung betrieblicher Leistungen am Absatzmarkt. Dem Unternehmen fließen dafür Erlöse in Geld oder Forderungsansprüchen zu.

Erträge in einem Unternehmen sind vor allem:
- Umsatzerlöse (Warenverkäufe);
- Zinserträge;
- empfangene Provisionen;
- erhaltene Lizenzgebühren (für Patente o. Ä.).

Erträge erhöhen letztendlich das Eigenkapital eines Unternehmens, bewirken wirtschaftlich daher eine **Erhöhung** bzw. einen **Zugang** des **Passivkontos Eigenkapital**. Die Erhöhungen bzw. Zugänge werden auf der Habenseite bei einem Passivkonto verbucht. Dementsprechend werden die Erträge im Haben verbucht.

Beispiel: Verbuchung von Erträgen

1. Luigi Farfalle verkauft Gipsplatten auf Ziel in Höhe von 1.200,00 Euro.

Buchungssatz:

1.	Forderungen aus L.u.L.	1.200,00	an	Umsatzerlöse	1.200,00

Soll	Ford. aus L.u.L.	Haben		Soll	Umsatzerlöse	Haben
1.	1.200,00				1.	1.200,00

2. Luigi Farfalle erhält eine Zinsgutschrift auf seinem Bankkonto in Höhe von 500,00 Euro.

Buchungssatz:

2.	Bank	500,00	an	Zinserträge	500,00

Soll	Bank	Haben		Soll	Zinserträge	Haben
2.	500,00				2.	500,00

3. Luigi Farfalle verkauft einen Sack Zement an seinen Freund Luca Pasqua für 80,00 Euro in bar.

Buchungssatz:

3.	Kasse	80,00	an	Umsatzerlöse	80,00

Soll	Kasse	Haben		Soll	Umsatzerlöse	Haben
3.	80,00				3.	80,00

3.2.3.4 Abschluss der Erfolgskonten

Am Geschäftsjahresende werden alle Aufwendungen und Erträge, die auf den verschiedenen Aufwands- und Ertragskonten verbucht wurden, über ein eigenes »Sammelerfolgskonto«, das Gewinn- und Verlustkonto (GVK), abgeschlossen. Dies entspricht, rein technisch gesehen, der Vorgehensweise beim Abschluss von Bestandskonten. Der Saldo der Erfolgskonten wird aber, im Unterschied zu den Salden der Bestandskonten, nicht in die Bilanz, sondern in das Gewinn- und Verlustkonto übernommen.

Während eines Geschäftsjahres werden auf einem Aufwandskonto alle Aufwendungen und Aufwandsminderungen (z. B. Versicherungsrückerstattungen) verbucht. Am Ende des Geschäftsjahres werden die Posten beider Seiten (der Soll- und der Habenseite) aufsummiert. Um das Konto abzuschließen, muss auf der Sollseite und der Habenseite derselbe Betrag stehen. Dies erreicht man, indem man die Differenz der beiden Summen bildet und den Saldo auf der Seite mit der niedrigeren Summe verbucht. Da die Aufwendungen eines Geschäftsjahres die Aufwandsminderungen desselben Zeitraums übersteigen, findet sich der Saldo auf der Habenseite wieder.

Der Saldo eines Aufwandskontos wird auf der Sollseite des Gewinn- und Verlustkontos gebucht. Dieser Saldo wird als **Sollsaldo** bezeichnet, da die Sollseite größer ist als die Habenseite.

Der dazugehörige Abschlussbuchungssatz lautet:

GVK an Aufwandskonto

Der Abschluss eines Aufwandskontos sieht dann folgendermaßen aus (Abb. 17):

Soll	**Aufwandskonto**	**Haben**
Aufwendungen		Aufwandsminderungen
		SALDO

Abb. 17: Abschluss Aufwandskonto

Auf einem Ertragskonto werden während des Geschäftsjahres alle Erträge und Ertragsminderungen (z. B. Korrektur beim Warenverkaufskonto) verbucht. Analog zum Aufwandskonto wird der Saldo bestimmt. Da bei einem Ertragskonto die Erträge die Ertragsminderungen eines Geschäftsjahres übersteigen, findet sich der Saldo auf der Sollseite.

Der Saldo eines Ertragskontos wird dann auf der Habenseite des Gewinn- und Verlustkontos gebucht. Dieser Saldo wird als **Habensaldo** bezeichnet, da die Habenseite größer ist als die Sollseite.

Der dazugehörige Abschlussbuchungssatz lautet:

Ertragskonto an GVK

Der Abschluss eines Ertragskontos sieht dann folgendermaßen aus (Abb. 18):

Soll	Ertragskonto	Haben
Ertragsminderungen		Erträge
SALDO		

Abb. 18: Abschluss Ertragskonto

Abbildung 19 soll die Buchungssystematik im Bereich der Erfolgskonten sowie deren Abschluss über das Gewinn- und Verlustkonto darstellen.

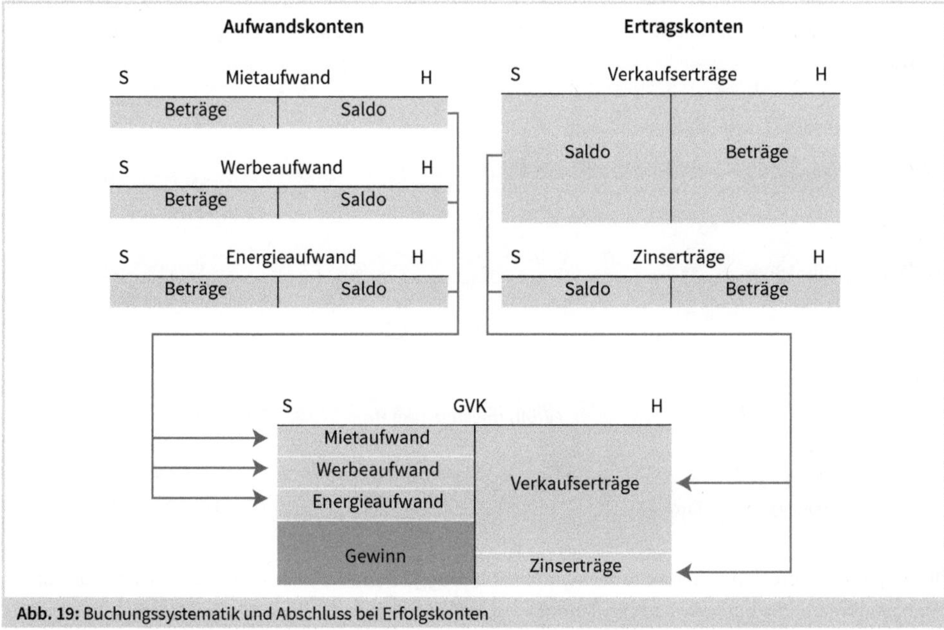

Abb. 19: Buchungssystematik und Abschluss bei Erfolgskonten

3.2.4 Eröffnungsbilanzkonto, Schlussbilanzkonto, Gewinn- und Verlustkonto

3.2.4.1 Eröffnungsbilanzkonto

Um in den Kreislauf der doppelten Buchführung zu gelangen, müssen zu Geschäftsjahresbeginn sämtliche vorhandene Bestandskonten eröffnet werden. Aus Gründen der Systematik der doppelten Buchhaltung, dass keine Buchung ohne Gegenbuchung erfolgen darf, muss auch bei den Konteneröffnungsbuchungen eine Gegenbuchung vorgenommen werden. Aus einer Eröffnungsbilanz heraus kann nicht gebucht werden, da es sich um eine statische Bilanzauflistung handelt, die außerhalb des Kontensystems erstellt wurde.

Aus diesem Grund ist es erforderlich, ein Hilfskonto zwischen der Eröffnungsbilanz und den Bestandskonten einzuführen. Dieses Hilfskonto ist das Eröffnungsbilanzkonto (EBK).

Das EBK leitet sich aus der Eröffnungsbilanz ab. Auf dem Eröffnungsbilanzkonto werden die Gegenbuchungen zu den Anfangsbeständen der Aktiv- und Passivkonten erfasst. Das Eröffnungsbilanzkonto ist somit das Gegenkonto für die Eröffnungsbuchungen auf den Bestandskonten. Die Vermögenswerte erscheinen beim Eröffnungsbilanzkonto auf der Habenseite, die Kapitalkonten (Eigen- und Fremdkapital) auf der Sollseite. Sind alle Bestandskonten eröffnet, muss das Eröffnungsbilanzkonto ausgeglichen sein.

Die Buchungssätze lauten dafür wie folgt:

Aktive Bestandskonten	an	Eröffnungsbilanzkonto

Eröffnungsbilanzkonto	an	Passive Bestandskonten

Beispiel

Soll	Eröffnungsbilanzkonto	Haben
Anfangsbestand Passive Bestandskonten		Anfangsbestand Aktive Bestandskonten

Abb. 20: Eröffnungsbilanzkonto

Die Aufgabe des Eröffnungsbilanzkontos wird in Abbildung 21 deutlich. Die Bilanzsalden der Eröffnungsbilanz müssen in die entsprechenden T-Konten überführt werden. Mithilfe des Eröffnungsbilanzkontos gelingt dies.

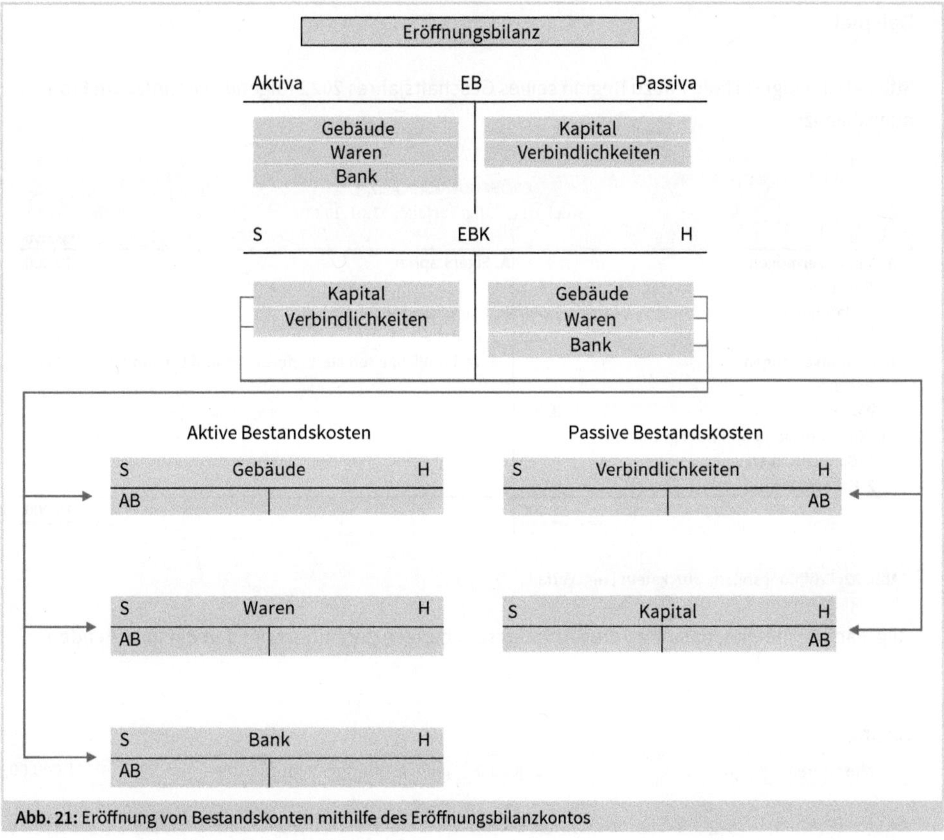

Abb. 21: Eröffnung von Bestandskonten mithilfe des Eröffnungsbilanzkontos

Beispiel

Stuckateur Luigi Farfalle hat zu Beginn seines Geschäftsjahres 2022 folgende vereinfachte Eröffnungsbilanz:

ERÖFFNUNGSBILANZ Stuckateur Luigi Farfalle, 01.01.2022			
Aktiva			**Passiva**
A. Anlagevermögen		**A. Eigenkapital**	10.000
I. Sachanlagen			
1. Maschinen	1.000	**B. Fremdkapital**	
2. Fuhrpark	2.000	1. Darlehen	2.000
B. Umlaufvermögen		2. Verbindlichkeiten aus Lieferungen und Leistungen	3.000
I. Vorräte			
Waren	3.000		
II. Kassenbestand und Bankguthaben			
1. Bankguthaben	4.000		
2. Kassenbestand	5.000		
	15.000		15.000

Abb. 22: Eröffnungsbilanz Stuckateur Luigi Farfalle

Luigi Farfalle möchte, dass man die Eröffnungsbuchungen durchführt mit den entsprechenden Konten.

Lösung:

1.	Maschinen	1.000,00	an	Eröffnungsbilanzkonto	1.000,00
2.	Fuhrpark	2.000,00	an	Eröffnungsbilanzkonto	2.000,00
3.	Waren	3.000,00	an	Eröffnungsbilanzkonto	3.000,00
4.	Bank	4.000,00	an	Eröffnungsbilanzkonto	4.000,00
5.	Kasse	5.000,00	an	Eröffnungsbilanzkonto	5.000,00
6.	Eröffnungsbilanzkonto	10.000,00	an	Eigenkapital	10.000,00
7.	Eröffnungsbilanzkonto	2.000,00	an	Darlehen	2.000,00
8.	Eröffnungsbilanzkonto	3.000,00	an	Verbindlichkeiten aus. L.u.L.	3.000,00

Soll	Maschinen	Haben
AB	1.000,00	

Soll	EBK		Haben
6.	10.000,00	1.	1.000,00
7.	2.000,00	2.	2.000,00
8.	3.000,00	3.	3.000,00
		4.	4.000,00
		5.	5.000,00
	15.000,00		**15.000,00**

Soll	Fuhrpark	Haben
AB	2.000,00	

Soll	EK		Haben
		AB	10.000,00

Soll	Waren	Haben
AB	3.000,00	

Soll	Darlehen		Haben
		AB	2.000,00

Soll	Bank	Haben
AB	4.000,00	

Soll	Verb. aus L.u.L.		Haben
		AB	3.000,00

Soll	Kasse	Haben
AB	5.000,00	

3.2.4.2 Schlussbilanzkonto

Wie das Eröffnungsbilanzkonto ist das Schlussbilanzkonto ein Hilfskonto, welches die Gegenbuchungen zum Geschäftsjahresende aufnimmt, um den Kreislauf der doppelten Buchführung wieder verlassen zu können.

Die Endbestände (Salden) der Bestandskonten zum Geschäftsjahresende werden über das Schlussbilanzkonto abgeschlossen. Das Schlussbilanzkonto ist somit das Gegenkonto für die Abschlussbuchungen. Die Vermögenswerte erscheinen beim Schlussbilanzkonto auf der Sollseite, die Kapitalkonten (Eigen- und Fremdkapital) auf der Habenseite. Sind alle Bestandskonten abgeschlossen, muss sich das Schlussbilanzkonto ausgleichen.

Die Buchungssätze für die Abschlussbuchungen lauten:

Schlussbilanzkonto	an	Aktive Bestandskonten

Passive Bestandskonten	an	Schlussbilanzkonto

Beispiel

Soll	Schlussbilanzkonto	Haben
Endbestand Aktive Bestandskonten		Endbestand Passive Bestandskonten

Abb. 23: Schlussbilanzkonto

Das Schlussbilanzkonto sammelt gewissermaßen die Bestände der aktiven und passiven Bestandskonten. Die Schlussbilanz leitet sich aus dem Schlussbilanzkonto ab. In der Schlussbilanz erscheinen lediglich die Kontensalden am Geschäftsjahresende als eine Zusammenfassung sämtlicher Konten, die einen Saldo aufweisen.

3.2.4.3 Eröffnung und Abschluss der Bestandskonten

Wie schon ausgeführt: Um zu Beginn eines Geschäftsjahres in den Kreislauf der doppelten Buchführung zu gelangen, benötigt man das Hilfskonto **Eröffnungsbilanzkonto**. Um am Ende eines Geschäftsjahres den Kreislauf der doppelten Buchführung wieder verlassen zu können, benötigt man das Hilfskonto **Schlussbilanzkonto**.

Abbildung 24 soll die Eröffnung und den Abschluss der Bestandskonten der doppelten Buchführung verdeutlichen, ausgehend von der Eröffnungsbilanz 01.01.2022 über das Eröffnen der Bestandskonten mithilfe des Eröffnungsbilanzkontos, mit dem Abschluss der Bestandskonten mithilfe des Schlussbilanzkontos und der daraus entstehenden Schlussbilanz zum 31.12.2022, ausgehend vom Schlussbilanzkonto.

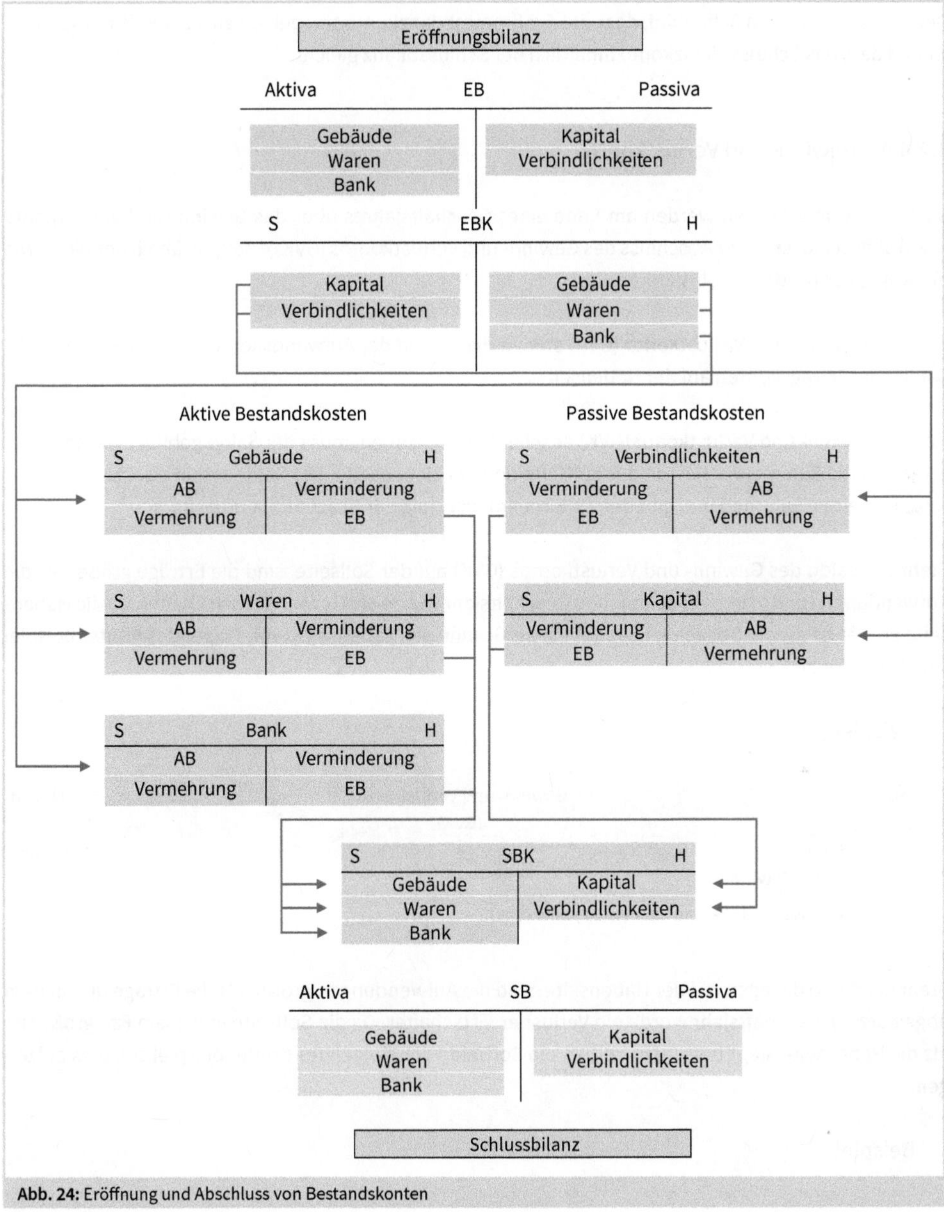

Abb. 24: Eröffnung und Abschluss von Bestandskonten

Deutlich wird aus dem Schaubild, dass das Eröffnungsbilanzkonto spiegelverkehrt zur Eröffnungsbilanz ist und dass das Schlussbilanzkonto inhaltlich der Schlussbilanz gleicht.

3.2.4.4 Gewinn- und Verlustkonto

Sämtliche Erfolgskonten werden am Ende eines Geschäftsjahres über das Gewinn- und Verlustkonto (GVK) abgeschlossen. Der Abschluss des Gewinn- und Verlustkontos (GVK) erfolgt in ähnlicher Weise wie der Abschluss bei den Erfolgskonten.

Auf dem Gewinn- und Verlustkonto (GVK) stehen die Salden der Aufwandskonten auf der Sollseite, die Salden der Ertragskonten auf der Habenseite.

Um das Gewinn- und Verlustkonto (GVK) abschließen zu können, muss der Saldo gebildet werden. Man errechnet die Summe der Posten der Sollseite und der Habenseite. Der Saldo ergibt sich aus der Differenz der beiden Summen und gibt den Unternehmenserfolg der Geschäftsperiode an.

Steht der Saldo des Gewinn- und Verlustkontos (GVK) auf der Sollseite, sind die Erträge größer als die Aufwendungen und in dem abgelaufenen Geschäftsjahr wurde ein Gewinn erwirtschaftet. Da die Habenseite größer ist als die Sollseite, liegt bei einem Gewinn ein Habensaldo vor. Folgendes Kontenbeispiel soll dies aufzeigen:

Beispiel

Soll	Gewinn- und Verlustkonto (GVK)	Haben
Aufwendungen **Habensaldo = Gewinn**		Erträge

Abb. 25: Habensaldo im Gewinn- und Verlustkonto (GVK)

Steht der Saldo dagegen auf der Habenseite, sind die Aufwendungen größer als die Erträge und in dem abgelaufenen Geschäftsjahr wurde ein Verlust erwirtschaftet. Da die Sollseite in diesem Fall größer ist als die Habenseite, liegt bei einem Verlust ein Sollsaldo vor. Folgendes Kontenbeispiel soll dies aufzeigen:

Beispiel

Soll	Gewinn- und Verlustkonto (GVK)	Haben
Aufwendungen		Erträge **Sollsaldo = Verlust**

Abb. 26: Sollsaldo im Gewinn- und Verlustkonto (GVK)

Der aus dem Gewinn- und Verlustkonto (GVK) ermittelte Saldo wird auf das Eigenkapitalkonto verbucht. Da auf den Erfolgskonten alle erfolgswirksamen Geschäftsvorfälle verbucht werden und diese auch das Eigenkapitalkonto berühren, mindert ein Aufwand den Erfolg und damit auch das Eigenkapital. Ein Ertrag erhöht den Erfolg und das Eigenkapital steigt.

Ergibt sich aus dem Gewinn- und Verlustkonto (GVK) ein Gewinn, so wird dieser als Zugang auf der Habenseite des Eigenkapitalkontos verbucht. Liegt hingegen ein Verlust vor, so wird er als Abgang auf der Sollseite des Eigenkapitalkontos verbucht. Folgendes Kontenbeispiel soll dies aufzeigen:

Beispiel

Soll	Eigenkapitalkonto	Haben
Abgang		Zugang
= Verlust		**= Gewinn**

Abb. 27: Eigenkapitalkonto

Aus dem Gewinn- und Verlustkonto (GVK) wird die Gewinn- und Verlustrechnung abgeleitet. Das Gewinn- und Verlustkonto (GVK) und die Gewinn- und Verlustrechnung sind identisch aufgebaut. Gegenüber dem Gewinn- und Verlustkonto (GVK) werden bei der Gewinn- und Verlustrechnung die Kontensalden in zusammengefasster Form dargestellt.

3.2.4.5 Übungsaufgabe 7: Verbuchung erfolgswirksamer Geschäftsvorfälle

SACHVERHALT

Bei Stuckateur Luigi Farfalle haben sich während des Geschäftsjahres 2022 folgende Geschäftsvorfälle ereignet:

1. Bezahlung der Lagermiete per Bank in Höhe von 380,00 Euro.
2. Überweisung der Kfz-Steuer für seinen betrieblichen Pkw in Höhe von 230,00 Euro.
3. Barkauf von Briefmarken im Wert von 12,00 Euro.
4. Barkauf von Büromaterialien in Höhe von 42,00 Euro.
5. Als Ergebnis einer getätigten Kapitalanlage werden Zinsen in Höhe von 160,00 Euro auf das Bankkonto überwiesen.
6. Überweisung der betrieblichen Pkw-Haftpflichtversicherung in Höhe von 435,00 Euro.
7. Ein Kunde bezahlt Stuckateurarbeiten in Höhe von 1.680,00 Euro bar.
8. Überweisung der Gebäudehaftpflichtversicherung in Höhe von 550,00 Euro.

AUFGABE

a) Verbuchen Sie die laufenden Geschäftsvorfälle und stellen Sie dabei die entsprechenden Erfolgskonten dar.
b) Schließen Sie sämtliche Erfolgskonten ab.
c) Schließen Sie das Gewinn- und Verlustkonto (GVK) ab.

Musterlösung siehe Kap. 4.7.

3.2.5 Privatentnahmen und Privateinlagen, Erfolgsermittlung

3.2.5.1 Privatentnahmen und Privateinlagen

Das Eigenkapital gibt die finanzielle Beteiligung des Unternehmers als Eigentümer an seinem Unternehmen an. Dabei werden Teile seines privaten Vermögens dem Unternehmen zur Verfügung gestellt. Bilanztechnisch ergibt sich das Eigenkapital als saldierte Größe von Vermögen und Schulden zum Ende eines Geschäftsjahres.

Es gibt zwei Möglichkeiten, die das Eigenkapital eines Unternehmens verändern. Die erste Möglichkeit ist der **Unternehmenserfolg**, der anhand des Gewinn- und Verlustkontos bestimmt wird. Erzielt der Unternehmer im Laufe eines Geschäftsjahres einen Gewinn und verbleibt dieser im Unternehmen, erhöht sich das Eigenkapital um diesen Betrag. Im Verlustfall vermindert sich das Eigenkapital um diesen Betrag.

Die zweite Möglichkeit, die das Eigenkapital eines Unternehmens verändert, sind die **Privateinlagen** und die **Privatentnahmen**.

Stellt ein Unternehmer seiner Firma zusätzlich privates Geld aus seinem Privatvermögen oder andere Vermögenswerte, z. B. die Einlage eines privaten Grundstücks in das Betriebsvermögen, zur Verfügung, so steigt das Vermögen (Aktivseite) wie das Eigenkapital (Passivseite) des Unternehmers. Private Vorgänge dieser Art nennt man Privateinlagen. Privateinlagen sind somit alle Einlagen, die der Unternehmer aus dem privaten Bereich seinem Unternehmen zuführt. Privateinlagen verändern Aktiv- und Passivseite einer Bilanz gleichzeitig, wirken somit bilanzverlängernd.

Beispiel

Aus seinem Privatvermögen legt Luigi Farfalle 1.000,00 Euro in seine Unternehmenskasse ein.

Buchungssatz:

1.	Kasse	1.000,00	an	Privateinlage	1.000,00

Soll	Kasse	Haben		Soll	Privateinlage	Haben
1.	1.000,00				1.	1.000,00

Da Privateinlagen das Eigenkapital eines Unternehmens verändern und am Ende eines Geschäftsjahres das Privateinlagekonto über das Eigenkapitalkonto abgeschlossen wird, wird das Privateinlagekonto auch als Unterkonto des Eigenkapitalkontos bezeichnet.

Beispiel

Am Ende des Geschäftsjahres möchte Luigi Farfalle, dass sein Privateinlagekonto korrekt abgeschlossen wird.

Buchungssatz:

2.	Privateinlage	1.000,00	an	Eigenkapitalkonto	1.000,00

Soll	Privateinlage		Haben
2.	1.000,00	1.	1.000,00

Soll	Eigenkapitalkonto		Haben
		2.	1.000,00

Ein guter Unternehmer ist in gewisser Weise auch ein sparsamer Unternehmer. Er kann den Gewinn aus seiner unternehmerischen Tätigkeit zur Gänze oder nur zu einem gewissen Teil für seinen privaten Lebensunterhalt seinem Unternehmen entnehmen. In diesem Fall handelt es sich um Geld, welches vom Betriebsvermögen entnommen und in das Privatvermögen überführt wird, deshalb wird dies als Privatentnahme bezeichnet. Weitere typische Privatentnahmen sind Waren, Roh- und Hilfsstoffe[25], die in das Privatvermögen überführt werden. Privatentnahmen verändern wie die Privateinlagen die Aktiv- und Passivseite einer Bilanz gleichzeitig. Im Gegensatz zu den Privateinlagen entsteht durch Privatentnahmen eine Bilanzverkürzung.

Beispiel

Während des Geschäftsjahres entnimmt Luigi Farfalle seinem betrieblichen Bankkonto 500,00 Euro für eine Wochenendreise.

Buchungssatz:

1.	Privatentnahme	500,00	an	Bank	500,00

Soll	Privatentnahme		Haben
1.	500,00		

Soll	Bank		Haben
		1.	500,00

25 Siehe hierzu die Ausführungen in Kap. 3.4.4.

Wie die Privateinlagen verändern auch die Privatentnahmen das Eigenkapital eines Unternehmens. Somit ist das Privatentnahmekonto auch ein Unterkonto des Eigenkapitalkontos, da es am Ende des Geschäftsjahres über das Eigenkapitalkonto abgeschlossen wird.

Beispiel

Am Ende des Geschäftsjahres möchte Luigi Farfalle, dass sein Privatentnahmekonto korrekt abgeschlossen wird.

Buchungssatz:

2.	Eigenkapitalkonto	500,00	an	Privatentnahme	500,00

Soll	Privatentnahme		Haben
1.	500,00	2.	500,00

Soll	Eigenkapitalkonto		Haben
2.	500,00		

3.2.5.2 Erfolgsermittlung

Im Rahmen der doppelten Buchführung gibt es zwei Möglichkeiten, den Unternehmenserfolg zu bestimmen. Neben der direkten Methode, bei der der Unternehmenserfolg direkt aus dem Gewinn- und Verlustkonto bzw. der Gewinn- und Verlustrechnung abgelesen werden kann, wird bei der indirekten Methode der Unternehmenserfolg über die Veränderung des Eigenkapitals während eines Geschäftsjahres bestimmt.

Tabelle 8 soll die indirekte Gewinnermittlungsmethode verdeutlichen:

	Eigenkapital am Ende des Geschäftsjahres t0
–	Eigenkapital zu Beginn des Geschäftsjahres t0
+	Privatentnahmen
–	Privateinlagen
=	**Unternehmenserfolg (Gewinn) oder (Verlust)**

Tab. 8: Indirekte Gewinnermittlungsmethode

Beispiel

Luigi Farfalle hat am Ende des Geschäftsjahres 2021 ein Eigenkapital in Höhe von 67.400,00 Euro. Während des Geschäftsjahres 2021 wurden Privatentnahmen in Höhe von 25.000,00 Euro und Privateinlagen in Höhe von 1.600,00 Euro getätigt. Zu Beginn des Geschäftsjahres 2021 hatte Luigi Farfalle ein Eigenkapital in Höhe von 54.000,00 Euro.

Luigi Farfalle möchte gerne wissen, wie hoch sein Unternehmenserfolg im Geschäftsjahr 2021 war.

Lösung:

	Eigenkapital am Ende des Geschäftsjahres 2021	67.400,00 Euro
–	Eigenkapital zu Beginn des Geschäftsjahres 2021	54.000,00 Euro
+	Privatentnahmen	25.000,00 Euro
–	Privateinlagen	1.600,00 Euro
=	**Unternehmenserfolg (Gewinn)**	**36.800,00 Euro**

Tab. 9: Ermittlung des Unternehmenserfolgs

Die indirekte Gewinnermittlungsmethode ist nur bei der doppelten Buchführung möglich, da nur dort jeder Betrag zweimal erfasst wird, einmal im Soll und einmal im Haben.

In dem Maße, wie der Unternehmer seinem Unternehmen Eigenkapital zur Verfügung stellt oder ihm Eigenkapital entzieht, dient das Eigenkapital als betriebliche Vermögensquelle, ebenso wie etwa die Schulden bei Gläubigern jeder Art. Damit lässt sich die Stellung des Eigenkapitals auf der Passivseite der Bilanz erklären. Somit umfasst das Eigenkapital die von einem oder mehreren Eigentümern dem Unternehmen zur Verfügung gestellten finanziellen Mittel und macht deren Privathandlungen (Privatentnahmen und Privateinlagen) im Unternehmen sichtbar.

In Abbildung 28 wird der Kreislauf der doppelten Buchführung deutlich. Mit den Eröffnungsbuchungen, den laufenden Buchungen im Bestands- und Erfolgsbereich sowie sämtlichen Abschlussbuchungen ergibt sich schließlich das Schlussbilanzkonto.

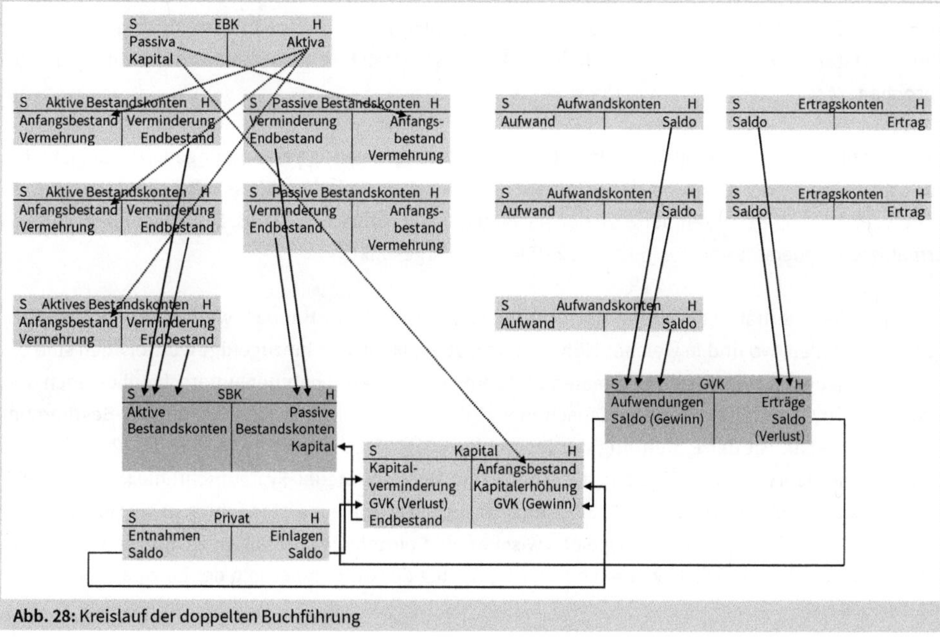

Abb. 28: Kreislauf der doppelten Buchführung

3.3 Einführung in das Umsatzsteuersystem

3.3.1 Allgemeines zur Umsatzsteuer

Die Umsatzsteuer zählt zu den wichtigsten Einnahmequellen eines Staates. In den meisten Staaten der Europäischen Union erbringt die Umsatzsteuer pro Jahr das höchste Steueraufkommen. Deshalb ist es wichtig, dass die Wirtschaft in dem jeweiligen Staat keinen Einbruch erlebt wie zu Zeiten der Finanzkrise 2009 und der Coronapandemie 2020 und 2021 (zur Umsatzsteuer vgl. generell Meissner/Neeser 2021, S. 1 ff.; Höink/Huschens 2016, S. 21 ff.).

Die Einnahmen durch die Umsatzsteuer werden durch die Besteuerung des Konsums der privaten Endverbraucher erzielt. Die Steuer auf den Konsum trifft die privaten Endverbraucher alle gleich, unabhängig von ihrer Kaufkraft, und ist für den jeweiligen Staat vor allem über die Verkaufspreise der Waren leicht einzuheben.

Güter legen vom Unternehmen der Erzeugung über die Produktions- und Handelsunternehmen bis zum Endverbraucher einen langen Weg zurück. Auf jeder Wirtschaftsstufe der Weiterverarbeitung oder des Handels fügt der Unternehmer den Gütern neue Werte hinzu, die durch die Kosten und den Gewinnaufschlag ausgedrückt werden. Im Bereich des Handels kommt der pro Stufe hinzugefügte Mehrwert in der Differenz zwischen Einkaufspreis und Verkaufspreis eines Gutes zum Ausdruck. Bei Produktionsunternehmen drückt sich der Mehrwert durch die Verarbeitung von Rohstoffen zu Fertigprodukten aus. Der Staat schöpft nun auf der Basis dieses geschaffenen Mehrwertes pro Stufe einen Teil in Form einer Steuer ab. Somit wird auf jeder Wirtschaftsstufe nur die erbrachte Wertschöpfung, der Mehrwert, besteuert. In Deutschland wird die Umsatzsteuer in der Form der Mehrwertsteuer (MwSt) erhoben. Deshalb wird im Geschäftsleben auch von der Mehrwertsteuer gesprochen.

Die gesetzlichen Bestimmungen zur Umsatzsteuer unterliegen häufig Veränderungen. Deutschland hat zur Stabilisierung der aufgrund der Coronapandemie schwächelnden Wirtschaft zeitlich beschränkt vom 1. Juli 2020 bis 31. Dezember 2020 den Regelsteuersatz von 19 % (§ 12 Abs. 1 UStG) auf 16 % und den ermäßigten Steuersatz von 7 % (§ 12 Abs. 2 UStG) auf 5 % gesenkt.

Aufgrund der Internationalisierung der Güterproduktion und des Handels wird es immer schwieriger, festzustellen, wo und in welcher Höhe einem Gut ein Mehrwert hinzugefügt wurde. Auch sind die Mehrwertsteuersätze in einzelnen Staaten und somit die Steuereinnahmen unterschiedlich hoch. Der wachsende internationale Güteraustausch macht die Angleichung der Mehrwertsteuer-Bestimmungen unabdingbar. Mit der Einführung der Richtlinie 2006/112/EG des Rates vom 28.11.2006 über das gemeinsame Mehrwertsteuersystem, die sogenannte Mehrwertsteuer-Systemrichtlinie (MwStSystRL), wurden zum 1. Juli 2007 die 1. und 6. EWG-Richtlinie ersetzt und ein erster Schritt in die richtige Richtung vollzogen. Ein echter Preisvergleich zwischen den einzelnen EU-Staaten ist für die Konsumenten jedoch erst dann möglich, wenn die MwSt-Belastung der Güter innerhalb der Europäischen Union gleich hoch ist.

Folgende Charakterisierung der Umsatzsteuer kann vorgenommen werden:

- **Gemeinschaftssteuer**
  Die Umsatzsteuer ist eine Gemeinschaftssteuer, da ihr Aufkommen dem Bund, den Ländern und den Gemeinden zusteht. Ab dem Jahr 2020 wird die Umsatzsteuer wie folgt zwischen Bund, Länder und Gemeinden aufgeteilt:
  Bund: 52,8 %
  Länder: 45,2 %
  Gemeinden: 2,0 %
- **Objektsteuer**
  Die Umsatzsteuer ist eine Objektsteuer, da sie an das wirtschaftliche Objekt, z. B. an eine Warenlieferung, andockt und auf persönliche Verhältnisse des jeweiligen Steuerpflichtigen keine Rücksicht genommen wird.
- **Verkehrssteuer**
  Die Umsatzsteuer ist eine Steuer, die bei jeder Produktions- oder Handelsphase beim Weiterverkauf eines Gutes oder einer Dienstleistung eingehoben wird. Sie ist deshalb eine Verkehrssteuer. Jeder Unternehmer berechnet die Steuer vom **Nettobetrag** des Warenpreises und stellt sie dem Kunden in Rechnung.
- **Verbrauchsteuer**
  Die Umsatzsteuer fällt auch unter die Verbrauchsteuern, da sie den Verbrauch belastet. Deutlich wird dies bei jeder Warenlieferung, da auf jeder Wirtschaftsstufe der Verbrauch mit Umsatzsteuer belegt wird.
- **Allphasensteuer**
  Mit Beginn des Jahres 1968 hat Deutschland die Allphasen-Nettoumsatzsteuer mit Vorsteuerabzug eingeführt. Vorbild dieser Neuregelung war das damalige französische Umsatzsteuersystem.
  Nach der Allphasen-Nettoumsatzsteuer soll jeder Unternehmer in der Leistungs-/Produktionskette nur mit dem von ihm geschaffenen Mehrwert (Wertschöpfung) zur Umsatzsteuer herangezogen werden. Daher stammt auch der verwendete Begriff der »Mehrwertsteuer«. Steuertechnisch wird dies über eine Entlastung der Unternehmer über den Vorsteuerabzug erreicht. Jeder Unternehmer in der Unternehmerkette zahlt die auf seine Ausgangsumsätze entfallende Umsatzsteuer an sein Finanzamt und darf bei sich die im Preis der Eingangsumsätze enthaltene Umsatzsteuer grundsätzlich als Vorsteuer abziehen. Da die auf die Ausgangsumsätze entfallende Umsatzsteuer auf den Abnehmer überwälzt wird und die auf Eingangsumsätze an den Leistenden gezahlte Umsatzsteuer als Vorsteuer grundsätzlich abgezogen wird, wird eine weitgehende Neutralität der Umsatzsteuer innerhalb der Unternehmerkette erreicht. Ziel der Entlastung der Unternehmer über den Vorsteuerabzug ist es, dass die Umsatzsteuer auf jeder Stufe erhoben, aber im Grundsatz nur vom privaten Endverbraucher getragen wird.
- **Indirekte Steuer**
  Die Umsatzsteuer gehört zu den indirekten Steuern, da der Steuerträger und der Steuerschuldner nicht identisch sind.
- **Steuerträger**
  Steuerträger ist der private Endverbraucher bzw. der Konsument, der die Ware oder Dienstleistung kauft und sie privat nutzt. Er fügt der Ware keinen zusätzlichen Wert hinzu, er verbraucht bzw. kon-

sumiert sie. Der private Endverbraucher zahlt die Umsatzsteuer mit dem Kaufpreis der Ware oder Dienstleistung. Für ihn wird die Ware oder Dienstleistung um die Umsatzsteuer teurer und diese muss er zusammen mit dem Waren- bzw. Dienstleistungspreis tragen. Auch der Unternehmer ist Steuerträger für die Güter und Dienstleistungen, die er für private Zwecke kauft. Die Umsatzsteuer ist somit eine **Verbrauchsteuer** und **indirekte Steuer** auf den Konsum von Gütern und die Inanspruchnahme von Dienstleistungen.

- **Steuerschuldner**
  Der Unternehmer ist der Steuerzahler an den Staat. Er vereinnahmt die Umsatzsteuer vom Kunden mit dem Verkaufspreis. Die vereinnahmte Umsatzsteuer muss er an den Staat abführen, wobei er die an seine Lieferanten gezahlte Umsatzsteuer abzieht. Der Unternehmer ist somit der Nettozahler.

Folgendes Beispiel soll das System der Umsatzbesteuerung verdeutlichen:

Beispiel

Holzhändler Ludwig Forster liefert Holz an den Möbelproduzenten Hubertus Weiher für 500,00 Euro zuzüglich (zzgl.) 19 % Umsatzsteuer (USt). Holzhändler Ludwig Forster hat keine Vorlieferanten und deshalb keine Vorsteuer. Der Möbelproduzent Hubertus Weiher erstellt aus dem Rohstoff Schreibtische und liefert sie an den Großhändler Alwin Gospel für 850,00 Euro zzgl. 19 % USt. Der Großhändler Alwin Gospel vermarktet die Schreibtische und liefert sie an den Einzelhändler Peter Stark für 1.000,00 Euro zzgl. 19 % USt. Der Einzelhändler Peter Stark liefert die Schreibtische an Stuckateur Luigi Farfalle für 1.250,00 Euro zzgl. 19 % USt, da dieser neue Schreibtische für seinen Stuckateurbetrieb benötigt.

Aufgabe:
Ermitteln Sie die Umsatzsteuer (Traglast), den Vorsteuerabzug, die Umsatzsteuerschuld (Zahllast) und die Wertschöpfung für die jeweilige Stufe bzw. Phase, damit Luigi Farfalle das System der Umsatzbesteuerung nachvollziehen kann.

Lösung:

Stufe bzw. Phase	Rechnung Euro	USt (Traglast) Euro	Vorsteuerabzug Euro	Umsatzsteuerschuld (Zahllast) Euro	Wertschöpfung = Mehrwert Euro
A	500,00	95,00	0,00	95,00	500,00
B	850,00	161,50	95,00	66,50	350,00
C	1.000,00	190,00	161,50	28,50	150,00
D	1.250,00	**237,50**	190,00	47,50	250,00
				237,50	

Tab. 10: System der Umsatzbesteuerung

Deutlich wird im Beispiel, dass nur der Mehrwert bzw. die Wertschöpfung auf jeder Wirtschaftsstufe der Umsatzsteuer unterliegt. Auch wird sichtbar, dass die Umsatzsteuerschuld (Zahllast) jeder Wirtschaftsstufe in Summe der Umsatzsteuer (Traglast) der letzten Wirtschaftsstufe entspricht. Somit trägt in Summe immer der private Endverbraucher die Umsatzsteuer.

Beispiel

Stuckateur Luigi Farfalle kauft bei seiner Baustofflieferantin Francesca Umbro Rohstoffe zum Bruttopreis in Höhe von 1.190,00 Euro ein. Der Betrag wird per Bankkonto bezahlt.

Bei einem Kunden hat er Stuckateurarbeiten verrichtet und dafür 3.570,00 Euro (brutto) in Rechnung gestellt.

Wie werden bei Stuckateur Luigi Farfalle die beiden Geschäftsvorfälle verbucht? Bestimmen Sie dabei auch seine Umsatzsteuerschuld.

Lösung:
Verbuchung Einkaufsrechnung:

1.	Rohstoffe Vorsteuer (VST)	1.000,00 190,00	an	Bank	1.190,00

Verbuchung Verkaufsrechnung:

2.	Forderungen aus L.u.L.	3.570,00	an	Umsatzerlöse Umsatzsteuer (USt)	3.000,00 570,00

Berechnung Umsatzsteuerzahllast:

	Umsatzsteuer (USt)	570,00 Euro
-	Vorsteuer (VSt)	190,00 Euro
=	**Umsatzsteuerschuld = Umsatzsteuerzahllast**	**380,00 Euro**

Tab. 11: Bestimmung der Umsatzsteuerzahllast

Die abzuführende Umsatzsteuer beträgt 380,00 Euro. Dies entspricht 19 % Umsatzsteuer auf den von Luigi Farfalle geschaffenen Mehrwert von 2.000,00 Euro.

Wie das Beispiel verdeutlicht, ist Luigi Farfalle als Unternehmer die Person, welche die Umsatzsteuer an den Staat abführt, nicht aber der Steuerträger.

Die dem Kunden in Rechnung gestellte Umsatzsteuer schuldet Luigi Farfalle dem Staat. Davon kann er jedoch die Umsatzsteuer, die er selbst für den Einkauf der Rohstoffe an seiner Baustofflieferantin Francesca Umbro bezahlt hat, als Vorsteuer abziehen.

Die Abrechnung der Umsatzsteuer mit dem zuständigen Finanzamt erfolgt i. d. R. monatlich nach § 18 Abs. 1 UStG. Beträgt die Steuer für das vorangegangene Kalenderjahr nicht mehr als 7.500,00 Euro, so ist der Voranmeldungszeitraum (VAZ) das Kalendervierteljahr nach § 18 Abs. 2 UStG. Beträgt die Steuer für das vorangegangene Kalenderjahr nicht mehr als 1.000,00 Euro, so kann das Finanzamt ein Unternehmen von der Verpflichtung einer Voranmeldung befreien und die Steuer wird im Rahmen der Umsatzsteuerjahreserklärung bestimmt.

3.3.2 Grundtatbestände der Umsatzsteuer

Nach dem Umsatzsteuergesetz ist eine Leistung steuerbar, wenn die Voraussetzungen des § 1 Abs. 1 UStG vorliegen. Die Steuerbarkeit bestimmt die Umsatzbesteuerung dem Grunde nach. Über die Bestimmung des Leistungsortes wird die territoriale Zuordnung vorgenommen. Hierbei wird grundsätzlich festgelegt, ob eine Leistung im Inland dem Umsatzsteuergesetz unterliegt. Erst wenn eine Leistung im Inland steuerbar ist, gilt es anschließend zu prüfen, ob eine Steuerpflicht oder aufgrund der Befreiungen des § 4 UStG eine Steuerbefreiung vorliegt.

Nach § 1 Abs. 1 UStG unterliegen der Umsatzsteuer folgende Umsätze:

- Lieferungen und sonstige Leistungen, die ein Unternehmer im Inland gegen Entgelt im Rahmen seines Unternehmens ausführt (Haupttatbestand),
- die Einfuhr von Gegenständen ins Inland oder in die österreichischen Gebiete Jungholz und Mittelberg (Drittstaaten-Einfuhrumsatzsteuer),
- der innergemeinschaftliche Erwerb im Inland gegen Entgelt.

Nach § 3 Abs. 1b UStG und § 3 Abs. 9a UStG werden unentgeltliche Wertabgaben (Eigenverbrauch) Lieferungen oder sonstigen Leistungen gegen Entgelt nach § 1 Abs. 1 UStG fiktiv gleichgestellt. Das bedeutet, falls ein Unternehmer z. B. Waren aus seinem Unternehmen für private Zwecke entnimmt, handelt es sich nach § 3 Abs. 1b Nr. 1 UStG um eine unentgeltliche Wertabgabe, die den Tatbestand der Umsatzbesteuerung nach § 1 Abs. 1 UStG erfüllt.

Beispiel

Bei Luigi Farfalles Bruder, Giacomo Farfalle, ist beim Balkon etwas Gips aufgeplatzt. Luigi entnimmt seinem Stuckateurbetrieb einen Sack Gips und macht den Balkon wieder wie neu. Luigi führt die Reparatur für seinen Bruder unentgeltlich aus.

Lösung:
Die Entnahme von dem Sack Zement stellt eine unentgeltliche Wertabgabe nach § 3 Abs. 1b Nr. 1 UStG dar. Es liegt somit eine steuerbare Lieferung nach § 1 Abs. 1 Nr. 1 UStG vor, die der Umsatzsteuer unterliegt.

3.3.3 Leistungsaustausch nach § 1 Abs. 1 Nr. 1 Satz 1 UStG

3.3.3.1 Begriff der Leistung im Sinne der Umsatzsteuer

Gegenstand der Besteuerung sind somit steuerbare Umsätze nach § 1 Abs. 1 UStG. Der Haupttatbestand ist ebenfalls in § 1 Abs. 1 Nr. 1 UStG geregelt. Danach sind Lieferungen und sonstige Leistungen, die ein Unternehmer im Inland im Rahmen seines Unternehmens gegen Entgelt ausführt, steuerbar.

Die Leistung ist der Oberbegriff, unter den die beiden Begriffe Lieferungen und sonstige Leistung fallen. Nach §3 Abs. 1 UStG sind Lieferungen eines Unternehmens Leistungen, durch die er oder in seinem Auftrag ein Dritter den Abnehmer oder in dessen Auftrag einen Dritten befähigt, im eigenen Namen über einen Gegenstand zu verfügen (Verschaffung der Verfügungsgewalt). Sonstige Leistungen sind nach §3 Abs. 9 UStG Leistungen, die keine Lieferungen sind. Diese Unterscheidung hat erhebliche Bedeutung für die Bestimmung des Leistungsortes und für die Anwendung des maßgeblichen Steuersatzes.

Abbildung 29 verdeutlicht den Begriff Leistung i. S. d. Umsatzsteuergesetzes:

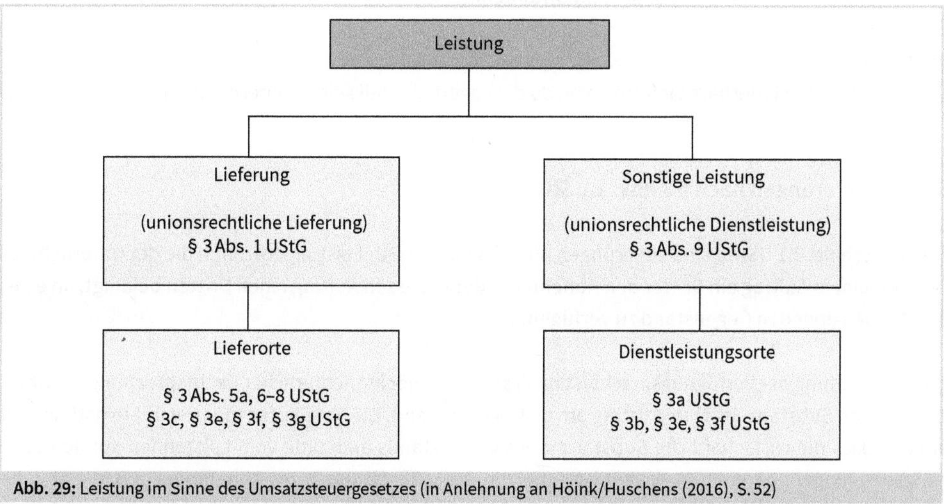

Abb. 29: Leistung im Sinne des Umsatzsteuergesetzes (in Anlehnung an Höink/Huschens (2016), S. 52)

Wie aus der Abbildung abzuleiten ist, muss eine umsatzsteuerliche Leistung vorliegen. Eine Leistung i. S. d. Umsatzsteuergesetzes ist die willentliche Zuwendung eines Wirtschaftsgutes oder die willentliche Erbringung einer Dienstleistung an einen bestimmten Empfänger.

3.3.3.2 Leistung gegen Entgelt

Nach Abschnitt 1.1 des Umsatzsteuer-Anwendungserlasses (UStAE) setzt ein Leistungsaustausch voraus, dass

- Leistender und Leistungsempfänger vorhanden sind,
- der Leistung eine Gegenleistung gegenübersteht (innere Verknüpfung von Leistung und Gegenleistung),
- die Gegenleistung in Geld besteht, zumindest in einem Geldbetrag ausdrückbar ist,
- die Gleichwertigkeit von Leistung und Gegenleistung hingegen nicht erforderlich ist.

Die Lieferungen und sonstigen Leistungen müssen nach § 1 Abs. 1 Nr. 1 UStG im Leistungsaustausch erbracht werden. Der Leistungsaustausch setzt voraus, dass ein Leistender und ein Leistungsempfänger vorhanden sind. Daher sind Leistungen innerhalb eines Unternehmens nicht steuerbar. In diesen Fällen fehlt es am Leistungsempfänger. Das bedeutet, wenn ein Unternehmer innerhalb seines Unternehmens tätig wird, liegen nicht steuerbare Innenumsätze und keine steuerbaren Leistungen vor.

Beispiel

Da Luigi Farfalle in der Lagerhalle seines Stuckateurbetriebs eine Wand ausbessern muss, entnimmt er einen Sack Gips aus seinem Unternehmen.

Lösung:
Es liegt keine steuerbare Lieferung vor, da die Lagerhalle Teil seines Unternehmens ist.

3.3.4 Lieferungen nach § 3 Abs. 1 UStG

Nach Abschnitt 3.1 UStAE sind Lieferungen nach § 3 Abs. 1 UStG Leistungen, durch die der Unternehmer oder in seinem Auftrag ein Dritter den Abnehmer oder in dessen Auftrag einen Dritten befähigt, im eigenen Namen über den Gegenstand zu verfügen.

Die Verschaffung der Verfügungsmacht ist nach ständiger höchstrichterlicher Rechtsprechung die Übertragung von Substanz, Wert und Ertrag am Liefergegenstand. Die Beteiligten müssen übereinstimmend wollen, dass die wirtschaftliche Substanz eines Gegenstands endgültig vom Leistenden auf den Leistungsempfänger übergeht. Irrelevant ist dabei die Geschäftsfähigkeit des Abnehmers, z. B. die Abgabe von Waren an Kinder. Auch die Veräußerung von Diebesgut ist trotz Strafbarkeit eine Lieferung nach dem Umsatzsteuergesetz.

Beispiel

Zur Mittagszeit kauft sich Luigi Farfalle zwei belegte Brötchen beim Metzgermeister Claudio Macellaio.

Lösung:
Gemäß § 3 Abs. 1 UStG liegt hier eine Lieferung vor, da Metzgermeister Claudio Macellaio als Unternehmer den Abnehmer Luigi Farfalle befähigt, im eigenen Namen über einen Gegenstand (zwei belegte Brötchen) zu verfügen.

Art. 14 Abs. 1 MwStSystRL definiert die Lieferung von Gegenständen wie folgt: »Als ›Lieferung von Gegenständen‹ gilt die Übertragung der Befähigung, ›wie ein Eigentümer über einen körperlichen Gegenstand zu verfügen‹.«

Die Lieferung setzt einen Liefergegenstand voraus, dessen Verfügungsmacht vom Lieferer auf den Leistungsempfänger übertragen wird. Gegenstand der Lieferung sind grundsätzlich körperliche Gegenstände. Im Wesentlichen umfassen körperliche Gegenstände Sachen nach § 90 BGB und Tiere nach § 90a BGB, unbewegliche (z. B. bebaute Grundstücke) und bewegliche Sachen (z. B. Waren, Rohstoffe), Sachgesamtheiten und solche Wirtschaftsgüter, die im Wirtschaftsverkehr wie körperliche Sachen behandelt werden (z. B. Elektrizität, Wärme, Wasserkraft). Rechte sind dagegen keine Gegenstände, die im Rahmen einer Lieferung übertragen werden können. Die Übertragung von Rechten stellt eine sonstige Leistung dar, wie z. B. die Übertragung von Wertpapieren und Anteilen.

Beispiel

Luigi Farfalle beteiligt sich per Kauf eines Genossenschaftsanteils an einer Einkaufsgenossenschaft für Handwerker, damit er in Zukunft gute Einkaufskonditionen erhält.

Lösung:
Beim Kauf des Genossenschaftsanteils handelt es sich gemäß § 3 Abs. 9 UStG um eine sonstige Leistung.

Der Zeitpunkt der Lieferung ist grundsätzlich der Zeitpunkt der Verschaffung der Verfügungsmacht. Bei bewegten Lieferungen (Beförderungen oder Versendungen) gilt die Lieferung als mit Beginn der Beförderung oder Versendung als ausgeführt.

Bei unbewegten Lieferungen ist auf die Verschaffung der Verfügungsmacht abzustellen. Diese fällt teilweise mit der Übertragung des bürgerlich-rechtlichen Eigentums an den Liefergegenständen zusammen. Da aber die Übertragung des bürgerlich-rechtlichen Eigentums keine Voraussetzung für die Lieferung ist, ist auf den Übergang der wirtschaftlichen Zugriffsmacht (Übertragung von Substanz, Wert und Ertrag) abzustellen. Daher werden Immobilien i. d. R. im Zeitpunkt des Übergangs von Nutzen und Lasten und nicht mit Einigung und Auflassung oder Eintragung in das Grundbuch geliefert.

3.3.5 Sonstige Leistungen nach § 3 Abs. 9 UStG

Nach § 3 Abs. 9 UStG sind **sonstige Leistungen** Leistungen, die keine Lieferungen sind. Sie können nach § 3 Abs. 9 Satz 2 UStG auch in einem Unterlassen oder im Dulden einer Handlung oder eines Zustands bestehen. Nach Art. 24 Abs. 1 MwStSystRL werden sonstige Leistungen als »Dienstleistungen« bezeichnet.

Sonstige Leistungen können unterteilt werden in
- aktive Tätigkeiten, z. B. in Dienstleistungen, Vermittlungsleistungen, Transportleistungen oder Werkleistungen;
- Duldungen, z. B. Vermietung, Verpachtung, Überlassung von Urheber- und Lizenzrechten oder Darlehensgewährung;
- Unterlassungen, z. B. Verzicht auf Wettbewerbsmaßnahmen.

Vom Grundsatz sind sonstige Leistungen im Zeitpunkt ihrer Vollendung ausgeführt. Die »Vollendung« richtet sich dabei nach dem eigentlichen Leistungsinhalt. Ist der Leistungsinhalt der zu vollbringende

Erfolg, ist auf den Erfolgseintritt abzustellen. Sollte die sonstige Leistung in dem Abschluss eines Vertrages bestehen, z. B. in einer Forderungsabtretung, wird die Leistung zeitlich mit dem Wirksamwerden der abzugebenden Willenserklärung erfüllt. Sonstige Leistungen können auch in Teilleistungen erbracht werden. Dies ist u. a. der Fall bei Vermietungen, Leasing, Wartungsarbeiten oder Überwachungsaufträgen, die unter dem Oberbegriff einer Dauerleistung zusammengefasst werden.

Nach der Rechtsprechung des Europäischen Gerichtshofs (EuGH) sind Dienstleistungen jeweils als eigene, selbstständige Leistungen anzusehen.

Beispiel

Luigi Farfalle beauftragt eine Reinigungsfirma, zweimal pro Woche seine Büroräume zu reinigen.

Lösung:
Die erbrachte Reinigung der Büroräume ist eine Dienstleistung, die als eigene, selbstständige Leistung anzusehen ist. Deshalb erbringt die Reinigungsfirma an Luigi Farfalle eine sonstige Leistung nach § 3 Abs. 9 UStG.

In der Praxis ist die Abgrenzung zur Lieferung nicht immer ganz einfach. Erschwert wird die Abgrenzung dadurch, dass in einer Lieferung sowohl Liefer- als auch Dienstleistungselemente enthalten sei können. Für die Einordnung als Lieferung oder sonstige Leistung ist besonders darauf zu achten, welche Leistungselemente aus der Sicht eines Durchschnittsverbrauchers und unter Berücksichtigung des Willens der Vertragsparteien den wirtschaftlichen Gehalt der Leistungen bestimmen. Hierbei ist der Grundsatz der Einheitlichkeit der Leistung zu beachten. Bei einheitlichen Leistungen, die sowohl Lieferungselemente als auch Elemente einer sonstigen Leistung enthalten, ist i. d. R. auf das wirtschaftliche Interesse des Leistungsempfängers abzustellen. Werden sonstige Leistungen gegenständlich verkörpert, herrschen trotzdem die Elemente der sonstigen Leistungen vor.

Nach Abschnitt 3.5 Abs. 2 und Abs. 3 UStAE können dies u. a. folgende Sachverhalte sein:
- Überlassung von Konstruktionszeichnungen und Plänen für technische Bauvorhaben;
- Übergabe von Architektenplänen;
- Überlassung eines Manuskriptes an einen Verlag für den Druck eines Buches;
- Anfertigung von Gutachten.

Falls dem Leistungsaustausch kein körperlicher Gegenstand zugrunde liegt, ist die Abgrenzung zwischen Lieferung und sonstiger Leistung einfach. Beim Leasing eines Fahrzeugs oder bei einer Transportleistung beispielsweise liegt eine sonstige Leistung gemäß § 3 Abs. 9 UStG vor.

3.3.6 Werklieferungen und Werkleistungen nach § 3 Abs. 4 UStG

Neben reinen Lieferungen und sonstigen Leistungen existieren in der Praxis auch Mischtypen, die sich im Umsatzsteuerrecht als Werklieferungen oder Werkleistungen nach § 3 Abs. 4 UStG klassifizieren lassen. Die umsatzsteuerliche Abgrenzung erfolgt danach, wer die für die Erstellung des Werkes benötigten Hauptstoffe beschafft hat.

Eine Werklieferung liegt nach § 3 Abs. 4 Satz 1 UStG vor, wenn der Werkhersteller für das Werk selbstbeschaffte Stoffe verwendet, bei denen es sich nicht nur um Zutaten oder sonstige Nebensachen handelt. Kennzeichnend ist somit für diese Lieferung, dass zumindest ein Teil der Hauptleistung vom Werkunternehmer stammt und dass lediglich eine einheitliche Lieferung des bearbeiteten Hauptstoffes vorliegt. Unter »Zutaten« und »sonstigen Nebensachen« sind Lieferungen zu verstehen, die bei einer Gesamtbetrachtung aus der Sicht eines Durchschnittsbetrachters nicht das Wesen des Umsatzes bestimmt. Ein Werkunternehmer, der bei seiner Leistung keinerlei selbst beschaffte Stoffe oder nur Stoffe verwendet, die als Zutaten oder sonstige Nebensachen anzusehen sind, erbringt dagegen eine Werkleistung.

Grundsätzlich ist im Rahmen einer Gesamtbetrachtung zu entscheiden, ob die charakteristischen Merkmale einer Lieferung oder einer Dienstleistung vorherrschen. Hierbei ist es hilfreich, zu wissen, ob die Stoffe den Gegenstand als solchen kennzeichnen. Falls ja, werden Hauptstoffe verwendet. Übrigens kann ein Gegenstand auch aus mehreren Hauptstoffen bestehen. Bestimmen die Hauptstoffe hingegen nicht das Wesen des Umsatzes, liegen Zutaten und Nebensachen vor.

Beispiel

Luigi Farfalle bekommt den Auftrag, eine Gartenmauer zu betonieren und sie anschließend zu verputzen. Er kauft sämtliche dafür benötigte Materialien bei seinem Großhändler ein und führt den Auftrag aus.

Lösung:
Da Luigi Farfalle die für die Gartenmauer (Werk) benötigten Materialien (Hauptstoffe) selbst beschafft und die Gartenmauer betoniert und verputzt, erbringt Luigi Farfalle in diesem Fall eine Werklieferung nach § 3 Abs. 4 HS. 1 UStG.

Beispiel

Luigi Farfalle soll für einen Kunden dessen Terrasse neu verlegen. Der Kunde hat die Terrassenplatten in einem Baumarkt gekauft, da er sehr gute Beziehungen zu diesem hat.

Lösung:
Da der Kunde die Terrassenplatten (Hauptstoff) selbst beschafft hat und Luigi Farfalle die Tätigkeit der Verlegung ausführt, erbringt Luigi Farfalle in diesem Fall eine Werkleistung nach § 3 Abs. 4 HS. 2 UStG.

3.3.7 Lieferung oder sonstige Leistung im Inland

Dem deutschen Umsatzsteuerrecht unterliegt ein Umsatz nur dann, wenn er im Inland ausgeführt wird. Die Steuerbarkeit nach § 1 Abs. 1 UStG fordert daher, dass die jeweilige Leistung einen Leistungsort im

Inland hat. Ob dies der Fall ist, wird sich erst durch die Anwendung der gesetzlichen Regelungen über den Ort des jeweiligen Umsatzes auf den zu beurteilenden Sachverhalt ergeben.

Hierbei sind folgende gesetzliche Vorschriften über die Bestimmung des Leistungsortes zu beachten:

- § 3 Abs. 5a bis Abs. 8, § 3c und § 3 g UStG enthalten Regelungen über den Ort der Lieferung;
- § 3a und § 3b UStG bestimmen den Ort der sonstigen Leistung;
- § 3d UStG regelt den Ort des innergemeinschaftlichen Erwerbs;
- § 3f bestimmt dagegen den Ort für unentgeltliche Wertabgaben;
- § 3f und § 3e UStG enthalten Regeln für Lieferungen und sonstige Leistungen.

Ist der Leistungsort gemäß den gesetzlichen Vorschriften bestimmt worden, ist zu entscheiden, ob der Leistungsort im Inland liegt. **Irrelevant** für die Steuerbarkeit nach § 1 Abs. 2 Satz 3 UStG ist es, ob der Unternehmer deutscher Staatsangehöriger ist, seinen Wohnsitz oder Sitz im Inland hat, eine Betriebsstätte im Inland unterhält, die Rechnung erteilt oder die Zahlung empfängt.

Nach § 1 Abs. 2 Satz 1 UStG umfasst das umsatzsteuerliche Inland das staatsrechtliche Hoheitsgebiet der Bundesrepublik Deutschland mit Ausnahme der in Satz 1 genannten Gebiete.

Kein umsatzsteuerliches Inland sind die österreichischen Gemeinden Mittelberg (Kleines Walsertal) und Jungholz in Tirol (Exklaven, da praktisch von deutschem Gebiet umschlossen). Da dieses Gebiet jedoch zum Zollgebiet der Europäischen Gemeinschaft gehört und deutsche Zollbehörden tätig werden, unterliegt die Einfuhr in diesen Gebieten der deutschen Einfuhrumsatzsteuer nach § 1 Abs. 1 Nr. 4 UStG.

Neben dem Inlandsbegriff werden im Umsatzsteuergesetz nachfolgende Gebietsbegriffe verwendet:

- Unter **Ausland** ist das Gebiet zu verstehen, welches nicht Inland ist nach § 1 Abs. 2 Satz 2 UStG.
- Unter **Gemeinschaftsgebiet** versteht man nach § 1 Abs. 2a Satz 1 UStG das **Inland** und die Gebiete der übrigen Mitgliedstaaten der Europäischen Union, die nach dem Gemeinschaftsrecht (jetzt Unionsrecht) als Inland dieser Mitgliedstaaten gelten (sogenanntes **übriges Gemeinschaftsgebiet**).
- Mit **Drittlandsgebiet** ist das Gebiet gemeint, das nicht Gemeinschaftsgebiet ist. Somit ist es das Gebiet außerhalb des Umsatzsteuergebietes der Europäischen Union (§ 1 Abs. 2a Satz 3 UStG).

3.3.8 Ort der Lieferung

Um in der Praxis feststellen zu können, ob eine Lieferung nach § 3 Abs. 1 UStG im Anwendungsbereich des deutschen Umsatzsteuerrechtes ausgeführt wird, muss der umsatzsteuerliche, also der rechtliche und nicht der tatsächliche Lieferort bestimmt werden. Die Ortsbestimmungen gelten unabhängig davon, ob die Ware im Inland verbleibt (sogenannte **innerstaatliche Lieferungen**) oder ob die Ware im Rahmen des Liefervorgangs grenzüberschreitend in einen anderen Mitgliedstaat der Europäischen Union (sogenannte **innergemeinschaftliche Lieferung**) oder in ein Drittland (sogenannte **Ausfuhrlieferung**) transportiert wird. Der Ort der Lieferung bestimmt sich nach § 3 Abs. 5a i. V. m. § 3 Abs. 6 bis Abs. 8 UStG vorbehaltlich der Regelungen in den §§ 3c, 3e, 3f und 3 g UStG.

Bei der Ortsbestimmung muss unterschieden werden nach **Lieferungen mit Warenbewegung** nach § 3 Abs. 6 UStG (sogenannte **Beförderungs- und Versendungslieferung**) und den **Lieferungen ohne Warenbewegung** nach § 3 Abs. 7 UStG (sogenannte **ruhende Lieferung**).

Bei einer Lieferung mit Warenbewegung handelt es sich um eine warenbewegte Lieferung, sprich eine Beförderungs- oder Versendungslieferung. Eine warenbewegte Lieferung liegt immer dann vor, wenn der Gegenstand vom liefernden Unternehmer oder dessen Erfüllungsgehilfen oder von dem Abnehmer selbst fortbewegt wird. Eine Lieferung gilt deshalb

mit dem Beginn der Beförderung = mit dem Beginn der Fortbewegung oder
mit dem Beginn der Versendung = mit der Übergabe an den Beauftragten

als ausgeführt.

Die Tabelle 12 zeigt den Unterschied zwischen einer Beförderung und einer Versendung.

§ 3 Abs. 6 Satz 2 UStG **Beförderung**	**§ 3 Abs. 6 Satz 3 UStG** **Versendung**
Jede Fortbewegung eines Gegenstandes	Wenn der Lieferer die Beförderung durch einen selbstständigen Dritten ausführen lässt
Unternehmer oder seine Mitarbeiter transportieren den Liefergegenstand selbst	Spedition, Frachtführer, Kurierdienste wie DPD oder UPS, Postdienst (DHL) oder sonstige Dritte transportieren den Liefergegenstand

Tab. 12: Abgrenzung zwischen Beförderung und Versendung (in Anlehnung an Höink/Huschens (2016), S. 76)

In der Praxis liegt somit eine Beförderung immer dann vor, wenn der Unternehmer oder seine Mitarbeiter den Gegenstand selbst transportieren. Nach § 3 Abs. 6 Satz 1 UStG liegt bei einer Beförderungslieferung der Lieferort immer dort, wo die Beförderung an den Abnehmer beginnt.

Beispiel: Beförderung im Abholfall

Der Bauunternehmer Silvio Staller aus Zürich benötigt ein neues Betonsilo und kauft dieses beim Hersteller in Wuppertal. Da er die Transportkosten, die ein Transporteur berechnen würde, sparen möchte, transportiert er das Betonsilo selbst nach Zürich.

Lösung:
Der Ort der Lieferung ist nach § 3 Abs. 6 Satz 1 UStG im Inland, da die Beförderung in Wuppertal beginnt. Die Lieferung ist damit steuerbar. Jedoch kommt unter den Voraussetzungen des § 4 Nr. 1 Buchst. a) i. V. m. § 6 UStG die Steuerbefreiung für Ausfuhrlieferungen zur Anwendung.

Falls ein selbstständiger Beauftragter die Warenbewegung vornimmt, liegt immer eine Versendung vor.

Im Versendungsfall kann ein selbstständiger Beauftragter jeder sein, der den Liefergegenstand zum Bestimmungsort transportiert und nicht zum Unternehmen des Lieferers oder des Warenabnehmers gehört. Neben den klassischen Versendern wie Speditionen, Frachtführern oder Kurierdienstleistern kann auch ein Student, ein Rentner oder jede sonstige Person, die sich, im Regelfall gegen Entgelt, bereit erklärt, den Gegenstand für den Lieferer oder Abnehmer an den Bestimmungsort zu transportieren, als selbstständiger Beauftragter tätig werden, sodass eine Versendungslieferung vorliegt. Im Fall der Versendungslieferung liegt der Lieferort immer dort, wo der Liefergegenstand dem selbstständigen Beauftragten übergeben wird. Falls der Liefergegenstand durch eine Spedition abgeholt wird, dann ist der Ort der Lieferung der Abholungsort. Wird der Liefergegenstand jedoch zur Versendung an einen Aufgabeort verbracht, z. B. in eine Postfiliale oder Kurierabgabestelle, dann ist der Ort der Lieferung der Aufgabeort.

Beispiel: Versendung im Abholfall

Der Bauunternehmer Mateo Muro aus Mailand benötigt auch ein neues Betonsilo und kauft dieses ebenfalls beim Hersteller in Wuppertal. Da Mateo Muro zu viele Aufträge zu bearbeiten und daher keine Zeit hat, selber nach Deutschland zu fahren, beauftragt er einen italienischen Spediteur, das Betonsilo beim Hersteller in Wuppertal abzuholen.

Lösung:
Der Ort der Lieferung ist nach § 3 Abs. 6 Satz 1 UStG im Inland, da die Übergabe des Betonsilos an den selbstständigen Beauftragten, hier die italienische Speditionsfirma, in Wuppertal erfolgt. Die Lieferung ist damit steuerbar. Jedoch kommt unter den Voraussetzungen des § 4 Nr. 1 Buchst. b) i. V. m. § 6a UStG die Steuerbefreiung für innergemeinschaftliche Lieferungen zur Anwendung.

Wird hingegen ein Gegenstand im Rahmen einer Lieferung nicht befördert oder versendet, dann gilt die Lieferung nach § 3 Abs. 7 Satz 1 UStG (dies entspricht Art. 31 MwStSystRL) als dort ausgeführt, wo sich **der Gegenstand zur Zeit der Verschaffung der Verfügungsmacht befindet**. Bezeichnet werden diese Lieferungen als unbewegte oder ruhende Lieferungen.

Als klassische Beispiele für unbewegte oder ruhende Lieferungen können angesehen werden:
- Lieferungen von Immobilien bzw. von einer Grundstückslieferung;
- Werklieferungen, z. B. die Errichtung eines Gebäudes, bei denen der Liefergegenstand direkt beim Abnehmer hergestellt wird;
- Lieferungen durch bloße Einigung und Besitzkonstitut, z. B. Holz im Wald (Flächenlos oder Reisschlag), welches nicht im Rahmen der Lieferung abtransportiert wird;
- Abtretung des Herausgabeanspruchs oder Übergabe von Traditionspapieren, z. B. eingelagerte Waren durch Ladescheine, Lagerscheine oder Konnossemente.

Maßgeblich bei der Lieferung ohne Warenbewegung ist der Ort, an welchem sich der Gegenstand der Lieferung im Zeitpunkt der Verschaffung der Verfügungsmacht befindet. Deshalb muss zunächst der Lieferzeitpunkt ermittelt werden. Dies ist der Zeitpunkt der Verschaffung der Verfügungsmacht an dem Liefergegenstand, des Übergangs von Substanz, Gefahr und Wert am Liefergegenstand. Ist der Lieferzeitpunkt bekannt, muss nur noch abgeklärt werden, wo sich der Gegenstand der Lieferung zu diesem Zeitpunkt befindet. Für die Beurteilung der jeweiligen Sachverhalte ist es irrelevant, wo sich die Vertragsparteien zum Lieferzeitpunkt befinden.

Nachfolgende Beispiele sollen die Lieferung ohne Warenbewegung verdeutlichen:

- Bei einer Immobilienlieferung ist der Zeitpunkt maßgebend, in dem Nutzen und Lasten auf den Erwerber übergehen. Der Lieferzeitpunkt und der Ort sind demnach dort, wo sich die Immobilie zu diesem Zeitpunkt befindet.
- Bei einer Werklieferung ist grundsätzlich der Abnahmezeitpunkt des fertig gestellten Werkes der Lieferzeitpunkt und der Ort. Deshalb wird sich der Lieferzeitpunkt und der Ort dort befinden, wo sich das fertige Werk im Zeitpunkt der Lieferung befindet.
- Beim Online-Handel, z. B. beim Kauf von Kleidungsstücken, wird die Ware zunächst dem Kunden lediglich zur Ansicht bzw. Anprobe übersandt. Der maßgebende Zeitpunkt der Lieferung ist hier der Zeitpunkt der Kaufentscheidung. Da in diesem Fall der Zeitpunkt der Kaufentscheidung direkt beim Kunden vor Ort stattfinden wird, liegen Lieferzeitpunkt und Ort ebenfalls beim Kunden.

3.3.9 Lieferungen über die Grenze

3.3.9.1 Einfuhr aus dem Drittland – Einfuhrumsatzsteuer

Die Einfuhr von Gegenständen aus dem Drittlandsgebiet in das Inland ist ein steuerbarer Umsatz und unterliegt nach § 1 Abs. 1 Nr. 4 UStG der Einfuhrumsatzsteuer. Die Einfuhrumsatzsteuer ist somit die Umsatzsteuer, die bei der Einfuhr von Gegenständen aus einem Drittland in den deutschen Teil des Zollgebietes (Inland sowie Jungholz und Mittelberg) erhoben wird.

Die Einfuhrumsatzsteuer knüpft an den tatsächlichen Vorgang der Einfuhr an. Nach § 21 Abs. 1 UStG zählt die Einfuhrumsatzsteuer i. S. d. Abgabenordnung (AO) zu den Verbrauchsteuern. Für die Einfuhrumsatzsteuer ist im Gegensatz zur Umsatzsteuer nicht das Finanzamt zuständig[26], verwaltet[27] und erhoben wird die Einfuhrumsatzsteuer nach § 21 Abs. 2 UStG vielmehr von den Zollbehörden.[28]

Die Einfuhr der Ware erfolgt nach Art. 60 MwStSystRL in dem Mitgliedstaat der Europäischen Union, in dessen Hoheitsgebiet sich die Ware im Zeitpunkt der Einfuhr befindet. Steuerschuldner der Einfuhrumsatzsteuer kann sowohl der Lieferer als auch der Leistungsempfänger sein. Entscheidend dabei ist, wie die Lieferkonditionen zwischen dem Lieferer und dem Leistungsempfänger vereinbart worden sind. Wird die **Lieferung verzollt und versteuert** durchgeführt, dann ist der **Lieferer Steuerschuldner** der

26 Nach § 21 Abs. 1 AO ist für die Umsatzsteuer mit Ausnahme der Einfuhrumsatzsteuer das Finanzamt zuständig.

27 Nach § 12 Abs. 2 FVG sind die Hauptzollämter als örtliche Bundesbehörde u. a. für die Verwaltung der Zölle und der Einfuhrumsatzsteuer zuständig.

28 Nach § 23 Abs. 1 AO ist für die Einfuhr- und Ausfuhrabgaben nach Art. 5 Nr. 20 und 21 des Zollkodex der Union und für Verbrauchsteuern das Hauptzollamt örtlich zuständig, in dessen Bezirk der Tatbestand verwirklicht wird, an den das Gesetz die Steuer knüpft.

Einfuhrumsatzsteuer. Wird die Lieferung hingegen **unverzollt und unversteuert** durchgeführt, ist der **Empfänger Steuerschuldner** der **Einfuhrumsatzsteuer.**

Für den Vorsteuerabzug ist entscheidend, wer die Waren letztendlich in den Mitgliedstaat der Europäischen Union einführt. Dadurch ist die entstandene Einfuhrumsatzsteuer nach § 15 Abs. 1 Satz 1 Nr. 2 UStG für Unternehmer, welche die Verfügungsmacht über die Waren im Zeitpunkt der Einfuhr haben, als Vorsteuer abzugsfähig. Dieser Unternehmer darf den Vorsteuerabzug auch unabhängig davon vornehmen, wer die Einfuhrumsatzsteuer entrichtet. Dies bedeutet, dass auch ein Dienstleister, z. B. ein Rechtsanwalt oder Steuerberater oder ein Spediteur, die Einfuhrumsatzsteuer entrichten kann und der betreffende Unternehmer den Vorsteuerabzug in Anspruch nehmen darf. In diesem Fall ist jedoch ein Nachweis durch einen zollamtlichen Beleg zu führen.

Beispiel: Lieferung verzollt und versteuert

Stuckateur Luigi Farfalle bestellt beim Schweizer Baumaschinenlieferanten Pedro Umbro aus Basel eine Betonpoliermaschine im Warenwert von 8.000,00 Euro. Als Lieferkondition wurde zwischen Luigi Farfalle und Pedro Umbro **verzollt und versteuert** vereinbart. Jetzt stellt sich Luigi Farfalle die Frage, wie der Sachverhalt umsatzsteuerlich zu behandeln ist?

Lösung:
Ein Vorsteuerabzug setzt nach allgemeiner Auffassung voraus, dass derjenige, der die Einfuhrumsatzsteuer als Vorsteuer abziehen möchte, im Zeitpunkt der Einfuhr vom Drittlandsgebiet (hier: Schweiz) in die Europäische Union (hier: Deutschland) die Verfügungsmacht an dem Gegenstand hat.

Durch die Lieferkondition **verzollt und versteuert** überführt der Schweizer Baumaschinenlieferant Pedro Umbro die Betonpoliermaschine selbst in den zollrechtlich und einfuhrumsatzsteuerlich freien Verkehr, denn die Betonmischmaschine soll zu Luigi Farfalle (hier: Bestimmungsort) verzollt und versteuert geliefert werden. Somit hat Pedro Umbro im Zeitpunkt der Einfuhr die Verfügungsmacht an dem Gegenstand (hier: Betonpoliermaschine) und muss als Lieferant alle Zollformalitäten im Inland abwickeln und als Schuldner die Einfuhrabgaben und die Einfuhrumsatzsteuer entrichten.

Der Ort der Lieferung gilt über die Fiktion des § 3 Abs. 8 UStG (Lieferortverlagerung) für den Schweizer Baumaschinenlieferanten Pedro Umbro als im Inland (hier: Deutschland) gelegen und unterliegt somit der deutschen Umsatzsteuer. Luigi Farfalle als Kunde von Pedro Umbro erhält deshalb von diesem eine Rechnung mit Ausweis der deutschen Umsatzsteuer. Als Lieferant muss sich Pedro Umbro, sofern er nicht im Inland (hier: Deutschland) steuerlich erfasst ist, für umsatzsteuerliche Zwecke in diesem Inland registrieren lassen, damit er dort seine steuerlichen Pflichten erfüllen kann. Der Grund liegt darin, dass ein Lieferant, der sich wie in unserem Fall dazu verpflichtet, die Zollabwicklung im Inland zu übernehmen, sich in diesem Inland für umsatzsteuerliche Zwecke registrieren lassen muss, weil seine Lieferung als im Inland ausgeführt gilt.

Die dazugehörigen Buchungssätze lauten wie folgt:

Stuckateur Luigi Farfalle:

Eingangsrechnung:

1.	Maschinen Vorsteuer (VSt)	8.000,00 1.520,00	an	Verbindlichkeiten aus L.u.L.	9.520,00

Bei Bezahlung der Eingangsrechnung:

2.	Verbindlichkeiten aus L.u.L.	9.520,00	an	Bank	9.520,00

Erläuterung:
Da Luigi Farfalle die Lieferantenrechnung mit Ausweis der deutschen Umsatzsteuer erhält, wird er den Bruttorechnungsbetrag an den Schweizer Baumaschinenlieferanten Pedro Umbro bezahlen. Die bezahlte Umsatzsteuer wird er sich im Rahmen seiner Umsatzsteuervoranmeldung wieder vom Finanzamt zurückholen.

Schweizer Baumaschinenlieferant Pedro Umbro:

Bei der Zollanmeldung (Einfuhr des Liefergegenstandes):

1.	Entrichtete Einfuhrumsatzsteuer	1.520,00	an	Bank	1.520,00

Stellung der Debitorenrechnung an Luigi Farfalle:

2.	Forderungen aus L.u.L.	9.520,00	an	Umsatzerlöse Umsatzsteuer	8.000,00 1.520,00

Bezahlung der Debitorenrechnung:

3.	Bank	9.520,00	an	Forderungen aus L.u.L.	9.520,00

Abwicklung der umsatzsteuerlichen Sachverhalte:

4.	Forderungen Finanzamt	1.520,00	an	Entrichtete Einfuhrumsatzsteuer	1.520,00

5.	Umsatzsteuer	1.520,00	an	Verbindlichkeiten Finanzamt	1.520,00

Erläuterung:
Durch die Lieferbedingung **verzollt und versteuert** hat der Schweizer Baumaschinenlieferant Pedro Umbro die Verfügungsmacht über den Liefergegenstand im Zeitpunkt der Einfuhr vom Drittlandsgebiet in das Inland. Er muss deshalb die Einfuhrumsatzsteuer an die Zollbehörden entrichten.

Gemäß § 3 Abs. 8 UStG liegt der Ort seiner Lieferung im Inland. Die in der Rechnung an Luigi Farfalle ausgewiesene Umsatzsteuer muss Pedro Umbro an das inländische Finanzamt entrichten. Die an die Zollbehörden entrichtete Einfuhrumsatzsteuer kann er in der Umsatzsteuer-Voranmeldung wieder zurückfordern. Die Rückforderung der entrichteten Einfuhrumsatzsteuer und die Abführung der in der Rechnung ausgewiesenen Umsatzsteuer ist durch die steuerliche Registrierung im Inland möglich.

In der Regel wird ein Drittländer, wie im Beispiel der Schweizer Baumaschinenlieferant Pedro Umbro oder Lieferanten aus anderen Drittländern wie China, den USA oder Japan nicht selbst die Zollabwicklung vornehmen, die Zollabwicklung wird vielmehr i.d.R. über einen indirekten Stellvertreter vorgenommen. Nach Art. 5 Abs. 2 des Zollkodex handelt dieser Stellvertreter im eigenen Namen, aber auf Rechnung seines Kunden. In der Praxis wird dies ein Dienstleister sein, z.B. ein Steuerberater oder Rechtsanwalt oder der Spediteur. Die Zollabwicklung und die Entrichtung der Einfuhrabgaben und Einfuhrumsatzsteuer übernimmt dann der Dienstleister bzw. Spediteur und stellt diese wiederum seinem Kunden in Rechnung.

Beispiel: Abwicklung über einen indirekten Stellvertreter

Der Schweizer Baumaschinenlieferant Pedro Umbro beauftragt seinen Spediteur, der für ihn sämtliche Zollformalitäten abwickelt, damit, die Betonpoliermaschine an Luigi Farfalle zu liefern. Die Einfuhrabgaben, die der Zoll berechnet, betragen netto 130,00 Euro. Der Spediteur verlangt für seine Beförderungstätigkeit netto 1.200,00 Euro. Die vom Spediteur entrichtete Einfuhrumsatzsteuer beträgt wie im Beispiel 1.520,00 Euro.

Die dazugehörigen Buchungssätze lauten wie folgt:

Spediteur:

Die vom Spediteur bezahlten Einfuhrabgaben und Einfuhrumsatzsteuer:

1.	Einfuhrabgaben	130,00	an	Bank	1.674,70
	Vorsteuer (VSt)	24,70			
	Vorgestreckte Einfuhrumsatzsteuer	1.520,00			

Schweizer Baumaschinenlieferant Pedro Umbro:

Eingangsrechnung vom Spediteur:

2.	Transportaufwendungen	1.200,00	an	Verbindlichkeiten aus L.u.L.	3.102,70
	Einfuhrabgaben	130,00			
	Vorsteuer (VSt)	252,70			
	Vorgestreckte Einfuhrumsatzsteuer	1.520,00			

Bei Bezahlung der Eingangsrechnung:

3.	Verbindlichkeiten aus L.u.L.	3.102,70	an	Bank	3.102,70

Abwicklung der umsatzsteuerlichen Sachverhalte:

4.	Forderungen Finanzamt	1.520,00	an	Vorgestreckte Einfuhrumsatzsteuer	1.520,00
5.	Forderungen Finanzamt	252,70	an	Vorsteuer (VSt)	252,70

Erläuterung:
Hier liegt die Zollabfertigung durch einen Spediteur vor. Dieser kann die von ihm vorgestreckte Einfuhrumsatzsteuer nicht als Vorsteuer geltend machen, da abzugsberechtigt nur derjenige ist, der nach den vereinbarten Lieferbedingungen die Verfügungsmacht über den eingeführten Liefergegenstand hat und für dessen Unternehmen der Liefergegenstand ins Inland eingeführt wurde. Dies ist in diesem Fall der Schweizer Baumaschinenlieferant Pedro Umbro. Deshalb steht Pedro Umbro der Abzug der durch den Spediteur bezahlten Einfuhrumsatzsteuer im Rahmen seiner Umsatzsteuervoranmeldung zu.

Beispiel: Lieferung unverzollt und unversteuert

Stuckateur Luigi Farfalle bestellt beim Schweizer Maschinenbauunternehmer Paul Botti aus Luzern eine Stuckateurspritzmaschine im Warenwert von 5.000,00 Euro. Als Lieferkondition wurde zwischen Luigi Farfalle und Pawel Botti **unverzollt und unversteuert** vereinbart.

Pawel Botti versendet die Stuckateurspritzmaschine am 15.03.2020 an Luigi Farfalle. Am 19.03.2020 kommt die Maschine bei Luigi Farfalle an. Am 20.03.2020 lässt Luigi Farfalle sie zoll- und steuerrechtlich zum freien Verkehr abfertigen. Jetzt stellt sich Luigi Farfalle die Frage, wie der Sachverhalt umsatzsteuerlich zu behandeln ist.

Lösung:
Da der Liefergegenstand durch Luigi Farfalle zollrechtlich in den freien Verkehr überführt wird, verwirklicht er den Einfuhrtatbestand des § 1 Abs. 1 Nr. 4 UStG. In diesen Fällen wird nicht der Lieferant Pawel Botti Schuldner der Einfuhrumsatzsteuer, sodass die Fiktion des § 3 Abs. 8 UStG nicht greift und § 3 Abs. 6 UStG den Lieferort bestimmt.

Der Ort und der Zeitpunkt der Lieferung sind nach § 3 Abs. 6 Satz 1 UStG der Abgangsort Luzern und der 15.03.2020. Luigi Farfalle hat deshalb bereits in Luzern die Verfügungsmacht an der Maschine erlangt. Damit ist die Lieferung im Inland nicht steuerbar. Die vereinbarten Lieferkonditionen **unverzollt und unversteuert** haben auf den Zeitpunkt der Lieferung keinen Einfluss.

Da Luigi Farfalle den Liefergegenstand zollrechtlich in den freien Verkehr überführt, macht er eine steuerpflichtige Einfuhr und entrichtet die Einfuhrumsatzsteuer an die Zollbehörden. Die von ihm entrichtete Einfuhrumsatzsteuer kann er jetzt nach § 15 Abs. 1 Satz 1 Nr. 2 UStG in seiner Umsatzsteuer-Voranmeldung als Vorsteuer abziehen, da die Stuckateurspritzmaschine für sein Unternehmen in das Inland eingeführt worden ist. Zum Abzug der Einfuhrumsatzsteuer nach § 15 Abs. 1

Satz 1 Nr. 2 UStG ist Luigi Farfalle deshalb berechtigt, weil er zum Zeitpunkt der Abfertigung in den freien Verkehr die Verfügungsmacht an der Maschine hatte.

Die dazugehörigen Buchungssätze lauten wie folgt:

Stuckateur Luigi Farfalle:

Eingangsrechnung:

1.	Entrichtete Einfuhrumsatzsteuer	950,00	an	Bank	950,00

2.	Maschinen	5.000,00	an	Verbindlichkeiten aus L.u.L.	5.000,00

Bei Bezahlung der Eingangsrechnung:

3.	Verbindlichkeiten aus L.u.L.	5.000,00	an	Bank	5.000,00

Abwicklung der umsatzsteuerlichen Sachverhalte:

4.	Forderungen Finanzamt	950,00	an	Entrichtete Einfuhrumsatzsteuer	950,00

Einfuhrlieferungen aus einem Drittlandsgebiet werden vom Zoll mit dem IT-Verfahren »ATLAS«[29] elektronisch abgewickelt. Hierbei werden die Zollbelege über die Einfuhrabgaben einschließlich der Einfuhrumsatzsteuer durch standardisierte elektronische Nachrichten (sogenannte EDIFACT[30]) papierlos übermittelt. Für Zwecke des Vorsteuerabzugs ist die Entstehung der Einfuhrumsatzsteuer durch einen zollamtlichen Beleg nachzuweisen. Die Finanzbehörden haben die Möglichkeit, die beim Zoll gesammelten Daten über die Ausfuhr online abzufragen. Dieser Datenaustausch dient der Risikominimierung und der Betrugsbekämpfung. Durch den Zugriff der Finanzverwaltung auf die ATLAS-Daten können z. B. die Daten in der Umsatzsteuer-Voranmeldung auf Schlüssigkeit überprüft und gegebenenfalls im Rahmen einer Außenprüfung kontrolliert werden.[31]

Als Folge des Urteils des EuGHs vom 29. März 2021, C-414/10, ist nunmehr in § 15 Abs. 1 Satz 1 Nr. 2 UStG gesetzlich normiert, dass die Einfuhrumsatzsteuer bereits dann als Vorsteuer abgezogen werden kann, wenn sie entstanden ist. Es gilt somit das sogenannte **Sollprinzip**. Eine Zahlung durch den vorsteuerabzugsberechtigten Unternehmer ist für den Zeitpunkt des Abzugs als Vorsteuer damit nicht mehr erforderlich.

29 Das IT-Verfahren »ATLAS« bedeutet: Automatisiertes Tarif- und Lokales Zollabwicklungssystem.

30 EDIFACT (Electronic Data Interchange for Administration, Commerce and Transport) ist ein branchenübergreifender internationaler Standard für das Format elektronischer Daten im Geschäftsverkehr.

31 Nach Auskunft der Finanzverwaltung.

3.3.9.2 Erwerb aus dem Gebiet der Europäischen Union – innergemeinschaftlicher Erwerb

Mit der Einführung des EU-Binnenmarktes zum 1. Januar 1993 und der Abschaffung der Zollgrenzen zwischen den EU-Mitgliedstaaten wurde im Umsatzsteuergesetz der Tatbestand des innergemeinschaftlichen Erwerbs anstelle des Einfuhrtatbestandes eingeführt. Die unionsrechtlichen Grundlagen dafür sind die Art. 20 ff. MwStSystRL.

Nach § 1a Abs. 1 UStG liegt ein innergemeinschaftlicher Erwerb gegen Entgelt vor, wenn die folgenden Voraussetzungen erfüllt sind:

- Ein Gegenstand gelangt bei einer Lieferung an den Erwerber (Abnehmer) aus dem Gebiet eines Mitgliedstaates in das Gebiet eines anderen Mitgliedstaates oder aus dem übrigen Gemeinschaftsgebiet in die in § 1 Abs. 3 UStG bezeichneten Gebiete, auch wenn der Lieferer den Gegenstand in das Gemeinschaftsgebiet eingeführt hat,
- der Erwerber ist
  a) ein Unternehmer, der den Gegenstand für sein Unternehmen erwirbt, oder
  b) eine juristische Person, die nicht Unternehmer ist oder die den Gegenstand nicht für ihr Unternehmen erwirbt, und
- die Lieferung an den Erwerber
  a) wird durch einen Unternehmer gegen Entgelt im Rahmen seines Unternehmens ausgeführt und
  b) ist nach dem Recht des Mitgliedstaates, der für die Besteuerung des Lieferers zuständig ist, nicht aufgrund der Sonderregelung für Kleinunternehmer steuerfrei.

Bei einer innergemeinschaftlichen Warenlieferung ist mit der Einführung des EU-Binnenmarktes zum 1. Januar 1993 die steuerfreie Ausfuhrlieferung nach § 4 Nr. 1 Buchst. a) i. V. m. § 6 UStG ersetzt worden durch die steuerfreie innergemeinschaftliche Lieferung nach § 4 Nr. 1 Buchst. b) i. V. m. § 6a UStG. Deshalb gilt für den Tatbestand der innergemeinschaftlichen Warenlieferung nicht die Einfuhrumsatzsteuer, sondern die des innergemeinschaftlichen Erwerbs.

Die Besteuerung des innergemeinschaftlichen Erwerbs stellt sicher, dass jeder Erwerb von Gegenständen aus einem anderen EU-Mitgliedstaat der inländischen Umsatzsteuer unterliegt, wenn der erworbene Gegenstand in das Inland gelangt und der Abnehmer Unternehmer i. S. d. § 1a Abs. 1 UStG ist. In der Praxis wird dies durch die Verwendung der Umsatzsteuer-Identifikationsnummer (USt-IdNr.) deutlich. Beim Bundeszentralamt für Steuern (BZSt) in Bonn kann diese USt-IdNr. beantragt werden. Die USt-IdNr. ist ein eindeutiges Identifikationsmerkmal für EU-Unternehmer im Bereich der Umsatzsteuer. Da sie der Abwicklung von innergemeinschaftlichen Leistungen dient, benötigen Unternehmer, die am EU-Binnenmarkt teilnehmen, diese USt-IdNr. Das gilt also auch für Unternehmer, die ausschließlich in Deutschland tätig sind.

Ein innergemeinschaftlicher Erwerb setzt nach § 1a Abs. 1 Nr. 1 UStG voraus, dass der Liefergegenstand bei der Lieferung aus dem Gebiet eines EU-Mitgliedstaates in das Gebiet eines anderen EU-Mitgliedstaates oder aus dem übrigen Gemeinschaftsgebiet in die in § 1 Abs. 3 UStG bezeichneten Gebiete gelangt. Bei den in § 1 Abs. 3 UStG bezeichneten Gebiete handelt es sich um Freihäfen und Gebiete zwischen Hoheitsgrenze und Strandlinie.

Der Ort des innergemeinschaftlichen Erwerbs liegt nach § 3d Satz 1 UStG in dem EU-Mitgliedstaat, in dem sich der Gegenstand am Ende der Beförderung oder Versendung befindet. Somit ist es für den Ort des innergemeinschaftlichen Erwerbs irrelevant, ob der Gegenstand durch den Lieferer befördert oder versendet bzw. durch den Abnehmer beim Lieferer direkt abgeholt wird (sogenannte Abhollieferung). Maßgebend ist, dass sich der Gegenstand im Rahmen einer bewegten Lieferung aus dem EU-Ausland in das deutsche Umsatzsteuergebiet gelangt.

Beispiel

Da Luigi Farfalle einen neuen Kompressor für seinen Stuckateurbetrieb benötigt, bestellt er diesen bei einem österreichischen Lieferanten in Wien. Der österreichische Lieferant liefert den Kompressor von Wien aus direkt zu Luigi Farfalle. Beide Unternehmer treten unter der USt-IdNr. ihrer Mitgliedstaaten auf. Der Kompressor gelangt im Rahmen einer durchgängigen Warenbewegung aus dem EU-Ausland Österreich direkt in das Inland.

Lösung:
Die Lieferung des Kompressors vom österreichischen Lieferanten an Luigi Farfalle ist nach § 3 Abs. 6 Satz 1 UStG in Österreich steuerbar und als entgeltliche innergemeinschaftliche Lieferung steuerbefreit. Luigi Farfalle erfüllt mit dem Erwerb des Kompressors die Tatbestandsmerkmale eines entgeltlichen innergemeinschaftlichen Erwerbs nach § 1a Abs. 1 i. V. m. § 3d Satz 1 UStG.

Damit ein innergemeinschaftlicher Erwerb vorliegt, muss der Erwerber Unternehmer nach § 2 Abs. 1 UStG sein, der den Gegenstand für sein Unternehmen bezieht. Nach § 1a Abs. 1 Nr. 2 Buchst. b) UStG kann Erwerber auch eine juristische Person sein, die nicht Unternehmer ist oder die den Gegenstand nicht für ihr Unternehmen erwirbt. In der Regel handelt es sich dabei um juristische Personen des öffentlichen Rechts, die ausschließlich hoheitlich tätig sind. Als Beispiel können hier Universitäten und Hochschulen genannt werden.[32]

Nicht zum innergemeinschaftlichen Erwerb führt der Bezug von Waren aus dem EU-Ausland durch eine inländische Privatperson. Derartige private Erwerbe unterliegen entweder der Umsatzsteuer in dem EU-Mitgliedstaat, in dem der private Erwerb stattfindet (sogenanntes Abgangsland) oder aufgrund der Versandhandelsregelung nach § 3c UStG der deutschen Umsatzsteuer. Eine Ausnahme hiervon stellt der Erwerb neuer Fahrzeuge nach § 1b UStG dar. Bei Erfüllung der Voraussetzungen des § 1b Abs. 2 und Abs. 3 UStG tätigt auch eine Privatperson einen innergemeinschaftlichen Erwerb.

Verwendet der Lieferant eine ausländische USt-IdNr., kann ein inländischer Unternehmer davon ausgehen, dass der Lieferer Unternehmer und kein Kleinunternehmer oder Privatperson ist. Der inländische Unternehmer wird deshalb einen innergemeinschaftlichen Erwerb im Inland verwirklichen. Voraussetzung für den innergemeinschaftlichen Erwerb ist, dass im Mitgliedstaat der Beginn der Beförderung

32 Eine juristische Person, die nicht Unternehmer ist, kann auch eine Holding sein, die ausschließlich eine bloße Vermögensverwaltungstätigkeit ausübt.

oder Versendung, dem sogenannten Abgangsland, die Voraussetzungen der innergemeinschaftlichen Lieferung erfüllt sind.

Liegt eine sogenannte **gebrochene Beförderung oder Versendung** durch mehrere Beteiligte vor, ist es für die Annahme der Steuerbefreiung einer innergemeinschaftlichen Lieferung und somit auch für die Besteuerung des innergemeinschaftlichen Erwerbs unschädlich, wenn der Abnehmer zu Beginn des Transports feststeht und der Transport ohne nennenswerte Unterbrechung erfolgt. Der Lieferer muss jedoch nachweisen, dass ein zeitlicher und sachlicher Zusammenhang zwischen der Lieferung des Gegenstandes und seiner Beförderung oder Versendung sowie ein kontinuierlicher Ablauf dieses Vorgangs gegeben sind.

Steht der Abnehmer bei der im übrigen Gemeinschaftsgebiet beginnenden Beförderung oder Versendung bereits fest, liegt kein innergemeinschaftliches Verbringen, sondern eine Beförderungs- oder Versendungslieferung vor, die grundsätzlich mit Beginn der Beförderung oder Versendung im übrigen Gemeinschaftsgebiert nach § 3 Abs. 6 Satz 1 UStG als ausgeführt gilt. In der Praxis ist hiervon auszugehen, wenn der Abnehmer die Ware bei Beginn der Beförderung oder Versendung bereits verbindlich bestellt oder bezahlt hat. Unter den Voraussetzungen des § 4 Nr. 1 Buchst. b) i. V. m. § 6a UStG liegt im Abgangsland eine steuerfreie innergemeinschaftliche Lieferung und im Bestimmungsland ein innergemeinschaftlicher Erwerb vor.

Die Steuer für den innergemeinschaftlichen Erwerb entsteht nach § 13 Abs. 1 Nr. 6 UStG mit der Ausstellung der Rechnung, spätestens jedoch mit Ablauf des dem Erwerb folgenden Kalendermonats. Der Leistungsempfänger als Steuerschuldner hat diese in seiner Umsatzsteuer-Voranmeldung zu deklarieren. Die Steuer auf den Erwerb kann der Leistungsempfänger als Vorsteuer nach § 15 Abs. 1 Satz 1 Nr. 3 UStG in seiner Umsatzsteuer-Voranmeldung zum Abzug bringen, in der der innergemeinschaftliche Erwerb deklariert wurde.

Beispiel

Luigi Farfalle bestellt bei einem niederländischen Lieferanten in Utrecht einen neuen Kompressor. Der niederländische Lieferant liefert den Kompressor von Utrecht aus direkt an Luigi Farfalle. Beide verwenden die USt-IdNr. ihrer Mitgliedstaaten.

Lösung:
Die Lieferung des Kompressors vom niederländischen Lieferanten aus Utrecht an Luigi Farfalle ist nach § 3 Abs. 6 Satz 1 UStG in den Niederlanden steuerbar und als entgeltliche innergemeinschaftliche Lieferung steuerbefreit.

Luigi Farfalle erfüllt mit dem Erwerb des Kompressors die Tatbestandsmerkmale eines entgeltlichen innergemeinschaftlichen Erwerbs nach § 1a Abs. 1 i. V. m. § 3d Satz 1 UStG. Die Bemessungsgrundlage für den innergemeinschaftlichen Erwerb ist das vom niederländischen Lieferanten aus Utrecht in Rechnung gestellte Entgelt. Die Bemessungsgrundlage und der unter Anwendung des für die Maschinen gültigen Regelsteuersatzes (19 % nach § 12 Abs. 1 UStG) ermittelte Steuerbetrag sind unternehmensintern aufzuzeichnen und in der Umsatzsteuer-Voranmeldung anzugeben. Der deklarierte Steuerbetrag kann unter der Voraussetzung des § 15 Abs. 1 Satz 1 Nr. 3 UStG in der gleichen Umsatzsteuer-Voranmeldung als Vorsteuer wieder geltend gemacht werden.

In der Praxis oft strittig ist der Zeitpunkt des innergemeinschaftlichen Erwerbs, denn die Steuer dafür entsteht nach § 13 Abs. 1 Nr. 6 UStG mit der Ausstellung der Rechnung. Der Tag der Rechnungsausstellung des Lieferers ist dem Erwerber jedoch erst nach Eingang der Rechnung bekannt. Daher ist strittig, ob diese Fiktion mit dem Eintritt der Steuerschuld gleichgesetzt werden kann. Für den Abnehmer sollte deshalb immer der **Zeitpunkt des Rechnungseingangs** entscheidend sein. In den Praxisfällen, in denen der Zeitpunkt des Wareneingangs und der Zeitpunkt des Rechnungseingangs erheblich voneinander abweichen, sieht das Umsatzsteuergesetz als spätesten Zeitpunkt für das Eintreten des Erwerbsteuertatbestandes den Monat vor, der dem Monat des Wareneingangs folgt.

Beispiel

Luigi Farfalle bestellt bei einem französischen Lieferanten aus Lyon am 19.09.2020 eine neue Maschine. Der Rechnungseingang über die neue Maschine ist am 25.09.2020.

Am 17.10.2020 bestellt Luigi Farfalle bei dem französischen Lieferanten eine weitere Maschine. Der Rechnungseingang für diese Maschine liegt bis Ende November 2020 noch nicht vor. Beide Maschinen werden vom französischen Lieferanten aus Lyon direkt nach deren Bestellung an Luigi Farfalle befördert. Beide Beteiligten verwenden die USt-IdNr. ihrer Mitgliedstaaten.

Lösung:
Die beiden Maschinenlieferungen vom französischen Lieferanten aus Lyon an Luigi Farfalle sind nach § 3 Abs. 6 Satz 1 UStG in Frankreich steuerbar und als entgeltliche innergemeinschaftliche Lieferung steuerbefreit.

Mit den beiden Erwerben erfüllt Luigi Farfalle die Tatbestandsmerkmale eines entgeltlichen innergemeinschaftlichen Erwerbs nach § 1a Abs. 1 i. V. m. § 3d Satz 1 UStG. Die Bemessungsgrundlage für den innergemeinschaftlichen Erwerb ist das vom französischen Lieferanten aus Lyon für die Maschinen in Rechnung gestellte Entgelt.

Der Rechnungseingang für die erste Maschinenlieferung ist am 25.09.2020. Die Erwerbsteuerschuld tritt somit für den Monat September 2020 ein. Bei vierteljährlicher Abgabe der Umsatzsteuer-Voranmeldung nach § 18 Abs. 2 Satz 1 UStG tritt die Erwerbsteuerschuld für das 3. Kalendervierteljahr 2020 ein. Die Erwerbsteuer ist für die erste Maschinenlieferung spätestens mit der Umsatzsteuer-Voranmeldung für den Monat September 2020, somit nach § 18 Abs. 1 Satz 1 UStG bis zum 10.10.2020 bzw. mit der Umsatzsteuer-Voranmeldung für das 3. Kalendervierteljahr bis zum 10.10.2020 zu deklarieren.

Für die zweite Maschinenlieferung liegt bis Ende November 2020 ein Rechnungseingang nicht vor. Die Erwerbsteuerschuld tritt auch ohne das Vorliegen einer Rechnung für den Monat November

2020 ein. Die Erwerbsteuer ist auf der Grundlage des vereinbarten Entgelts mit der Umsatzsteuer-Voranmeldung für den Monat November 2020, somit bis zum 10.12.2020 zu deklarieren. Bei vierteljährlicher Abgabe der Umsatzsteuer-Voranmeldung ist die Erwerbsteuer im 4. Kalendervierteljahr 2020 zu deklarieren. Die Abgabe der Umsatzsteuer-Voranmeldung für das 4. Kalendervierteljahr 2020 hat dann bis zum 10.01.2021 zu erfolgen.

Die geschuldete Erwerbsteuer nach § 3d Satz 1 UStG berechtigt den Unternehmer nach § 15 Abs. 1 Satz 1 Nr. 3 UStG zum Zeitpunkt ihres Entstehens zum Vorsteuerabzug. Das Vorliegen einer Rechnung mit den Angaben nach §§ 14, 14a UStG ist nicht erforderlich. Eine **wirtschaftliche Belastung** ist mit ihrer Erhebung im vorsteuerabzugsberechtigten Abnehmerkreis ebenso wenig verbunden wie bei der Einfuhrumsatzsteuer.[33] Auch entsteht bei Lieferungen innerhalb der EU-Mitgliedstaaten seit Beginn des EU-Binnenmarktes zum 1. Januar 1993 keine Liquiditätsbelastung mehr.[34] Die Erwerbsteuer stellt in diesem Bereich nur noch einen buchungsmäßigen Vorgang für die betroffenen Unternehmer dar.

Beispiel: Verbuchung des innergemeinschaftlichen Erwerbs

Luigi Farfalle bestellt bei dem italienischen Kompressorenhersteller Salvatore Luna in Turin einen neuen Kompressor für seinen Stuckateurbetrieb. Der Kaufpreis dafür beträgt 7.500,00 Euro. Für den Transport beauftragt Salvatore Luna den deutschen Frachtführer Udo Nuhr. Für den Transport (Beförderungsleistung) stellt Udo Nuhr seinem italienischen Auftraggeber 1.200,00 Euro in Rechnung. Alle beteiligten Unternehmer treten unter der USt-IdNr. ihrer Mitgliedstaaten auf. Als Lieferkondition haben Luigi Farfalle und Salvatore Luna »Lieferung frei Haus« vereinbart.

Lösung:
Der italienische Kompressorenhersteller Salvatore Luna erbringt an Luigi Farfalle eine Lieferung. Der Liefergegenstand, der Kompressor, gelangt im Wege der Versendung an Luigi Farfalle als Abnehmer der Lieferung. Nach § 3 Abs. 6 Satz 1 UStG gilt die Lieferung mit Beginn der Versendung, das bedeutet mit Übergabe des Kompressors an den deutschen Frachtführer Udo Nuhr, als ausgeführt. Die Lieferung ist somit in Italien steuerbar, und soweit die Voraussetzungen des § 4 Nr. 1 Buchst. b) i. V. m. § 6a UStG erfüllt sind, wird sie im Abgangsland Italien zu einer steuerfreien innergemeinschaftlichen Lieferung. Mit dem Erwerb des Kompressors erfüllt Luigi Farfalle nach § 1a Abs. 1 i. V. m. § 3d Satz 1 UStG die Tatbestandsmerkmale eines entgeltlichen innergemeinschaftlichen Erwerbs.

Die umsatzsteuerliche Bemessungsgrundlage für den Erwerb bemisst sich nach dem Entgelt gemäß § 10 Abs. 1 Satz 1 UStG. Entgelt nach § 10 Abs. 1 Satz 2 UStG ist alles, was der Leistungsempfänger für den Erhalt der Leistung aufwendet. Da als Lieferkondition »Lieferung frei Haus« vereinbart wurde, muss in diesem Falle der Kompressorenhersteller die Frachtkosten tragen.

33 Die zu entrichtende Einfuhrumsatzsteuer wird der betroffene Unternehmer im Rahmen seiner Umsatzsteuererklärung als Vorsteuer wieder zurückfordern.

34 Die Einfuhrumsatzsteuer ist an die Zollbehörden zu entrichten. Ihre Verrechnung mit der eigenen Steuerschuld bzw. Erstattung zieht durch den Vorfinanzierungseffekt eine fiktive Zinsbelastung nach sich.

Das Entgelt nach § 10 Abs. 1 Satz 1 UStG entspricht somit dem Kaufpreis des Kompressors in Höhe von 7.500,00 Euro. Der ermittelte Steuerbetrag unter Verwendung des gültigen Regelsteuersatzes von 19 % nach § 12 Abs. 1 UStG entspricht demnach 1.425,00 Euro. Die ermittelte Erwerbsteuer kann jetzt nach § 15 Abs. 1 Satz 1 Nr. 3 UStG als Vorsteuer geltend gemacht werden.

Für den deutschen Frachtführer Udo Nuhr stellt sich die Sachlage wie folgt dar: Er erbringt an seinen italienischen Auftraggeber Salvatore Luna eine eigenständige sonstige Leistung, eine Beförderungsleistung. Bei dieser Beförderungsleistung handelt es sich um eine innergemeinschaftliche Güterbeförderung i. S. d. § 3b Abs. 3 Satz 1 UStG. § 3b Abs. 3 UStG ist aber nur anzuwenden, wenn die innergemeinschaftliche Güterbeförderung an einen Nichtunternehmer erfolgt. Da Udo Nuhr die innergemeinschaftliche Güterbeförderung an einen Unternehmer[35] ausführt, richtet sich der Leistungsort nach § 3a Abs. 2 UStG. Die Güterbeförderung gilt somit in Italien als ausgeführt. Demnach ist die Güterbeförderung in Italien steuerbar, jedoch durch die Verwendung der USt-IdNr. steuerbefreit.

Die dazugehörigen Buchungssätze lauten wie folgt:

Stuckateur Luigi Farfalle:

Eingangsrechnung:

1.	Maschinen	7.500,00	an	Verbindlichkeiten aus L.u.L.	7.500,00

2.	Erwerbsteuer	1.425,00	an	USt aus innergemeinschaftlichem Erwerb	1.425,00[36]

Bei Bezahlung der Eingangsrechnung:

3.	Verbindlichkeiten aus L.u.L.	7.500,00	an	Bank	7.500,00

Frachtführer Udo Nuhr:

Ausgangsrechnung an Salvatore Luna:

1.	Forderungen aus innergemeinschaftlichen Beförderungsleistungen	1.200,00	an	Umsatzerlöse aus innergemeinschaftlichen Beförderungsleistungen	1.200,00[37]

35 Die Unternehmereigenschaft wird bei dem italienischen Unternehmer durch die USt-IdNr. deutlich.

36 Die Buchung erfolgt nur zu statistischen Zwecken. Die Sollbuchung (Erwerbsteuer) wie die Habenbuchung (USt aus innergemeinschaftlichem Erwerb) wird in der entsprechenden Umsatzsteuer-Voranmeldung erfasst. Es erfolgt jedoch **kein** Zahlungsfluss.

37 Frachtführer Udo Nuhr stellt seine Rechnung an Salvatore Luna unter Angabe seiner USt-IdNr.

Bei Bezahlung der Ausgangsrechnung:

2.	Bank	1.200,00	an	Forderungen aus innergemeinschaftlichen Beförderungsleistungen	1.200,00

Italienischer Kompressorenhersteller Salvatore Luna:

Ausgangsrechnung an Luigi Farfalle:

1.	Forderungen aus innergemeinschaftlichen Lieferungen	7.500,00	an	Umsatzerlöse aus innergemeinschaftlichen Lieferungen	7.500,00[38]

Bei Bezahlung der Ausgangsrechnung:

2.	Bank	7.500,00	an	Forderungen aus innergemeinschaftlichen Lieferungen	7.500,00

Eingangsrechnung vom Frachtführer Udo Nuhr:

1.	Aufwand für EU-Transportleistungen	1.200,00	an	Verbindlichkeiten aus L.u.L.	1.200,00
2.	Erwerbsteuer	264,00[39]	an	USt aus innergemeinschaftlicher Transportleistung	264,00[40]

Bei Bezahlung der Eingangsrechnung:

3.	Verbindlichkeiten aus L.u.L.	1.200,00	an	Bank	1.200,00

Beispiel: Beförderungsleistung durch einen beauftragten italienischen Frachtführer

Luigi Farfalle bestellt bei dem italienischen Kompressorenhersteller Salvatore Luna in Turin einen neuen Kompressor für seinen Stuckateurbetrieb. Der Kaufpreis für den neuen Kompressor beträgt 7.500,00 Euro. Für den Transport beauftragt Luigi Farfalle den Südtiroler Frachtführer Luis Sparrer. Dieser stellt Luigi Farfalle für den Transport (Beförderungsleistung) 1.200,00 Euro in Rechnung. Alle beteiligten Unternehmer treten unter der USt-IdNr. ihrer Mitgliedstaaten auf.

Lösung:

Der italienische Kompressorenhersteller Salvatore Luna erbringt an Luigi Farfalle eine Lieferung. Der Liefergegenstand, der Kompressor, gelangt im Wege der Versendung an Luigi Farfalle als Abnehmer der Lieferung. Nach § 3 Abs. 6 Satz 1 UStG gilt die Lieferung mit Beginn der Versendung, das bedeutet mit Übergabe des Kompressors an den Südtiroler Frachtführer Luis Sparrer, als ausgeführt. Die Lieferung ist somit in Italien steuerbar, und soweit die Voraussetzungen des § 4 Nr. 1 Buchst. b) i. V. m. § 6a

38 Der italienische Kompressorenhersteller Salvatore Luna stellt seine Rechnung an Luigi Farfalle unter Angabe seiner italienischen USt-IdNr.

39 In Italien beträgt der Umsatzsteuer-Regelsteuersatz 22 %.

40 Die Buchung erfolgt nur zu statistischen Zwecken. Die Sollbuchung (Erwerbsteuer) wie die Habenbuchung (USt aus innergemeinschaftlichem Erwerb) wird in der entsprechenden **italienischen** Umsatzsteuer-Voranmeldung bei Salvatore Luna erfasst. Es erfolgt jedoch **kein** Zahlungsfluss.

UStG erfüllt sind, wird sie im Abgangsland Italien zu einer steuerfreien innergemeinschaftlichen Lieferung. Mit dem Erwerb des Kompressors erfüllt Luigi Farfalle nach § 1a Abs. 1 i. V. m. § 3d Satz 1 UStG die Tatbestandsmerkmale eines entgeltlichen innergemeinschaftlichen Erwerbs.

Die umsatzsteuerliche Bemessungsgrundlage für den Erwerb bemisst sich nach dem Entgelt gemäß § 10 Abs. 1 Satz 1 UStG. Entgelt nach § 10 Abs. 1 Satz 2 UStG ist alles, was der Leistungsempfänger für den Erhalt der Leistung aufwendet. Dazu gehört auch in diesem Fall die Vergütung für die Versendung des Kompressors durch den Südtiroler Frachtführer Luis Sparrer. Aus Sicht von Luigi Farfalle handelt es sich bei dieser Versendungsleistung nicht um eine eigenständige sonstige Leistung. Die Versendungsleistung, die Luis Sparrer erbringt, ist vielmehr eine Nebenleistung, die umsatzsteuerlich das Schicksal der Hauptleistung, hier die Lieferung des Kompressors, teilt.

Die Sachlage für den Südtiroler Frachtführer Luis Sparrer stellt sich wie folgt dar: Luis Sparrer erbringt an Luigi Farfalle eine eigenständige sonstige Leistung, eine Beförderungsleistung. Bei dieser Beförderungsleistung handelt es sich um eine innergemeinschaftliche Güterbeförderung i. S.d § 3b Abs. 3 Satz 1 UStG. § 3b Abs. 3 UStG ist aber nur anzuwenden, wenn die innergemeinschaftliche Güterbeförderung an einen Nichtunternehmer erfolgt. Da der Luis Sparrer die innergemeinschaftliche Güterbeförderung an den Unternehmer Luigi Farfalle ausführt, wird der Leistungsort jetzt nach § 3a Abs. 2 UStG beurteilt. Nach § 3a Abs. 2 Satz 1 UStG wird eine sonstige Leistung an dem Ort ausgeführt, von dem aus der Empfänger sein Unternehmen betreibt. Empfänger der sonstigen Leistung ist Luigi Farfalle. Somit gilt die Güterbeförderung als im Inland ausgeführt. Demnach ist die Güterbeförderung in Deutschland steuerbar. Die Steuerschuldnerschaft geht somit auf den Leistungsempfänger Luigi Farfalle über. Der leistende Unternehmer Luis Sparrer darf somit keine Umsatzsteuer ausweisen in der Rechnung an Luigi Farfalle. Da er bei der Rechnungsstellung seine italienische USt-IdNr. verwendet, wird er dies auch nicht tun, und durch die Angabe der italienischen USt-IdNr. wird seine innergemeinschaftliche Güterbeförderung in Deutschland steuerbefreit.

Luigi Farfalle muss wegen der Umkehr der Steuerschuldnerschaft jetzt aber zwingend das Reverse-Charge-Verfahren[41] nach § 13b UStG anwenden. Nach § 13b Abs.1 UStG entsteht die Steuer für steuerpflichtige sonstige Leistungen eines im übrigen Gemeinschaftsgebiet ansässigen Unternehmers mit Ablauf des Voranmeldungszeitraums (VAZ), in dem die Leistung ausgeführt worden ist. Luigi Farfalle muss jetzt buchhalterisch auf die Güterbeförderung den gültigen Regelsteuersatz von 19 % nach § 12 Abs. 1 UStG anwenden. Den ermittelten Umsatzsteuerbetrag kann er aber sofort im jeweiligen Umsatzsteuer-Voranmeldezeitraum wieder geltend machen. Somit wird kein Zahlungsfluss bzw. keine Liquiditätsbelastung stattfinden.

Das Entgelt bemisst sich nach § 10 Abs. 1 Satz 1 UStG und entspricht dem Kaufpreis des Kompressors in Höhe von 7.500,00 Euro und dem Betrag der Beförderungsleistung in Höhe von 1.200,00 Euro, somit insgesamt 8.700,00 Euro. Der ermittelte Steuerbetrag unter Verwendung

41 Unter dem Reverse-Charge-Verfahren wird die Umkehrung der Steuerschuldnerschaft verstanden. Das Reverse-Charge-Verfahren ist eine Sonderregelung im Umsatzsteuergesetz. Danach muss der Leistungsempfänger, sprich der Kunde, und nicht der leistende Unternehmer die Umsatzsteuer entrichten.

des gültigen Regelsteuersatzes von 19 % nach § 12 Abs. 1 UStG entspricht demnach insgesamt 1.653,00 Euro. Die ermittelte Erwerbsteuer kann jetzt nach § 15 Abs. 1 Satz 1 Nr. 3 UStG als Vorsteuer geltend gemacht werden.

Die dazugehörigen Buchungssätze lauten wie folgt:

Stuckateur Luigi Farfalle:

Eingangsrechnungen von Salvatore Luna und Luis Sparrer:

1.	Maschinen	8.700,00	an	Verbindlichkeiten aus L.u.L. Salvatore Luna	7.500,00
				Verbindlichkeiten aus L.u.L. Luis Sparrer	1.200.00

2.	Erwerbsteuer	1.653,00	an	USt aus innergemeinschaftlichem Erwerb	1.653,00[42]

Bei Bezahlung der Eingangsrechnungen:

3.	Verbindlichkeiten aus L.u.L. Salvatore Luna	7.500,00	an	Bank	8.700,00
	Verbindlichkeiten aus L.u.L. Luis Sparrer	1.200,00			

Frachtführer Luis Sparrer:

Ausgangsrechnung an Luigi Farfalle:

1.	Forderungen aus innergemeinschaftlichen Beförderungsleistungen	1.200,00	an	Umsatzerlöse aus innergemeinschaftlichen Beförderungsleistungen	1.200,00[43]

Bei Bezahlung der Ausgangsrechnung:

2.	Bank	1.200,00	an	Forderungen aus innergemeinschaftlichen Beförderungsleistungen	1.200,00

Italienischer Kompressorenhersteller Salvatore Luna:

42 Die Buchung erfolgt nur zu statistischen Zwecken. Die Sollbuchung (Erwerbsteuer) wie die Habenbuchung (USt aus innergemeinschaftlichem Erwerb) wird in der entsprechenden Umsatzsteuer-Voranmeldung erfasst. Es erfolgt jedoch **kein** Zahlungsfluss.

43 Frachtführer Luis Sparrer stellt seine Rechnung an Luigi Farfalle unter Angabe seiner italienischen USt-IdNr.

Ausgangsrechnung an Luigi Farfalle:

1.	Forderungen aus innergemeinschaftlichen Lieferungen	7.500,00	an	Umsatzerlöse aus innergemeinschaftlichen Lieferungen	7.500,00[44]

Bei Bezahlung der Ausgangsrechnung:

2.	Bank	7.500,00	an	Forderungen aus innergemeinschaftlichen Lieferungen	7.500,00

3.3.9.3 Ausfuhrlieferungen

Ausfuhrlieferungen sind nach §4 Nr. 1 Buchst. a) UStG von der Umsatzsteuer befreit. Die steuerfreie Ausfuhrlieferung setzt voraus, dass eine steuerbare Lieferung im Inland vorliegt. Steuerfreie Ausfuhrlieferungen zwischen dem Inland und Drittlandgebieten gemäß §1 Abs. 2a Satz 3 UStG erfolgen unter Beteiligung der Zolldienststellen[45] und damit unter bestehenden Grenzkontrollen zu den Drittlandsgebieten. Somit entspricht die Umsatzsteuerbefreiung für Ausfuhrlieferungen dem im internationalen Wirtschaftsverkehr geltenden Verbrauchslandprinzip.

§15 Abs. 3 Nr. 1 Buchst. a) UStG lässt den Vorsteuerabzug bei Ausfuhrlieferungen nach §4 Nr. 1 Buchst. a) UStG zu. Durch den **Nicht-Ausschluss** des Vorsteuerabzugs handelt es sich um eine echte Steuerbefreiung. Dementsprechend erfolgt bei grenzüberschreitenden Lieferungen mangels eines inländischen Letztverbrauchs im sogenannten **Ursprungsland** eine umsatzsteuerliche Entlastung durch die Steuerbefreiung. Die Umsatzsteuerbelastung findet letztendlich in dem Drittlandsgebiet statt, dem sogenannten **Bestimmungsland**, in dem der Liefergegenstand mit Umsatzsteuer belastet wird.

Bei einer Ausfuhrlieferung muss der Gegenstand aus dem Inland in das Drittlandsgebiet gelangen. Eine Ausfuhrlieferung liegt nach §1 Abs. 2 Satz 1 UStG auch dann vor, wenn der Gegenstand der Lieferung auf die Insel Helgoland oder in das Gebiet von Büsingen befördert oder versendet wird.

Die Tatbestandsmerkmale der Ausfuhrlieferungen sind in §6 UStG enthalten. Den Tatbestand einer Ausfuhrlieferung kann nur ein Unternehmer i. S. d. §2 UStG erfüllen, da nur ein Unternehmer auf ausgeführten Lieferungen basierende steuerbare Umsätze nach §1 Abs. 1 Nr. 1 UStG erzielen kann.

Grundsätzlich muss bei einer Ausfuhrlieferung der Liefergegenstand mit dem ausgeführten Gegenstand identisch sein. Nach §6 Abs. 1 Satz 2 UStG kann der Gegenstand der Lieferung durch Beauftragte vor der Ausfuhr bearbeitet oder verarbeitet worden sein. Diese Bearbeitung kann sowohl im Inland als auch in einem anderen EU-Mitgliedstaat durchgeführt werden. Die Beauftragung zur Bearbeitung oder Verarbei-

44 Der italienische Kompressorenhersteller Salvatore Luna stellt seine Rechnung an Luigi Farfalle unter Angabe seiner italienischen USt-IdNr.

45 Hierunter fällt z. B. die Ausfuhranmeldung im Lieferstaat und die Anmeldung zur Einfuhr im Bestimmungsstaat.

tung kann jedoch nur durch den Abnehmer oder einen folgenden Abnehmer erteilt werden. In einem solchen Fall ist die Bearbeitung oder Verarbeitung für die Ausfuhr des Liefergegenstandes unschädlich.

Die Steuerbefreiung des § 6 UStG bezieht sich nur auf Lieferungen, nicht aber auf sonstige Leistungen. Die Steuerfreiheit erstreckt sich aber auch auf unselbständige Nebenleistungen der eigentlichen Lieferung. Für sonstige Leistungen ist jedoch eine Steuerbefreiung über § 7 UStG möglich. Nach § 6 Abs. 4 UStG müssen die Voraussetzungen einer steuerfreien Ausfuhrlieferung vom Unternehmer durch Belege nachgewiesen werden. Die rechtlichen Grundlagen dafür finden sich in den §§ 8 bis 11 Umsatzsteuer-Durchführungsverordnung (UStDV).

In § 8 UStDV finden sich die Grundsätze für den Ausfuhrnachweis bei Ausfuhrlieferungen. Danach muss der Unternehmer anhand von Belegen nachweisen, dass er oder der Abnehmer den Gegenstand der Lieferung in das Drittlandsgebiet befördert oder versendet hat. Ist der Gegenstand der Lieferung durch Beauftragte vor der Ausfuhr bearbeitet oder verarbeitet worden[46], so muss nach § 8 Abs. 2 UStDV sich auch dies aus den Belegen eindeutig und leicht nachprüfbar ergeben.

In der Praxis unterscheiden sich die Ausfuhrnachweise in Form und Inhalt danach, ob der Gegenstand der Lieferung in das Drittlandsgebiet befördert oder versendet wird. Die Gesetzesgrundlage für den Ausfuhrnachweis in Beförderungsfällen ist § 9 UStDV und für den Ausfuhrnachweis in Versendungsfällen § 10 UStDV.

Hat ein Beauftragter den Gegenstand der Lieferung vor der Ausfuhr bearbeitet oder verarbeitet, so muss ein Ausfuhrnachweis i. S. d. § 9 UStDV oder § 10 UStDV zusätzliche Angaben enthalten, die in § 11 UStDV zu finden sind. Nach § 12 UStDV sind bei Lohnveredelungen an Gegenständen der Ausfuhr i. S. d. § 7 UStDV die Vorschriften über die Führung des Ausfuhrnachweises bei Ausfuhrlieferungen i. S. d. §§ 8 bis 11 UStDV entsprechend anzuwenden.

§ 13 UStDV fordert einen buchmäßigen Nachweis bei Ausfuhrlieferungen und Lohnveredelungen an Gegenständen der Ausfuhr. Die Voraussetzungen für die Steuerbefreiung müssen nach § 13 Abs. 1 Satz 2 UStDV eindeutig und leicht nachprüfbar aus der Buchführung zu ersehen sein.

Befördert oder versendet der liefernde Unternehmer nun den Gegenstand in das Drittlandsgebiet nach § 1 Abs. 2a Satz 3 UStG mit Ausnahme der Gebiete nach § 1 Abs. 3 UStG, ist

- die Eigenschaft des Abnehmers (Unternehmer oder Privatperson),
- dessen Wohnsitz bzw. Sitz im Inland oder Ausland und
- die Verwendung des Liefergegenstandes (unternehmerisch oder privat)

unerheblich. Die Lieferung des liefernden Unternehmers ist im Inland als Ausfuhrlieferung nach § 4 Nr. 1 Buchst. a) i. V. m. § 6 Abs. 1 Satz 1 Nr. 1 UStG steuerfrei. Der inländische liefernde Unternehmer muss in diesem Fall über die Nachweise gemäß § 6 Abs. 4 UStG verfügen. Dies sind der Ausfuhrnachweis nach §§ 8 bis 11 UStDV und der Buchnachweis des § 13 UStDV.

46 Siehe § 6 Abs. 1 Satz 2 UStG.

Beispiel

Luigi Farfalle hat ein altes Betonmischgerät. Der in Bern, Schweiz, wohnhafte Diego Suttner, ein guter Freund von Luigi Farfalle, kauft das alte Betonmischgerät für private Zwecke. Der Preis beträgt 400,00 Euro. Luigi Farfalle beauftragt den deutschen Frachtführer Udo Nuhr, das Betonmischgerät nach Bern zu transportieren. Frachtführer Udo Nuhr berechnet für den Transport 80,00 Euro (netto). Diesen Betrag stellt Luigi Farfalle seinem Freund Diego Suttner in Rechnung.

Lösung:
Mit dem Verkauf des alten Betonmischgerätes tätigt Luigi Farfalle eine Lieferung gemäß § 3 Abs. 1 UStG. Da Luigi Farfalle das alte Betonmischgerät gemäß § 3 Abs. 6 Satz 3 und Satz 4 UStG versendet, ist der Umsatzort gemäß § 3 Abs. 6 Satz 1 i. V. m. § 3 Abs. 5a UStG im Inland. Der von Luigi Farfalle getätigte Umsatz ist nach § 1 Abs. 1 Satz 1 Nr. 1 UStG steuerbar. Luigi Farfalle versendet das alte Betonmischgerät in das Drittlandsgebiet Schweiz nach § 1 Abs. 2a Satz 3 i. V. m. § 6 Abs. 1 Satz 1 Nr. 1 UStG. Falls Luigi Farfalle über den Ausfuhrnachweis gemäß § 8 UStDV und den Buchnachweis des § 13 UStDV i. V. m. § 6 Abs. 4 UStG verfügt, ist sein Umsatz als Ausfuhrlieferung gemäß § 4 Nr. 1 Buchst. a) UStG steuerfrei. Das Entgelt der Lieferung beträgt nach § 10 Abs. 1 Satz 1 und Satz 2 UStG 480,00 Euro. Versandkosten sind i. d. R. unselbstständige Nebenleistungen und teilen umsatzsteuerlich deshalb das Schicksal mit der Hauptlieferung.

Für den deutschen Frachtführer Udo Nuhr stellt sich die Sachlage wie folgt dar:

Udo Nuhr wird von Luigi Farfalle für den Transport des Betonmischgerätes beauftragt. Er erbringt somit eine Beförderungsleistung, eine eigenständige sonstige Leistung nach § 3 Abs. 9 Satz 1 UStG. Für die Bestimmung des Leistungsortes ist hier § 3a UStG heranzuziehen. Da Udo Nuhr die Güterbeförderung gegenüber einem Unternehmer ausführt, wird diese nach § 3a Abs. 2 Satz 1 UStG von dort ausgeführt, von wo aus der Leistungsempfänger sein Unternehmen betreibt. Da Luigi Farfalle seinen Stuckateurbetrieb im Inland betreibt, hat der deutsche Frachtführer Udo Nuhr eine in Deutschland steuerpflichtige Güterbeförderung durchgeführt. Das Entgelt für die sonstige Leistung (Beförderungsleistung) beträgt nach § 10 Abs. 1 Satz 1 und Satz 2 UStG 80,00 Euro. Der ermittelte Steuerbetrag unter Verwendung des gültigen Regelsteuersatzes von 19 % nach § 12 Abs. 1 UStG entspricht demnach insgesamt 15,20 Euro. Die ermittelte Umsatzsteuer kann jetzt nach § 15 Abs. 1 Satz 1 Nr. 1 UStG als Vorsteuer geltend gemacht werden.

Die dazugehörigen Buchungssätze lauten wie folgt:

Stuckateur Luigi Farfalle:

Ausgangsrechnung an Diego Suttner:

1.	Forderungen aus L.u.L.	480,00	an	Umsatzerlöse (Drittlandsgebiet)	480,00

Bei Bezahlung der Ausgangsrechnung:

2.	Bank	480,00	an	Forderungen aus L.u.L.	480,00

Eingangsrechnung von Udo Nuhr:

3.	Transportspesen Vorsteuer	80,00 15,20	an	Verbindlichkeiten aus L.u.L.	95,20

Bei Bezahlung der Eingangsrechnung:

4.	Verbindlichkeiten aus L.u.L.	95,20	an	Bank	95,20

Frachtführer Udo Nuhr:

Ausgangsrechnung an Luigi Farfalle:

1.	Forderungen aus L.u.L.	95,20	an	Umsatzerlöse Umsatzsteuer	80,00 15,20

Bei Bezahlung der Ausgangsrechnung:

2.	Bank	95,20	an	Forderungen aus L.u.L.	95,20

Wird der Gegenstand durch den Abnehmer in das Drittlandsgebiet befördert oder versendet, muss es sich bei dem Käufer um einen ausländischen Abnehmer handeln. Ein ausländischer Abnehmer liegt nach § 6 Abs. 2 Satz 1 Nr. 1 und Nr. 2 UStG dann vor, wenn es sich

- um einen Abnehmer handelt, der seinen Wohnsitz oder Sitz im Ausland hat, ausgenommen sind die in § 1 Abs. 3 UStG bezeichneten Gebiete, oder
- um eine Zweigniederlassung mit Sitz im Ausland eines im Inland oder in den nach § 1 Abs. 3 UStG bezeichneten Gebieten ansässigen Unternehmers handelt; ausgenommen sind Zweigniederlassungen in den nach § 1 Abs. 3 UStG bezeichneten Gebieten, wenn sie das Umsatzgeschäft im eigenen Namen abgeschlossen haben.

Beispiel

Ein auf Stilmöbel spezialisierter Möbelproduzent mit Sitz in Hamburg schließt einen Kaufvertrag mit der in Locarno (Schweiz) ansässigen Zweigniederlassung des in Mannheim ansässigen italienischen Hoteliers Luca Salvo über die Lieferung von 10 Stilkommoden. Der Kaufpreis der 10 Stilkommoden beträgt 15.000,00 Euro (netto). Die Zweigniederlassung in Locarno beauftragt den deutschen Frachtführer Udo Nuhr mit dem Transport der 10 Stilkommoden von Hamburg nach Locarno. Der deutsche Frachtführer Udo Nuhr berechnet der in Locarno ansässigen Zweigniederlassung für seine Transportleistung 3.400,00 Euro (netto).

Lösung:
Der Möbelproduzent aus Hamburg tätigt mit dem Verkauf der 10 Stilkommoden eine Lieferung gemäß § 3 Abs. 1 UStG. Da die Zweigniederlassung in Locarno den deutschen Frachtführer Udo Nuhr für den Transport beauftragt, versendet diese den Liefergegenstand gemäß § 3 Abs. 6 Satz 3 und Satz 4 UStG. Der Umsatzort ist gemäß § 3 Abs. 6 Satz 1 i. V. m. § 3 Abs. 5a UStG im Inland. Der

vom Hamburger Möbelproduzent getätigte Umsatz ist nach § 1 Abs. 1 Satz 1 Nr. 1 UStG steuerbar. Die Zweigniederlassung in Locarno als Abnehmer der 10 Stilkommoden versendet diese in das Drittlandsgebiet Schweiz nach § 1 Abs. 2a Satz 3 i. V. m. § 6 Abs. 1 Satz 1 Nr. 2 UStG. Die Schweizer Zweigniederlassung ist ein ausländischer Abnehmer nach § 6 Abs. 2 Satz 1 Nr. 2 UStG, da sie eine Zweigniederlassung eines im Inland ansässigen Unternehmers (italienischer Hotelier Luca Salvo) ist, die ihren Sitz im Ausland hat (Schweiz) und in eigenem Namen das Umsatzgeschäft mit dem Hamburger Möbelproduzent abgeschlossen hat. Verfügt nun der Hamburger Möbelproduzent über den Ausfuhrnachweis gemäß § 8 UStDV und den Buchnachweis gemäß § 13 UStDV i. V. m. § 6 Abs. 4 UStG, dann ist sein Umsatz als Ausfuhrlieferung gemäß § 4 Nr. 1 Buchst. a) UStG steuerfrei. Das Entgelt der Lieferung beträgt nach § 10 Abs. 1 Satz 1 und Satz 2 UStG 15.000,00 Euro.

Für den deutschen Frachtführer Udo Nuhr stellt sich die Sachlage wie folgt dar:

Der deutsche Frachtführer Udo Nuhr wird von der Zweigniederlassung in Locarno für den Transport der 10 Stilkommoden beauftragt. Dadurch erbringt Udo Nuhr an die Zweigniederlassung in Locarno eine eigenständige sonstige Leistung nach § 3 Abs. 9 Satz 1 UStG, eine Beförderungsleistung. Für die Bestimmung des Leistungsortes ist hier § 3a UStG heranzuziehen. Da Udo Nuhr die Güterbeförderung gegenüber einem Unternehmer ausgeführt hat, wird diese nach § 3a Abs. 2 Satz 1 UStG dort ausgeführt, von wo aus der Leistungsempfänger sein Unternehmen betreibt[47], hier also Locarno. Somit hat Udo Nuhr an die Zweigniederlassung in Locarno eine in Deutschland nicht steuerbare Güterbeförderung ausgeführt. Das Entgelt für die sonstige Leistung (Beförderungsleistung) beträgt nach § 10 Abs. 1 Satz 1 und Satz 2 UStG 3.400,00 Euro.

Die dazugehörigen Buchungssätze lauten wie folgt:

Hamburger Möbelproduzent:

Ausgangsrechnung an Luca Salvo:

1.	Forderungen aus L.u.L.	15.000,00	an	Umsatzerlöse (Drittlandsgebiet)	15.000,00

Bei Bezahlung der Ausgangsrechnung:

2.	Bank	15.000,00	an	Forderungen aus L.u.L.	15.000,00

Frachtführer Udo Nuhr:

Ausgangsrechnung an die Zweigniederlassung in Locarno:

1.	Forderungen aus L.u.L.	3.400,00	an	Umsatzerlöse (Drittlandsgebiet)	3.400,00

Bei Bezahlung der Ausgangsrechnung:

2.	Bank	3.400,00	an	Forderungen aus L.u.L.	3.400,00

47 Hier handelt es sich um das sogenannte Empfängersitzprinzip.

Eine Ausfuhrlieferung kann sich auch nach §6 Abs. 3a UStG ergeben. Denn nach §6 Abs. 3a UStG wird geregelt, wenn in den Fällen des §6 Abs. 1 Satz 1 Nr. 2 und Nr. 3 UStG der Gegenstand der Lieferung nicht für unternehmerische Zwecke erworben und durch den Abnehmer im persönlichen Reisegepäck ausgeführt wird. Dann liegt eine Ausfuhrlieferung nur vor, wenn

- der Abnehmer seinen Wohnsitz oder Sitz im Drittlandsgebiet, ausgenommen Gebiete nach §1 Abs. 3 UStG, hat und
- der Gegenstand der Lieferung vor Ablauf des dritten Kalendermonats, der auf den Monat der Lieferung folgt, ausgeführt wird.

Die Einschränkung des §6 Abs. 3a UStG kommt somit nicht in Betracht, wenn der Lieferer den Gegenstand in das Drittlandsgebiet befördert, wie in §6 Abs. 1 Satz 1 Nr. 1 UStG normiert. Dies gilt unabhängig davon, ob die Lieferung im persönlichen Reisegepäck erfolgt oder nicht.

Beispiel

Der in Zürich wohnhafte Mario Stuber kauft bei einem Möbelhaus in Singen ein neues Arbeitszimmer. Des Weiteren kauft Mario Stuber in dem Möbelhaus noch zwei Teppiche und eine Schreibtischlampe. Es wird vereinbart, dass das Möbelhaus sämtliche Gegenstände (Arbeitszimmer, zwei Teppiche und eine Schreibtischlampe) in die Schweiz nach Zürich transportiert und dieses auch auf dem Ausfuhrnachweis so deklariert wird. Da Mario Stuber jedoch die Teppiche und die Schreibtischlampe dringend benötigt, vereinbart er mit dem Möbelhaus, dass er diese Gegenstände sofort in seinem Auto mit nach Zürich nimmt.

Lösung:
Mit dem Verkauf der Möbelstücke tätigt das Möbelhaus aus Singen eine Lieferung nach §3 Abs. 1 UStG. Da das Möbelhaus nach §3 Abs. 6 Satz 2 UStG die Beförderung der Möbelstücke durchführt, liegt der Umsatzort nach §3 Abs. 6 Satz 1 i. V. m. §3 Abs. 5a UStG in Singen. Nach §1 Abs. 2a Satz 3 i. V. m. §6 Abs. 1 Satz 1 Nr. 1 UStG befördert das Möbelhaus die Möbelstücke in das Drittlandsgebiet Schweiz. Verfügt das Möbelhaus über die Ausfuhrnachweise nach den §§8 und 9 UStDV und den Buchnachweis nach §13 UStDV i. V. m. §6 Abs. 4 UStG, dann ist sein getätigter Umsatz als Ausfuhrlieferung nach §4 Nr. 1 Buchst. a) UStG steuerfrei. Da der Lieferer, hier das Möbelhaus aus Singen, die Möbelstücke in das Drittlandsgebiet Schweiz befördert (und laut Ausfuhrnachweis auch die Teppiche und die Schreibtischlampe), kommt die Einschränkung des §6 Abs. 3a UStG hier nicht zur Anwendung, obwohl die Teppiche und die Schreibtischlampe im persönlichen Reisegepäck von Mario Stuber in das Drittlandsgebiet Schweiz ausgeführt wurden.

Ein Erwerb für nicht unternehmerische Zwecke liegt aus Sicht des Abnehmers vor, wenn der Abnehmer entweder kein Unternehmer ist oder als Unternehmer mit dem erworbenen Gegenstand keine unternehmerischen Zwecke verfolgt.

Zum persönlichen Reisegepäck gehören diejenigen Gegenstände, die der Abnehmer bei einem Grenzübertritt mit sich führt, wie z. B. das Handgepäck oder die in einem von ihm benutzten Fahrzeug befindlichen Gegenstände sowie das anlässlich einer Reise aufgegebene Handgepäck.

Beispiel

Ein japanischer Tourist macht eine Europatour. In Deutschland hält er sich für einige Tage auf. Bei einem deutschen Textilhändler kauft er mehrere Anzüge und Hemden für den privaten Zweck. Nach seiner sechswöchigen Europatour verstaut er die Anzüge und Hemden in seinem Reisegepäck und führt sie in das Drittlandsgebiet Japan aus.

Lösung:
Da der japanische Tourist als Abnehmer die Gegenstände der Lieferung, hier die Anzüge und Hemden, in das Drittlandsgebiet befördert, liegt nach § 6 Abs. 1 Satz 1 Nr. 2 UStG grundsätzlich eine Ausfuhrlieferung vor. Da der japanische Tourist die Gegenstände für den nicht unternehmerischen Zweck erworben hat und im persönlichen Reisegepäck in das Drittlandsgebiet ausgeführt hat, liegt eine Ausfuhrlieferung nur vor, falls die Voraussetzungen des § 6 Abs. 3a Nr. 1 und Nr. 2 UStG erfüllt sind. Da der japanische Tourist als Abnehmer seinen Wohnort im Drittlandsgebiet hat und die Gegenstände der Lieferung vor Ablauf des dritten Kalendermonats (sechswöchige Europatour), der auf den Monat der Lieferung folgt, ausgeführt wird, liegt eine Ausfuhrlieferung nach § 4 Nr. 1 Buchst. a) UStG vor. Die Lieferung der Gegenstände und der dadurch getätigte Umsatz ist somit für den deutschen Textilhändler im Inland steuerfrei. Der deutsche Textilhändler muss dafür als Grundlage den Ausfuhrnachweis nach den §§ 8 und 9 UStDV und den Buchnachweis nach § 13 UStDV i. V. m. § 6 Abs. 4 UStG führen. Der japanische Tourist muss die Gegenstände der Lieferung bei der Einreise in das Drittlandsgebiet, hier Japan, der Besteuerung unterziehen.

3.3.9.4 Innergemeinschaftliche Lieferungen

Der Befreiungstatbestand der innergemeinschaftlichen Lieferung von Gegenständen ist ein Teil der Vorschriften für die Besteuerung des Warenhandels zwischen den einzelnen EU-Mitgliedstaaten. Die Beweggründe für dieses System liegen darin, die Steuereinnahmen auf den Mitgliedstaat zu verlagern, in dem der Endverbrauch der gelieferten Gegenstände stattfindet. Somit wird eine im Inland steuerbare Lieferung als innergemeinschaftliche Lieferung nach § 4 Nr. 1 Buchst. b) UStG steuerfrei, wenn die Voraussetzungen des § 6a Abs. 1 bis 3 bzw. Abs. 4 UStG erfüllt sind:

- Die Lieferung eines Gegenstandes liegt vor,
- eine Warenbewegung vom Inland in das übrige Gemeinschaftsgebiet findet statt,
- die Abnehmereigenschaft i. S. d. § 6a Abs. 1 Satz 1 Nr. 2 UStG ist vorhanden,
- der Gegenstand der Lieferung unterliegt im Bestimmungsland der Erwerbsbesteuerung,
- der Abnehmer hat gegenüber dem Unternehmer eine ihm von einem anderen Mitgliedstaat erteilte gültige Umsatzsteuer-Identifikationsnummer (USt-IdNr.) verwendet,
- die Formalvoraussetzungen des § 6a Abs. 3 UStG liegen vor und
- unter bestimmten Voraussetzungen ist der Vertrauensschutz des § 6a Abs. 4 UStG gegeben.

Nach § 6a Abs. 1 Satz 1 Nr. 1 UStG verlangt der Gesetzgeber, dass der Gegenstand der Lieferung vom Inland in das übrige Gemeinschaftsgebiet befördert oder versendet wird. Die Beförderung oder Versendung muss somit zwingend im Inland beginnen und in einem anderen EU-Mitgliedstaat enden. Es ist aber nicht zwingend erforderlich, dass der Gegenstand der Lieferung direkt vom Inland in den betreffenden EU-Mitgliedstaat gelangt. Der Gegenstand kann über einen weiteren Mitgliedstaat der Europäischen Union oder im Wege der Durchfuhr auch über ein Drittlandsgebiet in den anderen EU-Mitgliedstaat gelangen. Auch wer die Beförderung oder Versendung durchführt, ist dabei unerheblich. Deshalb kann der Gegenstand der Lieferung durch den Lieferer oder durch den Abnehmer in das übrige Gemeinschaftsgebiet befördert oder versendet werden.

Beispiel

Der 5-Sterne-Hotelier Petro Luce aus Florenz, Italien, bestellt 20 exklusive Schlafzimmer bei einem auf Stilmöbel spezialisierten Möbelproduzenten mit Sitz in Hamburg. Als Kaufpreis wird inklusiv aller Nebenkosten 28.000,00 Euro (netto) vereinbart. Nach der Produktion beauftragt der Hamburger Stilmöbelproduzent den deutschen Frachtführer Udo Nuhr, die 20 exklusiven Schlafzimmer von Hamburg nach Florenz zu transportieren. Für die Durchführung des Transports verlangt Udo Nuhr 2.700,00 Euro (netto).

Lösung:
Der auf Stilmöbel spezialisierte Möbelproduzent mit Sitz in Hamburg bewirkt mit dem Verkauf der 20 exklusiven Schlafzimmer eine Lieferung nach § 3 Abs. 1 UStG. Da er die Liefergegenstände, also die 20 Schlafzimmer, nach § 3 Abs. 6 Satz 3 und Satz 4 UStG versendet, ist der Umsatzort der Lieferung nach § 3 Abs. 6 Satz 1 i. V. m. § 3 Abs. 5a UStG Hamburg. Die Liefergegenstände gelangen durch eine Versendung des Stilmöbelproduzenten vom Inland in das übrige Gemeinschaftsgebiet, hier Italien. Da die Voraussetzungen des § 6a Abs. 1 Satz 1 Nr. 1 und Nr. 2 UStG erfüllt sind, liegt aus Sicht des Stilmöbelproduzenten eine steuerfreie innergemeinschaftliche Lieferung nach § 4 Nr. 1 Buchst. b) UStG vor.

Für den deutschen Frachtführer Udo Nuhr stellt sich die Sachlage wie folgt dar:

Udo Nuhr wird vom Hamburger Stilmöbelproduzenten für den Transport der 20 exklusiven Schlafzimmer beauftragt. Er erbringt somit eine eigenständige sonstige Leistung nach § 3 Abs. 9 Satz 1 UStG, nämlich eine Beförderungsleistung. Für die Bestimmung des Leistungsortes ist hier § 3a UStG heranzuziehen. Da Udo Nuhr die Güterbeförderung gegenüber einem Unternehmer ausführt, wird diese nach § 3a Abs. 2 Satz 1 UStG dort ausgeführt, von wo aus der Leistungsempfänger sein Unternehmen betreibt. Da der Stilmöbelproduzent seinen Sitz in Hamburg hat, erbringt Udo Nuhr eine in Deutschland steuerpflichtige Güterbeförderung. Das Entgelt für die sonstige Leistung (Beförderungsleistung) beträgt nach § 10 Abs. 1 Satz 1 und Satz 2 UStG 2.700,00 Euro. Der ermittelte Steuerbetrag unter Verwendung des gültigen Regelsteuersatzes von 19 % nach § 12 Abs. 1 UStG entspricht demnach insgesamt 513,00 Euro. Die ermittelte Umsatzsteuer kann nach § 15 Abs. 1 Satz 1 Nr. 1 UStG als Vorsteuer geltend gemacht werden.

Die dazugehörigen Buchungssätze lauten wie folgt:

Hamburger Möbelproduzent:

Ausgangsrechnung an Petro Luce:

1.	Forderungen aus L.u.L.	28.000,00	an	Umsatzerlöse	28.000,00

Bei Bezahlung der Ausgangsrechnung:

2.	Bank	28.000,00	an	Forderungen aus L.u.L.	28.000,00

Eingangsrechnung von Udo Nuhr:

3.	Transportspesen	2.700,00	an	Verbindlichkeiten aus L.u.L.	3.213,00
	Vorsteuer	513,00			

Bei Bezahlung der Eingangsrechnung:

4.	Verbindlichkeiten aus L.u.L.	3.213,00	an	Bank	3.213,00

Frachtführer Udo Nuhr:

Ausgangsrechnung an den Hamburger Möbelproduzenten:

1.	Forderungen aus L.u.L.	3.213,00	an	Umsatzerlöse	2.700,00
				Umsatzsteuer	513,00

Bei Bezahlung der Ausgangsrechnung:

2.	Bank	3.213,00	an	Forderungen aus L.u.L.	3.213,00

Die Möglichkeiten, wer Abnehmer bei einer innergemeinschaftlichen Lieferung sein kann, sind in §6a Abs. 1 Satz 1 Nr. 2 Buchst. a) bis c) UStG enthalten. Danach kann Abnehmer sein:

- ein Unternehmer, der den Gegenstand der Lieferung für sein Unternehmen erworben hat. Dabei kann von der Unternehmereigenschaft des Abnehmers regelmäßig ausgegangen werden, wenn dieser gegenüber dem liefernden Unternehmer mit seiner gültigen USt-IdNr. auftritt.
- eine juristische Person, die nicht Unternehmer ist oder die den Gegenstand der Lieferung nicht für ihr Unternehmen erworben hat. Innergemeinschaftliche Lieferungen an juristische Personen sind nur dann steuerfrei, wenn die juristischen Personen in ihrem Mitgliedstaat der Europäischen Union die dort maßgebliche Erwerbsschwelle überschritten oder auf die Anwendung der Erwerbsschwelle verzichtet haben.[48] Vom Vorliegen dieser Voraussetzung kann das liefernde Unternehmen regelmäßig ausgehen, wenn eine juristische Person bei der Bestellung des Liefergegenstandes die ihr von ihrem EU-Mitgliedstaat erteilte USt-IdNr. verwendet.
- bei der Lieferung eines neuen Fahrzeugs auch jeder andere Erwerber. Eine innergemeinschaftliche Lieferung liegt auch dann vor, wenn die Lieferung eines neuen Fahrzeugs vom Inland in das

48 Siehe dazu §1a Abs. 3 und Abs. 4 UStG.

übrige Gemeinschaftsgebiet gelangt und wenn der Abnehmer entweder eine Privatperson oder ein Unternehmer, ausgenommen juristische Personen, ist, der das Fahrzeug nicht für sein Unternehmen erworben hat, oder ein nicht unternehmerisch tätiger Personenzusammenschluss, der keine Rechtsfähigkeit besitzt, wie etwa ein nicht eingetragener Verein.

Nach §6a Abs. 1 Satz 1 Nr. 3 UStG muss der Erwerb des Gegenstandes der Lieferung beim Abnehmer den Vorschriften der Umsatzbesteuerung, der sogenannten Erwerbsbesteuerung, in einem anderen Mitgliedstaat der Europäischen Union unterliegen.

Wenn der Gegenstand der Lieferung vor der Beförderung oder Versendung in das übrige Gemeinschaftsgebiet durch Beauftragte bearbeitet oder verarbeitet worden ist, wird nach §6a Abs. 1 Satz 2 UStG die Steuerbefreiung der innergemeinschaftlichen Lieferung nicht eingeschränkt. Hingegen ist für die umsatzsteuerliche Behandlung der Bearbeitung oder Verarbeitung vor der Beförderung oder Versendung in das übrige Gemeinschaftsgebiet zwingend zu unterscheiden, wer den Auftrag dafür erteilt hat. Hierbei gilt es zwei Möglichkeiten zu unterscheiden:

- Hat der liefernde Unternehmer den Auftrag zur Bearbeitung oder Verarbeitung erteilt, ist die Ausführung dieses Auftrages ein der innergemeinschaftlichen Lieferung vorgeschalteter Umsatz. In diesem Fall ist der Gegenstand der innergemeinschaftlichen Lieferung der bearbeitete oder verarbeitete Gegenstand.
- Hat der Abnehmer den Auftrag zur Bearbeitung oder Verarbeitung erteilt, dann ist Gegenstand der innergemeinschaftlichen Lieferung der noch nicht bearbeitete oder verarbeitete Gegenstand des liefernden Unternehmens.

Beispiel

Ein Sägewerksbetreiber aus dem Schwarzwald verkauft exklusives Lärchenholz an den Tischlereibetrieb Hubertus Kreuz in Österreich für 16.500,00 Euro. Da Hubertus Kreuz das Lärchenholz für einen Hotelneubau benötigt und dort bestimmte Einfräsungen im Holz verlangt werden, veranlasst der Sägewerksbetreiber, dass der ortsansässige Schreiner Marco Pantani diese Einfräsungen durchführt. Dafür verlangt Marco Pantani 1.900,00 Euro (netto). Nach Durchführung der Einfräsungen versendet der Sägewerksbetreiber das eingefräste Lärchenholz an Hubertus Kreuz nach Österreich. Marco Pantanis Einfräsarbeiten stellt der Sägewerksbetreiber Hubertus Kreuz in Rechnung.

Lösung:
Mit dem Verkauf des eingefrästen, exklusiven Lärchenholzes erbringt der Sägewerksbetreiber aus dem Schwarzwald eine Lieferung nach §3 Abs. 1 UStG. Da eine Versendung der Liefergegenstände durch den Sägewerksbetreiber nach §3 Abs. 6 Satz 3 und Satz 4 UStG vorliegt, ist der Umsatzort der Lieferung nach §3 Abs. 6 Satz 1 i. V. m. §3 Abs. 5a UStG im Inland. Da die Voraussetzungen des §6a Abs. 1 Satz 1 Nr. 1 und Nr. 2 UStG erfüllt sind – die Liefergegenstände gelangen durch eine Versendung vom Inland in das übrige Gemeinschaftsgebiet, hier Österreich –, liegt eine steuerfreie innergemeinschaftliche Lieferung nach §4 Nr. 1 Buchst. b) UStG vor. Die Bearbeitung des Lärchenholzes vor der Lieferung nach Österreich ist nach §6a Abs. 1 Satz 2 UStG unschädlich.

Die Tätigkeit des inländischen Schreiners Marco Pantani ist wie folgt zu beurteilen: Da Marco Pantani als Werkunternehmer anzusehen ist und bei seiner Leistung (Fräsarbeiten) keinerlei selbst beschafften Stoffe verwendet, erbringt er nach § 3 Abs. 4 UStG eine Werkleistung. Der Umsatzort für diese Werkleistung bestimmt sich nach § 3a UStG. Die Werkleistung erbringt Marco Pantani gegenüber einem Unternehmen, dem Sägewerksbetreiber aus dem Schwarzwald. Nach § 3a Abs. 2 Satz 1 UStG wird die Werkleistung dort ausgeführt, von wo aus der Leistungsempfänger sein Unternehmen betreibt. Da der Sägewerksbetreiber seinen Sitz im Inland hat, erbringt Schreiner Marco Pantani eine steuerpflichtige Werkleistung. Das Entgelt für die sonstige Leistung (Werkleistung) beträgt nach § 10 Abs. 1 Satz 1 und Satz 2 UStG 1.900,00 Euro. Der ermittelte Steuerbetrag unter Verwendung des gültigen Regelsteuersatzes von 19 % nach § 12 Abs. 1 UStG entspricht 361,00 Euro. Die ermittelte Umsatzsteuer kann jetzt nach § 15 Abs. 1 Satz 1 Nr. 1 UStG als Vorsteuer geltend gemacht werden.

Die dazugehörigen Buchungssätze lauten wie folgt:

Sägewerksbetreiber aus dem Schwarzwald:

Ausgangsrechnung an Hubertus Kreuz:

1.	Forderungen aus L.u.L.	18.400,00	an	Umsatzerlöse	18.400,00

Bei Bezahlung der Ausgangsrechnung:

2.	Bank	18.400,00	an	Forderungen aus L.u.L.	18.400,00

Eingangsrechnung von Marco Pantani:

3.	Fräsarbeiten	1.900,00	an	Verbindlichkeiten aus L.u.L.	2.261,00
	Vorsteuer	361,00			

Bei Bezahlung der Eingangsrechnung:

4.	Verbindlichkeiten aus L.u.L.	2.261,00	an	Bank	2.261,00

Schreiner Marco Pantani:

Ausgangsrechnung an den Sägewerksbetreiber aus dem Schwarzwald:

1.	Forderungen aus L.u.L.	2.261,00	an	Umsatzerlöse	1.900,00
				Umsatzsteuer	361,00

Bei Bezahlung der Ausgangsrechnung:

2.	Bank	2.261,00	an	Forderungen aus L.u.L.	2.261,00

Nach § 6a Abs. 3 UStG muss der inländische Unternehmer die Voraussetzungen für die innergemeinschaftliche Lieferung nachweisen. Die §§ 17a bis 17c UStDV enthalten dazu nähere Bestimmungen. § 17a UStDV verlangt, dass der Unternehmer durch Belege nachweist, dass er oder der Abnehmer den Gegenstand der Lieferung in das übrige Gemeinschaftsgebiet befördert oder versendet hat. Die Voraussetzung dafür muss sich aus den Belegen eindeutig und leicht nachprüfbar ergeben.

§ 17c UStDV regelt den buchmäßigen Nachweis bei einer innergemeinschaftlichen Lieferung. Hierbei hat der Unternehmer die Voraussetzungen der Steuerbefreiung einschließlich der ausländischen Umsatzsteuer-Identifikationsnummer (USt-IdNr.) des Abnehmers buchmäßig nachzuweisen. Auch hier müssen die Voraussetzungen eindeutig und leicht nachprüfbar aus der Buchführung zu ersehen sein.

Kommt ein Unternehmer seinen Nachweispflichten nicht oder nur unvollständig nach, kann die Folge die Steuerpflicht der Lieferung sein. Wichtig bei einer innergemeinschaftlichen Lieferung ist die Erbringung des Nachweises der Identität des Abnehmers. Dem Nachweis der Identität des Abnehmers kommt für die Steuerfreiheit der innergemeinschaftlichen Lieferung deshalb eine entscheidende Bedeutung zu, weil die innergemeinschaftliche Lieferung im Lieferstaat und der innergemeinschaftliche Erwerb im Bestimmungsstaat **ein und denselben wirtschaftlichen Vorgang** darstellen und Teil eines **innergemeinschaftlichen Umsatzes** sind. Abnehmer und somit Leistungsempfänger bei Lieferungen i. S. d. § 3 Abs. 1 UStG und damit Erwerber bei innergemeinschaftlichen Lieferungen ist derjenige, dem der liefernde Unternehmer die Verfügungsmacht an dem Gegenstand der Lieferung verschafft. Da dem Staat in diesem Bereich Gefahren aufgrund von Umsatzsteuerbetrug drohen, kann die Steuerfreiheit der innergemeinschaftlichen Lieferung in den Fällen, in denen der **wahre Abnehmer verschleiert wird**, versagt werden.

3.3.10 Steuerentstehung bei der Umsatzsteuer

3.3.10.1 Entstehungszeitpunkt der Umsatzsteuer

Nach § 18 Abs. 3 UStG ist die Umsatzsteuer eine Jahres- und Veranlagungssteuer. Dabei ist der Besteuerungszeitraum nach § 16 Abs. 1 Satz 2 UStG regelmäßig das Kalenderjahr. Da ein Unternehmer nach § 18 Abs. 3 Satz 1 UStG aufgefordert wird, nach Ablauf eines Kalenderjahres eine Steuererklärung abzugeben, in der er die zu entrichtende Steuer oder den Vergütungs- bzw. Erstattungsanspruch selbst zu berechnen hat, wird die Umsatzsteuer auch als Selbstveranlagungssteuer bezeichnet. Die finale Steuerschuld ergibt sich nach Verrechnung mit der abziehbaren Vorsteuer und Vorsteuerkorrekturen nach § 15a UStG.

Tabelle 13 soll die grundsätzliche Vorgehensweise zur Ermittlung einer Umsatzsteuerzahllast bzw. eines Umsatzsteuerüberschusses darstellen.

Veranlagung zur Umsatzsteuer	
	steuerbare Umsätze
-	steuerfreie Umsätze
=	Summe der steuerpflichtigen Umsätze
x	Steuersatz
=	Steuerschuld
-	Vorsteuern
=	**Umsatzsteuerzahllast/Umsatzsteuerüberschuss**

Tab. 13: Bestimmung der Umsatzsteuer

Nach § 13 Abs. 1 Nr. 1 UStG ist bezüglich des Entstehungszeitpunktes der Steuer für Lieferungen und sonstige Leistungen zwischen der Sollbesteuerung und der Istbesteuerung zu unterscheiden. Bei der **Sollbesteuerung** wird die Steuer nach § 16 Abs. 1 Satz 1 UStG nach **vereinbarten Entgelten** berechnet. Grundlage für die Berechnung der Steuer nach der **Istbesteuerung** sind nach § 20 Satz 1 UStG die **vereinnahmten Entgelte**. Die Besteuerung nach den vereinbarten Entgelten ist der Regelfall. Die Istbesteuerung kommt nach § 20 UStG nur dann zur Anwendung, wenn das Finanzamt dem Unternehmer dies gestattet.

Bei Leistungen i. S. d. § 3 Abs. 1b und Abs. 9a UStG gibt es keinen Unterschied zwischen der Soll- und Istbesteuerung. Bei diesen Leistungen handelt es sich u. a. um Tatbestände der unentgeltlichen Wertabgaben, dem Eigenverbrauch. Da in diesen Fällen nichts vereinnahmt wird, kann auch nicht auf einen Zeitpunkt der Vereinnahmung abgestellt werden. In diesen Fällen entsteht die Steuer nach § 13 Abs. 1 Nr. 2 UStG sowohl bei der Soll- als auch Istbesteuerung stets mit Ablauf des entsprechenden Voranmeldungszeitraums (VAZ), in dem diese Leistungen ausgeführt wurden.

Kein Unterschied besteht zwischen der Soll- und Istbesteuerung bei einem innergemeinschaftlichen Erwerb nach § 13 Abs. 1 Nr. 6 UStG und der vom Leistungsempfänger geschuldeten Steuer nach 13b UStG.

3.3.10.2 Besteuerung nach vereinbarten Entgelten (Sollbesteuerung)

Die Berechnung der Steuer nach den vereinbarten Entgelten, die sogenannte Sollbesteuerung, ist in § 16 UStG geregelt. Dabei richtet sich der Entstehungszeitpunkt der Steuer nach dem Zeitpunkt der Leistungsausführung. Somit ist für die Steuerentstehung nicht der Zeitpunkt der Zahlung oder der Erteilung einer Rechnung entscheidend. Die Steuer entsteht nach § 13 Abs. 1 Nr. 1 Buchst. a) UStG mit Ablauf des Voranmeldungszeitraums (VAZ), in dem die Leistungen vollständig ausgeführt worden sind. Nach § 13 Abs. 1 Nr. 1 Buchst. a) Satz 1 und Satz 2 UStG gilt dies auch für erbrachte Teilleistungen.

Für die Ermittlung des Zeitpunkts der Leistung bzw. Teilleistung ist zu unterscheiden, ob es sich um **Lieferungen** oder um **sonstige Leistungen** handelt.

Bei Lieferungen bzw. Werklieferungen ist der Zeitpunkt der Leistungsausführung, wenn der Leistungsempfänger die Verfügungsmacht über den Liefergegenstand erlangt, im Falle einer Beförderung oder Versendung eines Gegenstandes nach § 3 Abs. 6 UStG zu Beginn der Beförderung oder Versendung.

Beispiel

Baustoffhändlerin Francesca Umbro verkauft am 12.04.2021 an Stuckateur Luigi Farfalle hochwertige Marmorplatten zum Bruttorechnungsbetrag von 5.950,00 Euro. Stuckateur Luigi Farfalle holt die Marmorplatten am 15.04.2021 bei ihr ab.

Lösung:
Bei der Besteuerung nach vereinbarten Entgelten entsteht die Steuer mit Ablauf des VAZ der Leistungsausführung nach § 13 Abs. 1 Nr. 1 Buchst. a) Satz 1 UStG. Der Zeitpunkt der Leistungsausfüh-

rung ist bei einer Warenlieferung, wenn der Leistungsempfänger die Verfügungsmacht über den Liefergegenstand erlangt. Stuckateur Luigi Farfalle erlangt am 15.04.2021 die Verfügungsmacht über die Marmorplatten, da er sie zu diesem Zeitpunkt bei der Baustoffhändlerin Francesca Umbro abholt. Somit gilt als Zeitpunkt der Leistungsausführung der 15.04.2021.

Nach § 13 Abs. 1 Nr. 1 Buchst. a) Satz 1 UStG entsteht die Umsatzsteuer somit mit Ablauf des VAZ April 2021 in Höhe von 950,00 Euro.

Die dazugehörigen Buchungssätze lauten wie folgt:

Baustoffhändlerin Francesca Umbro für VAZ April 2021:

Ausgangsrechnung an Luigi Farfalle:

1.	Forderungen aus L.u.L.	5.950,00	an	Umsatzerlöse	5.000,00
				Umsatzsteuer	950,00

Bei Bezahlung der Ausgangsrechnung:

2.	Bank	5.950,00	an	Forderungen aus L.u.L.	5.950,00

Bei einer sonstigen Leistung bzw. Werkleistung, z. B. bei der Erstellung einer Steuererklärung, liegt der Zeitpunkt der Leistungsausführung bei Vollendung der Dienstleistung vor, im Falle von Dauerleistungen wie z. B. bei Vermietungsverträgen mit Ablauf des jeweils vereinbarten Teilleistungszeitraums.

Bei der Erfüllung von Sukzessivlieferungsverträgen liegt eine Mehrheit von Lieferungen vor. Nach Abschnitt 13.1 Abs. 2 Satz 2 UStAE ist für den Lieferzeitpunkt grundsätzlich auf jede einzelne Lieferung abzustellen. Handelt es sich allerdings um die Lieferung von elektrischem Strom, Gas, Wärme und Wasser, ist davon auszugehen, dass für jeden Ablesezeitraum eine einheitliche Lieferung vorliegt. Diese Lieferung ist nach Abschnitt 13.1 Abs. 2 Satz 3 UStAE erst mit Ablauf des jeweiligen Ablesezeitraums erbracht. Für die geleisteten Abschlagszahlungen der Kunden bedeutet es, dass diese nicht als Entgelt für Teilleistungen angesehen werden. Vielmehr führen sie durch die Vereinnahmung beim Dienstleister zu einer Anzahlungsbesteuerung, sprich zu einer Istbesteuerung nach § 13 Abs. 1 Nr. 1 Buchst. a) Satz 4 UStG.

Nach § 13 Abs. 1 Nr. 1 Buchst. a) Satz 2 UStG werden Teilleistungen in Bezug auf den Entstehungszeitpunkt wie selbstständige Leistungen behandelt. Teilleistungen liegen nach § 13 Abs. 1 Nr. 1 Buchst. a) Satz 3 UStG vor, wenn für bestimmte Teile einer wirtschaftlich teilbaren Leistung das Entgelt gesondert vereinbart wird.

Eine Teilleistung setzt somit Folgendes voraus:

- Die Gesamtleistung muss in wirtschaftlich sinnvolle Teile zerlegbar sein und
- für einen solchen wirtschaftlich sinnvollen Teil wurde ein Entgelt gesondert vereinbart.

Nach Abschnitt 13.4 Satz 3 UStAE werden Vereinbarungen dieser Art im Allgemeinen anzunehmen sein, wenn für einzelne Leistungsteile gesonderte Entgeltabrechnungen durchgeführt werden.

Beispiel

Stuckateur Luigi Farfalle hat sich gegenüber einem Kunden verpflichtet, zu einem Pauschalpreis Trockenbauarbeiten sowie den Innen- und Außenputz an einem Mehrfamilienhaus auszuführen. Die Trockenbauarbeiten werden gesondert abgenommen und abgerechnet. Der Innen- und der Außenputz werden später ausgeführt, gesondert abgenommen und abgerechnet.

Am 10. März 2021 werden die Trockenbauarbeiten vom Kunden abgenommen. Im April 2021 versendet Luigi Farfalle die Rechnung für die Teilleistung Trockenbauarbeiten und noch im gleichen Monat wird diese vom Kunden beglichen.

Lösung:
Nach Abschnitt 13.4 Satz 1 UStAE setzen Teilleistungen voraus, dass eine nach wirtschaftlicher Betrachtungsweise teilbare Leistung nicht als Ganzes, sondern in Teilen geschuldet und bewirkt wird. Da Stuckateur Luigi Farfalle die Gesamtarbeiten zu einem Pauschalpreis ausführt und die Gesamtarbeiten in zwei Teile zerlegt, die gesondert abgenommen und abgerechnet werden, liegen hier Teilleistungen vor.

Werden die Trockenbauarbeiten vom Kunden abgenommen und bezahlt, dann tätigt der Kunde in diesem Fall eine Teilzahlung. Bei Teilzahlungen handelt es sich um Zahlungen für bereits ausgeführte, abgrenzbare Teile einer Gesamtleistung, wenn das Entgelt für diese Teilleistungen gesondert vereinbart wurde. Dies liegt in unserem Fall vor.

Die Steuer entsteht bei Teilleistungen, wie bei sonstigen Leistungen, nach § 13 Abs. 1 Nr. 1 Buchst. a) Satz 1 UStG mit Ablauf des VAZ, in dem die Teilleistung erbracht wurde. Da die Teilleistung im März 2021 erbracht wurde, entsteht die Umsatzsteuer mit Ablauf des VAZ März 2021. Der Zeitpunkt der Rechnungsstellung sowie die Begleichung der Rechnung ist hier für die Beurteilung der Steuer nicht relevant.

Bei Anzahlungen, Abschlagszahlungen und Vorauszahlungen handelt es sich um Zahlungen vor einer Leistungsausführung. In diesen Fällen entsteht die Steuer nach § 13 Abs. 1 Nr. 1 Buchst. a) Satz 4 UStG, da das Entgelt oder ein Teil des Entgeltes vor Ausführung der Leistung oder Teilleistung gezahlt wird, bereits mit Ablauf des Veranlagungszeitraums, in dem das Entgelt oder Teilentgelt vereinnahmt worden ist.

Beispiel

Stuckateur Luigi Farfalle bestellt bei seiner Baustoffhändlerin Francesca Umbro hochwertige Marmorplatten zum Bruttorechnungsbetrag von 7.735,00 Euro. Als Lieferdatum wird der Juni 2021 vereinbart. Am 25. April 2021 stellt die Baustoffhändlerin Francesca Umbro eine Rechnung über eine Anzahlung in Höhe von brutto 4.760,00 Euro. Im Mai 2021 begleicht Stuckateur Luigi Farfalle die Anzahlung.

Nach der Marmorlieferung im Juni 2021 begleicht Stuckateur Luigi Farfalle den noch offenen Bruttorechnungsbetrag in Höhe von 2.975,00 Euro im Juli 2021. Der Voranmeldezeitraum ist der Kalendermonat.

Lösung:
Bei der Besteuerung nach vereinbarten Entgelten entsteht die Steuer mit Ablauf des VAZ der Leistungsausführung nach § 13 Abs. 1 Nr. 1 Buchst. a) Satz 1 UStG.

Nach § 10 Abs. 1 Satz 1 UStG ist das Entgelt die Bemessungsgrundlage für die Umsatzsteuer. Bei der Marmorlieferung beläuft sich das Entgelt auf 6.500,00 Euro. Die Umsatzsteuer dementsprechend 1.235,00 Euro.

Für Anzahlungen entsteht die Umsatzsteuer nach § 13 Abs. 1 Nr. 1 Buchst. a) Satz 4 UStG mit Ablauf des Voranmeldezeitraums, in dem das Entgelt vereinnahmt worden ist, in diesem Fall also in Höhe von 760,00 Euro mit Ablauf des Voranmeldezeitraums Mai 2021. Da Stuckateur Luigi Farfalle im Juni 2021 die Verfügungsmacht über die Marmorplatten erlangt, entsteht die Umsatzsteuer für den Restbetrag nach § 13 Abs. 1 Nr. 1 Buchst. a) Satz 1 UStG mit Ablauf des VAZ Juni 2021 in Höhe von 475,00 Euro.

Die dazugehörigen Buchungssätze lauten wie folgt:

Baustoffhändlerin Francesca Umbro für VAZ April 2021:

Stellung Anzahlungsrechnung an Luigi Farfalle:

1.	Forderungen aus L.u.L.	4.760,00	an	erhaltene Anzahlungen ohne Umsatzsteuer	4.760,00

Für VAZ Mai 2021:

Bezahlung der Anzahlungsrechnung durch Luigi Farfalle:

2.	Bank	4.760,00	an	Forderungen aus L.u.L.	4.760,00

Umbuchung des Kontos »erhaltene Anzahlungen ohne Umsatzsteuer«:

3.	erhaltene Anzahlungen ohne Umsatzsteuer	4.760,00	an	erhaltene Anzahlungen mit Umsatzsteuer	4.000,00
				Umsatzsteuer	760,00

Für VAZ Juni 2021:

Stellung Schlussrechnung an Luigi Farfalle:

4.	Forderungen aus L.u.L.	7.735,00	an	Umsatzerlöse	6.500,00
				Umsatzsteuer	1.235,00

Umbuchung des Kontos »erhaltene Anzahlungen mit Umsatzsteuer« gegen das Konto »Forderungen aus L.u.L.« mit Korrektur des Umsatzsteuer-Kontos:

5.	erhaltene Anzahlungen mit Umsatzsteuer	4.000,00	an	Forderungen aus L.u.L.	4.760,00
	Umsatzsteuer	760,00			

Bezahlung Schlussrechnung (offener Forderungsbetrag) durch Luigi Farfalle im Juli 2021:[49]

6.	Bank	2.975,00	an	Forderungen aus L.u.L.	2.975,00

3.3.10.3 Besteuerung nach vereinnahmten Entgelten (Istbesteuerung)

Bei der Berechnung der Steuer nach vereinnahmten Entgelten (Istbesteuerung) entsteht die Steuer nach § 13 Abs. 1 Nr. 1 Buchst. b) UStG unabhängig vom Zeitpunkt der Leistungserbringung mit Ablauf des Voranmeldungszeitraums, in dem die Entgelte vereinnahmt wurden.

Voraussetzung für die Besteuerung nach vereinnahmten Entgelten ist die Genehmigung durch das Finanzamt. Nach § 20 Satz 1 UStG kann dies durch die Stellung eines Antrags erreicht werden. Hat das Finanzamt die Besteuerung nach vereinnahmten Entgelten gewährt, kann der Unternehmer nach den Grundsätzen der Istbesteuerung die Besteuerung vornehmen, auch wenn die Genehmigung zu Unrecht erfolgt ist oder die Voraussetzungen für die Genehmigung nachträglich weggefallen sind. Die Genehmigung durch die Finanzverwaltung hat nach § 130 AO Bestand bis zu ihrer Rücknahme bzw. bis zu ihrem Widerruf nach § 131 AO.

Die Voraussetzungen zur Gestattung der Versteuerung nach vereinnahmten Entgelten ist in § 20 UStG geregelt. Dabei kann ein Unternehmer die Istbesteuerung beantragen, falls er folgende Voraussetzungen erfüllt:

- Der Vorjahresumsatz nach § 19 Abs. 3 UStG liegt nicht über 500.000 Euro oder
- der Unternehmer ist nach § 148 AO von der Verpflichtung, Bücher zu führen und aufgrund jährlicher Bestandsaufnahmen regelmäßig Abschlüsse zu machen, befreit oder
- der Unternehmer führt seine Umsätze aus einer Tätigkeit als Angehöriger eines freien Berufes i. S. d. § 18 Abs. 1 Nr. 1 EStG aus.

Nach § 19 Abs. 3 UStG kann der Gesamtumsatz gemäß Tabelle 14 vereinfacht wie folgt ermittelt werden:

Vereinfachte Ermittlung des Gesamtumsatzes nach § 19 Abs. 3 UStG	
	Summe aller steuerbaren Umsätze
–	Steuerfreie, den Vorsteuerabzug ausschließende Umsätze
=	**Gesamtumsatz nach § 19 Abs. 3 UStG**

Tab. 14: Vereinfachte Ermittlung des Gesamtumsatzes

49 Die inhaltlich dazugehörigen Konten sind im Kap. 3.6.4 Anzahlungen dargestellt.

Beispiel

Stuckateur Luigi Farfalle hat bei zwei Kunden Stuckateurarbeiten durchgeführt. Beim Kunden Mario Monti in Stuttgart hat er eine Garage verputzt. Der Leistungserstellungszeitpunkt ist der 15. Juni 2021. Der Rechnungsbetrag beträgt 4.000,00 Euro zuzüglich 19 % USt. Die Bezahlung der Rechnung durch Mario Monti erfolgte per Bank am 25. Juni 2021.

Beim Kunden Salvatore Sparrer in Ulm hat er Marmorplatten verlegt. Der Leistungserstellungszeitpunkt ist der 19. Juni 2021. Der Rechnungsbetrag beträgt 5.500,00 Euro zuzüglich 19 % USt. Die Bezahlung der Rechnung durch Salvatore Sparrer erfolgt per Bank am 10. Juli 2021.

Lösung:
Luigi Farfalle erbringt in beiden Fällen eine Werklieferung nach § 3 Abs. 4 UStG, da er für beide Aufträge die Hauptstoffe (Putz und Marmor) beschafft. Da der Gegenstand der Lieferung (hier: Verputzarbeiten einer Garage und Verlegung von Marmorplatten) im Zusammenhang mit der Verschaffung der Verfügungsmacht nicht befördert oder versendet wird (es liegt eine sogenannte ruhende Lieferung vor), bestimmt sich der Ort der Lieferung gemäß § 3 Abs. 7 Satz 1 UStG nach dem Ort, an dem sich der Gegenstand der Lieferung zum Zeitpunkt der Verschaffung der Verfügungsmacht befindet. In beiden Fällen wird dies im Inland sein. Die beiden Werklieferungen von Luigi Farfalle sind nach § 1 Abs. 1 Nr. 1 UStG steuerbar und steuerpflichtig.

Das Entgelt beträgt nach § 10 Abs. 1 Satz 1 und Satz 2 UStG für die Werklieferung an Mario Monti 4.000,00 Euro und für die Werklieferung an Salvatore Sparrer 5.500,00 Euro. Der ermittelte Steuerbetrag unter Verwendung des gültigen Regelsteuersatzes von 19 % nach § 12 Abs. 1 UStG entspricht bei der Werklieferung an Mario Monti 760,00 Euro und bei Salvatore Sparrer 1.045,00 Euro.

Die Umsatzsteuer entsteht nach § 20 UStG im Voranmeldungszeitraum der Vereinnahmung. Bei der Zahlung von Mario Monti ist es der Voranmeldungszeitraum Juni 2021 und bei der Zahlung von Salvatore Sparrer der Voranmeldungszeitraum Juli 2021.

Die dazugehörigen Buchungssätze lauten wie folgt:

Stuckateur Luigi Farfalle: VAZ Juni 2021:

Ausgangsrechnung an Mario Monti:

1.	Forderungen aus L.u.L.	4.760,00	an	Umsatzerlöse	4.000,00
				Noch abzuführende Umsatzsteuer	760,00

Ausgangsrechnung an Salvatore Sparrer:

2.	Forderungen aus L.u.L.	6.545,00	an	Umsatzerlöse	5.500,00
				Noch abzuführende Umsatzsteuer	1.045,00

Für VAZ Juni 2021:

Bezahlung der Ausgangsrechnung von Mario Monti:

3.	Bank	4.760,00	an	Forderungen aus L.u.L.	4.760,00

Umbuchung der noch abzuführenden Umsatzsteuer:

4.	Noch abzuführende Umsatzsteuer	760,00	an	Umsatzsteuer	760,00

Bezahlung der fälligen Umsatzsteuer für den VAZ Juni 2021:

5.	Umsatzsteuer	760,00	an	Bank	760,00

Für VAZ Juli 2021:

Bezahlung der Ausgangsrechnung von Salvatore Sparrer:

6.	Bank	6.545,00	an	Forderungen aus L.u.L.	6.545,00

Umbuchung der noch abzuführenden Umsatzsteuer:

7.	Noch abzuführende Umsatzsteuer	1.045,00	an	Umsatzsteuer	1.045,00

Bezahlung der fälligen Umsatzsteuer für den VAZ Juli 2021:

8.	Umsatzsteuer	1.045,00	an	Bank	1.045,00

3.3.11 Übungsaufgabe 8: Buchungen im Bereich der Umsatzsteuer

SACHVERHALT

Während des Geschäftsjahres 2022 haben sich bei Stuckateur Luigi Farfalle folgende Geschäftsvorfälle ereignet:

1. Stuckateur Luigi Farfalle verputzt für einen inländischen Kunden eine Garage zum Rechnungsbetrag von 3.500,00 Euro zuzüglich 19 % USt. Der inländische Kunde bezahlt den Rechnungsbetrag nach 10 Tagen per Bank.
2. Bei Baustoffhändler Salvatore Umbro kauft Stuckateur Luigi Farfalle exklusive Travertinplatten zum Rechnungsbetrag von 6.600,00 Euro zuzüglich 19 % USt. Der Rechnungsbetrag wird Stuckateur Luigi Farfalle kreditiert.
3. Stuckateur Luigi Farfalle kauft bei einem Baustoffhändler in Zürich eine neue Schleifmaschine. Der Nettopreis der Schleifmaschine beträgt 1.800,00 Euro. Als Lieferbedingung wird zwischen den beiden Geschäftspartner »verzollt und versteuert« vereinbart. Der Rechnungsbetrag wird Stuckateur Luigi Farfalle kreditiert.
4. Der inländische Kunde aus Geschäftsvorfall Nr. 1 überweist den fälligen Rechnungsbetrag in Höhe von 4.165,00 Euro.
5. Da einem guten Freund die exklusiven Travertinplatten gefallen, schenkt Stuckateur Luigi Farfalle diesem Freund mehrere Travertinplatten im Warenwert von 900,00 Euro.

6. Stuckateur Luigi Farfalle bestellt bei einem chinesischen Großhändler Stuckmaterialien im Warenwert von 2.500,00 Euro. Als Lieferbedingung wird »unverzollt und unversteuert« vereinbart. Nach Ankunft der Stuckmaterialien lässt Stuckateur Luigi Farfalle die Rohstoffe zoll- und steuerrechtlich zum freien Verkehr abfertigen. Der dafür zu bezahlende Betrag wird per Bankkonto überwiesen. Der Rechnungsbetrag wird Stuckateur Luigi Farfalle vom chinesischen Großhändler kreditiert. 10 Tage später überweist Stuckateur Luigi Farfalle den Rechnungsbetrag.
7. Stuckateur Luigi Farfalle überweist den fälligen Rechnungsbetrag aus Geschäftsvorfall Nr. 3.
8. Stuckateur Luigi Farfalle kauft bei einem österreichischen Maschinenhändler einen gebrauchten Gabelstapler zum Rechnungsbetrag von 3.200,00 Euro. Der österreichische Maschinenhändler kreditiert Stuckateur Luigi Farfalle den Rechnungsbetrag.
9. Stuckateur Luigi Farfalle verkauft an einen befreundeten Stuckateur in Bern/Schweiz ein altes Betonsilo (Buchwert = 0 Euro) zum Preis von 800,00 Euro. Der Stuckateur aus Bern holt das Betonsilo bei Stuckateur Luigi Farfalle ab. Bei der Abholung bezahlt er die 800,00 Euro sofort in bar.
10. Stuckateur Luigi Farfalle verkauft exklusive Travertinplatten an den befreundeten Stuckateur Silvio Talfer aus Meran/Südtirol. Als Verkaufspreis werden 7.500,00 Euro vereinbart. Stuckateur Luigi Farfalle kreditiert den Rechnungsbetrag.

AUFGABE

a) Verbuchen Sie die laufenden Geschäftsvorfälle im Grundbuch.
b) Schließen Sie sämtliche Konten ab, die die Umsatzsteuer betreffen. Geben Sie dabei die entsprechenden Abschlussbuchungen an.

Musterlösung siehe Kap. 4.8.

3.4 Warenverkehr im Geschäftsleben

3.4.1 Einführung in die Warenkonten

Für viele Unternehmen (Handelsunternehmen) ist der Warenverkehr von großer Bedeutung. Durch den Warenumschlag erwirtschaften Unternehmen einen Gewinn, leider auch manchmal einen Verlust. Handelsunternehmen kaufen Waren zu einem bestimmten Preis ein und verkaufen sie wieder zu einem höheren Preis. Aus dieser Preisdifferenz resultiert ein Gewinn, mit dem das Handelsunternehmen seine betrieblichen Aufwendungen zu decken versucht.

Die Verbuchung der Handelswaren bringt einige Besonderheiten mit sich. Die Wareneinkäufe sind Bestandsmehrungen zu einem bestimmten Wert (Einkaufswert) und die Warenverkäufe sind Bestandsminderungen, die im Regelfall einen höheren Wert (Verkaufswert) haben.

Abbildung 30 soll die Warenbewegungen verdeutlichen:

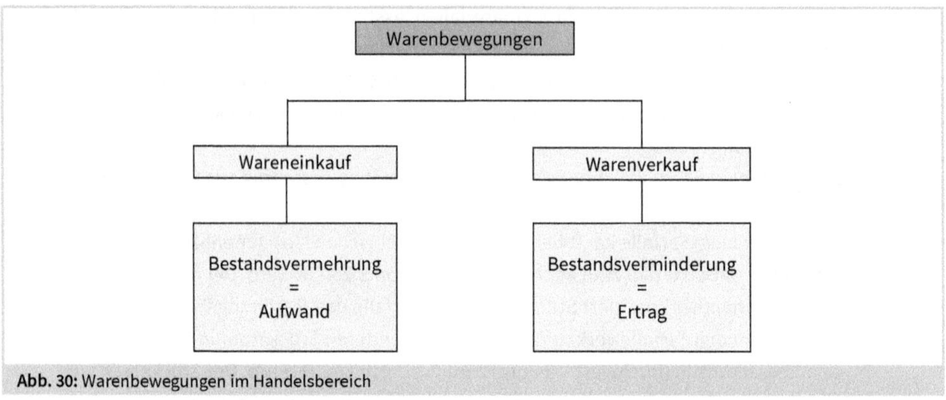

Abb. 30: Warenbewegungen im Handelsbereich

Damit ein Handelsunternehmen eine hohe Informationssicherheit und Übersichtlichkeit bei seinem Warenverkehr hat, ist es in der Praxis sinnvoll, den Warenverkehr in zwei Konten aufzuteilen, und zwar in das

Wareneinkaufskonto (WEK)
und in das
Warenverkaufskonto (WVK).

In größeren Handelsunternehmen ist es sogar üblich, mehrere für verschiedenartige Warengruppen geltende Wareneinkaufs- und Warenverkaufskonten anzulegen, um die Übersichtlichkeit und Informationsgewinnung bezüglich der Warengruppen zu steigern.

Wareneinkaufskonto (WEK)
Das Wareneinkaufskonto ist ein aktives Bestandskonto und erfasst alle Einkäufe und damit Warengeschäfte mit den Lieferanten. Auf der Sollseite befinden sich der Anfangsbestand und die zu den Einstandspreisen (Einkaufspreise + Warenbezugskosten) bewerteten Warenzugänge. Auf der Habenseite werden die Rücksendungen an und die Preisnachlässe von Lieferanten gebucht. Auch diese sind mit den Einstandspreisen zu bewerten.

Soll	Wareneinkaufskonto	Haben
Anfangsbestand (bewertet zu Einstandspreisen: EP) Wareneinkäufe (bewertet zu Einstandspreisen: EP)		Rücksendung an Lieferanten (bewertet zu Einstandspreisen: EP) Preisnachlässe der Lieferanten (bewertet zu Einstandspreisen: EP bzw. nach Vereinbarung)

Abb. 31: Wareneinkaufskonto

Warenverkaufskonto (WVK)

Das Warenverkaufskonto ist ein Erfolgskonto, ein Ertragskonto. Es erfasst alle Verkäufe und damit alle Warengeschäfte mit Kunden. Die Warenverkäufe werden zu Verkaufspreisen bewertet und auf der Habenseite des Warenverkaufskontos gebucht. Rücksendungen von und Preisnachlässe an Kunden werden ebenfalls mit den Verkaufspreisen bewertet und auf der Sollseite gebucht.

Soll	Warenverkaufskonto	Haben
Rücksendungen der Kunden (bewertet zu Verkaufspreisen: VP) Preisnachlässe an Kunden (bewertet zu Verkaufspreisen: VP bzw. nach Vereinbarung)		Warenverkäufe (bewertet zu Verkaufspreisen: VP)

Abb. 32: Warenverkaufskonto

Wareneinsatz

Unter dem Wareneinsatz versteht man alle in einem Geschäftsjahr verkauften Waren, bewertet zu Einstandspreisen (= Einkaufspreise + Warenbezugskosten). Der Wareneinsatz lässt sich gemäß Tabelle 15 nach folgenden Möglichkeiten bestimmen:

	1. Möglichkeit			2. Möglichkeit
	Warenanfangsbestand zum 01.01.t0			Wareneinkäufe
+	Zukäufe (abzügl. Rücksendungen)		+	Bestandsminderung
=	**Zwischensumme**		–	Bestandsmehrung
–	Warenendbestand zum 31.12.t0		=	**Wareneinsatz**
=	**Wareneinsatz**			

Tab. 15: Bestimmung des Wareneinsatzes

Bei der ersten Möglichkeit, den Wareneinsatz zu bestimmen, handelt es sich um die **retrograde Methode**. Die zweite Möglichkeit wird als **direkte Methode** bezeichnet.

Beispiel

Beim Stuckateurbetrieb von Luigi Farfalle stehen folgende Informationen zum Geschäftsjahr 2022 zur Verfügung:

Zu Beginn des Geschäftsjahres 2022 sind Warenvorräte in Höhe von 34.000,00 Euro vorhanden. 2022 wurden Warenzukäufe im Gesamtwert von 26.000,00 Euro getätigt und Warenrücksendungen wegen Falschlieferung in Höhe von 2.500,00 Euro vorgenommen. Zum 31.12.2022 liegt laut Inventuraufzeichnungen ein Warenendbestandswert in Höhe von 22.600,00 Euro vor.

Luigi Farfalle möchte, dass man seinen Wareneinsatz für 2022 bestimmt.

Lösung:

1. Möglichkeit: Retrograde Methode

	Retrograde Methode	
	Warenanfangsbestandswert zum 01.01.2022	34.000,00 Euro
+	Zukäufe 2022	26.000,00 Euro
-	Rücksendungen 2022	2.500,00 Euro
=	**Zwischensumme**	**57.500,00 Euro**
-	Warenendbestandswert zum 31.12.2022	22.600,00 Euro
=	**Wareneinsatz 2022**	**34.900,00 Euro**

Tab. 16: Retrograde Methode

2. Möglichkeit: Direkte Methode

	Direkte Methode	
	Wareneinkäufe (26.000,00 Euro – 2.500,00 Euro)	23.500,00 Euro
+	Bestandsminderung	11.400,00 Euro
-	Bestandsmehrung	0,00 Euro
=	**Wareneinsatz**	**34.900,00 Euro**

Tab. 17: Direkte Methode

Rohgewinn

Bei Handelsunternehmen ist der Rohgewinn die wichtigste Kennzahl überhaupt. Der Rohgewinn bestimmt sich als Differenz zwischen dem Umsatz (Warenverkauf) und dem Wert des Wareneinsatzes. Vom Rohgewinn müssen noch alle anderen Aufwendungen abgezogen bzw. alle anderen Erträge hinzugerechnet werden. Erst dann erhält man den betrieblichen Reingewinn oder Verlust.

In Tabelle 18 wird neben der Bestimmung des Rohgewinns die Ermittlung des Reingewinns bzw. des Verlusts dargestellt.

	Rohgewinn
	Umsatz (Warenverkauf)
-	Wareneinsatz
=	**Rohgewinn (Handelsspanne)**
-	andere Aufwendungen
+	andere Erträge
=	**Reingewinn oder Verlust**

Tab. 18: Bestimmung des Rohgewinns bzw. Reingewinns oder Verlusts

3.4.2 Abschluss der Warenkonten

Am Ende einer Geschäftsperiode müssen die beiden Warenkonten, das Wareneinkaufskonto und das Warenverkaufskonto, abgeschlossen werden.

Der Saldo des Wareneinkaufskontos gibt zunächst die gelieferten Waren wieder, wobei diese um etwaige Rücksendungen und Preisnachlässe seitens der Lieferanten korrigiert sind. Um jedoch auf den Warenendbestand zu gelangen, müssen noch die Abgänge der Waren berücksichtigt werden. Sie sind mit den Einstandspreisen zu bewerten. Die Menge der zu Einstandspreisen verfügbaren Waren zu Beginn des Jahres sowie die während des Jahres hinzugekommenen Waren zu Einstandspreisen sind schon bekannt. Gesucht werden die Abgänge an Waren zu Einstandspreisen, der sogenannte Wareneinsatz. Der Wareneinsatz ist somit die bewertete Menge der Güter, die verbraucht wurden, um die auf dem Warenverkaufskonto verbuchten Erlöse zu erzielen.

Das Warenverkaufskonto gibt die abgesetzten Waren an, korrigiert um etwaige Rücksendungen und Preisnachlässe, dieses Mal allerdings seitens der Kunden sowie die verkauften Waren zu Verkaufspreisen.

Der Abgang der Waren wird am einfachsten unter Zuhilfenahme der Inventur ermittelt. Im Inventar wird, wie in Kap. 3.1.1 ausgeführt, der Bestand an Waren zu Einstandspreisen aufgezeichnet. Wird dieser in das Wareneinkaufskonto eingebucht, so muss der Saldo des Kontos den Wareneinsatz ergeben.

Der Wareneinsatz wird nun auf der Sollseite des Warenverkaufskontos eingebucht. Dabei werden das Wareneinkaufskonto und das Warenverkaufskonto miteinander abgeschlossen. Dieser Abschluss der Warenkonten wird als **Nettoabschlussverfahren** bzw. **Nettoverfahren** bezeichnet.

Der dazugehörige Buchungssatz lautet:

Warenverkaufskonto an Wareneinkaufskonto.

Um das Warenverkaufskonto abschließen zu können, wird zunächst der Saldo gebildet. Dieser Saldo ist der sogenannte Warenrohgewinn. Er stellt die Differenz zwischen dem Wareneinsatz und dem Warenverkauf dar.

Zum Abschluss des Warenverkaufskontos bucht man den Rohgewinn auf das Gewinn- und Verlustkonto ein und bucht den Warenendbestandswert aus der Habenseite des Wareneinkaufskontos gegen das Schlussbilanzkonto. Somit sind beide Warenkonten abgeschlossen.

Die zugehörigen Buchungssätze lauten wie folgt:

Warenverkaufskonto an Gewinn- und Verlustkonto
Schlussbilanzkonto an Wareneinkaufskonto

Abbildung 33 verdeutlicht das **Nettoverfahren**:

Soll	Wareneinkaufskonto (WEK) Haben
Anfangsbestand (EP)	Rücksendungen (EP)
Wareneinkäufe (EP)	Preisnachlässe (EP)
	Wareneinsatz (EP)
	Endbestand laut Inventur (EP)

Soll	Warenverkaufskonto (WVK) Haben
Rücksendungen (VP)	Wareneinkäufe (VP)
Preisnachlässe (VP)	
Wareneinsatz (EP)	
SALDO: Warenrohgewinn	

Soll	Schlussbilanzkonto (SBK) Haben
Warenbestand laut Inventur (EP)	

Soll	Gewinn- und Verlustkonto (GVK) Haben
	Warenrohgewinn

Abb. 33: Abschluss von Wareneinkaufs- und Warenverkaufskonto nach dem Nettoverfahren

Als weitere Möglichkeit, die Warenkonten abzuschließen, gibt es das **Bruttoabschlussverfahren** bzw. **Bruttoverfahren.** Dabei werden das Wareneinkaufskonto und das Warenverkaufskonto nicht direkt miteinander verrechnet, sondern über das Gewinn- und Verlustkonto abgeschlossen (siehe Abbildung 34).

Beim Wareneinkaufskonto wird der Wareneinsatz ermittelt und anschließend gegen das Gewinn- und Verlustkonto gebucht. Der laut Inventur festgestellte Warenendbestand wird in das Schlussbilanzkonto gegengebucht. Die Verkaufserlöse, vermindert um Rücksendungen und Preisnachlässe, werden vom Warenverkaufskonto direkt in das Gewinn- und Verlustkonto gebucht. Der Warenrohgewinn ist beim Bruttoverfahren allerdings nur über eine Nebenrechnung zu ermitteln.

Die Buchungssätze für den Abschluss nach dem Bruttoverfahren lauten wie folgt:

Gewinn- und Verlustkonto an Wareneinkaufskonto,
Warenverkaufskonto an Gewinn- und Verlustkonto,
Schlussbilanzkonto an Wareneinkaufskonto.

Soll	Wareneinkaufskonto (WEK) Haben
Anfangsbestand (EP)	Rücksendungen (EP)
Wareneinkäufe (EP)	Preisnachlässe (EP)
	Wareneinsatz (EP)
	Endbestand laut Inventur (EP)

Soll	Warenverkaufskonto (WVK) Haben
Rücksendungen (VP)	Wareneinkäufe (VP)
Preisnachlässe (VP)	
SALDO: WVK	

Soll	Schlussbilanzkonto (SBK) Haben
Warenbestand laut Inventur (EP)	

Soll	Gewinn- und Verlustkonto (GVK) Haben
Wareneinsatz (EP)	**SALDO: WVK**
SALDO: Warenrohgewinn	

Abb. 34: Abschluss von Wareneinkaufs- und Warenverkaufskonto nach dem Bruttoverfahren

Die Verpflichtung, die Warenkonten nach dem Bruttoverfahren abzuschließen, besteht nach den §§ 275, 276 HGB nur für große Kapitalgesellschaften.

Vorteile bietet das Bruttoverfahren in erster Linie für externe Bilanzinteressenten. Diesen gestattet der Bruttoabschluss Einblicke in die Entstehung des Warenrohgewinns und in die Höhe der Kalkulationsspanne. Aus Unternehmenssicht ist, falls möglich, der Nettoabschluss zu bevorzugen, da auf diese Weise die für die Verkaufspolitik wichtige Kalkulationsspanne aus der Gewinn- und Verlustrechnung für die Konkurrenz nicht ableitbar ist.

3.4.3 Übungsaufgabe 9: Verbuchung des Warenverkehrs

SACHVERHALT

Baustoffhändlerin Francesca Umbro hat zu Beginn des Geschäftsjahres 2022 folgende Eröffnungsbilanz:

ERÖFFNUNGSBILANZ Baustoffhändlerin Francesca Umbro, 01.01.2022			
Aktiva			**Passiva**
A. Anlagevermögen		**A. Eigenkapital**	52.000
I. Sachanlagen			
1. Maschinen	18.000	**B. Fremdkapital**	
2. Fuhrpark	12.000	1. Langfristige Verbindlichkeiten	83.000
B. Umlaufvermögen		2. Verbindlichkeiten aus Lieferungen und Leistungen	45.000
I. Vorräte			
Waren	53.000		
II. Forderungen und sonstige Vermögensgegenstände			
Forderungen aus Lieferungen und Leistungen	60.000		
III. Kassenbestand und Bankguthaben			
1. Bankguthaben	34.000		
2. Kassenbestand	3.000		
	180.000		180.000

Abb. 35: Eröffnungsbilanz Baustoffhändlerin Francesca Umbro

Während des Geschäftsjahres 2022 haben sich bei der Baustoffhändlerin Francesca Umbro folgende Geschäftsvorfälle ereignet:

1. Einkauf von speziellen Marmorplatten bei einem inländischen Lieferanten in Höhe von brutto 11.900,00 Euro. Der Rechnungsbetrag wird Baustoffhändlerin Francesca Umbro kreditiert.
2. Baustoffhändlerin Francesca Umbro tilgt einen Teil eines Darlehens in Höhe von 6.000,00 Euro per Überweisung.
3. Verkauf von speziellen Marmorplatten an Stuckateur Luigi Farfalle zum Bruttorechnungsbetrag in Höhe von 9.520,00 Euro. Der Rechnungsbetrag wird Stuckateur Luigi Farfalle kreditiert.
4. Kunden begleichen ihre Forderungen in Höhe von 6.500,00 Euro. Die Zahlungen werden dem Bankkonto gutgeschrieben.

5. Baustoffhändlerin Francesca Umbro verkauft nochmals spezielle Marmorplatten an Stuckateur Luigi Farfalle zum Rechnungsbetrag von 892,50 Euro brutto. Stuckateur Luigi Farfalle bezahlt den Rechnungsbetrag sofort bar.
6. Baustoffhändlerin Francesca Umbro kauft nochmals spezielle Marmorplatten bei seinem inländischen Lieferanten in Höhe von brutto 4.760,00 Euro ein. Der inländische Lieferant kreditiert den Rechnungsbetrag.

AUFGABE

a) Verbuchen Sie die laufenden Geschäftsvorfälle im Grundbuch.
b) Schließen Sie das Wareneinkaufs- und Warenverkaufskonto nach der **Nettomethode** ab. Gehen Sie bei der Bestimmung des Wareneinsatzes davon aus, dass Baustoffhändlerin Francesca Umbro ihre speziellen Marmorplatten mit einem Aufschlag von 120 % verkauft.
c) Schließen Sie das Wareneinkaufs- und Warenverkaufskonto nach der **Bruttomethode** ab. Gehen Sie auch hier bei der Bestimmung des Wareneinsatzes davon aus, dass Baustoffhändlerin Francesca Umbro ihre speziellen Marmorplatten mit einem Aufschlag von 120 % verkauft.

Musterlösung siehe Kap. 4.9.

3.4.4 Unentgeltliche Wertabgaben, Eigenverbrauch, Privatentnahme

Nach dem **Gesellschaftsrecht** haben bei Einzelunternehmen und Personengesellschaften die Eigentümer das Recht und die Möglichkeit,

- finanzielle Mittel oder Sachwerte aus ihren Unternehmen zu entnehmen und in ihr Privatvermögen zu überführen (Privatentnahmen) und
- finanzielle Mittel oder Sachwerte aus dem Privatvermögen in ihre Unternehmen einzubringen (Privateinlagen).

Diese Privatentnahmen und Privateinlagen sind nach den Grundsätzen ordnungsmäßiger Buchführung aufzeichnungspflichtig und werden in der Buchführung auf dem Privatkonto erfasst. Die unentgeltliche Wertabgabe, der sogenannte Eigenverbrauch, verändert somit bei den Einzelunternehmen und Personengesellschaften das Eigenkapital, auf die Gewinn- und Verlustrechnung haben sie jedoch keine Auswirkung.

Typische unentgeltliche Wertabgaben sind Entnahmen von Roh- und Hilfsstoffen sowie aus dem Warenbereich. Im Grunde sind getätigte unentgeltliche Wertabgaben von einem Unternehmer in wirtschaftlicher Hinsicht Verkäufen an Dritte gleichzusetzen. Dementsprechend sollten zur Nachvollziehbarkeit und Informationsvermittlung diese unentgeltlichen Wertabgaben auf einem besonderen Erlöskonto, z. B. auf einem Konto »Eigenverbrauch Waren«, »unentgeltliche Wertabgaben« oder »Entnahme von Gegenständen«, im Haben gebucht werden. Wie jeder andere Warenverkauf sind auch unentgeltliche

Wertabgaben umsatzsteuerpflichtig. Die Entnahme selbst und der entsprechende Umsatzsteuerbetrag für die unentgeltliche Wertabgabe muss im Soll auf dem Privatkonto gebucht werden.

Beispiel

Stuckateur Luigi Farfalle schenkt seinem Bruder Antonio, der gerade ein Haus baut, eine größere Menge seines hochwertigen Spezialklebers. Der Wert des Spezialklebers beträgt 400,00 Euro.

Lösung:
Bei dem verschenkten Spezialkleber handelt es sich um eine unentgeltliche Wertabgabe, die umsatzsteuerlich einem Warenverkauf gleichzusetzen ist. Somit muss auf den Wert der unentgeltlichen Wertabgabe noch die zu entrichtende Umsatzsteuer (Regelsteuersatz 19 % nach § 12 Abs. 1 UStG) berücksichtigt werden. Wegen der Übersichtlichkeit und Nachvollziehbarkeit in der Buchführung kann für die Umsatzsteuer auf die unentgeltlichen Wertabgaben ein eigenes Umsatzsteuerkonto eingerichtet werden mit der Bezeichnung »Umsatzsteuer-Eigenverbrauch (USt-EV)«.

Der dazugehörige Buchungssatz lautet wie folgt:

1.	Privatkonto	476,00	an	EV-Rohstoffe	400,00
				USt-EV	76,00

Der Abschluss der Konten wird wie folgt vorgenommen: Da das Privatkonto ein Unterkonto des Eigenkapitalkontos ist, wird es über das Eigenkapitalkonto im Soll abgeschlossen.

Der dazugehörige Buchungssatz lautet wie folgt:

2.	Eigenkapitalkonto	476,00	an	Privatkonto	476,00

Das Konto »EV-Rohstoffe« wird am Ende des Geschäftsjahres gegen das Bestandskonto »Rohstoffe« im Haben abgeschlossen.

Der dazugehörige Buchungssatz lautet wie folgt:

3.	EV-Rohstoffe	400,00	an	Rohstoffe	400,00

Das Konto »USt-EV« bewirkt ökonomisch, dass sich die Umsatzsteuerschuld beim Unternehmen erhöht. Am Ende des Geschäftsjahres wird das Konto »USt-EV« gegen das Umsatzsteuerverrechnungskonto (USt-Verrkto) im Haben abgeschlossen.

Der dazugehörige Buchungssatz lautet wie folgt:

4.	USt-EV	76,00	an	USt-Verrechnungskonto	76,00

Die dazugehörigen Konten haben folgende Gestalt:

Soll	Privatkonto		Haben
1.	476,00	2.	476,00

Soll	EV-Rohstoffe		Haben
3.	400,00	1.	400,00

Soll	USt-EV		Haben
4.	76,00	1.	76,00

Soll	EK-Konto		Haben
2.	476,00		

Soll	Rohstoffe		Haben
		3.	400,00

Soll	USt-Verrkto.		Haben
		4.	76,00

Aber auch die Entnahme von Gegenständen aus dem Anlagevermögen, z. B. aus dem Vermögensbereich der Betriebs- und Geschäftsausstattung wie die Entnahme eines Laptop oder Schreibtisches für private Zwecke, ist möglich. Hierbei handelt es sich zwar um eine Privatentnahme, jedoch **nicht** um eine **unentgeltliche Wertabgabe.** Der Grund liegt darin, dass unentgeltliche Wertabgaben charakteristisch mit dem Umsatzprozess in Verbindung stehen, sprich die Entnahme erfolgt aus dem Umlaufvermögen des Unternehmens. Die Entnahme eines Schreibtisches oder Laptops erfolgt aus dem Anlagevermögen. Jedoch unterliegt auch dieser Entnahmetatbestand der Umsatzsteuer, denn bei der Anschaffung dieser Gegenstände hat das Unternehmen einen Vorsteuerabzug vorgenommen.

Beispiel

Stuckateur Luigi Farfalle hat sich vor Jahren für sein betriebliches Büro einen antiken Schreibtisch angeschafft. Da nun seine Tochter Francesca mit einem Studium der Betriebswirtschaft beginnt, schenkt er ihr diesen Schreibtisch. Zum Entnahmezeitpunkt hat der antike Schreibtisch einen Wert von 800,00 Euro, was genau dem Restbuchwert entspricht.

Lösung:
Unentgeltliche Wertabgaben liegen dann vor, wenn Leistungen nicht an Kunden, sondern an den oder die Eigentümer eines Unternehmens erbracht werden. Bei dem Geschenk des antiken Schreibtisches an die Tochter Francesca liegt **keine unentgeltliche Wertabgabe** vor, da der Gedanke im Sinne eines Leistungsaustausches an einen Kunden nicht vorliegt, denn Luigi Farfalle handelt nicht mit Möbelstücken. Da er aber einen Vermögensgegenstand aus dem Anlagevermögen seines Unternehmens in sein Privatvermögen überführt, liegt der Tatbestand einer **Entnahme** vor, der ebenfalls der Umsatzbesteuerung unterliegt.

So muss auf den Entnahmewert des Schreibtisches noch die zu entrichtende Umsatzsteuer (Regelsteuersatz 19 % nach § 12 Abs. 1 UStG) berücksichtigt werden. Auch in diesem Fall wird zwecks Übersichtlichkeit und Nachvollziehbarkeit in der Buchführung der zu entrichtende Umsatzsteuerbetrag auf das Konto »Umsatzsteuer-Eigenverbrauch (USt-EV)« gebucht.

Der dazugehörige Buchungssatz lautet wie folgt:

1.	Privatkonto	952,00	an	Betriebs- und Geschäftsausstattung	800,00
				USt-EV	152,00

Der Abschluss der Konten wird wie folgt vorgenommen: Da das Privatkonto ein Unterkonto des Eigenkapitalkontos ist, wird es über das Eigenkapitalkonto im Soll abgeschlossen.

Der dazugehörige Buchungssatz lautet wie folgt:

2.	Eigenkapitalkonto	952,00	an	Privatkonto	952,00

Das Konto »USt-EV« bewirkt ökonomisch, dass sich die Umsatzsteuerschuld beim Unternehmen erhöht. Am Ende des Geschäftsjahres wird das Konto »USt-EV« gegen das Umsatzsteuerverrechnungskonto (USt-Verrkto) im Haben abgeschlossen.

Der dazugehörige Buchungssatz lautet wie folgt:

3.	USt-EV	152,00	an	USt-Verrechnungskonto	152,00

Der antike Schreibtisch ist beim Kauf als Betriebs- und Geschäftsausstattung auf dem entsprechenden Bestandskonto im Soll erfasst worden. Die Entnahme wird nun auf dem entsprechenden Bestandskonto im Haben gebucht, was zur Folge hat, dass sich auf dem entsprechenden Bestandskonto die Sollseite und die Habenseite aufheben, denn zum Zeitpunkt der Entnahme ist der Entnahmewert gleich dem Restbuchwert.

Die dazugehörigen Konten haben folgende Gestalt:

Soll	Privatkonto		Haben
1.	952,00	2.	952,00

Soll	B&G		Haben
AB	**800,00**	1.	800,00
		EB	**0,00**

Soll	USt-EV		Haben
3.	152,00	1.	152,00

Soll	EK-Konto		Haben
2.	952,00		

Soll	USt-Verrkto.		Haben
		3.	152,00

Wegen der Forderung der Übersichtlichkeit und Nachvollziehbarkeit einer Buchführung wird es zweckmäßig sein, dass jede unentgeltliche Wertabgabe einzeln erfasst und gebucht wird. Ausnahmen von dieser Regel gibt es in Branchen wie dem Lebensmittelbereich oder der Gastronomie.

Ein Lebensmittelhändler, Bäcker, Metzger oder Gastronom wird nicht jeden Tag seine für private Zwecke entnommenen Lebensmittel verbuchen, es wäre eindeutig zu aufwendig für den Unternehmer. Diesen Unternehmen bewilligt die Finanzverwaltung nach § 148 AO Erleichterungen bei den Aufzeichnungspflichten. So ist es ihnen gestattet, die unentgeltlichen Wertabgaben an sich selbst summarisch, i. d. R. monatlich, anzusetzen. Meist genügt in solchen Fällen handels- und steuerrechtlich der Ansatz eines geschätzten Durchschnittssatzes.

3.4.5 Anschaffungsnebenkosten, Rücksendungen und Preisnachlässe, Anschaffungspreisminderungen

3.4.5.1 Anschaffungsnebenkosten

Beim Erwerb eines Vermögensgegenstandes für das Anlagevermögen bzw. beim Einkauf von Gegenständen des Umlaufvermögens wie z. B. Roh- und Hilfsstoffen oder Waren wird es fast regelmäßig vorkommen, dass Anschaffungsnebenkosten anfallen. Nach § 255 Abs. 1 Satz 2 HGB gehören diese Nebenkosten zu den Anschaffungskosten.

Anschaffungsnebenkosten sind nach § 255 Abs. 1 Satz 1 HGB alle Aufwendungen, die erforderlich sind, um einen Vermögensgegenstand, z. B. eine Anlage, in einen funktionsfähigen Zustand zu versetzen bzw. bis eine Ware sich im Lager des Käufers befindet.

Anschaffungsnebenkosten liegen dann vor, wenn diese

- einmalig anfallen,
- eindeutig direkt dem Vermögensgegenstand zurechenbar sind und
- Kosten gleich Aufwand gegeben ist.

Liegen bei der Anschaffung eines Vermögensgegenstandes im Bereich des Anlagevermögens Anschaffungsnebenkosten vor, müssen sie zwingend zu dem Vermögensgegenstand aktiviert werden. Sie erhöhen die Anschaffungskosten und somit auch final die Abschreibungsbasis für diesen Vermögensgegenstand.

Beispiel

Da Stuckateur Luigi Farfalle für seine Firmen-Pkws einen Carport benötigt, kauft er einen für 6.000,00 Euro (netto). Anlässlich dieses Erwerbs entstehen noch folgende Kosten:

- Transportkosten: 700,00 Euro (netto),
- Fundamentierungskosten: 1.300,00 Euro (netto),
- Montagekosten: 400,00 Euro (netto).

Luigi Farfalle möchte wissen, wie hoch die Anschaffungskosten sind und ob es sich bei den Kosten anlässlich des Erwerbs um Anschaffungsnebenkosten handelt.

Lösung:
Nach § 255 Abs. 1 Satz 1 HGB sind Anschaffungskosten die Aufwendungen, die geleistet werden, um einen Vermögensgegenstand zu erwerben und ihn in einen betriebsbereiten Zustand zu versetzen. Somit gehört der Nettokaufpreis in Höhe von 6.000,00 Euro zu den Anschaffungskosten.

Anschaffungsnebenkosten liegen dann vor, wenn die Voraussetzungen **einmalig anfallend, direkt zurechenbar** und **Kosten gleich Aufwand** erfüllt sind. Da diese Voraussetzungen durch Transportkosten, Fundamentierungskosten und Montagekosten gegeben sind, müssen sie nach § 255 Abs. 1

Satz 2 HGB hinzuaktiviert werden. Somit ergeben sich für den Carport nach § 255 Abs. 1 Satz 1 HGB folgende Anschaffungskosten (Tab. 20):

	Kaufpreis	6.000,00 Euro
+	Transportkosten	700,00 Euro
+	Fundamentierungskosten	1.300,00 Euro
+	Montagekosten	400,00 Euro
=	**Anschaffungskosten**	**8.400,00 Euro**

Tab. 19: Bestimmung der Anschaffungskosten

Die dazugehörigen Buchungssätze lauten wie folgt:

Eingangsrechnung vom Lieferanten:

1.	Anlagegut Carport Vorsteuer	6.000,00 1.140,00	an	Verbindlichkeiten aus L.u.L.	7.140,00

Eingangsrechnungen von den anderen Lieferanten:

2.	Anlagegut Carport Vorsteuer	700,00 133,00	an	Verbindlichkeiten aus L.u.L.	833,00

3.	Anlagegut Carport Vorsteuer	1.300,00 247,00	an	Verbindlichkeiten aus L.u.L.	1.547,00

4.	Anlagegut Carport Vorsteuer	400,00 76,00	an	Verbindlichkeiten aus L.u.L.	476,00

Deutlich wird bei der Verbuchung des Sachverhaltes, dass sämtliche Anschaffungsnebenkosten nicht erfolgswirksam erfasst werden, sondern zu dem Anlagegut Carport hinzuaktiviert werden.

Die dazugehörigen Konten haben folgende Gestalt:

Soll	**Anlagegut Carport**	**Haben**
1.	6.000,00	
2.	700,00	
3.	1.300,00	
4.	400,00	

Soll	**Verb. aus L.u.L.**	**Haben**
	1.	7.140,00
	2.	833,00
	3.	1.547,00
	4.	476,00

Soll	**Vorsteuer**	**Haben**
1.	1.140,00	
2.	133,00	
3.	247,00	
4.	76,00	

Die beim Einkauf von Waren anfallenden Anschaffungsnebenkosten gemäß § 255 Abs. 1 Satz 2 HGB werden in der Praxis als **Warenbezugskosten** bezeichnet. Als Warenbezugskosten können in einem Unternehmen anfallen:

- Transportkosten wie Eingangsfrachten, Postgebühren, Anfuhr- und Abladekosten, Transportversicherungen,
- Zölle sowie
- Vermittlungsprovisionen wie Einkaufsprovisionen und Einkaufskommissionen.

Die Warenbezugskosten bewirken, dass sich der Einkaufswert der Waren erhöht. Da eine direkte Erfassung der Warenbezugskosten auf dem Wareneinkaufskonto die Übersichtlichkeit und Nachvollziehbarkeit in der Buchführung erschwert, werden in der Praxis Unterkonten eingerichtet. Diese Unterkonten können den einzelnen Warengruppen direkt zugeordnet werden oder sie werden nach den jeweiligen Aufwandsarten getrennt gebucht. Der Vorteil bei der Trennung nach Aufwandsarten, also z. B. Frachten, Zölle und Provisionen, besteht darin, dass die Kostenkalkulation erleichtert wird. Am Geschäftsjahresende werden die angelegten Unterkonten über die entsprechenden Wareneinkaufskonten abgeschlossen.

Beispiel

Die Baustoffhändlerin Francesca Umbro handelt mit hochwertigem Fertigputz. Im Geschäftsjahr 2022 tätigt sie einen Wareneinkauf in Höhe von 15.000,00 Euro (netto). An Frachtkosten muss sie dafür 600,00 Euro (netto) und für die Verpackung 150,00 Euro (netto) bezahlen.

Lösung:
Der Wareneinkauf des Fertigputzes (FP) wird auf das Wareneinkaufskonto (WEK) Fertigputz gebucht. Bei den Frachtkosten und den Verpackungskosten handelt es sich um Warenbezugskosten, welche auf entsprechenden Unterkonten erfasst werden. Am Geschäftsjahresende werden diese Unterkonten dann gegen das Wareneinkaufskonto Fertigputz abgeschlossen. Dadurch erhöht sich der Wareneinstandswert des hochwertigen Fertigputzes.

Die dazugehörigen Buchungssätze lauten wie folgt:

Eingangsrechnung vom Lieferanten des hochwertigen Fertigputzes:

1.	WEK Fertigputz Vorsteuer	15.000,00 2.850,00	an	Verbindlichkeiten aus L.u.L.	17.850,00

Eingangsrechnung Bezugskosten Frachtkosten:

2.	Frachtaufwand FP Vorsteuer	600,00 114,00	an	Verbindlichkeiten aus L.u.L.	714,00

Eingangsrechnung Bezugskosten Verpackungskosten:

3.	Verpackungsaufwand FP Vorsteuer	150,00 28,50	an	Verbindlichkeiten aus L.u.L.	178,50

Abschlussbuchungen am Geschäftsjahresende:

Bezugskosten Frachtkosten:

4.	WEK Fertigputz	600,00	an	Frachtaufwand FP	600,00

Bezugskosten Verpackungskosten:

5.	WEK Fertigputz	150,00	an	Verpackungsaufwand FP	150,00

Die dazugehörigen Konten haben folgende Gestalt:

Soll	WEK Fertigputz		Haben
1.	15.000,00		
4.	600,00		
5.	150,00		

Soll	Verb. aus L.u.L.		Haben
		1.	17.850,00
		2.	714,00
		3.	178,50

Soll	Vorsteuer		Haben
1.	2.850,00		
2.	114,00		
3.	28,50		

Soll	Frachtaufwand FP		Haben
2.	**600,00**	4.	600,00

Soll	Verpackung FP		Haben
3.	150,00	5.	150,00

Der Abschluss der beiden Unterkonten **Frachtaufwand Fertigputz** und **Verpackungsaufwand Fertigputz** gegen das Bestandskonto **Wareneinkaufskonto Fertigputz** macht deutlich, dass dadurch der Wareneinkaufswert steigt.

3.4.5.2 Preisnachlässe und Rücksendungen

Gründe für Rücksendungen, auch als Retouren bezeichnet, oder Preisnachlässe können vorliegen, falls

- mangelhafte Qualität,
- schadhafte Waren oder
- falsche Waren

geliefert wurden.

Unter Preisnachlässen versteht man im Allgemeinen Rabatte und sonstige Gutschriften. Wird bei einem Einkaufsgeschäft oder Verkaufsgeschäft nachträglich ein Rabatt oder eine Gutschrift gewährt, so führt dies zu einer Verminderung des bereits verbuchten Einstandswertes beim Käufer bzw. zu einer Verminderung des bereits verbuchten Warenerlöses beim Verkäufer. Daher muss es zu einer teilweisen Stornierung der ursprünglich zu hoch eingebuchten Beträge kommen.

Erhaltene Preisnachlässe und ähnliche Gutschriften sind keine Erträge, sondern eine Verringerung des Einstandspreises und daher direkt auf dem Bestandskonto und nicht etwa auf einem Konto »Erträge aus Rabatten« zu verbuchen.

Beispiel

Baustoffhändlerin Francesca Umbro hat hochwertigen Fertigputz eingekauft. Der Kaufpreis dafür beträgt 10.000,00 Euro (netto). Da der Fertigputz in falschen Gebinden geliefert wurde, bekommt Francesca Umbro von ihrem Lieferanten einen Preisnachlass in Höhe von 5 % auf den Nettoeinkaufspreis.

Lösung:
Der Wareneinkauf des hochwertigen Fertigputzes wird auf das Wareneinkaufskonto (WEK) Fertigputz gebucht. Der nachträglich erhaltene Preisnachlass von 5 % stellt eine Verringerung des Einstandswertes dar und wird deshalb direkt gegen das Wareneinkaufskonto mit entsprechender Korrektur des Vorsteuerkontos gebucht.

Die dazugehörigen Buchungssätze lauten wie folgt:

Eingangsrechnung vom Lieferanten des hochwertigen Fertigputzes:

1.	WEK Fertigputz Vorsteuer	10.000,00 1.900,00	an	Verbindlichkeiten aus L.u.L.	11.900,00

Eingang des erhaltenen Preisnachlasses:

2.	Verbindlichkeiten aus L.u.L.	595,00	an	WEK Fertigputz Vorsteuer	500,00 95.00

Die dazugehörigen Konten haben folgende Gestalt:

Soll	WEK Fertigputz		Haben
1.	10.000,00	2.	500,00

Soll	Verb. aus L.u.L.		Haben
2.	595,00	1.	11.900,00

Soll	Vorsteuer		Haben
1.	1.900,00	2.	95,00

Gewährte Preisnachlässe und ähnliche Gutschriften sind keine Aufwendungen, sondern bewirken eine Schmälerung des Erlöses und werden deshalb direkt auf das Warenverkaufskonto gebucht.

Beispiel

Francesca Umbro, unsere Baustoffhändlerin, hat hochwertigen Fertigputz an Stuckateur Luigi Farfalle zum Nettoverkaufspreis von 3.000,00 Euro verkauft. Da die Gebindemenge nicht korrekt war, gewährt Francesca Umbro ihrem guten Kunden Luigi Farfalle einen Preisnachlass in Höhe von 15 % auf den Nettoverkaufspreis.

Lösung:
Der Warenverkauf des hochwertigen Fertigputzes wird gegen das Warenverkaufskonto (WVK) Fertigputz gebucht. Der nachträglich gewährte Preisnachlass von 15 % stellt eine Schmälerung des

Erlöses dar, die direkt auf dem Warenverkaufskonto mit entsprechender Umsatzsteuerkorrektur erfasst wird.

Die dazugehörigen Buchungssätze lauten wie folgt:

Ausgangsrechnung an Stuckateur Luigi Farfalle:

1.	Forderungen aus L.u.L.	3.570,00	an	WVK Fertigputz	3.000,00
				Umsatzsteuer	570,00

Erteilung des gewährten Preisnachlasses:

2.	WVK Fertigputz	450,00	an	Forderungen aus L.u.L.	535,50
	Umsatzsteuer	85,50			

Die dazugehörigen Konten haben folgende Gestalt:

Soll	Ford. aus L.u.L.		Haben
1.	3.570,00	2.	535,50

Soll	WVK Fertigputz		Haben
2.	450,00	1.	3.000,00

Soll	Umsatzsteuer		Haben
2.	85,50	1.	570,00

Rücksendungen, auch oft als Retouren bezeichnet, sind vom Käufer an den Verkäufer zurückgesandte Waren. In diesem Fall kommt es zur teilweisen oder gänzlichen Stornierung des der ursprünglichen Verbuchung zugrunde liegenden Geschäftsvorfalles und nicht nur zu einer teilweisen Stornierung des Entgeltes. Zurückgeschickte Waren sind daher aus dem Vorratskonto auszubuchen und dem Lieferanten zu belasten. Zurückerhaltene Waren sind direkt vom Erlöskonto auszubuchen und dem Kunden gutzuschreiben.

Beispiel

Francesca Umbro, unsere Baustoffhändlerin, hat hochwertigen Fertigputz an Stuckateur Luigi Farfalle zum Nettoverkaufspreis von 3.000,00 Euro verkauft. Nach dem Wareneingang hat Luigi Farfalle bemerkt, dass ihm bei der Bestellung ein Fehler unterlaufen ist und er zu viel Material bestellt hat. Da Luigi Farfalle ein guter Freund und Kunde von Francesca Umbro ist, kann er die Hälfte der Warenlieferung retournieren.

Lösung:
Der Warenverkauf des hochwertigen Fertigputzes wird bei der Baustoffhändlerin Francesca Umbro auf dem Warenverkaufskonto (WVK) Fertigputz gebucht. Die zurückerhaltene Fertigputzlieferung wird entsprechend der Buchungssystematik bei Rücksendungen direkt vom Warenverkaufskonto ausgebucht, bei gleichzeitiger Verminderung des entsprechenden Forderungskontos und Korrektur der Umsatzsteuer.

Stuckateur Luigi Farfalle verbucht den gesamten Warenzugang auf dem Wareneinkaufskonto (WEK) Fertigputz. Der zurückgeschickte Fertigputz wird entsprechend der Buchungssystematik bei Rücksendungen direkt vom Vorratskonto Wareneinkauf ausgebucht, bei gleichzeitiger Verminderung des entsprechenden Verbindlichkeitskontos und Korrektur der Vorsteuer.

Die dazugehörigen Buchungssätze lauten wie folgt:

Bei Baustoffhändlerin Francesca Umbro:

Ausgangsrechnung an Stuckateur Luigi Farfalle:

1.	Forderungen aus L.u.L.	3.570,00	an	WVK Fertigputz	3.000,00
				Umsatzsteuer	570,00

Verbuchung des zurückerhaltenen hochwertigen Fertigputzes:

2.	WVK Fertigputz	1.500,00	an	Forderungen aus L.u.L.	1.785,00
	Umsatzsteuer	285,00			

Die dazugehörigen Konten haben folgende Gestalt:

Soll	Ford. aus L.u.L.		Haben
1.	3.570,00	2.	1.785,00

Soll	WVK Fertigputz		Haben
2.	1.500,00	1.	3.000,00

Soll	Umsatzsteuer		Haben
2.	285,00	1.	570,00

Bei Stuckateur Luigi Farfalle:

Eingangsrechnung von Baustoffhändlerin Francesca Umbro:

1.	WEK Fertigputz	3.000,00	an	Verbindlichkeiten aus L.u.L.	3.570,00
	Vorsteuer	570,00			

Verbuchung des zurückgesendeten hochwertigen Fertigputzes:

2.	Verbindlichkeiten aus L.u.L.	1.785,00	an	WEK Fertigputz	1.500,00
				Vorsteuer	285,00

Die dazugehörigen Konten haben folgende Gestalt:

Soll	WEK Fertigputz		Haben
1.	3.000,00	2.	1.500,00

Soll	Verb. aus L.u.L.		Haben
2.	1.785,00	1.	3.570,00

Soll	Vorsteuer		Haben
1.	570,00	2.	285,00

3.4.5.3 Anschaffungspreisminderungen

Rabatte, **Boni** und **Skonti** stellen Anschaffungspreisminderungen dar, die wegen des Kaufabschlusses gewährt werden und nicht die Qualität der Waren betreffen. Sie werden von den in Kap. 3.4.5.2 behandelten Preisnachlässen unterschieden, die wegen fehlerhafter oder falscher Lieferung gewährt werden. Gesetzlich geregelt sind Anschaffungspreisminderungen in § 255 Abs. 1 Satz 3 HGB. Sie sind abzusetzen, falls sie dem Vermögensgegenstand einzeln zugeordnet werden können.

Unter **Rabatte** versteht man Preisnachlässe, die einem Käufer vom Verkäufer unmittelbar beim Kauf, vornehmlich bei Abnahme größerer Mengen, eingeräumt werden. Rabatte können in verschiedener Weise vorkommen. Unterscheiden kann man Rabatte in

- **Mengenrabatte** für den Kauf größerer Mengen,
- **Treuerabatte** für lang andauernde Geschäftsbeziehungen,
- **Barzahlungsrabatte** für sofortige Barzahlungen,
- **Wiederverkäuferrabatte** für nachgelagerte Handelsstufen,
- **Personalrabatte** für Verkäufe an Mitarbeiter,
- **Sonderrabatte**, z. B. Einführungs-, Sonderverkaufs- oder Saisonrabatte.

Werden Rabatte bereits bei Vertragsabschluss gewährt, so finden sie ihre Berücksichtigung in einem entsprechend verminderten Rechnungsbetrag. Deshalb werden sich in diesem Fall keine buchhalterischen Probleme ergeben.

Im Genuss- und Lebensmittelbereich wie auch beim Apothekengeschäft werden des Öfteren sogenannte Naturalrabatte gewährt, bei denen der Käufer eine oder mehrere Einheiten der Ware kostenlos erhält. Buchhalterisch wird ein Naturalrabatt nicht erfasst, da er als eine Art **zusätzliche Draufgabe** zu dem eigentlichen Warengeschäft angesehen wird.

Beispiel

Der Weinhändler Silvio Rocca kauft bei seinem Lieferanten 100 Kartons Südtiroler Lagrein ein. Zusätzlich erhält er für diesen Wareneinkauf von seinem Lieferanten 2 Kartons gratis.

Lösung:
Weinhändler Silvio Rocca verbucht die 100 Kartons Südtiroler Lagrein auf dem entsprechenden Wareneinkaufskonto (WEK). Die zwei geschenkten Kartons Südtiroler Lagrein muss Weinhändler Silvio Rocca nicht verbuchen. Der Naturalrabatt senkt im Ergebnis den durchschnittlichen Wareneinkaufspreis. Jede einzelne Flasche Südtiroler Lagrein hat somit einen geringeren Wareneinkaufspreis.

Im Gegensatz zu Rabatten, die dem Käufer sofort bei Vertragsabschluss eingeräumt werden, handelt es sich bei **Boni** um nachträgliche Preisnachlässe. Diese verstehen sich meist als Treue- oder Umsatzprämien. Ein Bonus soll die Qualität der Geschäftsbeziehungen honorieren. Dabei wird ein Bonus regelmäßig an bestimmte Bedingungen geknüpft, wie z. B. Mindestumsätze. Das bedeutet, ein Bonus wird dann gewährt, wenn ein vorgegebener Umsatz getätigt worden ist. Somit erfolgt eine Bonusvergütung i. d. R. in Verbindung mit einer Staffelung der Umsatztätigkeit. Boni mindern den Anschaffungspreis und fallen deshalb unter die Anschaffungspreisminderungen nach § 255 Abs. 1 Satz 3 HGB. Somit müssen sie bei dem Beschaffungsvorgang abgesetzt werden, dem sie zugeordnet werden können.

Bei den Boni unterscheidet man in **gewährte Boni**, die auch als **Kundenboni** bezeichnet werden, und in **erhaltene Boni**, die auch als **Lieferantenboni** bezeichnet werden. Beim gewährten Boni räumt der Verkäufer dem Käufer z. B. auf alle im vergangenen Geschäftsjahr getätigten Warengeschäfte einen Bonus ein. Dieser Bonus wird unterjährig auf dem Konto »gewährte Boni« erfasst und führt am Ende des Geschäftsjahres zu einer Verminderung des Warenverkaufs gemäß § 277 Abs. 1 HGB bei gleichzeitiger Minderung der Bemessungsgrundlage für die Umsatzsteuer nach § 17 Abs. 1 Satz 1 UStG.

Die Erfassung und Verbuchung von Boni sind nach der Bruttomethode und nach der Nettomethode möglich. Die Bruttomethode wird bei der Erfassung der Skonti dargestellt. Deshalb wird bei der Behandlung der Boni nur auf die Nettomethode eingegangen.

Beispiel

Am Ende des Geschäftsjahres 2022 gewährt die Baustoffhändlerin Francesca Umbro dem Stuckateur Luigi Farfalle einen Bonus in Höhe von 1.200,00 Euro (netto), da Luigi Farfalle für sie ein sehr guter Kunde ist.

Lösung:
Der am Geschäftsjahresende gewährte Bonus in Höhe von 1.200,00 Euro (netto) wird gegen das Konto »gewährte Boni« gebucht. Am Ende des Geschäftsjahres wird das Konto »gewährte Boni« gegen das Warenverkaufskonto (WVK) Fertigputz abgeschlossen. Für Francesca Umbro bedeutet dies, dass ihr Warenverkauf geschmälert wird.

Die dazugehörigen Buchungssätze lauten wie folgt:

Erteilung der Bonusgutschrift an Luigi Farfalle:

1.	gewährte Boni Umsatzsteuer	1.200,00 228,00	an	Forderungen aus L.u.L.	1.428,00

Abschluss des Kontos »gewährte Boni« am Ende des Geschäftsjahres:

2.	WVK Fertigputz	1.200,00	an	gewährte Boni	1.200,00

Die dazugehörigen Konten haben folgende Gestalt:

Soll		Ford. aus L.u.L.	Haben
		1.	1.428,00

Soll		gewährte Boni	Haben
1.	1.200,00	2.	1.200,00

Soll		Umsatzsteuer	Haben
1.	228,00		

Soll		WVK Fertigputz	Haben
2.	1.200,00		

Während eines Geschäftsjahres gehen bei vielen Unternehmen Lieferantengutschriften ein, weil vertraglich festgelegte Mindestabnahmemengen erfüllt wurden. Diese Lieferantengutschriften werden unterjährig auf dem Konto **erhaltene Boni** erfasst, und am Geschäftsjahresende bewirken die erhaltenen Boni, dass die Anschaffungskosten der Warenzugänge gemindert werden gemäß § 255 Abs. 1 HGB und sich der Vorsteuerabzug reduziert nach § 17 Abs. 1 Satz 2 UStG.

Beispiel

Baustoffhändlerin Francesca Umbro bekommt im Geschäftsjahr 2022 Bonusgutschriften in Höhe von insgesamt 1.400,00 Euro (netto) von ihren Lieferanten des hochwertigen Fertigputzes.

Lösung:
Die erhaltenen Bonusgutschriften werden auf das Konto »erhaltene Boni« verbucht. Dies wird am Ende des Geschäftsjahres gegen das Wareneinkaufskonto (WEK) Fertigputz abgeschlossen. Für Francesca Umbro bedeutet dies, dass der Wareneinkauf dadurch günstiger wird.

Die dazugehörigen Buchungssätze lauten wie folgt:

Eingang der erhaltenen Bonusgutschriften:

1.	Verbindlichkeiten aus L.u.L.	1.666,00	an	erhaltene Boni	1.400,00
				Vorsteuer	266,00

Abschluss des Kontos »erhaltene Boni« am Ende des Geschäftsjahres:

2.	erhaltene Boni	1.400,00	an	WEK Fertigputz	1.400,00

Die dazugehörigen Konten haben folgende Gestalt:

Soll		WEK Fertigputz	Haben
		2.	1.400,00

Soll		Verb. aus L.u.L.	Haben
1.	1.666,00		

Soll		Vorsteuer	Haben
		1.	266,00

Soll		erhaltene Boni	Haben
2.	1.400,00	1.	1.400,00

Bei den **Skonti** handelt es sich um Preisnachlässe für eine pünktliche oder vorzeitige Zahlung. Im Gegensatz zu den Rabatten und Boni hängt die Skontogewährung nicht direkt mit dem Anschaffungspreis zusammen. Der Verkäufer macht den Abzug des Skontos vielmehr vom Zahlungsverhalten des Käufers abhängig. Bezahlt der Käufer innerhalb einer vom Verkäufer bestimmten Zeit, so ist er berechtigt, den **Skonto** vom Rechnungsbetrag abzuziehen. Aus der Sicht des Käufers verringert sich sein zu bezahlender Kaufpreis, d. h., es ermäßigt sich der Anschaffungspreis und somit auch die Anschaffungskosten nach § 255 Abs. 1 HGB.

Bei Gegenständen des Anlagevermögens ist zu beachten, dass sich dadurch die Bemessungsgrundlage für die Abschreibungen vermindert. Der Skontoertrag wird somit auf die Nutzungsdauer des Anlagegegenstandes verteilt. Bei Gegenständen des Umlaufvermögens, z. B. bei den Handelswaren, wird der Skontoertrag über das Wareneinkaufskonto abgeschlossen.

Eine andere Möglichkeit besteht darin, die Skonti als **Zinsnachlässe** für eine vorzeitige Zahlung anzusehen. Dies hängt damit zusammen, dass bei Verkaufsgeschäften mit einem bestimmten Zahlungsziel die entsprechenden Zinsen bereits im Verkaufspreis ihre Berücksichtigung gefunden haben. Würde ein Kunde eine Barzahlung wünschen oder zumindest früher als üblich bezahlen, wird der Verkäufer bereit sein, den Verkaufspreis um den entsprechenden Teil der enthaltenen Zinsen zu kürzen. Aus diesem Grunde könnte der Skonto als Zinsaufwand bzw. Zinsertrag anzusehen sein. Eine derartige Skontobehandlung findet man vor allem in der Industrie, wo ein Skontobetrag als neutraler Ertrag behandelt wird.

Wie bei den Boni unterscheidet man auch bei den **Skonti** in **gewährte Skonti** und **erhaltene Skonti**. Für die Verbuchung der Skonti stehen zwei Möglichkeiten zur Verfügung. Es wird entweder die **Bruttomethode** oder die **Nettomethode** angewendet. Bei der Bruttomethode gemäß § 63 Abs. 3 Satz 1 Nr. 1 UStDV bucht man den Skonto zunächst über das Konto »Skontoerträge« bzw. »Skontoaufwendungen« ein und mindert anschließend diesen Bruttobetrag um die darin enthaltene Vorsteuer bzw. Umsatzsteuer. Bei der Nettomethode gemäß § 10 Abs. 1 Satz 1 und Satz 2 UStG trennt man bereits bei der Inanspruchnahme des Skontos zwischen dem Erlöskonto und dem Vorsteuerkonto bzw. dem Aufwandskonto und dem Umsatzsteuerkonto. Die Nettomethode ist in der Praxis die vorherrschende Methode.

Bei den nachfolgenden Beispielen wird die Buchungssystematik des erhaltenen Skontos nach der **Bruttomethode** und der **Nettomethode** verdeutlicht.

Beispiel

Die Baustoffhändlerin Francesca Umbro kauft bei ihren Lieferanten hochwertigen Fertigputz im Wert von 24.000,00 Euro zuzüglich 19 % Umsatzsteuer. Bei Zahlung innerhalb von 14 Tagen gewährt ihr der Lieferant 3 % Skonto.

Lösung:
Bei Anwendung der **Bruttomethode** werden der Wareneingang des hochwertigen Fertigputzes wie auch die später zu bezahlende Verbindlichkeit mit den jeweiligen Bruttowerten eingebucht. Bei der Bezahlung der Eingangsrechnung bucht man den erhaltenen Skonto mit dem Bruttobetrag auf das

Erfolgskonto »erhaltene Skonti, 19 % Vorsteuer«. Anschließend wird die korrigierende Vorsteuer aus dem Bruttobetrag herausgerechnet und auf das Vorsteuerkonto im Haben gebucht. Auch für den Wareneingang, der ebenfalls als Bruttowert erfasst wurde, wird diese Vorgehensweise angewendet. Die Korrektur wird zum Ende eines jeden Voranmeldezeitraums vorgenommen, bei kleinen Unternehmen eventuell auch nur einmal am Ende des Veranlagungszeitraums.

Die dazugehörigen Buchungssätze lauten wie folgt:

Eingangsrechnung des hochwertigen Fertigputzes:

1.	WEK Fertigputz	28.560,00	an	Verbindlichkeiten aus L.u.L.	28.560,00

Bei Bezahlung der Eingangsrechnung:

2.	Verbindlichkeiten aus L.u.L.	28.560,00	an	Bank	27.703,20
				erhaltene Skonti 19 % VSt	856,80

Dann wird aus dem Warenbruttobetrag wie aus dem Betrag »erhaltene Skonti, 19 % Vorsteuer« der Vorsteuerbetrag herausgerechnet und auf das Vorsteuerkonto gebucht. Im vorliegenden Fall handelt es sich beim Wareneinkauf um einen Vorsteuerbetrag in Höhe von 4.560,00 Euro und beim Konto »erhaltene Skonti, 19 % Vorsteuer« um einen Vorsteuerbetrag in Höhe von 136,80 Euro.

Die Buchungen zum entsprechenden Umsatzsteuer-Anmeldezeitraum lauten wie folgt:

3.	Vorsteuer	4.560,00	an	WEK Fertigputz	4.560,00

4.	erhaltene Skonti 19 % VSt	136,80	an	Vorsteuer	136,80

Die dazugehörigen Konten haben folgende Gestalt:

Soll	**WEK Fertigputz**		**Haben**
1.	28.560,00	3.	4.560,00

Soll	**Verb. aus. L.u.L.**		**Haben**
2.	28.560,00	1.	28.560,00

Soll	**Bank**		**Haben**
		2.	27.703,20

Soll	**erhaltene Skonti 19 % VSt**		**Haben**
4.	136,80	2.	856,80

Soll	**Vorsteuer**		**Haben**
3.	4.560,00	4.	136,80

Beispiel

Wie beim vorhergehenden Beispiel kauft die Baustoffhändlerin Francesca Umbro bei ihren Lieferanten hochwertigen Fertigputz im Wert von 24.000,00 Euro zuzüglich 19 % Umsatzsteuer. Bei Zahlung innerhalb von 14 Tagen gewährt ihr der Lieferant 3 % Skonto.

Lösung:

Bei Anwendung der **Nettomethode** wird der Wareneingang unter Berücksichtigung der Vorsteuer auf dem Wareneinkaufskonto (WEK) Fertigputz verbucht. Bei der Bezahlung der Eingangsrechnung trennt man bei der Inanspruchnahme des Skontos bereits zwischen dem Erlöskonto und dem Vorsteuerkonto. Somit werden bereits bei den laufenden Buchungen die entsprechenden Vorsteuerbeträge auf dem Vorsteuerkonto erfasst. Zum Ende eines jeden Voranmeldezeitraums ist die von der Finanzverwaltung zu erstattende Vorsteuer aus dem Konto »Vorsteuer« ablesbar.

Die dazugehörigen Buchungssätze lauten wie folgt:

Eingangsrechnung des hochwertigen Fertigputzes:

1.	WEK Fertigputz	24.000,00	an	Verbindlichkeiten aus L.u.L.	28.560,00
	Vorsteuer	4.560,00			

Bei Bezahlung der Eingangsrechnung:

2.	Verbindlichkeiten aus L.u.L.	28.560,00	an	Bank	27.703,20
				erhaltene Skonti	720,00
				Vorsteuer	136,80

Die dazugehörigen Konten haben folgende Gestalt:

Soll	WEK Fertigputz		Haben
1.	24.000,00		

Soll	Verb. aus. L.u.L.		Haben
2.	28.560,00	1.	28.560,00

Soll	Bank		Haben
		2.	27.703,20

Soll	erhaltene Skonti		Haben
		2.	720,00

Soll	Vorsteuer		Haben
1.	4.560,00	2.	136,80

Damit Ausgangsrechnungen früher bezahlt werden, werden sie mit der Möglichkeit eines Skontoabzugs an die Kunden fakturiert. Bezahlen die Kunden unter Abzug des Skontos, kommt es im Zahlungszeitpunkt nachträglich zu einer Minderung der Umsatzerlöse nach § 277 Abs. 1 HGB und zu einer Minderung der Umsatzsteuer nach § 17 Abs. 1 Satz 1 UStG.

Auch beim gewährten Skonto wird die Buchungssystematik nach der **Bruttomethode** und **Nettomethode** verdeutlicht.

Beispiel

Unsere Baustoffhändlerin Francesca Umbro verkauft an Stuckateur Luigi Farfalle, da dieser einen Großauftrag hat, hochwertigen Fertigputz zum Rechnungsbetrag von 7.500,00 Euro zuzüglich 19 % Umsatzsteuer. Francesca Umbro gewährt ihrem guten Freund Luigi Farfalle bei Bezahlung der Rechnung innerhalb von 8 Tagen einen Skontoabzug von 3 %.

Lösung:

Bei Anwendung der **Bruttomethode** wird die Ausgangsrechnung wie die später durch den Kunden zu begleichende Forderung mit den Bruttowerten eingebucht. Bei der Bezahlung der Ausgangsrechnung wird der gewährte Skonto mit seinem Bruttobetrag auf das Aufwandskonto »gewährte Skonti, 19 % Umsatzsteuer« verbucht. Nun wird die zu korrigierende Umsatzsteuer aus dem Bruttobetrag herausgerechnet und auf das Umsatzsteuerkonto im Soll gebucht. Auch beim Ausgangsumsatz, der ebenfalls als Bruttowert erfasst wurde, wird diese Vorgehensweise angewendet. Die Korrektur wird zum Ende eines jeden Voranmeldezeitraums vorgenommen, bei kleinen Unternehmen eventuell nur einmal am Ende des Veranlagungszeitraums.

Die dazugehörigen Buchungssätze lauten wie folgt:

Ausgangsrechnung an ihren Kunden Luigi Farfalle:

1.	Forderungen aus L.u.L.	8.925,00	an	WVK Fertigputz	8.925,00

Bei Zahlungseingang der Ausgangsrechnung:

2.	Bank	8.657,25	an	Forderungen aus L.u.L.	8.925,00
	gewährte Skonti 19 % USt	267,75			

Sodann wird aus dem Warenbruttoverkauf wie aus dem Betrag »gewährte Skonti, 19 % Umsatzsteuer« der Umsatzsteuerbetrag herausgerechnet und auf das Umsatzsteuerkonto gebucht. Im vorliegenden Fall handelt es sich beim Warenverkauf um einen Umsatzsteuerbetrag in Höhe von 1.425,00 Euro und beim Konto »gewährte Skonti, 19 % Umsatzsteuer« um einen Umsatzsteuerbetrag in Höhe von 42,75 Euro.

Die Buchungen zum entsprechenden Umsatzsteuer-Anmeldezeitraum lauten wie folgt:

3.	WVK Fertigputz	1.425,00	an	Umsatzsteuer	1.425,00

4.	Umsatzsteuer	42,75	an	gewährte Skonti 19 % USt	42,75

Die dazugehörigen Konten haben folgende Gestalt:

Soll	Ford. aus L.u.L.		Haben
1.	8.925,00	2.	8.925,00

Soll	WVK Fertigputz		Haben
3.	1.425,00	1.	8.925,00

Soll	Bank		Haben
2.	8.657,25		

Soll	gewährte Skonti 19 % USt		Haben
2.	267,75	4.	42,75

Soll	Umsatzsteuer		Haben
4.	42,75	3.	1.425,00

Beispiel

Wie beim vorhergehenden Beispiel verkauft die Baustoffhändlerin Francesca Umbro an Stuckateur Luigi Farfalle, da dieser einen Großauftrag hat, hochwertigen Fertigputz zum Rechnungsbetrag von 7.500,00 Euro zuzüglich 19 % Umsatzsteuer. Francesca Umbro gewährt ihrem guten Freund Luigi Farfalle bei Bezahlung der Rechnung innerhalb von 8 Tagen einen Skontoabzug von 3 %.

Lösung:
Bei Anwendung der **Nettomethode** wird der Warenverkauf unter Berücksichtigung der Umsatzsteuer auf das Warenverkaufskonto (WVK) Fertigputz gebucht. Wird die Ausgangsrechnung unter Abzug des Skontos bezahlt, dann erfolgt im Zahlungszeitpunkt die Aufteilung zwischen dem Aufwandskonto und dem Umsatzsteuerkonto. Somit sind bereits bei den laufenden Buchungen die entsprechenden Umsatzsteuerbeträge auf dem Umsatzsteuerkonto erfasst worden. Zum Ende eines jeden Voranmeldezeitraums ist dann die an die Finanzverwaltung zu entrichtende Umsatzsteuer aus dem Konto »Umsatzsteuer« ablesbar.

Die dazugehörigen Buchungssätze lauten wie folgt:

Ausgangsrechnung an seinen Kunden Luigi Farfalle:

1.	Forderungen aus L.u.L.	8.925,00	an	WVK Fertigputz	7.500,00
				Umsatzsteuer	1.425,00

Bei Zahlungseingang der Ausgangsrechnung:

2.	Bank	8.657,25	an	Forderungen aus L.u.L.	8.925,00
	gewährte Skonti	225,00			
	Umsatzsteuer	42,75			

Die dazugehörigen Konten haben folgende Gestalt:

Soll	Ford. aus L.u.L.		Haben
1.	8.925,00	2.	8.925,00

Soll	WVK Fertigputz		Haben
		1.	7.500,00

Soll	Bank		Haben
2.	8.657,25		

Soll	gewährte Skonti		Haben
2.	225,00		

Soll	Umsatzsteuer		Haben
2.	42,75	1.	1.425,00

Da das Konto »erhaltene Skonti« ein Unterkonto des Wareneinkaufskontos (WEK) ist, wird es am Geschäftsjahresende über das Konto »WEK« abgeschlossen. Bei dem Konto »gewährte Skonti« handelt es sich um ein Unterkonto des Warenverkaufskontos (WVK). Deshalb wird das Konto »gewährte Skonti« am Geschäftsjahresende über das Konto »WVK« abgeschlossen.

Die dazugehörigen Buchungssätze lauten wie folgt:

Beim Abschluss des Kontos »erhaltene Skonti«:

1.	erhaltene Skonti	720,00	an	WEK Fertigputz	720,00

Die dazugehörigen Konten haben folgende Gestalt:

Soll	WEK Fertigputz		Haben
...	24.000,00	1.	720,00

Soll	erhaltene Skonti		Haben
1.	720,00	...	720,00

Beim Abschluss des Kontos »gewährte Skonti«:

1.	WVK Fertigputz	225,00	an	gewährte Skonti	225,00

Die dazugehörigen Konten haben folgende Gestalt:

Soll	WVK Fertigputz		Haben
1.	225,00	...	7.500,00

Soll	gewährte Skonti		Haben
...	225,00	1.	225,00

3.4.6 Übungsaufgabe 10: Verbuchung von Skonti, Boni und Sofortrabatte

SACHVERHALT

Zu Beginn des Geschäftsjahres 2022 hat Baustoffhändlerin Francesca Umbro folgende Eröffnungsbilanz:

ERÖFFNUNGSBILANZ
Baustoffhändlerin Francesca Umbro, 01.01.2022

Aktiva		Passiva	
A. Anlagevermögen		**A. Eigenkapital**	64.000
I. Sachanlagen			
1. Gebäude	90.000	**B. Fremdkapital**	
2. Fuhrpark	60.000	1. Langfristige Verbindlichkeiten	91.500
B. Umlaufvermögen		2. Verbindlichkeiten aus Lieferungen und Leistungen	66.000
I. Vorräte			
Waren	32.000		
II. Forderungen und sonstige Vermögensgegenstände			
Forderungen aus Lieferungen und Leistungen	26.000		
III. Kassenbestand und Bankguthaben			
1. Bankguthaben	12.000		
2. Kassenbestand	1.500		
	221.500		221.500

Abb. 36: Eröffnungsbilanz Baustoffhändlerin Francesca Umbro

Während des Geschäftsjahres 2022 haben sich bei der Baustoffhändlerin Francesca Umbro folgende Geschäftsvorfälle ereignet:

1. Wareneinkauf von Jura-Fliesen bei einem inländischen Großhändler zum Bruttoeinkaufspreis von 8.330,00 Euro. Bei Bezahlung innerhalb von 14 Tagen gewährt der inländische Großhändler einen Skonto von 2 %.
2. Verkauf von Jura-Fliesen an Stuckateur Luigi Farfalle zum Nettoverkaufspreis in Höhe von 8.000,00 Euro. Francesca Umbro gewährt ihrem guten Kunden Luigi Farfalle einen Skonto von 3 % bei Bezahlung innerhalb von 8 Tagen.
3. Baustoffhändlerin Francesca Umbro bezahlt den Rechnungsbetrag aus Geschäftsvorfall Nr. 1 unter Abzug von 2 % Skonto durch Banküberweisung.
4. Einem inländischen Neukunden verkauft Baustoffhändlerin Francesca Umbro Jura-Fliesen zum Bruttoverkaufspreis in Höhe von 19.040,00 Euro. Der Rechnungsbetrag wird dem inländischen Neukunden kreditiert.
5. Stuckateur Luigi Farfalle bezahlt seine offene Rechnung aus Geschäftsvorfall Nr. 2 unter Abzug von 3 % Skonto durch Banküberweisung.
6. Bei einem inländischen Großhändler kauft Baustoffhändlerin Francesca Umbro Jura-Fliesen zum Bruttoeinkaufspreis in Höhe von 5.950,00 Euro. Bei Bezahlung innerhalb von 10 Tagen gewährt der inländische Großhändler 3 % Skonto.
7. Baustoffhändlerin Francesca Umbro bezahlt den Rechnungsbetrag aus Geschäftsvorfall Nr. 6 unter Abzug von 3 % Skonto durch Banküberweisung.
8. Von ihrem inländischen Großhändler bekommt Baustoffhändlerin Francesca Umbro einen Jahresbonus in Höhe von 833,00 Euro brutto. Der Jahresbonus wird den offenen Verbindlichkeiten gutgeschrieben.
9. Baustoffhändlerin Francesca Umbro gewährt ihrem guten Kunden Stuckateur Luigi Farfalle einen Bonus in Höhe von 1.200,00 Euro netto. Der Bonus wird auf das Bankkonto von Stuckateur Luigi Farfalle überwiesen.
10. Baustoffhändlerin Francesca Umbro verkauft Jura-Fliesen an einen inländischen Kunden in Höhe von 476,00 Euro brutto. Da der inländische Kunde sofort bar bezahlt, bekommt er einen Rabatt in Höhe von 5 %.
11. Der Warenendbestandswert zum 31.12.2022 beträgt 32.400,00.

AUFGABE

a) Verbuchen Sie die Geschäftsvorfälle im Grund- und Hauptbuch. Eröffnungsbuchungen sind nicht durchzuführen.
b) Schließen Sie sämtliche Konten ab, die die Anschaffungspreisminderungen betreffen.
c) Schließen Sie sämtliche Umsatzsteuerkonten ab.
d) Schließen Sie das Wareneinkaufskonto und das Warenverkaufskonto nach der **Bruttomethode** ab.
e) Schließen Sie sämtliche noch offenen Konten ab.

Musterlösung siehe Kap. 4.10.

3.5 Personalaufwendungen in der Buchführung

3.5.1 Abrechnung der Personalaufwendungen

Die Lohn- und Gehaltsbuchführung stellt in jedem Unternehmen mit angestellten Mitarbeitern einen wichtigen Teil der Buchführung dar. Der Personalaufwand wird i. d. R. als Nebenbuchhaltung geführt. Die Gesamtsalden werden in das Hauptbuch übernommen. Für den Arbeitgeber stellt die Abwicklung der Löhne und Gehälter einen erheblichen Arbeitsaufwand dar.

Die Personalaufwendungen lassen sich allgemein in zwei Bereiche einteilen. Ein Bereich betrifft die Löhne und Gehälter, der andere die gesetzlichen Sozialaufwendungen. Löhne und Gehälter sind alle Aufwendungen, die als Arbeitslohn i. S. d. § 19 EStG gelten.

Unter einem **Bruttoarbeitsentgelt** versteht man den Bruttolohn bzw. das Bruttogehalt. Der Bruttolohn ist die Vergütung für die Tätigkeit von Arbeitern, das Bruttogehalt das von den Angestellten in einem Unternehmen. Das Bruttoarbeitsentgelt dient als Grundlage für jede Lohn- und Gehaltsabrechnung. Die Bezahlung von Bruttoarbeitsentgelt stellt für das Unternehmen ökonomisch immer einen Aufwand dar und wird auf dem Aufwandskonto »Löhne und Gehälter« im Soll gebucht. Bestandteile, die in ein Bruttoarbeitsentgelt einfließen sind u. a. die vertraglich vereinbarten Arbeitsentgelte, Urlaubs- und Weihnachtsgelder, Sachbezüge, Entschädigungen und Ruhegelder.

Unter den gesetzlichen Sozialabgaben versteht man die Arbeitgeberanteile zur Kranken-, Pflege-, Renten- und Arbeitslosenversicherung sowie die Beiträge zur Unfallversicherung und die Umlagen.

Die Löhne und Gehälter werden den Arbeitnehmern nicht in voller Höhe ausbezahlt. Die Arbeitgeber sind verpflichtet, die Lohnsteuer, die Kirchensteuer[50], den Solidaritätszuschlag[51] und den Sozialversicherungsanteil des Arbeitnehmers bei der Lohn- bzw. Gehaltszahlung einzubehalten und abzuführen. Damit der Arbeitnehmer kontrollieren kann, ob die Lohn- bzw. Gehaltsabrechnung korrekt erfolgt ist, erhält er jeden Monat von seinem Arbeitgeber einen Lohn- bzw. Gehaltsnachweis. Diesem Nachweis kann er entnehmen, wie der Unternehmer vom Bruttolohn bzw. Bruttogehalt zum Auszahlungsbetrag gekommen ist.

Ein Unternehmer ist nach § 41 Abs. 1 EStG verpflichtet, für die einzelnen Lohn- bzw. Gehaltszahlungszeiträume die Höhe der Personalaufwendungen und die vorgenommenen Lohnabzüge festzuhalten. Aus diesem Grunde hat der Unternehmer für jeden Arbeitnehmer ein Lohn- bzw. Gehaltskonto zu führen. Welche Informationen aus einem Lohnkonto hervorgehen müssen, ergibt sich aus § 4 Abs. 1 und 2 LStDV.

50 Ist der Arbeitnehmer aus der Kirche ausgetreten, muss er keine Kirchensteuer mehr bezahlen.
51 Aufgrund des Gesetzes zur Rückführung des Solidaritätszuschlags wird seit dem Jahr 2021 der Großteil der Einkommensteuerpflichtigen nicht mehr mit dem Solidaritätszuschlag belastet.

Der Personalaufwand für den Arbeitgeber und der Auszahlungsbetrag an den Arbeitnehmer errechnet sich grundsätzlich wie folgt:

Arbeitgeber		Arbeitnehmer	
+	Bruttoarbeitsentgelt	–	Bruttoarbeitsentgelt
+	Sozialversicherungsbeitrag (Arbeitgeberanteil)	–	Lohnsteuer
+	Beitrag zur Unfallversicherung	–	Kirchensteuer
+	Umlagen	–	Solidaritätszuschlag
		–	Sozialversicherungsbeitrag (Arbeitnehmeranteil)
=	**gesamter Personalaufwand**	=	**Auszahlungsbetrag**

Tab. 20: Berechnungsschema für Personalaufwand und Auszahlungsbetrag

Nachfolgend werden die Positionen näher erläutert, die in jeder Lohn- bzw. Gehaltsabrechnung enthalten sind.

3.5.2 Gesetzliche Abzugsbeträge und Beiträge

3.5.2.1 Lohnsteuer und Kirchensteuer

Die **Lohnsteuer** ist im Grunde die Einkommensteuer. Sie wird im Quellenabzugsverfahren erhoben und die Bemessungsgrundlage ist das Bruttoarbeitsentgelt. Die Höhe der Lohnsteuer richtet sich deshalb nach der Höhe des Bruttoarbeitsentgelts und den persönlichen Verhältnissen des Arbeitnehmers. Entscheidend bei den persönlichen Verhältnissen ist, ob der Arbeitnehmer z. B. verheiratet ist oder nicht, und somit, welcher Lohnsteuerklasse er zugeordnet ist.

Insgesamt gibt es 6 Lohnsteuerklassen, deren Merkmale in § 38b Abs. 1 EStG näher beschrieben sind.

Steuerklasse	Personenkreis
I	unbeschränkt einkommensteuerpflichtige • ledige Arbeitnehmer, • verheiratete, verwitwete oder geschiedene Arbeitnehmer, die die Voraussetzungen für die Steuerklassen III und IV nicht erfüllen, beschränkt einkommensteuerpflichtige Arbeitnehmer
II	der Steuerklasse I entsprechende Arbeitnehmer, die einen Entlastungsbetrag für Alleinerziehende erhalten

Steuer-klasse	Personenkreis
III	verheiratete Arbeitnehmer, die nicht dauernd getrennt leben, wenn der Ehegatte des Arbeitnehmers, • keinen Arbeitslohn bezieht oder, • Arbeitslohn bezieht, aber einer der Ehegatten auf Antrag nach Steuerklasse V besteuert wird
IV	verheiratete Arbeitnehmer, die nicht dauernd getrennt leben, wenn auch der Ehegatte Arbeitslohn bezieht und kein Antrag zur Einbeziehung in die Steuerklassen III und V gestellt wird
V	der Steuerklasse IV entsprechende Arbeitnehmer, wenn der andere Ehegatte nach Steuerklasse III besteuert wird
VI	Arbeitnehmer, die nebeneinander von mehreren Arbeitgebern Arbeitslohn beziehen oder wenn Fälle des § 39c EStG vorliegen

Tab. 21: Steuerklasse und Personenkreis

Ein Arbeitnehmer hat die Möglichkeit, sich einen Freibetrag auf seiner elektronischen Lohnsteuerbescheinigung eintragen zu lassen. Dadurch mindert sich sein steuerpflichtiges Bruttoarbeitsentgelt. Bemessungsgrundlage für die Ermittlung der Lohnsteuer ist dann das Bruttoarbeitsentgelt, vermindert um den entsprechenden Freibetrag.

Ein Lohnsteuer-Freibetrag kann beantragt werden z. B. für

- Behinderten-, Hinterbliebenen- und Pflegepersonen-Pauschbeträge nach § 33b Abs. 2 bis 5 EStG,
- einen Verlustvortrag nach § 10d Abs. 2 EStG,
- die negative Summe der Einkünfte aus den Einkunftsarten nach § 2 Abs. 1 Nr. 1 bis Nr. 3, Nr. 6 und Nr. 7 EStG,
- Werbungskosten aus nichtselbstständiger Arbeit, soweit sie den Arbeitnehmer-Pauschbetrag nach § 9a Satz 1 Nr. 1 Buchst. a) EStG von 1.000 Euro übersteigen,
- Sonderausgaben, die keine Vorsorgeaufwendungen sind,
- außergewöhnliche Belastungen nach § 33 EStG, § 33a und § 33b Abs. 6 EStG.

Der Arbeitgeber ist verpflichtet, vom Bruttoarbeitsentgelt des Arbeitnehmers die Lohnsteuer einzubehalten und an sein zuständiges Betriebsfinanzamt abzuführen. Die Lohnsteuer stellt eine Verbindlichkeit des Unternehmens gegenüber dem Betriebsfinanzamt dar und ist auf dem Konto »noch abzuführende Abgaben« im Haben zu verbuchen.

Die **Kirchensteuer** richtet sich nach der Mitgliedschaft des Arbeitnehmers in einer öffentlich-rechtlichen Religionsgemeinschaft. Darunter versteht man die Mitgliedschaft in der evangelischen oder katholischen Kirche. Auch die Kirchensteuer wird im Quellenabzugsverfahren vom Arbeitgeber einbehalten und zusammen mit der Lohnsteuer an das zuständige Betriebsfinanzamt abgeführt.[52] Die Bemessungsgrundlage der Kirchensteuer bildet die Lohnsteuer. Der Kirchensteuersatz beträgt in den Bundesländern Baden-Württemberg und Bayern 8 %, in den übrigen Bundesländern 9 %.

52 Siehe dazu § 51a EStG.

3.5.2.2 Solidaritätszuschlag

Zur Finanzierung der Wiedervereinigung Deutschlands wurde 1991 ein Solidaritätszuschlag eingeführt. Bei seiner Einführung 1991 lag er bei 7,5 % der Einkommensteuer. In den Jahren von 1992 bis 1994 wurde kein Solidaritätszuschlag erhoben. 1995 wurde er wieder eingeführt und auf 7,5 % festgesetzt. Ab dem Jahr 1998 wurde der Solidaritätszuschlag auf 5,5 % abgesenkt und diese Zusatzabgabe hatte in dieser Höhe Bestand bis zum Ende des Jahres 2020. Durch das Gesetz zur Rückführung des Solidaritätszuschlags, das seit dem Jahr 2021 gilt, wurden die Grenze, ab der gemäß § 3 Abs. 3 Nr. 1 und Nr. 2 SolZG ein Solidaritätszuschlag erhoben wird, deutlich angehoben. Wer mit seiner Lohn- bzw. Einkommensteuer darunter liegt, muss keinen Solidaritätszuschlag mehr bezahlen. Nach Auffassung des Bundesfinanzministeriums wird für etwa 90 % aller Steuerzahler der Solidaritätszuschlag nicht mehr erhoben. Für weitere 6,5 % reduziert sich die Belastung durch den Solidaritätszuschlag, bedingt durch die sogenannte Milderungsgrenze.[53]

Konkret bedeutet dies für die Gesetzeslage seit dem Jahr 2021:

- Personen der Steuerklasse III sind vom Solidaritätszuschlag befreit, wenn die monatliche Lohnsteuer die Freigrenze von 2.826,00 Euro (auf das Jahr bezogen: 33.912,00 Euro) nicht überschreitet.
- Personen der Steuerklassen I, II, IV, V und VI sind vom Solidaritätszuschlag befreit, wenn die monatliche Lohnsteuer die Freigrenze von 1.413,00 Euro (auf das Jahr bezogen: 16.956,00 Euro) nicht überschreitet.
- Bei Personen, deren monatliche Lohnsteuer über der Freigrenze liegt, gibt es eine sogenannte Milderungsgrenze. Innerhalb der Milderungsgrenze darf der Solidaritätszuschlag nach § 4 Satz 2 SolZG nicht mehr als 11,9 % des Unterschiedsbetrags zwischen der Lohnsteuer und der Freigrenze betragen.
- Für Personen, deren Jahreslohnsteuer oberhalb der Milderungszone liegt, änderte sich seit dem Jahr 2021 nichts. Für sie fällt weiterhin ein Solidaritätszuschlag von 5,5 % auf die Jahreslohnsteuer an.

Die Milderungszone gilt für

- Personen der Steuerklasse III, deren Jahreslohnsteuer zwischen 33.912,00 Euro und 63.056,00 Euro beträgt, und
- Personen der übrigen Steuerklassen, deren Jahreslohnsteuer zwischen 16.956,00 Euro und 31.528,00 Euro beträgt.

Beispiel

Immobilienhändler Marco Fiore ist ledig und hat somit Steuerklasse I. Für das Jahr 2020 beträgt seine Jahreslohnsteuer 23.458.00 Euro. Marco Fiore würde interessieren, ob er ab 2021 weniger oder gar keinen Solidaritätszuschlag bezahlen muss.

53 Vgl. Pressemitteilung Nr. 7 des Bundesministeriums der Finanzen vom 21.08.2019: Kabinett beschließt die weitgehende Abschaffung des Solidaritätszuschlags.

Lösung:

Anwendung der Milderungszone beim Solidaritätszuschlag	
Berechnung des Solidaritätszuschlags **bis 31.12.2020**	
Jahreslohnsteuer x 5,5 %	23.458,00 Euro x 5,5 % = **1.290,19 Euro**
Berechnung des Solidaritätszuschlags **ab 01.01.2021** (innerhalb der Milderungszone)	
(Jahreslohnsteuer abzüglich Freigrenze) x 11,9 %	(23.458,00 Euro – 16.956,00 Euro) x 11,9 % = **773,74 Euro**

Tab. 22: Anwendung der Milderungszone beim Solidaritätszuschlag

Durch die Anwendung der Milderungszone vermindert sich die Belastung von Marco Fiore durch den Solidaritätszuschlag um 516,45 Euro pro Jahr.

Für den Arbeitgeber bedeutet dies, dass er neben der Lohn- und Kirchensteuer auch den Solidaritätszuschlag nach § 3 Abs. 4 SolZG einzubehalten und im Quellenabzugsverfahren abzuführen hat. Für Unternehmen, die unter das Körperschaftsteuergesetz fallen, hat die Neuregelung keine Auswirkung. Diese Unternehmen müssen auf ihre festgesetzte Körperschaftsteuerschuld auch weiterhin den Solidaritätszuschlag in Höhe von 5,5 % entrichten.

3.5.2.3 Sozialversicherungsbeiträge

Jede Beschäftigung von Arbeitnehmern hat grundsätzlich deren Zwangsmitgliedschaft in der Sozialversicherung und damit die Zahlung entsprechender Pflichtbeiträge zur Folge.

Die **Pflichtbeiträge** zur **Renten**- und **Arbeitslosenversicherung** belaufen sich auf 18,6 % (Stand: Jahr 2021) bzw. 2,4 % (Stand: Jahr 2021) des Bruttoarbeitsentgeltes. Sie werden je zur Hälfte vom Arbeitnehmer und Arbeitgeber getragen.

Die **Pflichtbeiträge** zur **Krankenversicherung** sind bei den verschiedenen Krankenkassen gleich hoch. Dieser allgemeine Beitragssatz beträgt seit dem Jahr 2015 unverändert 14,6 % vom Bruttoarbeitsentgelt und ist je zur Hälfte vom Arbeitgeber und Arbeitnehmer zu tragen. Zusätzlich wird seit dem Jahr 2019 ein **kassenindividueller Zusatzbeitrag** erhoben. Dabei gilt für bestimmte Personengruppen[54] seit dem Jahr 2021 ein einheitlicher Durchschnittsbeitrag in Höhe von 1,3 %. Auch dieser kassenindividuelle Zusatzbeitrag wird je zur Hälfte getragen vom Arbeitgeber und Arbeitnehmer. Bemessungsgrundlage für den kassenindividuellen Zusatzbeitrag ist wie bei der Krankenversicherung das Bruttoarbeitsentgelt. Der Arbeitgeber ist verpflichtet, den Krankenkassenbeitrag und den kassenindividuellen Zusatzbeitrag einzubehalten und an die zuständige Krankenversicherung abzuführen.

54 Mitglieder einer gesetzlichen Krankenversicherung, die anstatt des einheitlichen Durchschnittsbetrags von 1,3 % einen durchschnittlichen Zusatzbeitrag nach § 242a Sozialgesetzbuch (SGB) Fünftes Buch (V) zu bezahlen haben, sind in § 242 Abs. 3 SGB V aufgelistet.

Die **Pflichtbeiträge** zur **Pflegeversicherung** belaufen sich auf 3,05 % (Stand: Jahr 2021) des Bruttoarbeitsentgelts und werden je zur Hälfte vom Arbeitgeber und Arbeitnehmer getragen. Kinderlose Arbeitnehmer, die das 23. Lebensjahr vollendet haben, werden zusätzlich zu einem **Zuschlag** zur **Pflegeversicherung** in Höhe von 0,25 % des Bruttoarbeitsentgeltes herangezogen. Diesen Zuschlag zur Pflegeversicherung trägt der Arbeitnehmer alleine. Der Arbeitgeber ist verpflichtet, den Beitrag einzubehalten und an die zuständige Krankenkasse abzuführen.

Die Beiträge zur gesetzlichen Unfallversicherung, sprich zur Berufsgenossenschaft, deren Höhe vom Bruttoarbeitsentgelt des Arbeitnehmers und dem Grad der Unfallgefahr abhängig ist, hat der Arbeitgeber allein zu tragen. Das gilt auch beim Abschluss einer betrieblichen Gruppenunfallversicherung. Hier tritt der Arbeitgeber als Versicherungsnehmer auf und bezahlt die Versicherungsprämie. Die Prämienzahlungen werden nicht als Entgeltbestandteil gewertet und deshalb im steuer- und sozialversicherungsrechtlichen Sinn beim Arbeitnehmer nicht berücksichtigt.

Neben den Beiträgen zur Renten-, Arbeitslosen-, Kranken-, Pflege- und Unfallversicherung sind alle Arbeitgeber verpflichtet, Beiträge, sogenannte **Umlagen**, zu Entgeltfortzahlungsversicherungen und zur Finanzierung des Insolvenzgeldes zu entrichten. Die Entgeltfortzahlungsversicherungen sind bei den gesetzlichen Krankenversicherungen angesiedelt. Sie haben die Aufgabe, Arbeitgeberaufwendungen, die durch Entgeltfortzahlungen

- im Krankheitsfall (Umlage U1) entstehen, abzumildern. Dies gilt jedoch nur bei Betrieben mit nicht mehr als 30 Arbeitnehmern.
- bei Mutterschaft (Umlage U2) entstehen, zu vermeiden. Dies gilt bei allen Arbeitgebern.

Bei der Berechnung der Kranken-, Pflege- und Sozialversicherungsbeiträge müssen die Arbeitgeber die vom Gesetzgeber vorgegebenen Beitragsbemessungsgrenzen (BBMG) beachten. Dabei gibt es Unterschiede zwischen den alten und den neuen Bundesländern.

Für das Jahr 2021 gelten die in Tabelle 23 und Tabelle 24 genannten Beitragsbemessungsgrenzen.

Beitragsbemessungsgrenzen (BBMG) für die alten Bundesländer				
Jahr	**RV/ALV**		**KV/PflV**	
	jährlich	monatlich	jährlich	monatlich
2021	85.200,00 Euro	7.100,00 Euro	58.050,00 Euro	4.837,50 Euro

Tab. 23: Beitragsbemessungsgrenzen alte Bundesländer

Beitragsbemessungsgrenzen (BBMG) für die neuen Bundesländer				
Jahr	**RV/ALV**		**KV/PflV**	
	jährlich	monatlich	jährlich	monatlich
2021	80.400,00 Euro	6.700,00 Euro	58.050,00 Euro	4.837,50 Euro

Tab. 24: Beitragsbemessungsgrenzen neue Bundesländer

Die Beitragsbemessungsgrenze legt die Höhe des Bruttoarbeitsentgelts fest, bis zu dem die Beiträge berechnet werden. Wer ein höheres Bruttoarbeitsentgelt hat, der bezahlt keine höheren Beiträge. Das bedeutet, die Beitragsbemessungsgrenzen haben eine Kappungsfunktion im positiven Sinne.

Beispiel

Baustoffhändlerin Francesca Umbro möchte für ihren Niederlassungsleiter Luca Rossa und ihren Abteilungsleiter Claudio Zero die monatlichen Sozialversicherungsbeiträge für das Jahr 2021 berechnen. Das monatliche Bruttoarbeitsentgelt von Luca Rossa beträgt 7.500,00 Euro, das von Claudio Zero 5.200,00 Euro. Luca Rossa wie auch Claudio Zero haben Kinder.

Lösung:

Berechnung Sozialversicherung Luca Rossa, Bruttoarbeitsentgelt: 7.500,00 Euro	
Sozialversicherung	**Beitragsbemessungsgrundlage 2021 monatlich: RV/ALV 7.100,00 Euro, KV/PflV 4.837,50 Euro**
Rentenversicherung 18,6 % von 7.100,00 Euro =	1.320,60 Euro
Arbeitslosenversicherung 2,4 % von 7.100,00 Euro =	170,40 Euro
Krankenversicherung 14,6 % von 4.837,50 Euro =	706,28 Euro
Pflegeversicherung 3,05 % von 4.837,50 Euro =	147,54 Euro
Kassenindividueller Zusatzbeitrag 1,3 % von 4.837,50 Euro =	62,89 Euro
Insgesamt	**2.407,71 Euro**
Arbeitnehmeranteil zur Sozialversicherung: 50 % von 2.407,71 Euro = 1.203,85 Euro	

Tab. 25: Berechnung Arbeitnehmeranteil zur Sozialversicherung

Berechnung Sozialversicherung Claudio Zero, Bruttoarbeitsentgelt: 5.200,00 Euro	
Sozialversicherung	**Beitragsbemessungsgrundlage 2021 monatlich: RV/ALV 7.100,00 Euro, KV/PflV 4.837,50 Euro**
Rentenversicherung 18,6 % von 5.200,00 Euro =	967,20 Euro
Arbeitslosenversicherung 2,4 % von 5.200,00 Euro =	124,80 Euro
Krankenversicherung 14,6 % von 4.837,50 Euro =	706,28 Euro
Pflegeversicherung 3,05 % von 4.837,50 Euro =	147,54 Euro
Kassenindividueller Zusatzbeitrag 1,3 % von 4.837,50 Euro =	62,89 Euro
Insgesamt:	**2.008,71 Euro**
Arbeitnehmeranteil zur Sozialversicherung: 50 % von 2.008,71 Euro = 1.004,35 Euro	

Tab. 26: Berechnung Arbeitnehmeranteil zur Sozialversicherung

Da beide Mitarbeiter Kinder haben, müssen sie den Zuschlag für Kinderlose in Höhe von 0,25 % zur Pflegeversicherung nicht bezahlen. Deshalb entspricht der Arbeitnehmeranteil wie Arbeitgeberanteil zur Pflegeversicherung 1,525 %.

3.5.3 Verbuchung von Lohn- und Gehaltsabrechnungen

Jeder Arbeitgeber überweist i. d. R. am Ende eines jeden Monats das Nettoarbeitsentgelt auf die jeweiligen Bankkonten seiner Arbeitnehmer. Die Abführung der Beiträge zur Renten-, Kranken-, Pflege- und Arbeitslosenversicherung hat grundsätzlich bereits vor Ende des Monats, und zwar bis zum drittletzten Bankarbeitstag des entsprechenden Monats zu erfolgen. Dabei ist der Zeitpunkt des Zahlungseingangs auf einem Konto der zuständigen Krankenversicherung maßgebend.

In den überwiegenden Fällen wird die Lohn- und Gehaltsabrechnung bei den Unternehmen erst nach Ablauf des vollen Kalendermonats erstellt. Dies führt bei den Unternehmen dazu, dass die Sozialversicherungsbeiträge zunächst in der voraussichtlichen Höhe errechnet, angemeldet und gezahlt werden müssen. Ergeben sich dann bei der endgültig durchgeführten Lohn- und Gehaltsabrechnung Abweichungen zu den bereits überwiesenen Beiträgen, werden diese festgestellten Differenzbeiträge im nächsten Monat mit den dann fälligen Beiträgen verrechnet. Bei nicht rechtzeitiger Abführung der Sozialversicherungsbeiträge erhebt die zuständige Krankenkasse Säumniszuschläge.

Spätestens am zehnten Tag nach Ablauf des Lohnsteuer-Anmeldezeitraums sind die Beiträge für Lohnsteuer, Kirchensteuer und Solidaritätszuschlag online anzumelden und an das zuständige Betriebsfinanzamt zu überweisen. Erfolgt eine Zahlung verspätet, jedoch innerhalb der nächsten 3 Werktage, werden die in § 240 Abs. 3 AO genannten Säumniszuschlägen nicht erhoben. Bei der Gesetzesgrundlage nach § 240 Abs. 3 Satz 1 AO handelt es sich um die sogenannte **Schonfristregelung**. Diese Schonfristregelung gilt nicht bei Zahlungen mit einem Scheck nach § 240 Abs. 3 Satz 2 AO. Falls die Zahlung mit einem Scheck vorgenommen wird, erfolgt nach § 224 Abs. 2 Nr. 1 AO die Gutschrift erst 3 Tage nach dem Tag des Eingangs beim Betriebsfinanzamt. Das bedeutet, der Scheck muss 3 Tage vor Fälligkeit der Steuer beim Betriebsfinanzamt vorliegen, damit es zu keinen Säumniszuschlägen kommt.

Nach § 41a Abs. 2 EStG ist der **Lohnsteuer-Anmeldungszeitraum** bei einer für das Vorjahr abgeführten Lohnsteuer von

- nicht mehr als 1.080,00 Euro das **Kalenderjahr**,
- mehr als 1.080,00 Euro, aber nicht mehr als 4.000,00 Euro das **Kalendervierteljahr** und
- mehr als 4.000,00 Euro der **Kalendermonat**.

Aufgrund der unterschiedlichen Termine für die Zahlung des Nettoarbeitsentgeltes, der Sozialversicherungsbeiträge und der Steuern haben sich in der Lohn- und Gehaltsabrechnung verschiedene Buchungsmethoden entwickelt. Dabei wird zwischen der **Bruttobuchung** und der **Nettobuchung** unterschieden.

Bruttobuchung

Bei den Löhnen und Gehältern wie bei den Sozialversicherungsanteilen des Arbeitgebers handelt es sich um Aufwendungen für das Unternehmen. Werden diese in vollem Umfang bis zum Ende des jeweiligen Monats als Aufwendungen gebucht, wird diese Vorgehensweise als Bruttobuchung bezeichnet. Hierbei gibt es **zwei Möglichkeiten** der Verbuchung, die nachfolgend aufgezeigt werden.

Beispiel

Stuckateur Luigi Farfalle hat für den Abrechnungsmonat März 2021 die Lohnliste für seine 5 Mitarbeiter erstellt. Folgende Informationen sind bekannt:

- Jeder Arbeitnehmer bekommt im Monat ein Bruttoarbeitsentgelt in Höhe von 3.500,00 Euro. Somit kommt kein monatliches Bruttoarbeitsentgelt über die Beitragsbemessungsgrenzen der Sozialversicherung.
- Alle Arbeitnehmer sind ohne Kinder und müssen deshalb den Zuschlag für Kinderlose in Höhe von 0,25 % bezahlen.
- Alle Arbeitnehmer sind in der Steuerklasse I.
- Umlagen werden nicht berücksichtigt.
- Ein Solidaritätszuschlag fällt aufgrund der zugrunde liegenden Bruttoarbeitsentgelte nicht an.

Lösung:

Lohnabrechnung Mitarbeiter Monat: März 2021 **Bruttoarbeitsentgelt insgesamt: 17.500,00 Euro**		
Bruttoarbeitsentgelt insgesamt		**17.500,00 Euro**
Lohnsteuer Solidaritätszuschlag 8 % Kirchensteuer (BW)	2.603,75 Euro 0,00 Euro 208,30 Euro	
Summe der Steuern	**2.812,05 Euro**	**2.812,05 Euro**
Rentenversicherung 9,3 % x 3.500,00 Euro x 5 Mitarbeiter =	 1.627,50 Euro	
Arbeitslosenversicherung 1,2 % x 3.500,00 Euro x 5 Mitarbeiter =	 210,00 Euro	
Krankenversicherung 7,3 % x 3.500,00 Euro x 5 Mitarbeiter =	 1.277,50 Euro	
Pflegeversicherung 1,775 % x 3.500,00 Euro x 5 Mitarbeiter =	 310,65 Euro	
Kassenindividueller Zusatzbeitrag 0,65 % x 3.500,00 Euro x 5 Mitarbeiter =	 113,75 Euro	
Summe Sozialversicherung	**3.539,40 Euro**	**3.539,40 Euro**
Nettoarbeitsentgelt insgesamt		**11.148,55 Euro**

Tab. 27: Berechnung Nettoarbeitsentgelt

Arbeitgeberanteil zur Sozialversicherung		
Rentenversicherung 9,3 % x 3.500,00 Euro x 5 Mitarbeiter =	1.627,50 Euro	
Arbeitslosenversicherung 1,2 % x 3.500,00 Euro x 5 Mitarbeiter =	210,00 Euro	
Krankenversicherung 7,3 % x 3.500,00 Euro x 5 Mitarbeiter =	1.277,50 Euro	
Pflegeversicherung 1,525 % x 3.500,00 Euro x 5 Mitarbeiter =	266,90 Euro	
Kassenindividueller Zusatzbeitrag 0,65 % x 3.500,00 Euro x 5 Mitarbeiter =	113,75 Euro	
Summe Arbeitgeberanteil	**3.495,65 Euro**	**3.495,65 Euro**

Tab. 28: Berechnung Arbeitgeberanteil zur Sozialversicherung

Gesamtbelastung Arbeitgeber	
Bruttoarbeitsentgelt insgesamt	17.500,00 Euro
Arbeitgeberanteil zur Sozialversicherung	3.495,65 Euro
Summe	**20.995,65 Euro**

Tab. 29: Gesamtbelastung Arbeitgeber

Die Sozialversicherungsbeiträge werden am 26. März 2021, die Nettolöhne am 31. März 2021 und die Lohn- und Kirchensteuerbeträge am 10. April 2021 vom Bankkonto überwiesen. Da die Lohn- und Kirchensteuer weder gleichzeitig mit den Sozialversicherungsbeiträgen noch gleichzeitig mit dem Nettolohn gezahlt werden, erfolgt die Buchung zunächst auf das Konto »Verbindlichkeiten aus Lohn- und Kirchensteuer«. Zur Auflösung dieses Kontos kommt es erst, wenn die dort gesammelten Beiträge an das Betriebsfinanzamt überwiesen werden.

Die dazugehörigen Buchungssätze nach der Bruttobuchung lauten wie folgt:

1. Buchungsalternative der Bruttobuchung:

Buchung Sozialversicherungsbeiträge am 26. März 2021:

1.	Löhne und Gehälter	3.539,40	an	Bank	7.035,05
	gesetzliche SV-Abgaben	3.495,65			

Buchung Überweisung Nettogehälter am 31. März 2021:

2.	Löhne und Gehälter	13.960,60	an	Bank	11.148,55
				Verb. LSt/KiSt	2.812,05

Buchung Überweisung Lohnsteuer und Kirchensteuer am 10. April 2021:

3.	Verb. LSt/KiSt	2.812,05	an	Bank	2.812,05

Die dazugehörigen Konten haben folgende Gestalt:

Soll	Löhne und Gehälter	Haben
1.	3.539,40	
2.	13.960,60	

Soll	SV-Abgaben	Haben
1.	3.495,65	

Soll	Bank	Haben
	1.	7.035,05
	2.	11.148,55
	3.	2.812,05

Soll	Verb. LSt/KiSt		Haben
3.	2.812,05	2.	2.812,05

2. Buchungsalternative der Bruttobuchung:

Buchung Sozialversicherungsbeiträge am 26. März 2021:

1.	Beitragsschuld SV voraussichtlich	7.035,05	an	Bank	7.035,05

Buchung Überweisung Nettogehälter am 31. März 2021:

2.	Löhne und Gehälter	17.500,00	an	Bank	11.148,55
	gesetzliche SV-Abgaben	3.495,65		Verb. LSt/KiSt	2.812,05
				Beitragsschuld SV voraussichtlich	7.035,05

Buchung Überweisung Lohnsteuer und Kirchensteuer am 10. April 2021:

3.	Verb. LSt/KiSt	2.812,05	an	Bank	2.812,05

Die dazugehörigen Konten haben folgende Gestalt:

Soll	Löhne und Gehälter	Haben
2.	17.500,00	

Soll	SV-Abgaben	Haben
2.	3.495,65	

Soll	Bank	Haben
	1.	7.035,05
	2.	11.148,55
	3.	2.812,05

Soll	Verb. LSt/KiSt		Haben
3.	2.812,05	2.	2.812,05

Soll	Beitragsschuld SV		Haben
1.	7.035,05	2.	7.035,05

Deutlich wird bei beiden Buchungsalternativen, dass sie zu den gleichen Ergebnissen führen.

Nettobuchung

Bei der Anwendung der Nettobuchung werden die Personalaufwendungen in der Weise erfasst, dass die Sozialversicherungsbeiträge, die Ausbezahlung der Nettolöhne und die Beträge für Lohn- und Kirchensteuer einzeln gebucht werden. Die Buchung der Aufwendungen findet immer dann statt, wenn die entsprechende Zahlung erfolgt.

Beispiel

Es gelten die Ausgangsdaten vom Beispiel der Bruttobuchung.

Lösung:
Die Sozialversicherungsbeiträge werden am 26. März 2021, die Nettolöhne am 31. März 2021 und die Lohn- und Kirchensteuer am 10. April 2021 vom Bankkonto überwiesen.

Die dazugehörigen Buchungssätze nach der Nettobuchung lauten wie folgt:

1. Buchungsalternative der Nettobuchung:

Buchung Sozialversicherungsbeiträge am 26. März 2021:

1.	Löhne und Gehälter	3.539,40	an	Bank	7.035,05
	gesetzliche SV-Abgaben	3.495,65			

Buchung Überweisung Nettogehälter am 31. März 2021:

2.	Löhne und Gehälter	11.148,55	an	Bank	11.148,55

Buchung Überweisung Lohnsteuer und Kirchensteuer am 10. April 2021:

3.	Löhne und Gehälter	2.812,05	an	Bank	2.812,05

Die dazugehörigen Konten haben folgende Gestalt:

Soll	Löhne und Gehälter	Haben
1.	3.539,40	
2.	11.148,55	
3.	2.812,05	

Soll	SV-Abgaben	Haben
1.	3.495,65	

Soll	Bank	Haben
	1.	7.035,05
	2.	11.148,55
	3.	2.812,05

2. Buchungsalternative der Nettobuchung:

Buchung Sozialversicherungsbeiträge am 26. März 2021:

1.	Beitragsschuld SV voraussichtlich	7.035,05	an	Bank	7.035,05

Buchung Überweisung Nettogehälter am 31. März 2021:

2.	Löhne und Gehälter	14.687,95	an	Bank	11.148,55
	gesetzliche SV-Abgaben	3.495,65		Beitragsschuld SV voraussichtlich	7.035,05

Buchung Überweisung Lohnsteuer und Kirchensteuer am 10. April 2021:

3.	Löhne und Gehälter	2.812,05	an	Bank	2.812,05

Die dazugehörigen Konten haben folgende Gestalt:

Soll	Löhne und Gehälter		Haben
2.	14.687,95		
3.	2.812,05		

Soll	SV-Abgaben		Haben
2.	3.495,65		

Soll	Bank		Haben
		1.	7.035,05
		2.	11.148,55
		3.	2.812,05

Soll	Beitragsschuld SV		Haben
1.	7.035,05	2.	7.035,05

Auch hier wird deutlich, dass beide Buchungsalternativen zum gleichen Ergebnis führen.

Um für Unternehmen aussagekräftige betriebswirtschaftliche Auswertungen vor allem auch auf monatlicher Basis erstellen zu können, ist es erforderlich, dass alle Aufwendungen in den Monaten verbucht werden, zu denen sie auch wirtschaftlich gehören. Falls bei der Lohn- und Gehaltsabrechnung die Methode der **Nettobuchung** angewendet wird, dann wird dies nicht der Fall sein, da die abzuführenden Steuerbeträge erst um den 10. eines Folgemonats bezahlt und somit auch erst dann gebucht werden. Deshalb ist die Methode der **Nettobuchung** vor allem für größere Unternehmen nicht zu empfehlen.

Der Nachteil der **Nettobuchung** ist der Vorteil der **Bruttobuchung**. Denn bei dieser Buchungsmethode wird der Lohn- und Gehaltsaufwand in der Periode erfasst, zu dem er auch betriebswirtschaftlich gehört. Deshalb sind die monatlichen betriebswirtschaftlichen Auswertungen aussagekräftiger für die Unternehmen.

Im Hinblick auf die monatlichen betriebswirtschaftlichen Auswertungen wird empfohlen, der Methode der **Bruttobuchung** den Vorzug zu geben. Eine Aussage im Hinblick darauf, für welche der beiden Buchungsalternativen im Rahmen der Methode der **Bruttobuchung** sich ein Unternehmen entscheiden soll, ist schwer zu treffen. Etwas klarer erscheint die erste Buchungsalternative für die Unternehmen. Deshalb wird die erste Buchungsalternative den Unternehmen auch empfohlen und im Weiteren angewendet.

3.5.4 Berücksichtigung weiterer Abzugsbeträge bei der Lohn- und Gehaltsabrechnung

3.5.4.1 Behandlung von Vorschüssen

Es kann immer wieder vorkommen, dass ein Arbeitnehmer mehr Geld benötigt, als er aktuell zur Verfügung hat. In diesem Fall kann der Arbeitnehmer bei seinem Arbeitgeber nach einem Lohn- bzw. Gehaltsvorschuss anfragen. In den meisten Fällen wird der Arbeitgeber seinem Arbeitnehmer auch diesen Lohn- bzw. Gehaltsvorschuss gewähren.

Bei der Gewährung eines Vorschusses erhält der Arbeitnehmer finanzielle Mittel von seinem Arbeitgeber, obwohl er noch keine Arbeitsleistung erbracht hat. Der bezahlte Vorschuss an den Arbeitnehmer ist deshalb nicht als Lohn- und Gehaltsaufwand, sondern als Forderungen an Mitarbeiter zu erfassen. In der Regel findet der Ausgleich dieser Forderung gegenüber seinem Arbeitnehmer durch Verrechnung bei der nächsten Lohn- und Gehaltsabrechnung statt.

Beispiel

Stuckateur Luigi Farfalle gibt seinem Mitarbeiter Mario Monti im September 2021 einen Lohnvorschuss in Höhe von 400,00 Euro.

Das Bruttoarbeitsentgelt für Mario Monti für den Monat September beträgt 3.100,00 Euro. Bei einer Lohn- und Kirchensteuer in Höhe von 451,34 Euro, einem Arbeitnehmeranteil zur Sozialversicherung in Höhe von 626,98 Euro und nach Verrechnung des Lohnvorschusses in Höhe von 400,00 Euro beträgt der Auszahlungsbetrag für den Monat September 2021 für Mario Monti 1.621,68 Euro.

Der Arbeitgeberanteil zur Sozialversicherung beläuft sich auf 619,23 Euro.

Lösung:
Da Mario Monti im September 2021 einen Lohnvorschuss erhält, wird dieser im Monat September auch verbucht. Der Lohnvorschuss wird dann mit der Lohnauszahlung für den Monat September 2021 verrechnet. Der Lohnvorschuss hat sonst keine Auswirkungen auf die anderen Berechnungsgrößen.

Der Sozialversicherungsbeitrag wird am 26. September 2021, der Nettolohn am 30. September 2021 und die Lohn- und Kirchensteuer am 10. Oktober 2021 vom Bankkonto überwiesen.

Die dazugehörigen Buchungssätze lauten wie folgt:

Buchung Lohnvorschuss im September 2021:

1.	Forderungen an Mitarbeiter	400,00	an	Bank	400,00

Buchung Sozialversicherungsbeiträge am 26. September 2021:

2.	Löhne und Gehälter	626,98	an	Bank	1.246,21
	gesetzliche SV-Abgaben	619,23			

Buchung Überweisung Nettolohn am 30. September 2021:

3.	Löhne und Gehälter	2.473,02	an	Bank	1.621,68
				Verb. LSt/KiSt	451,34
				Forderungen an Mitarbeiter	400,00

Buchung Überweisung Lohnsteuer und Kirchensteuer am 10. Oktober 2021:

4.	Verb. LSt/KiSt	451,34	an	Bank	451,34

Die dazugehörigen Konten haben folgende Gestalt:

Soll	Löhne und Gehälter		Haben
2.	626,98		
3.	2.473,02		

Soll	SV-Abgaben		Haben
2.	619,23		

Soll	Bank		Haben
		1.	400,00
		2.	1.246,21
		3.	1.621,68
		4.	451,34

Soll	Verb. LSt/KiSt		Haben
4.	451,34	3.	451,34

Soll	Ford. an Mitarbeiter		Haben
1.	400,00	3.	400,00

3.5.4.2 Behandlung von Abschlagszahlungen

Üblich ist es in einigen Unternehmen, gewerblichen Mitarbeitern den Monatslohn nicht am Monatsende in einer Summe, sondern während des Arbeitsmonats in Teilbeträgen auszubezahlen. Da diese Unternehmen nicht mehrere Lohnabrechnungen innerhalb des Arbeitsmonats vornehmen, wird die Höhe der vorher auszuzahlenden Beträge, der Abschlagszahlungen, geschätzt. Grundlage der Schätzung sind das im Vormonat bezogene Nettoarbeitsentgelt, also der Nettolohn, und die Anzahl der Abschläge.

Bei einer Abschlagszahlung zum 15. des Monats könnte der Abschlag z. B. 50 % des Nettolohns des Vormonats ausmachen. Kommt es am 10. und am 20. des Monats zu Abschlagszahlungen, könnten diese sich z. B. auf jeweils ein Drittel des im Vormonat ausgezahlten Nettolohns belaufen.

Abschlagszahlungen stellen im Gegensatz zu Vorschüssen Aufwand für eine bereits erhaltene Arbeitsleistung dar. Deshalb müssen die Abschlagszahlungen bei ihrer Verbuchung als Lohnaufwand gebucht werden.

Beispiel

Stuckateur Luigi Farfalle hat für den Abrechnungsmonat März 2021 die Lohnliste für seine 5 Mitarbeiter erstellt (siehe hierzu das Beispiel bei Kap. 3.5.3).

Das Bruttoarbeitsentgelt für seine 5 Mitarbeiter für den Monat März 2021 beträgt 17.500,00 Euro. Die Lohn- und Kirchensteuer beträgt 2.812,05 Euro, der Arbeitnehmeranteil zur Sozialversicherung 3.539,40 Euro und der Arbeitgeberanteil zur Sozialversicherung 3.495,65 Euro.

Am 15. März 2021 hat Luigi Farfalle seinen 5 Mitarbeitern eine Abschlagszahlung in Höhe von 6.000,00 Euro überwiesen.

Lösung:
Die Abschlagszahlung in Höhe von 6.000,00 Euro wird zum Zeitpunkt der Überweisung als Lohnaufwand erfasst. Bei der Überweisung der Nettoarbeitsentgelte am 31. März 2021 wird die bereits überwiesene Abschlagszahlung berücksichtigt.

Die Sozialversicherungsbeiträge werden am 26. März 2021, die korrigierten Nettolöhne am 31. März 2021 und die Lohn- und Kirchensteuer am 10. April 2021 vom Bankkonto überwiesen.

Die dazugehörigen Buchungssätze lauten wie folgt:

Buchung Abschlagszahlung am 15. März 2021:

1.	Löhne und Gehälter	6.000,00	an	Bank	6.000,00

Buchung Sozialversicherungsbeiträge am 26. März 2021:

2.	Löhne und Gehälter	3.539,40	an	Bank	7.035,05
	gesetzliche SV-Abgaben	3.495,65			

Buchung Überweisung Nettogehälter am 31. März 2021:

3.	Löhne und Gehälter	7.960,60	an	Bank	5.148,55
				Verb. LSt/KiSt	2.812,05

Buchung Überweisung Lohnsteuer und Kirchensteuer am 10. April 2021:

4.	Verb. LSt/KiSt	2.812,05	an	Bank	2.812,05

Die dazugehörigen Konten haben folgende Gestalt:

Soll	Löhne und Gehälter		Haben
1.	6.000,00		
2.	3.539,40		
3.	7.960,60		

Soll	SV-Abgaben		Haben
2.	3.495,65		

Soll	Bank		Haben
		1.	6.000,00
		2.	7.035,05
		3.	5.148,55
		4.	2.812,05

Soll	Verb. LSt/KiSt		Haben
4.	2.812,05	3.	2.812,05

3.6 Abgrenzungsrelevante Sachverhalte am Geschäftsjahresende

3.6.1 Abschreibungen

3.6.1.1 Grundsätzliches zu den Abschreibungen

In einer Rechnungsperiode erwirbt ein Unternehmen verschiedenartige Vermögensgegenstände, die dem Unternehmen kurz- oder langfristig zur Verfügung stehen. Vermögensgegenstände, die einem Unternehmen längerfristig zur Verfügung stehen und einer laufenden Wertminderung unterliegen, sind handels- wie steuerrechtlich abzuschreiben. Konkret bedeutet dies, dass die Anschaffungs- oder Herstellungskosten, die aktiviert wurden, auf die voraussichtlich genutzte Laufzeit des Vermögensgegenstandes verteilt werden. Das bedeutet, dass der Teil des Vermögensgegenstandes, der in der Rechnungsperiode nicht verbraucht wurde, den Aufwand der Rechnungsperiode auch nicht mindern darf. Nur der verbrauchte Teil des Vermögensgegenstandes darf den Erfolg der Rechnungsperiode mindern und ist als laufende Abschreibung in der Gewinn- und Verlustrechnung zu erfassen.

Grund und Boden wie Finanzanlagen unterliegen keiner laufenden Abnutzung und dürfen deshalb auch nicht kontinuierlich abgeschrieben werden. Abnutzbare Vermögensgegenstände wie z. B. Gebäude, Maschinen, Fuhrpark oder auch die Betriebs- und Geschäftsausstattung unterliegen hingegen einem zeitlichen, technischen und wirtschaftlichen Verbrauch und sind deshalb planmäßig auf ihre Nutzungsdauer abzuschreiben.

Im Handelsrecht stehen die Grundlagen für die Abschreibungen in § 253 Abs. 3 bis Abs. 5 HGB. Nach § 253 Abs. 1 Satz 1 HGB sind die Anschaffungs- oder Herstellungskosten die Bemessungsgrundlage für die zu bestimmende Abschreibung. § 253 Abs. 3 Satz 2 HGB fordert, dass die Anschaffungs- oder Herstellungskosten auf die Geschäftsjahre zu verteilen sind, in denen der Vermögensgegenstand voraussichtlich genutzt werden kann. Konkrete Nutzungsdauern für die Bemessung der Abschreibungen gibt das Handelsrecht dem Rechnungslegenden nicht vor. Der Rechnungslegende ist deshalb grundsätzlich frei bei der Bemessung seiner Nutzungsdauern.

Außerplanmäßige Abschreibungen können nach dem Handelsrecht bei abnutzbaren wie nicht abnutzbaren Vermögensgegenständen nach § 253 Abs. 3 und Abs. 4 HGB vorgenommen werden, etwa bei abnutzbaren Vermögensgegenständen wie z. B. bei einer Maschine, wenn der beizulegende Stichtagswert deutlich niedriger ist als der sich zum Bilanzstichtag ergebende Restbuchwert. Da nicht abnutzbare Vermögensgegenstände wie z. B. Grund und Boden oder Finanzanlagen immer zu den ursprünglichen Anschaffungskosten bilanziert werden, ergibt sich der Betrag für die außerplanmäßige Abschreibung als Differenz zwischen den ursprünglichen Anschaffungskosten und dem beizulegenden Stichtagswert zum Bilanzstichtag.

Beispiel

Da Luigi Farfalle überflüssiges Kapital in seinem Stuckateurbetrieb hat, kauft er im Juni 2021 als Langfristanlage 300 Stück Aktien der Rialto-AG zum Preis von 60,00 Euro je Aktie. Zum Bilanzstichtag 31.12.2021 hat eine Rialto-Aktie nur noch einen Wert von 40,00 Euro und die wirtschaftlichen Aussichten bei der Rialto-AG sind auch für die Zukunft nicht vielversprechend.

Lösung:
Die Rialto-Aktien werden in der Bilanz zum 31.12.2021 als Finanzanlagevermögen ausgewiesen, da sie als Langfristanlage von Luigi Farfalle erworben wurden. Da die Rialto-Aktien zum Bilanzstichtag an Wert verloren haben und sich in absehbarer Zeit wohl nicht erholen werden, müssen sie nach §253 Abs. 3 Satz 5 HGB zwingend außerplanmäßig abgeschrieben werden. Das Abschreibungsvolumen beträgt 300 Stück Aktien x 20,00 Euro = 6.000,00 Euro. Zum Bilanzstichtag 31.12.2021 werden die Rialto-Aktien mit einem Gesamtwert in Höhe von 12.000,00 Euro (300 Stück Aktien x 40,00 Euro) unter den Finanzanlagen ausgewiesen.

Der dazugehörige Buchungssatz lautet wie folgt:

1.	außerplanmäßige Abschreibung	6.000,00	an	Wertpapiere des AV	6.000,00

Neben den handelsrechtlichen Regelungen zur Bestimmung der Abschreibungen muss jeder Rechnungslegende auch die Gesetzesgrundlagen für die Abschreibungen in der Steuerbilanz beachten. Jede Steuerbilanz ist fiskalpolitisch getrieben und verfolgt gegenüber der Handelsbilanz das Ziel einer Ermittlung des tatsächlichen Gewinns.

Im Einkommensteuergesetz wird nicht der Terminus **Abschreibung** verwendet, dort wird vielmehr von der **Absetzung für Abnutzung (AfA)** gesprochen. In §7 Abs. 1 EStG ist die lineare AfA und in §7 Abs. 2 EStG die degressive AfA geregelt. In §7 Abs. 1 Satz 4 EStG findet sich die Regelung der zeitanteiligen AfA (pro rata temporis). Damit ist gemeint, dass im Jahr der Anschaffung oder Herstellung des Wirtschaftsgutes[55] jeder volle Monat, der dem Monat der Anschaffung oder Herstellung vorangeht, nicht abgeschrieben werden darf.

Beispiel

Luigi Farfalle kauft am 25.04.2021 eine neue Stuckateurmaschine. Der Kaufpreis beträgt 15.000,00 Euro (netto). Die Nutzungsdauer wird auf 10 Jahre geschätzt.

Luigi Farfalle möchte gerne wissen, wie hoch der Abschreibungsbetrag für das Jahr 2021 ist und wie die neue Stuckateurmaschine zum Bilanzstichtag 31.12.2021 ausgewiesen wird.

55 In der Steuerbilanz wird anstelle des Begriffs »Vermögensgegenstand« der Begriff »Wirtschaftsgut« verwendet.

Lösung:
Die neue Stuckateurmaschine wird im Anlagevermögen nach § 253 Abs. 1 Satz 1 HGB i. V. m. § 6 Abs. 1 Nr. 1 Satz 1 EStG im Zugangszeitpunkt mit den Anschaffungskosten in Höhe von 15.000,00 Euro (netto) aktiviert. Nach § 253 Abs. 3 Satz 1 und Satz 2 HGB i. V. m. §§ 7 Abs. 1, 7 Abs. 1 Satz 4 EStG bestimmt sich die Abschreibung für das Jahr 2021 wie folgt:

15.000,00 Euro : 10 Jahre x 9/12 = 1.125,00 Euro.

Die neue Stuckateurmaschine wird nach § 253 Abs. 1 Satz 1 HGB i. V. m. § 6 Abs. 1 Nr. 1 Satz 1 EStG zum Bilanzstichtag 31.12.2021 mit den fortgeführten Anschaffungskosten in Höhe von 13.875,00 Euro aktiviert.

Die dazugehörigen Buchungssätze lauten wie folgt:

Kauf der Maschine am 25.04.2021:

1.	Stuckateurmaschine Vorsteuer	15.000,00 2.850,00	an	Verbindlichkeiten L.u.L.	17.850,00

Buchung Abschreibung für 2021:

2.	Abschreibung Stuckateurmaschine	1.125,00	an	Stuckateurmaschine	1.125,00

Nach § 7 Abs. 1 Satz 6 EStG besteht die Möglichkeit, Wirtschaftsgüter nach der Leistung abzuschreiben. Diese Möglichkeit darf jedoch nur dann in Anspruch genommen werden, wenn es in wirtschaftlich begründeten Fällen sinnvoller ist, nach der Maßgabe der Leistung ein Wirtschaftsgut abzuschreiben, statt eine Absetzung in gleichen Jahresbeträgen vorzunehmen. In der Praxis muss genau geprüft werden, wo die Leistungsabschreibung angewendet werden kann. Bei Prototypen etwa kann man sich dies gut vorstellen. Die oft genannten Beispiele, nämlich Fernreisebusse oder Lkw im Güterfernverkehr, sind allerdings abzulehnen, da man von einer Gesamtlaufzeit in Kilometer ausgehen muss und diese zu Beginn der Nutzung des Vermögensgegenstandes Fernreisebus oder Lkw nicht verlässlich geschätzt werden kann.

Nach § 7 Abs. 6 EStG wird dem Rechnungslegenden noch die Möglichkeit einer Absetzung für Substanzverringerung gegeben. Diese Abschreibungsmöglichkeit kann z. B. bei Bergbauunternehmen, Steinbrüchen und ähnlichen Betrieben angewendet werden.

Wie bereits erwähnt, werden im Steuerrecht im Vergleich zum Handelsrecht andere Begriffe für den Terminus Abschreibung verwendet. Der im Steuerrecht verwendete Begriff **Absetzung für Abnutzung (AfA)** entspricht dem Begriff **Abschreibung** im Handelsrecht, die **Abschreibung auf den niedrigeren Teilwert** der **außerplanmäßigen Abschreibung**.

Konkrete Nutzungsdauern für die abzuschreibenden Vermögensgegenstände gibt das Handelsrecht nicht vor. Der Rechnungslegende muss für die steuerliche Gewinnermittlung zwingend die vom

Bundesministerium der Finanzen (BMF) vorgegebenen Nutzungsdauern anwenden. Nach dem BMF-Schreiben »AfA-Tabelle für die allgemein verwendbaren Anlagegüter (AfA-Tabelle ›AV‹)«, BStBl I 2000 vom 15.12.2000 sind z. B. Tennishallen und Photovoltaikanlagen auf 20 Jahre, Pkw und Kombiwagen auf 6 Jahre, Lkw, Sattelschlepper und Kipper auf 9 Jahre und Büromöbel auf 13 Jahre abzuschreiben.

3.6.1.2 Bemessungsgrundlage für die Abschreibungen

Die Bemessungsgrundlage für die Abschreibung sind die Anschaffungs- oder Herstellungskosten. Auf diese wird eine jährliche Abschreibungsquote berechnet, die den Betrag der jährlich vorzunehmenden Abschreibung darstellt.

Die Anschaffungskosten setzen sich nach § 255 Abs. 1 HGB aus folgenden Bestandteilen zusammen:

Anschaffungskosten nach § 255 Abs. 1 HGB	
	Anschaffungspreis
+	Anschaffungsnebenkosten
+	nachträgliche Anschaffungskosten
–	Anschaffungspreisminderungen
=	**Anschaffungskosten**

Abb. 37: Anschaffungskosten nach § 255 Abs. 1 HGB

Die Bestandteile der Herstellungskosten sind in § 255 Abs. 2 und Abs. 3 HGB geregelt. Werden Vermögensgegenstände durch das Unternehmen selbst hergestellt, wie z. B. eine selbst hergestellte Werkzeugmaschine bei Maschinenbauunternehmen oder eine selbst hergestellte Lagerhalle bei Bauunternehmen, so werden die Abschreibungen anhand der **Herstellungskosten** bemessen. Hierbei dürfen Forschungs- und Vertriebskosten nach § 255 Abs. 2 Satz 4 HGB nicht in die Herstellungskosten einbezogen werden. Fremdkapitalkosten dürfen nach § 255 Abs. 3 Satz 2 HGB nur insoweit einbezogen werden, als sie auf den Zeitraum der Herstellung entfallen.

Bei der Bestimmung der Abschreibung kann der Fall auftreten, dass ein Restwert zu berücksichtigen ist. Dies ist aber nur dann möglich, wenn beim Kauf eines Vermögensgegenstandes schon bekannt ist, dass ein Verkaufserlös erzielt werden kann. Im Regelfall wird dies beim Abschluss des Kaufvertrages geregelt.

Beispiel

Luigi Farfalle kauft für seinen Stuckateurbetrieb ein neues Putzsilo für 10.000,00 Euro (netto). Mit dem Verkäufer wird im Kaufvertrag vereinbart, dass dieser nach der Nutzungsdauer von 10 Jahren das Putzsilo für 500,00 Euro (netto) wieder zurücknehmen muss.

Lösung:
Da bereits beim Vertragsabschluss bekannt ist, dass das Putzsilo vom Verkäufer nach der 10-jährigen Nutzungsdauer für 500,00 Euro (netto) zurückgenommen wird, ist nach § 253 Abs. 1 Satz 1 HGB die Bemessungsgrundlage für die Berechnung der Abschreibung 9.500,00 Euro.

Beim Einsatz von Maschinen, maschinellen Anlagen oder auch beim Fuhrpark werden durch die ständige Nutzung dieser Vermögensgegenstände erfahrungsgemäß Reparaturen und Inspektionen anfallen. Bei diesen Aufwendungen handelt es sich um **Erhaltungsaufwand** der Vermögensgegenstände, weswegen diese Aufwendungen sofort erfolgswirksam in der Gewinn- und Verlustrechnung zu erfassen sind. Fallen jedoch Großreparaturen an oder werden an den Vermögensgegenständen Veränderungen in der Weise vorgenommen, dass sie gegenüber ihrer ursprünglichen Nutzung einen Mehrwert erfahren, dann müssen diese Aufwendungen zwingend zu dem Vermögensgegenstand hinzuaktiviert werden. In diesem Zusammenhang spricht man von **Herstellungsaufwand**. Im Ergebnis erfährt der Vermögensgegenstand eine Werterhöhung, die zu einer neuen, höheren Abschreibungsbasis führt. In der Praxis muss in einem solchen Fall geprüft werden, ob sich daraus nicht auch eine neue, längere Nutzungsdauer des Vermögensgegenstandes ergibt.

3.6.1.3 Abschreibungsmethoden

3.6.1.3.1 Lineare Abschreibung

Bei der linearen Abschreibung, die in § 7 Abs. 1 EStG gesetzlich geregelt ist, werden die Anschaffungs- oder Herstellungskosten durch die Nutzungsdauer geteilt. Im Ergebnis ergibt sich somit für jede Rechnungsperiode ein gleicher Abschreibungsbetrag.

Beispiel

Luigi Farfalle hat für seinen Stuckateurbetrieb am 27.04.2021 eine neue Putzmaschine angeschafft. Ihr Preis beträgt 15.000,00 Euro (netto). Die Nutzungsdauer wird auf 10 Jahre geschätzt. Ein Restwert ergibt sich nicht.

Luigi Farfalle möchte gerne, dass man einen Abschreibungsplan für seine neue Putzmaschine nach der **linearen Abschreibungsmethode** aufstellt.

Lösung:
Die jährliche Abschreibungsquote beträgt 10 %. Da immer vom Nettorechnungsbetrag abgeschrieben wird, beträgt der jährliche Abschreibungsbetrag 1.500,00 Euro (15.000,00 Euro dividiert durch 10 Jahre). Da die Anschaffung der Maschine am 27.04.2021 war, darf die Maschine im ersten Jahr nach § 7 Abs. 1 Satz 4 EStG nur zeitanteilig für 9 Monate abgeschrieben werden (pro rata temporis), eine Abschreibung also nur in Höhe von 9/12 des Jahresabschreibungsbetrages vorgenommen werden.

Abschreibungsplan der neuen Putzmaschine	
Anschaffungskosten 27.04.2021: 15.000,00 Euro (netto) Abschreibung 2021: 1.500 Euro x 9/12	15.000,00 Euro 1.125,00 Euro
Restbuchwert: 31.12.2021 Abschreibung: Jahr 2022	13.875,00 Euro 1.500,00 Euro
Restbuchwert: 31.12.2022 Abschreibung: Jahr 2023	12.375,00 Euro 1.500,00 Euro
Restbuchwert: 31.12.2023 Abschreibung: Jahr 2024	10.875,00 Euro 1.500,00 Euro
Restbuchwert: 31.12.2024 Abschreibung: Jahr 2025	9.375,00 Euro 1.500,00 Euro
Restbuchwert: 31.12.2025 Abschreibung: Jahr 2026	7.875,00 Euro 1.500,00 Euro
Restbuchwert: 31.12.2026 Abschreibung: Jahr 2027	6.375,00 Euro 1.500,00 Euro
Restbuchwert: 31.12.2027 Abschreibung: Jahr 2028	4.875,00 Euro 1.500,00 Euro
Restbuchwert: 31.12.2028 Abschreibung: Jahr 2029	3.375,00 Euro 1.500,00 Euro
Restbuchwert: 31.12.2029 Abschreibung: Jahr 2030	1.875,00 Euro 1.500,00 Euro
Restbuchwert: 31.12.2030 Abschreibung: Jahr 2031	375,00 Euro 374,00 Euro
Restbuchwert: 31.12.2031	1,00 Euro

Tab. 30: Abschreibungsplan nach der linearen Abschreibungsmethode

Die dazugehörenden Buchungssätze lauten wie folgt:

Kauf der Maschine am 27.04.2021:

1.	Putzmaschine Vorsteuer	15.000,00 2.850,00	an	Verbindlichkeiten aus L.u.L.	17.850,00

Buchung Abschreibung 9/12 für 2021:

2.	AfA Putzmaschine	1.125,00	an	Putzmaschine	1.125,00

Buchung Abschreibung für die Jahre 2022 bis 2030 jeweils:

3.	AfA Putzmaschine	1.500,00	an	Putzmaschine	1.500,00

Buchung Abschreibung für 2031:

4.	AfA Putzmaschine	374,00	an	Putzmaschine	374,00

Üblich in der Praxis ist es, Vermögensgegenstände auf einen Erinnerungswert in Höhe von 1,00 Euro abzuschreiben, damit der Vermögensgegenstand immer in der Bilanz enthalten ist.

3.6.1.3.2 Degressive Abschreibung

In § 7 Abs. 2 EStG ist die degressive Abschreibung gesetzlich geregelt. Zulässig ist diese Abschreibungsmethode nur bei beweglichen Wirtschaftsgütern des Anlagevermögens. Grundsätzlich sind fast alle Wirtschaftsgüter beweglich. Ausnahmen sind z. B. eine Rolltreppe in einem Kaufhaus, Schwimmbecken in einem Hotel, Gebäude, bebaute oder unbebaute Grundstücke. Auch immaterielle Wirtschaftsgüter sind unbewegliche Wirtschaftsgüter und können somit nur linear abgeschrieben werden.

Durch das **Zweite Gesetz zur Umsetzung steuerlicher Hilfsmaßnahmen zur Bewältigung der Corona-Krise (Zweites Corona-Steuerhilfegesetz) vom 29. Juni 2020** hat der Gesetzgeber dem Rechnungslegenden wieder die Möglichkeit eröffnet, die degressive AfA bei beweglichen Wirtschaftsgütern des Anlagevermögens anzuwenden, wenn bewegliche Wirtschaftsgüter nach dem 31.12.2019 und vor dem 01.01.2022 angeschafft oder hergestellt worden sind.[56]

Nach § 7 Abs. 2 Satz 2 EStG darf die Abschreibungsquote höchstens das **Zweieinhalbfache** der alternativen linearen Abschreibungsquote betragen und dabei 25 % nicht übersteigen. Falls das Zweieinhalbfache weniger ist als 25 %, muss die geringere Quote angesetzt werden. Die Abschreibung bemisst sich dabei immer nach dem Restbuchwert.

Der Vorteil der degressiven Abschreibung liegt darin, dass in den ersten Jahren der Nutzung des Wirtschaftsgutes die Abschreibungsbeträge höher sind als bei einer linearen Abschreibung. In späteren Jahren kehrt sich dieser Vorteil jedoch in einen Nachteil um, da die Abschreibungsbeträge dann kleiner werden. In diesem Fall ist es dann sinnvoller, von einer degressiven auf eine lineare Abschreibung zu wechseln. Dieser Wechsel wird durch § 7 Abs. 3 Satz 1 EStG möglich. Ein Wechsel von der linearen auf die degressive Abschreibungsmethode ist hingegen gemäß § 7 Abs. 3 Satz 3 EStG nicht zulässig.

Beispiel

Luigi Farfalle hat am 15.07.2020 für seinen Stuckateurbetrieb eine neue Betonspritzmaschine angeschafft. Der Preis der neuen Betonspritzmaschine beträgt 18.000,00 Euro (netto). Die Nutzungsdauer wird auf 15 Jahre geschätzt. Ein Restwert ergibt sich nicht.

Luigi Farfalle verfolgt das Ziel, seinen Gewinn so niedrig wie möglich auszuweisen. Deshalb wählt er die degressive Abschreibungsmethode, was bei dieser Art von Neuanschaffung möglich ist. Luigi Farfalle möchte gerne, dass man für seine neue Betonspritzmaschine einen Abschreibungsplan nach der **degressiven Abschreibungsmethode** aufstellt.

56 Durch das Vierte Gesetz zur Umsetzung steuerlicher Hilfsmaßnahmen zur Bewältigung der Corona-Krise (Viertes Corona-Steuerhilfegesetz) vom 19. Juni 2022 wurde die Möglichkeit der Inanspruchnahme der **degressiven Abschreibungsmethode** um ein Jahr verlängert bis Ende 2022.

Lösung:
Die jährliche lineare Abschreibungsquote beträgt gerundet 6,67 %. Nach § 7 Abs. 2 Satz 2 EStG beträgt die degressive Abschreibungsquote das **Zweieinhalbfache** der linearen Abschreibung, maximal 25 %. Das **Zweieinhalbfache** der linearen Abschreibungsquote ist in diesem Fall 16,67 %. 16,67 % sind weniger als 25 %, als jährliche degressive Abschreibungsquote dürfen maximal 16,67 % angesetzt werden.

Da die Anschaffung der Maschine am 15.07.2020 erfolgte, darf im ersten Jahr nach § 7 Abs. 1 Satz 4 EStG die Maschine nur zeitanteilig für 6 Monate abgeschrieben werden (pro rata temporis). Im Ergebnis darf im Jahr der Anschaffung nur eine Abschreibung in Höhe von 6/12 der Jahresabschreibungsquote von 16,67 % vorgenommen werden.

In den Folgejahren bestimmt sich der Abschreibungsbetrag immer nach dem jeweiligen Buchwert, sprich dem Restwert, am entsprechenden Bilanzstichtag.

Abschreibungsplan der neuen Maschine	
Anschaffungskosten 15.07.2020: 18.000,00 Euro	18.000,00 Euro
Abschreibung 2020: 18.000,00 Euro x 16,67 % = 3.000,00 Euro	
3.000.00 Euro x 6/12 =	1.500,00 Euro
Restbuchwert: 31.12.2020	16.500,00 Euro
Abschreibung 2021: 16.500,00 Euro x 16,67 % = 2.750,00 Euro	2.750,00 Euro
Restbuchwert: 31.12.2021	13.750,00 Euro
Abschreibung 2022: 13.750,00 Euro x 16,67 % = 2.292,00 Euro	2.292,00 Euro
Restbuchwert: 31.12.2022	11.458,00 Euro
Abschreibung 2023: 11.458 Euro x 16,67 % = 1.910,00 Euro	1.910,00 Euro
Restbuchwert: 31.12.2023	9.548,00 Euro
Abschreibung 2024: 9.548,00 Euro x 16,67 % = 1.592,00 Euro	1.592,00 Euro
Restbuchwert: 31.12.2024	7.956,00 Euro
Abschreibung 2025: 7.956,00 Euro x 16,67 % = 1.326,00 Euro	1.326,00 Euro
Restbuchwert: 31.12.2025	6.630,00 Euro
Abschreibung 2026: 6.630,00 Euro x 16,67 % = 1.105,00 Euro	1.105,00 Euro
Restbuchwert: 31.12.2026	5.525,00 Euro
Abschreibung 2027: 5.525,00 Euro x 16,67 % = 921,00 Euro	921,00 Euro
Restbuchwert: 31.12.2027	4.604,00 Euro
Abschreibung 2028: 4.604,00 Euro x 16,67 % = 767,00 Euro	767,00 Euro
Restbuchwert: 31.12.2028	3.837,00 Euro
Abschreibung 2029: 3.837,00 Euro x 16,67 % = 640,00 Euro	640,00 Euro
Restbuchwert: 31.12.2029	3.197,00 Euro
Abschreibung 2030: 3.197,00 Euro x 16,67 % = 533,00 Euro	
Wechsel auf lineare AfA nach § 7 Abs. 3 EStG	
3.197,00 Euro : RND 5,5 Jahre = 581,00 Euro	**581,00 Euro**
Restbuchwert: 31.12.2030	2.616,00 Euro
Abschreibung 2031:	581,00 Euro
Restbuchwert: 31.12.2031	2.035,00 Euro
Abschreibung 2032:	581,00 Euro

Abschreibungsplan der neuen Maschine	
Restbuchwert: 31.12.2032 Abschreibung 2033:	1.454,00 Euro 581,00 Euro
Restbuchwert: 31.12.2033 Abschreibung 2034:	873,00 Euro 581,00 Euro
Restbuchwert: 31.12.2034 Abschreibung 2035:	292,00 Euro 291,00 Euro
Restbuchwert: 31.12.2035	1,00 Euro

Tab. 31: Abschreibungsplan nach der degressiven Abschreibungsmethode

Die dazugehörenden Buchungssätze lauten wie folgt:

Kauf der Maschine am 15.07.2020:

1.	Maschine Vorsteuer	18.000,00 3.420,00	an	Verbindlichkeiten aus L.u.L.	21.420,00

Buchung Abschreibung 6/12 für 2020:

2.	AfA Maschine	1.500,00	an	Maschine	1.500,00

Buchung Abschreibung für 2021:

3.	AfA Maschine	2.750,00	an	Maschine	2.750,00

Buchung Abschreibung für 2030:

4.	AfA Maschine	581,00	an	Maschine	581,00

Buchung Abschreibung für 2035:

5.	AfA Maschine	291,00	an	Maschine	291,00

Auch bei der degressiven Abschreibungsmethode wird auf einen Erinnerungswert in Höhe von 1,00 Euro abgeschrieben.

3.6.1.3.3 Abschreibung geringwertiger Wirtschaftsgüter

Das Steuerrecht gibt dem Rechnungslegenden unter bestimmten Voraussetzungen nach § 6 Abs. 2 EStG die Möglichkeit, bewegliche abnutzbare Wirtschaftsgüter des Anlagevermögens, die selbstständig nutzbar sind, sofort als Betriebsausgabe zu behandeln. Hierbei müssen jedoch zwei Fälle unterschieden werden, und zwar

- Wirtschaftsgüter mit **Anschaffungs- oder Herstellungskosten** von nicht mehr als **250,00 Euro (netto)**, und
- Wirtschaftsgüter mit **Anschaffungs- oder Herstellungskosten** von nicht mehr als **800,00 Euro (netto)**.

Falls die Voraussetzungen von § 6 Abs. 2 Satz 1 EStG erfüllt sind, besteht die Möglichkeit, die geringwertigen Wirtschaftsgüter sofort in voller Höhe oder mit ihren Anschaffungs- oder Herstellungskosten zu aktivieren und über die vorgegebene Nutzungsdauer abzuschreiben.

Geringwertige Wirtschaftsgüter, deren Anschaffungs- oder Herstellungskosten nicht mehr als **250,00 Euro (netto)** betragen, können, unabhängig von irgendwelchen Voraussetzungen, nach § 6 Abs. 2a Satz 4 EStG sofort abgeschrieben werden. In diesem Zusammenhang spricht man auch von einer **Sofortabschreibung.**

Beispiel

Zur Aufbewahrung seiner Buchführungsunterlagen kauft Luigi Farfalle einen neuen Aktenschrank für 120,00 Euro (netto).

Lösung:
Der Aktenschrank kann als geringwertiges Wirtschaftsgut behandelt werden. Die Anschaffungskosten können unabhängig von irgendwelchen Voraussetzungen sofort nach § 6 Abs. 2 Satz 1 i. V. m. § 6 Abs. 2a Satz 4 EStG abgeschrieben werden und wirken sich somit in voller Höhe gewinnmindernd aus.

Der dazugehörende Buchungssatz lautet wie folgt:

Buchung Sofortabschreibung GWG:

1.	Sofortabschreibung GWG	120,00	an	Verbindlichkeiten aus L.u.L.	142,80
	Vorsteuer	22,80			

Geringwertige Wirtschaftsgüter, deren Anschaffungs- oder Herstellungskosten mehr als **250,00 Euro (netto)**, aber nicht mehr als **800,00 Euro (netto)** betragen, können im Jahr ihrer Anschaffung bzw. Herstellung ebenfalls sofort nach § 6 Abs. 2 Satz 1 EStG abgeschrieben werden. Hierbei muss jedoch nach § 6 Abs. 2 Satz 4 EStG beachtet werden, dass diese Wirtschaftsgüter unter Angabe des Tages der Anschaffung oder Herstellung in einem besonderen, laufend aktualisierten Verzeichnis aufzuführen sind. Werden die erforderlichen Angaben jedoch aus der Buchführung ersichtlich, z. B. werden die geringwertigen Wirtschaftsgüter auf ein eigens dafür eingerichtetes Konto gebucht, dann muss nach § 6 Abs. 2 Satz 5 EStG ein solches Verzeichnis nicht geführt werden.

Beispiel

Luigi Farfalle benötigt für seine Bürotätigkeiten einen neuen Laptop. Bei einem Bürofachgeschäft kauft er am 14.03.2021 einen leistungsfähigen Laptop für 590,00 Euro (netto).

Lösung:
Der Laptop kann als geringwertiges Wirtschaftsgut behandelt werden, da die Anschaffungskosten 800,00 Euro (netto) nicht übersteigen. Luigi Farfalle ist nach § 6 Abs. 2 Satz 4 EStG verpflichtet, den Laptop unter Angabe des Tages der Anschaffung in ein besonderes, laufendes Verzeichnis aufzunehmen. Falls diese Angaben aus seiner Buchführung ersichtlich sind, muss Luigi Farfalle nach § 6 Abs. 2 Satz 5 EStG ein solches Verzeichnis nicht führen.

Die dazugehörenden Buchungssätze lauten wie folgt:

Buchung Kauf des Laptops:

1.	GWG Vorsteuer	590,00 112,10	an	Verbindlichkeiten aus L.u.L.	702,10

Sofortabschreibung des Laptops (GWG):

2.	Sofortabschreibung GWG	590,00	an	GWG	590,00

3.6.1.3.4 Abschreibung im Rahmen eines Sammelpostens

Anstelle der Sofortabschreibung der geringwertigen Wirtschaftsgüter mit Anschaffungs- oder Herstellungskosten von mehr als 250,00 Euro (netto) und nicht mehr als 800,00 Euro (netto) besteht die Möglichkeit, alle Wirtschaftsgüter mit Anschaffungs- oder Herstellungskosten von mehr als 250,00 Euro (netto) und nicht mehr als 1.000,00 Euro (netto) in einen jahrgangsbezogenen Sammelposten nach § 6 Abs. 2a EStG einzustellen. Nimmt ein Rechnungslegender diese Möglichkeit wahr, dann ist der Sammelposten nach § 6 Abs. 2a Satz 2 EStG im Wirtschaftsjahr der Bildung und in den folgenden vier Wirtschaftsjahren mit einem Abschreibungssatz von 20 % gewinnmindernd aufzulösen. Im Jahr der Bildung des Sammelpostens gibt es demnach **keine zeitanteilige Abschreibung** nach § 7 Abs. 1 Satz 4 EStG. Wie bei den geringwertigen Wirtschaftsgütern von nicht mehr als 250,00 Euro (netto) muss der Rechnungslegende auf keine weiteren Dokumentationspflichten achten.

Nach R 6.13 Abs. 6 EStR ist ein Sammelposten kein Wirtschaftsgut, sondern eine Rechengröße, deshalb ist eine Teilwertabschreibung des Sammelpostens nicht möglich. Scheidet ein Wirtschaftsgut infolge einer Veräußerung, Zerstörung oder Entnahme aus dem Betriebsvermögen aus, dann verringert sich der Sammelposten nach § 6 Abs. 2a Satz 3 EStG nicht. Das bedeutet, obwohl sich das Wirtschaftsgut nicht mehr im Betriebsvermögen befindet, wird eine ratierliche Auflösung des Sammelpostens fortgeführt. In diesem Zusammenhang spricht man auch von einer **Poolabschreibung**.

Beispiel

Luigi Farfalle kauft am 25.08.2021 eine Kleinmaschine für 600,00 Euro (netto) und am 14.10.2021 eine weitere Kleinmaschine für 800,00 Euro (netto). Im Wirtschaftsjahr 2021 bildet er einen Sammelposten zur Abschreibung der beiden Kleinmaschinen. Im Februar 2022 wird ihm die Kleinmaschine mit Anschaffungskosten von 800,00 Euro (netto) auf einer Baustelle gestohlen.

Wie sieht die Entwicklung des Sammelpostens für die Jahre 2021 bis 2025 aus?

Lösung:
Da die beiden Kleinmaschinen Anschaffungskosten von nicht mehr als 1.000,00 Euro (netto) haben, können sie nach § 6 Abs. 2a Satz 1 EStG in einen Sammelposten eingestellt werden. Dieser Sammelposten ist jährlich nach § 6 Abs. 2a Satz 2 EStG mit 20 % gewinnmindernd aufzulösen. Der Diebstahl von der Kleinmaschine im Jahr 2022 verändert die Höhe des Sammelpostens nach § 6 Abs. 2a Satz 3 EStG nicht.

Abschreibungsplan jahrgangsbezogener Sammelposten	
Anschaffungskosten im Jahr 2021: Abschreibung 2021: 1.400,00 Euro x 20 % = 280,00 Euro	1.400,00 Euro 280,00 Euro
Restbuchwert: 31.12.2021 Abschreibung 2022: 1.400,00 Euro x 20 % = 280,00 Euro	1.120,00 Euro 280,00 Euro
Restbuchwert: 31.12.2022 Abschreibung 2023: 1.400,00 Euro x 20 % = 280,00 Euro	840,00 Euro 280,00 Euro
Restbuchwert: 31.12.2023 Abschreibung 2024: 1.400,00 Euro x 20 % = 280,00 Euro	560,00 Euro 280,00 Euro
Restbuchwert: 31.12.2024 Abschreibung 2025: 1.400,00 Euro x 20 % = 280,00 Euro	280,00 Euro 280,00 Euro
Restbuchwert: 31.12.2025	0,00 Euro

Tab. 32: Abschreibungsplan jahrgangsbezogener Sammelposten

Die dazugehörenden Buchungssätze lauten wie folgt:

Kauf der Maschine am 25.08.2021:

1.	Sammelposten 2021 Vorsteuer	600,00 114,00	an	Verbindlichkeiten aus L.u.L.	714,00

Kauf der Maschine am 14.10.2021:

2.	Sammelposten 2021 Vorsteuer	800,00 152,00	an	Verbindlichkeiten aus L.u.L.	952,00

Buchung Abschreibung Sammelposten für 2021:

3.	AfA Sammelposten 2021	280,00	an	Sammelposten 2021	280,00

Buchung Abschreibung Sammelposten für 2022:

4.	AfA Sammelposten 2021	280,00	an	Sammelposten 2021	280,00

Buchung Abschreibung Sammelposten für 2023:

5.	AfA Sammelposten 2021	280,00	an	Sammelposten 2021	280,00

Buchung Abschreibung Sammelposten für 2024:

6.	AfA Sammelposten 2021	280,00	an	Sammelposten 2021	280,00

Buchung Abschreibung Sammelposten für 2025:

7.	AfA Sammelposten 2021	280,00	an	Sammelposten 2021	280,00

Falls ein Unternehmer sich für die Bildung eines Sammelpostens nach §6 Abs. 2a Satz 1 EStG entscheidet, dann gilt dies nach §6 Abs. 2a Satz 5 EStG einheitlich für **alle** in einem Wirtschaftsjahr angeschafften, hergestellten oder eingelegten **Wirtschaftsgüter**. Eine Sofortabschreibung von geringwertigen Wirtschaftsgütern von nicht mehr als 800,00 Euro (netto) nach §6 Abs. 2 Satz 1 EStG ist dann in diesem Wirtschaftsjahr nicht mehr möglich.

Nachträgliche Anschaffungs- oder Herstellungskosten bei einem Wirtschaftsgut, die nicht im Wirtschaftsjahr der Anschaffung oder Herstellung angefallen sind, erhöhen nach R 6.13 Abs. 5 EStR den Sammelposten des Wirtschaftsjahres, in dem die nachträglichen Anschaffungs- oder Herstellungskosten angefallen sind. Wird in diesem Wirtschaftsjahr vom Unternehmer kein Sammelposten gebildet, dann beschränkt sich der Sammelposten nur auf die nachträglichen Anschaffungs- oder Herstellungskosten. Dies gilt auch dann, wenn die nachträglichen Anschaffungs- oder Herstellungskosten zusammen mit den ursprünglichen Anschaffungs- oder Herstellungskosten den Betrag von 1.000,00 Euro übersteigen würden.

3.6.1.4 Übungsaufgabe 11: Abschreibung von Sammelposten

SACHVERHALT

Da Stuckateur Luigi Farfalle sein Büro neu einrichten möchte, schafft er sich im Wirtschaftsjahr 2021 einen Bürostuhl für 595,00 Euro (brutto) und einen höhenverstellbaren Schreibtisch für 880,60 Euro (brutto) an. Beide Rechnungsbeträge werden vom Lieferanten kreditiert.
Im Wirtschaftsjahr 2022 schafft er sich eine Regalwand für 559,30 Euro (brutto) an. Stuckateur Luigi Farfalle bezahlt diesen Rechnungsbetrag sofort bar.

AUFGABE

Wie sieht die Entwicklung der Sammelposten für die zukünftigen Wirtschaftsjahre aus? Bilden Sie die entsprechenden Buchungssätze.

Musterlösung siehe Kap. 4.11.

3.6.2 Rechnungsabgrenzungsposten

3.6.2.1 Transitorische Rechnungsabgrenzung

Unter einer **transitorischen Rechnungsabgrenzung** versteht man eine **Zahlung vor Erfolgswirkung**. Transitorische Abgrenzungen haben somit die Aufgabe, im laufenden Geschäftsjahr getätigte Zahlungen, deren Verursachungsgrund jedoch im folgenden Geschäftsjahr liegt, vom laufenden Geschäftsjahr abzugrenzen. Damit eine periodengerechte Erfolgsermittlung erreicht wird, muss eine Abgrenzungsbuchung am Geschäftsjahresende vorgenommen werden, denn sonst würde der Gewinn des laufenden Geschäftsjahres entweder zu hoch oder zu niedrig ausgewiesen.

Zum Geschäftsjahresende werden diese Abgrenzungsbuchungen auf der Aktiv- oder Passivseite der Bilanz erfasst. Deshalb spricht man bei der transitorischen Rechnungsabgrenzung auch von

Aktiven Rechnungsabgrenzungsposten (ARAP)
und
Passiven Rechnungsabgrenzungsposten (PRAP).

Beispiel: Aktive Rechnungsabgrenzungsposten

Luigi Farfalle hat ein Lager für seine Materialien angemietet. Anfang November 2021 überweist er die Miete für 6 Monate in Höhe von 3.000,00 Euro (netto) an einen gewerblichen Vermieter. Als Geschäftsjahr hat Luigi Farfalle den 01.01. bis 31.12. gewählt.

Lösung:
Luigi Farfalle erstellt für seinen Stuckateurbetrieb den Jahresabschluss zum 31.12.2021. Für die Zeit vom 01.01.2022 bis 30.04.2022 wurden bereits im November 2021 Mietvorauszahlungen an den gewerblichen Vermieter geleistet, die aber keinen Aufwand im Geschäftsjahr 2021 darstellen. Deshalb muss der im Geschäftsjahr 2021 in der Gewinn- und Verlustrechnung zu viel erfasste Mietaufwand wieder rückgängig gemacht werden. Durch die Buchung auf das Bestandskonto **Aktive Rechnungsabgrenzungsposten** wird dies erreicht.

Zu Beginn des Geschäftsjahres 2022 wird der **Aktive Rechnungsabgrenzungsposten** gegen den Mietaufwand wieder aufgelöst. Durch diese Buchung wird der Mietaufwand in dem Geschäftsjahr erfasst, in das er wirtschaftlich gehört.

Bei der **Umsatzsteuer** verhält es sich wie folgt: Die Vorsteuer kann Luigi Farfalle nach § 15 Abs. 1 Satz 1 Nr. 1 Satz 3 UStG in der USt-Voranmeldung November 2021 zum Abzug bringen, da er in diesem Monat die Zahlung getätigt hat.[57]

Die dazugehörenden Buchungssätze lauten wie folgt:

Bezahlung der Mietaufwendungen Anfang November 2021:

1.	Mietaufwand	3.000,00	an	Bank	3.570,00
	Vorsteuer	570,00			

Abgrenzung zum 31.12.2021:

2.	ARAP	2.000,00	an	Mietaufwand	2.000,00

Auflösung ARAP zu Beginn des Geschäftsjahres 2022:

3.	Mietaufwand	2.000,00	an	ARAP	2.000,00

57 Siehe hierzu die weiteren Ausführungen in Kap. 3.3 Einführung in das Umsatzsteuersystem.

Beispiel: Passive Rechnungsabgrenzungsposten

Luigi Farfalle hat in seinem Betriebsvermögen einen größeren Lagerplatz. Da der angrenzende gewerbliche Autohändler Antonio Marzo Abstellplätze für seine Pkw benötigt, vermietet Luigi Farfalle ihm einen Teil seines Lagerplatzes für 250 Euro (netto) pro Monat. Am 28.12.2021 geht die Januarmiete 2022 von Antonio Marzo auf seinem Bankkonto ein. Als Geschäftsjahr hat Luigi Farfalle den 01.01. bis 31.12. gewählt.

Lösung:
Luigi Farfalle erstellt für seinen Stuckateurbetrieb den Jahresabschluss zum 31.12.2021. Die vom Autohändler Antonio Marzo erhaltene Mietvorauszahlung für den Januar 2022 stellt keinen Ertrag für das Geschäftsjahr 2021 dar. Aus diesem Grund muss der im Geschäftsjahr 2021 in der Gewinn- und Verlustrechnung zu viel erfasste Mietertrag wieder rückgängig gemacht werden. Durch die Buchung auf das Bestandskonto **Passive Rechnungsabgrenzungsposten** wird dies erreicht.

Zu Beginn des Geschäftsjahres 2022 wird der **Passive Rechnungsabgrenzungsposten** gegen den Mietertrag wieder aufgelöst. Durch diese Buchung wird der Mietertrag in dem Geschäftsjahr erfasst, in das er wirtschaftlich gehört.

Bei der **Umsatzsteuer** verhält es sich wie folgt: Nach § 13 Abs. 1 Nr. 1 Buchst. a) Satz 4 EStG entsteht die Umsatzsteuer für die eingegangene Mietvorauszahlung mit Ablauf des Voranmeldungszeitraums, in dem das Teilentgelt vereinnahmt worden ist. Dies ist in unserem Fall der Voranmeldezeitraum Dezember 2021.[58]

Die dazugehörenden Buchungssätze lauten wie folgt:

Erhalt der Mietzahlung für Januar 2022 im Dezember 2021:

1.	Bank	297,50	an	Mietertrag Umsatzsteuer	250,00 47,50

Abgrenzung zum 31.12.2021:

2.	Mietertrag	250,00	an	PRAP	250,00

Auflösung PRAP zu Beginn des Geschäftsjahres 2022:

3.	PRAP	250,00	an	Mietertrag	250,00

58 Siehe hierzu die weiteren Ausführungen in Kap. 3.3 Einführung in das Umsatzsteuersystem.

3.6.2.2 Antizipative Rechnungsabgrenzung

Unter einer **antizipativen Rechnungsabgrenzung** versteht man eine **Erfolgswirkung vor Zahlung.** Im Jahresabschluss wird die antizipative Rechnungsabgrenzung anhand der **Sonstigen Forderungen** und **Sonstigen Verbindlichkeiten** durchgeführt.

Sonstige Forderungen und **Sonstige Verbindlichkeiten** haben die Aufgabe, im laufenden Geschäftsjahr entstandene Aufwendungen und Erträge, deren Zahlung erst im kommenden Geschäftsjahr erfolgt, im aktuellen Geschäftsjahr in der Gewinn- und Verlustrechnung erfolgswirksam zu erfassen. So wird eine periodengerechte Erfolgsermittlung gewährleistet.

Beispiel: Sonstige Forderungen

Luigi Farfalle hat seinem Mitarbeiter Petro Aqua 30.000,00 Euro längerfristig als Darlehen geliehen. Beginn der Laufzeit des Darlehens ist der 01.10.2021. Vertraglich wurde vereinbart, dass Petro Aqua die Zinsen für 12 Monate immer nachträglich zu bezahlen hat. Als Zinssatz wurden 1,5 % vereinbart. Als Geschäftsjahr hat Luigi Farfalle den 01.01. bis 31.12. gewählt.

Lösung:
Durch den Darlehensvertrag mit seinem Mitarbeiter Petro Aqua hat Luigi Farfalle zum Bilanzstichtag 31.12.2021 einen Rechtsanspruch auf Zinsen in Höhe von 112,50 Euro (30.000,00 Euro x 1,5 % x 3/12). Dieser Zinsertrag ist erfolgswirksam im Geschäftsjahr 2021 zu erfassen. Die Erfolgswirksamkeit im Geschäftsjahr 2021 wird dadurch erreicht, dass der **Zinsertrag** durch die Buchung auf dem Bestandskonto **Sonstige Forderungen** letztendlich in der Gewinn- und Verlustrechnung erscheint. Im folgenden Jahr ist beim Zahlungseingang der Zinsen in Höhe von 450,00 Euro für die vergangenen 12 Monate der auf dem Bestandskonto **Sonstige Forderungen** enthaltene Betrag in Höhe von 112,50 Euro entsprechend aufzulösen.

Die dazugehörenden Buchungssätze lauten wie folgt:

Erfassung der Zinsen zum 31.12.2021:

1.	Sonstige Forderungen	112,50	an	Zinsertrag	112,50

Bezahlung der Zinsen von 450,00 Euro am 30.09.2022:

2.	Bank	450,00	an	Zinsertrag	337,50
				Sonstige Forderungen	112,50

Beispiel: Sonstige Verbindlichkeiten

Luigi Farfalle hat bei seiner Hausbank ein Langfristdarlehen in Höhe von 180.000,00 Euro abgeschlossen. Der Beginn der Laufzeit des Langfristdarlehens ist der 01.08.2021. Die Zinsen bezahlt

Luigi Farfalle immer nachschüssig für 12 Monate an seine Hausbank. Als Zinssatz wurden 0,9 % vereinbart. Als Geschäftsjahr hat Luigi Farfalle den 01.01. bis 31.12. gewählt.

Lösung:
Zum Bilanzstichtag besteht eine Rechtsverpflichtung in Höhe von 675,00 Euro (180.000,00 Euro x 0,9 % x 5/12) Darlehenszinsen an die Hausbank von Luigi Farfalle. Diese Darlehenszinsen sind erfolgswirksam im Geschäftsjahr 2021 zu erfassen. Die Erfolgswirksamkeit im Geschäftsjahr 2021 wird dadurch erreicht, dass der **Zinsaufwand** durch die Buchung auf dem Bestandskonto **Sonstige Verbindlichkeiten** letztendlich in der Gewinn- und Verlustrechnung erscheint. Im folgenden Jahr ist bei der Bezahlung der Darlehenszinsen nachschüssig für die vergangenen 12 Monate in Höhe von 1.620,00 Euro der auf dem Bestandskonto **Sonstige Verbindlichkeiten** enthaltene Betrag in Höhe von 675,00 Euro entsprechend aufzulösen.

Die dazugehörenden Buchungssätze lauten wie folgt:

Erfassung der Darlehenszinsen zum 31.12.2021:

1.	Zinsaufwand	675,00	an	Sonstige Verbindlichkeiten	675,00

Bezahlung der Darlehenszinsen von 1.620,00 Euro am 31.07.2022:

2.	Zinsaufwand	945,00	an	Bank	1.620,00
	Sonstige Verbindlichkeiten	675,00			

3.6.3 Übungsaufgabe 12: Rechnungsabgrenzungsbuchungen

SACHVERHALT

Im Geschäftsjahr 2021 haben sich bei Stuckateur Luigi Farfalle folgende Geschäftsvorfälle ereignet:

1. Luigi Farfalle überweist im Dezember 2021 die Leasingrate für seinen betrieblichen Lkw für Januar 2022 in Höhe von 714,00 Euro brutto.
2. Zum 01.08.2021 hat Luigi Farfalle seinem Mitarbeiter ein Darlehen in Höhe von 30.000,00 Euro gegeben. Der Zinssatz beträgt 2 %. Die Zinsen sind von seinem Mitarbeiter immer nachschüssig zum 31.07. jedes Jahres zu bezahlen.
3. Luigi Farfalle hat einen Teil seiner Lagerhalle an einen gewerblichen Einzelhändler untervermietet. Dieser überweist die Miete vom Januar 2022 in Höhe von 357,00 brutto am 27. Dezember 2021. Ende Dezember 2021 ist die Miete bereits auf dem Bankkonto eingegangen.
4. In der Lagerhalle von Luigi Farfalle muss der Elektriker Simone Luce mehrere kleiner Reparaturen durchführen. Die Reparaturrechnung in Höhe von 892,50 Euro brutto erhält Luigi Farfalle Mitte Dezember 2021. Am 10. Januar 2022 überweist Luigi Farfalle den Rechnungsbetrag.

5. Anfang September überweist Luigi Farfalle seine betriebliche Gebäudehaftpflichtversicherung für den Zeitraum 01.09.2021 bis 31.08.2022 in Höhe von 960,00 Euro.
6. Am 29. Dezember 2021 wird die Haftpflichtversicherung seines Sprinters für das Geschäftsjahr 2022 von seinem betrieblichen Bankkonto in Höhe von 420,00 Euro abgebucht.
7. Für kleinere Arbeiten stellt Luigi Farfalle seiner Baustoffhändlerin Francesca Umbro eine Bruttorechnung in Höhe von 761,60 Euro. Francesca Umbro bezahlt den Rechnungsbetrag am 15.01.2022 per Banküberweisung.
8. Zum 01.10.2021 hat Luigi Farfalle ein Darlehen bei seiner Hausbank in Höhe von 90.000,00 Euro zum Zinssatz von 1,6 % aufgenommen. Die Zinsen an die Hausbank sind immer nachschüssig zum 30.09. eines jeden Jahres zu bezahlen.
9. Die Kfz-Steuer des Sprinters in Höhe von 540,00 Euro wird zum 01.04.2021 für den Zeitraum 01.04.2021 bis 31.03.2022 vom betrieblichen Bankkonto abgebucht.
10. Seit Jahren hat Luigi Farfalle einem Mitarbeiter ein Darlehen in Höhe von 15.000,00 Euro gewährt. Anfang Dezember 2021 überweist der Mitarbeiter die Darlehenszinsen für 3 Monate in Höhe von 131,25 Euro auf das betriebliche Bankkonto.

AUFGABE

Verbuchen Sie die laufenden Geschäftsvorfälle im Grundbuch. Geben Sie dabei auch die Abgrenzungsbuchungen zum Bilanzstichtag 31.12.2021 an und die entsprechenden Buchungen, die das Geschäftsjahr 2022 betreffen.

Musterlösung siehe Kap. 4.12.

3.6.4 Anzahlungen

Bei Großprojekten, teuren Spezialanfertigungen und Aufträgen, deren Anfertigung einen längeren Zeitraum in Anspruch nimmt, werden im Regelfall zwischen Vertragspartnern Anzahlungen vereinbart. Für ein Unternehmen liegt der Vorteil der Anzahlungen darin, dass es während des Herstellungsprozesses finanzielle Mittel erhält und somit seine Finanzierungskosten senken kann. Ein Unternehmen bekommt aber auch eine gewisse Sicherheit, dass der Kunde seinen Vertrag erfüllt und die vertraglich zu liefernden Gegenstände auch abnimmt. Anzahlungen entstehen, wenn ein Auftraggeber vor Erhalt einer Lieferung oder Teillieferung Teilzahlungen leistet auf den endgültigen Rechnungsbetrag. In der Praxis wird dies auch als **Abschlagszahlungen** bezeichnet.

Vorauszahlungen liegen dann vor, wenn der Auftraggeber dem Auftragnehmer vor Erhalt der Lieferung den gesamten Rechnungsbetrag bezahlt. Anzahlungen wie Vorauszahlungen sind aus der Sicht des Auftraggebers **geleistete Anzahlungen**. Bis zum Zeitpunkt des Übergangs des wirtschaftlichen Eigentums vom Verkäufer zum Käufer behalten die geleisteten Anzahlungen Forderungscharakter. Ausgewiesen werden die geleisteten Anzahlungen in der Bilanz entweder unter den »Immateriellen Vermögensgegenständen«, den »Sachanlagen« oder den »Vorräten«.

Beim Auftragnehmer werden diese Anzahlungen bzw. Vorauszahlungen immer korrespondierend zum Ausweis beim Auftraggeber als **erhaltene Anzahlungen** ausgewiesen. Die erhaltenen Anzahlungen haben bis zum Zeitpunkt des wirtschaftlichen Übergangs des Liefergegenstandes Verbindlichkeitscharakter. Da sie immer für Bestellungen erfolgen, werden sie in der Bilanz nach § 266 Abs. 3 HGB immer auf der Passivseite unter dem Posten **erhaltene Anzahlungen auf Bestellungen** ausgewiesen.

Da Anzahlungen oder Vorauszahlungen vereinnahmt wurden, bevor eine steuerpflichtige Lieferung oder Teillieferung erfolgt ist, sind sie nach § 13 Abs. 1 Nr. 1 Buchst. a) Satz 4 UStG aus **umsatzsteuerlicher Sicht** immer im **Zeitpunkt der Vereinnahmung** zu versteuern.

Ein **Vorsteuerabzug** ist nach § 15 Abs. 1 Satz 1 Nr. 1 Satz 3 UStG für den Auftraggeber bzw. den Käufer des Liefergegenstandes erst in dem Zeitpunkt möglich, in dem eine ordnungsgemäße Rechnung mit gesondertem USt-Ausweis vorliegt und die Anzahlung bzw. Vorauszahlung geleistet worden ist. Das bedeutet, dass ein **Vorsteuerabzug** in dem USt-Voranmeldezeitraum zu berücksichtigen ist, in dem die **Zahlung geleistet worden** ist.[59]

Beispiel

Stuckateur Luigi Farfalle hat einen Großauftrag zur Verputzung einer neuen Wohnanlage in München in Höhe von 120.000,00 Euro (netto) erhalten. Sein Auftraggeber ist der Münchner Bauunternehmer Alberto Zucca, der als Generalunternehmer für einen Investor die neue Wohnanlage erstellt. Bei Vertragsabschluss mit dem Münchner Bauunternehmer werden folgende Abschlagszahlungen vereinbart:

15.03.2022	**25.000,00 Euro (netto)**
22.05.2022	**40.000,00 Euro (netto)**
17.07.2022	**35.000,00 Euro (netto)**

Luigi Farfalle erhält nach Stellung der jeweiligen Abschlagsrechnung mit gesondertem USt-Ausweis den Zahlungsbetrag sofort auf sein Bankkonto. Die ordnungsgemäße Schlussrechnung des Großauftrages mit gesondertem USt-Ausweis stellt Luigi Farfalle direkt nach Abnahme des Großauftrages am 18.08.2022. Am 13.09.2022 geht der fällige Schlussrechnungsbetrag auf dem Bankkonto von Luigi Farfalle ein.

Luigi Farfalle und Alberto Zucca haben für die Umsatzsteuer die Sollversteuerung nach § 16 UStG gewählt und der Voranmeldungszeitraum ist bei beiden der Kalendermonat.

Lösung:
Die Abschlagsrechnungen sind bei Luigi Farfalle buchhalterisch in dem Kalendermonat zu erfassen, in dem die Abschlagsrechnungen gestellt werden. Auch die Schlussrechnung wird buchhalterisch in dem Kalendermonat erfasst, in dem sie gestellt wird. Aufgrund des Periodisierungsgrundsatzes

59 Siehe hierzu die weiteren Ausführungen in Kap. 3.3 Einführung in das Umsatzsteuersystem.

nach § 252 Abs. 1 Nr. 4 HGB sind Gewinne nur zu berücksichtigen, wenn sie am Abschlussstichtag realisiert sind. Dies wird dann der Fall sein, wenn die Verfügungsmacht an einem Gegenstand übergeht bzw. bei einer Werklieferung mit der Abnahme des fertigen Werkes. Aus diesem Grund werden die gesamten Umsatzerlöse erst bei der Stellung der Schlussrechnung buchhalterisch erfasst.

Da Luigi Farfalle bei der Umsatzsteuer nach § 16 Abs. 1 UStG die Berechnung nach vereinbarten Entgelten (Sollversteuerung) gewählt hat, gilt für den Besteuerungszeitraum der Abschlagszahlungen, dass die Umsatzsteuer nach § 13 Abs. 1 Nr. 1 Buchst. a) Satz 4 UStG mit Ablauf des Voranmeldungszeitraums entsteht, in dem die Abschlagszahlungen vereinnahmt werden. Für den Schlussrechnungsbetrag entsteht die Umsatzsteuer nach § 13 Abs. 1 Nr. 1 Buchst. a) Satz 1 UStG mit Ablauf des Voranmeldungszeitraums, in dem der Großauftrag, die Werklieferung, abgenommen wurde.

Die dazugehörenden Buchungssätze lauten wie folgt:

Stuckateur Luigi Farfalle als Auftragnehmer:

Monat März 2022:

Erste Abschlagsrechnung gestellt am 15.03.2022:

1.	Forderungen aus L.u.L.	29.750,00	an	erhaltene Anzahlungen ohne Umsatzsteuer	29.750,00

Zahlungseingang der ersten Abschlagsrechnung im März 2022:

2.	Bank	29.750,00	an	Forderungen aus L.u.L.	29.750,00

Umbuchung des Kontos »erhaltene Anzahlungen ohne Umsatzsteuer«:

3.	erhaltene Anzahlungen ohne Umsatzsteuer	29.750,00	an	erhaltene Anzahlungen mit Umsatzsteuer	25.000,00
				Umsatzsteuer	4.750,00

Abführung der Umsatzsteuer für den Voranmeldungszeitraum März 2022:

4.	Umsatzsteuer	4.750,00	an	Bank	4.750,00

Monat Mai 2022:

Zweite Abschlagsrechnung gestellt am 22.05.2022:

5.	Forderungen aus L.u.L.	47.600,00	an	erhaltene Anzahlungen ohne Umsatzsteuer	47.600,00

Zahlungseingang der zweiten Abschlagsrechnung im Mai 2022:

6.	Bank	47.600,00	an	Forderungen aus L.u.L.	47.600,00

Umbuchung des Kontos »erhaltene Anzahlungen ohne Umsatzsteuer«:

7.	erhaltene Anzahlungen ohne Umsatzsteuer	47.600,00	an	erhaltene Anzahlungen mit Umsatzsteuer	40.000,00
				Umsatzsteuer	7.600,00

Abführung der Umsatzsteuer für den Voranmeldungszeitraum Mai 2022:

8.	Umsatzsteuer	7.600,00	an	Bank	7.600,00

Monat Juli 2022:

Dritte Abschlagsrechnung gestellt am 17.07.2022:

9.	Forderungen aus L.u.L.	41.650,00	an	erhaltene Anzahlungen ohne Umsatzsteuer	41.650,00

Zahlungseingang der dritten Abschlagsrechnung im Juli 2022:

10.	Bank	41.650,00	an	Forderungen aus L.u.L.	41.650,00

Umbuchung des Kontos »erhaltene Anzahlungen ohne Umsatzsteuer«:

11.	erhaltene Anzahlungen ohne Umsatzsteuer	41.650,00	an	erhaltene Anzahlungen mit Umsatzsteuer	35.000,00
				Umsatzsteuer	6.650,00

Abführung der Umsatzsteuer für den Voranmeldungszeitraum Juli 2022:

12.	Umsatzsteuer	6.650,00	an	Bank	6.650,00

Monat August 2022:

Stellung Schlussrechnung am 18.08.2022:

13.	Forderungen aus L.u.L.	142.800,00	an	Umsatzerlöse	120.000,00
				Umsatzsteuer	22.800,00

Umbuchung des Kontos »erhaltene Anzahlungen mit Umsatzsteuer« gegen das Konto »Forderungen aus L.u.L.« mit Korrektur des Umsatzsteuer-Kontos:

14.	erhaltene Anzahlungen mit Umsatzsteuer	100.000,00	an	Forderungen aus L.u.L.	119.000,00
	Umsatzsteuer	19.000,00			

Abführung der noch offenen Umsatzsteuer für den Voranmeldungszeitraum August 2022:

15.	Umsatzsteuer	3.800,00	an	Bank	3.800,00

Bezahlung der Schlussrechnung (offener Forderungsbetrag) durch den Münchner Bauunternehmer Alberto Zucca am 13.09.2022:

16.	Bank	23.800,00	an	Forderungen aus L.u.L.	23.800,00

Die dazugehörigen Konten haben folgende Gestalt:

Soll	Ford. aus L.u.L.		Haben
1.	29.750,00	2.	29.750,00
5.	47.600,00	6.	47.600,00
9.	41.650,00	10.	41.650,00
13.	142.800,00	14.	119.000,00
EB	**0,00**	16.	23.800,00
	261.800,00		**261.800,00**

Soll	erh. AZ ohne USt		Haben
3.	29.750,00	1.	29.750,00
7.	47.600,00	5.	47.600,00
11.	41.650,00	9.	41.650,00
	119.000,00		**119.000,00**

Soll	Bank		Haben
2.	29.750,00	4.	4.750,00
6.	47.600,00	8.	7.600,00
10.	41.650,00	12.	6.650,00
16.	23.800,00	15.	3.800,00
		EB	**120.000,00**
	142.800,00		**142.800,00**

Soll	erh. AZ mit USt		Haben
14.	100.000,00	3.	25.000,00
		7.	40.000,00
		11.	35.000,00
	100.000,00		**100.000,00**

Soll	Umsatzerlöse		Haben
Saldo	**120.000,00**	13.	120.000,00

Soll	Umsatzsteuer		Haben
4.	4.750,00	3.	4.750,00
8.	7.600,00	7.	7.600,00
12.	6.650,00	11.	6.650,00
14.	19.000,00	13.	22.800,00
15.	3.800,00	**Saldo**	**0,00**
	41.800,00		**41.800,00**

Die dazugehörigen Abschlussbuchungen am Bilanzstichtag lauten wie folgt:

Abschluss Konto »Bank«:

1.	Schlussbilanzkonto	120.000,00	an	Bank	120.000,00

Im Schlussbilanzkonto (SBK) steht der Betrag in Höhe von 120.000,00 Euro auf der Sollseite und in der Schlussbilanz erfolgt der Ausweis des Bankkontos auf der Aktivseite unter dem Posten Guthaben bei Kreditinstituten nach § 266 Abs. 2 HGB.

Abschluss Konto »Umsatzerlöse«:

2.	Umsatzerlöse	120.000,00	an	Gewinn- und Verlustkonto	120.000,00

Die Umsatzerlöse in Höhe von 120.000,00 Euro erscheinen im Gewinn- und Verlustkonto (GVK) auf der Habenseite und in der Gewinn- und Verlustrechnung erfolgt der Ausweis unter dem Posten »Umsatzerlöse« nach § 275 Abs. 2 oder Abs. 3 HGB.

Für den Münchner Bauunternehmer Alberto Zucca ist der Sachverhalt wie folgt abzubilden:

Die von Luigi Farfalle erhaltenen Abschlagsrechnungen werden bei Alberto Zucca buchhalterisch in den Kalendermonaten erfasst, in denen sie von Luigi Farfalle gestellt werden. Die Schlussrechnung kann Luigi Farfalle erst stellen, wenn Alberto Zucca den Großauftrag bzw. die Werklieferung abgenommen hat. Im Zeitpunkt der Abnahme des Großauftrages entsteht für Alberto Zucca eine Rechtsverpflichtung zur Begleichung der aus dem Großauftrag entstandenen Verbindlichkeit gegenüber Luigi Farfalle. Zu diesem Zeitpunkt muss auch die Gesamtverbindlichkeit buchhalterisch erfasst werden.

Da Alberto Zucca wie auch Luigi Farfalle bei der Umsatzsteuer nach § 16 Abs. 1 UStG die Berechnung nach vereinbarten Entgelten (Sollversteuerung) gewählt hat, gilt für den Vorsteuerabzug aus den Abschlagsrechnungen nach § 15 Abs. 1 Satz 1 Nr. 1 Satz 3 UStG, dass dieser in dem Voranmeldungszeitraum zum Abzug gebracht wird, in dem Alberto Zucca die Abschlagsrechnungen beglichen hat. Für den Schlussrechnungsbetrag wird die Vorsteuer nach § 15 Abs. 1 Satz 1 Nr. 1 Satz 1 UStG mit Ablauf des Voranmeldungszeitraums zum Abzug gebracht, in dem der Großauftrag von Alberto Zucca abgenommen wird und eine Rechnung mit gesondertem Umsatzsteuerausweis nach § 15 Abs. 1 Satz 1 Nr. 1 Satz 2 UStG vorliegt.

Der Ausweis der Stuckateurarbeiten von Luigi Farfalle ist beim Münchner Bauunternehmer Alberto Zucca wie folgt vorzunehmen:

Die Stuckateurarbeiten stellen bei Alberto Zucca eine Teilleistung in Bezug der Gesamtleistung »neue Wohnanlage« dar. Falls Alberto Zucca seine Gewinn- und Verlustrechnung nach dem Gesamtkostenverfahren gemäß § 275 Abs. 2 HGB erstellt, werden die Stuckateurarbeiten nach § 275 Abs. 2 Nr. 5 HGB unter dem **Materialaufwand** ausgewiesen, da es sich um **Aufwendungen für bezogene Leistungen** handelt.

In der Bilanz erfolgt der Ausweis der Stuckateurarbeiten bei Alberto Zucca unter dem Bilanzposten **Unfertige Leistungen**. Grund dafür isst, dass die Stuckateurarbeiten für eine neue Wohnanlage erbracht werden und diese als Gesamtleistung zu betrachten ist. Da Alberto Zucca als Generalunternehmer für die Herstellung der neuen Wohnanlage verantwortlich ist und als Auftraggeber für die Stuckateurarbeiten aufgetreten ist, werden die Stuckateurarbeiten als Teil der Gesamtleistung angesehen.

Die dazugehörenden Buchungssätze lauten wie folgt:

Münchner Bauunternehmer Alberto Zucca als Auftraggeber:

Monat März 2022:

Erhalt der ersten Abschlagsrechnung von Stuckateur Luigi Farfalle:

1.	geleistete Anzahlungen ohne Vorsteuer	29.750,00	an	Verbindlichkeiten aus L.u.L.	29.750,00

Bezahlung der ersten Abschlagsrechnung im März 2022 an Stuckateur Luigi Farfalle:

2.	Verbindlichkeiten aus L.u.L.	29.750,00	an	Bank	29.750,00

Umbuchung des Kontos »geleistete Anzahlungen ohne Vorsteuer«:

3.	geleistete Anzahlungen mit Vorsteuer	25.000,00	an	geleistete Anzahlungen ohne Vorsteuer	29.750,00
	Vorsteuer	4.750,00			

Abzug/Erhalt des Vorsteuerbetrages für den Voranmeldungszeitraum März 2022:

4.	Bank	4.750,00	an	Vorsteuer	4.750,00

Monat Mai 2022:

Erhalt der zweiten Abschlagsrechnung von Stuckateur Luigi Farfalle:

5.	geleistete Anzahlungen ohne Vorsteuer	47.600,00	an	Verbindlichkeiten aus L.u.L.	47.600,00

Bezahlung der zweiten Abschlagsrechnung im Mai 2022 an Stuckateur Luigi Farfalle:

6.	Verbindlichkeiten aus L.u.L.	47.600,00	an	Bank	47.600,00

Umbuchung des Kontos »geleistete Anzahlungen ohne Vorsteuer«:

7.	geleistete Anzahlungen mit Vorsteuer Vorsteuer	40.000,00 7.600,00	an	geleistete Anzahlungen ohne Vorsteuer	47.600,00

Abzug/Erhalt des Vorsteuerbetrages für den Voranmeldungszeitraum Mai 2022:

8.	Bank	7.600,00	an	Vorsteuer	7.600,00

Monat Juli 2022:

Erhalt der dritten Abschlagsrechnung von Stuckateur Luigi Farfalle:

9.	geleistete Anzahlungen ohne Vorsteuer	41.650,00	an	Verbindlichkeiten aus L.u.L.	41.650,00

Bezahlung der dritten Abschlagsrechnung im Juli 2022 an Stuckateur Luigi Farfalle:

10.	Verbindlichkeiten aus L.u.L.	41.650,00	an	Bank	41.650,00

Umbuchung des Kontos »geleistete Anzahlungen ohne Vorsteuer«:

11.	geleistete Anzahlungen mit Vorsteuer Vorsteuer	35.000,00 6.650,00	an	geleistete Anzahlungen ohne Vorsteuer	41.650,00

Abzug/Erhalt des Vorsteuerbetrages für den Voranmeldungszeitraum Juli 2022:

12.	Bank	6.650,00	an	Vorsteuer	6.650,00

Monat August 2022:

Erhalt der Schlussrechnung von Stuckateur Luigi Farfalle:

13.	Materialaufwand Vorsteuer	120.000,00 22.800,00	an	Verbindlichkeiten aus L.u.L.	142.800,00

Umbuchung des Kontos »geleistete Anzahlungen mit Vorsteuer« gegen das Konto »Verbindlichkeiten aus L.u.L.« mit Korrektur des Vorsteuerkontos:

14.	Verbindlichkeiten aus L.u.L.	119.000,00	an	geleistete Anzahlungen mit Vorsteuer Vorsteuer	100.000,00 19.000,00

Abzug/Erhalt des restlichen Vorsteuerbetrages aus der Schlussrechnung für den Voranmeldungszeitraum August 2022:

15.	Bank	3.800,00	an	Vorsteuer	3.800,00

Begleichung der Schlussrechnung (offene Verbindlichkeiten) an Stuckateur Luigi Farfalle durch den Münchner Bauunternehmer Alberto Zucca am 13.09.2022:

16.	Verbindlichkeiten aus L.u.L.	23.800,00	an	Bank	23.800,00

Die dazugehörigen Konten haben folgende Gestalt:

Soll	gel. AZ ohne VSt.		Haben
1.	29.750,00	3.	29.750,00
5.	47.600,00	7.	47.600,00
9.	41.650,00	11.	41.650,00
	119.000,00		**119.000,00**

Soll	Verb. aus L.u.L.		Haben
2.	29.750,00	1.	29.750,00
6.	47.600,00	5.	47.600,00
10.	41.650,00	9.	41.650,00
14.	119.000,00	13.	142.800,00
16.	23.800,00	**EB**	**0,00**
	261.800,00		**261.800,00**

Soll	Bank		Haben
4.	4.750,00	2.	29.750,00
8.	7.600,00	6.	47.600,00
12.	6.650,00	10.	41.650,00
15.	3.800,00	16.	23.800,00
17.	120.000,00		
	142.800,00		**142.800,00**

Soll	gel. AZ mit VSt.		Haben
3.	25.000,00	14.	100.000,00
7.	40.000,00		
11.	35.000,00		
	100.000,00		**100.000,00**

Soll	Materialaufwand		Haben
13.	120.000,00	19.	120.000,00

Soll	Vorsteuer		Haben
3.	4.750,00	4.	4.750,00
7.	7.600,00	8.	7.600,00
11.	6.650,00	12.	6.650,00
13.	22.800,00	14.	19.000,00
Saldo	**0,00**	15	3.800,00
	41.800,00		**41.800,00**

Soll	Unfertige Leistungen		Haben
18.	120.000,00	21.	120.000,00

Soll	Bestandserhöhung		Haben
20.	120.000,00	18.	120.000,00

Soll	SBK		Haben
21.	120.000,00	17.	120.000,00

Soll	GuV-Konto		Haben
19.	120.000,00	20.	120.000.00

Die dazugehörigen Abschlussbuchungen am Bilanzstichtag lauten wie folgt:

Abschluss Konto »Bank«:

17.	Bank	120.000,00	an	Schlussbilanzkonto	120.000,00

In diesem Fall entsteht zum Bilanzstichtag eine Verbindlichkeit gegenüber einem Kreditinstitut in Höhe von 120.000,00 Euro. Im Schlussbilanzkonto (SBK) steht dieser Betrag im Haben und in der Schlussbilanz wird auf der Passivseite eine **Verbindlichkeit gegenüber Kreditinstituten** nach § 266 Abs. 3 HGB in Höhe von 120.000,00 Euro ausgewiesen.

Erfolgswirksame Erfassung der »Unfertigen Leistungen«:

18.	Unfertige Leistungen	120.000,00	an	Bestandserhöhung	120.000,00

Durch die erfolgswirksame Erfassung der Stuckateurarbeiten als **Materialaufwand** muss dieser, da zum Bilanzstichtag noch keine Erfolgsrealisierung stattgefunden hat, erfolgswirksam ausgeglichen werden. Dies geschieht durch die erfolgswirksame Erfassung des Betrages auf dem Konto **Bestandserhöhung** bei gleichzeitiger Erhöhung der Vermögensseite. Denn die von Luigi Farfalle erhaltenen Stuckateurarbeiten bewirken beim Münchner Bauunternehmer Alberto Zucca eine Vorräteerhöhung i. S. d. Zunahme seiner **Unfertigen Leistungen**.

Abschluss Aufwandskonto »Materialaufwand«:

19.	Gewinn- und Verlustkonto	120.000,00	an	Materialaufwand	120.000,00

Abschluss Ertragskonto »Bestandserhöhung«:

20.	Bestandserhöhung	120.000,00	an	Gewinn- und Verlustkonto	120.000,00

Abschluss Konto »Unfertige Leistungen«:

21.	Schlussbilanzkonto	120.000,00	an	Unfertige Leistungen	120.000,00

Der Betrag der **Unfertigen Leistungen** erscheint im Schlussbilanzkonto (SBK) auf der Sollseite, in der Schlussbilanz wird er auf der Aktivseite unter dem Posten **Unfertige Leistungen** beim Umlaufvermögen nach § 266 Abs. 2 HGB in Höhe von 120.000,00 Euro ausgewiesen.

4 Musterlösungen zu den Übungsaufgaben

4.1 Musterlösung zur Übungsaufgabe 1: Vorratsbewertung zum Bilanzstichtag

Übungsaufgabe 1 siehe Kap. 2.4.6.

Lösung Teil a)

Verbuchung der Geschäftsvorfälle:

1.	WEK Vorsteuer	8.800,00 1.672,00	an	Verbindlichkeiten aus L.u.L.	10.472,00

2.	WEK Vorsteuer	6.300,00 1.197,00	an	Verbindlichkeiten aus L.u.L.	7.497,00

3.	Forderungen aus L.u.L.	30.345,00	an	WVK Umsatzsteuer	25.500,00 4.845,00

4.	WEK Vorsteuer	9.000,00 1.710,00	an	Verbindlichkeiten aus L.u.L.	10.710,00

5.	Verbindlichkeiten aus L.u.L.	10.000,00	an	Bank	10.000,00

6.	Forderungen aus L.u.L.	49.266,00	an	WVK Umsatzsteuer	41.400,00 7.866,00

7.	Bank	46.000,00	an	Forderungen aus L.u.L.	46.000,00

8.	Forderungen aus L.u.L.	30.464,00	an	WVK Umsatzsteuer	25.600,00 4.864,00

Lösung Teil b)

Bewertung nach dem **LIFO-Verbrauchsfolgeverfahren**

Folgende Informationen liegen über die exklusiven Marmorplatten vor:

Nr.	Anfangsbestand/Zugänge	Preis/qm
	AB: 525 qm exklusive Marmorplatten	80,00 Euro
1	Zugang 100 qm exklusive Marmorplatten	88,00 Euro
2	Zugang 70 qm exklusive Marmorplatten	90,00 Euro
4	Zugang 90 qm exklusive Marmorplatten	100,00 Euro

Lösung:

Nr.	**AB + Zugänge**	**785 qm**		
	Verbrauch insgesamt	560 qm		
	Endbestand	**225 qm**		
	Bewertung Endbestand		**Preis/qm**	**Gesamtwert**
	Anfangsbestand	225 qm	80,00 Euro	18.000,00 Euro
	Endbestandswert			**18.000,00 Euro**

Die dazugehörigen Konten haben folgende Gestalt:

Soll	WEK		Haben
AB	42.000,00	**WE**	48.100,00
1.	8.800,00		
2.	6.300,00		
4.	9.000,00	**EB**	18.000,00
	66.100,00		**66.100,00**

Soll	WVK		Haben
Saldo	92.500,00	3.	25.500,00
		6.	41.400,00
		8.	25.600,00
	92.500,00		**92.500,00**

Die dazugehörigen Abschlussbuchungen lauten wie folgt:

9.	Schlussbilanzkonto	18.000,00	an	WEK	18.000,00

10.	Gewinn- und Verlustkonto	48.100,00	an	WEK	48.100,00

11.	WVK	92.500,00	an	Gewinn- und Verlustkonto	92.500,00

Lösung Teil c)

Bewertung nach dem **FIFO-Verbrauchsfolgeverfahren**

Folgende Informationen liegen über die exklusiven Marmorplatten vor:

Nr.	Anfangsbestand/Zugänge	Preis/qm
	AB: 525 qm exklusive Marmorplatten	80,00 Euro
1	Zugang 100 qm exklusive Marmorplatten	88,00 Euro
2	Zugang 70 qm exklusive Marmorplatten	90,00 Euro
4	Zugang 90 qm exklusive Marmorplatten	100,00 Euro

Lösung:

Nr.	**AB + Zugänge**	**785 qm**		
	Verbrauch insgesamt	560 qm		
	Endbestand	**225 qm**		
	Bewertung Endbestand		**Preis/qm**	**Gesamtwert**
4	Zugang	90 qm	100,00 Euro	9.000,00 Euro
2	Zugang	70 qm	90,00 Euro	6.300,00 Euro
1	Zugang	65 qm	88,00 Euro	5.720,00 Euro
	Endbestandswert			**21.020,00 Euro**

Die dazugehörigen Konten haben folgende Gestalt:

Soll	WEK		Haben
AB	42.000,00	**WE**	45.080,00
1.	8.800,00		
2.	6.300,00		
4.	9.000,00	**EB**	21.020,00
	66.100,00		**66.100,00**

Soll	WVK		Haben
WE	45.080,00	3.	25.500,00
GVK	47.420,00	6.	41.400,00
		8.	25.600,00
	92.500,00		**92.500,00**

Die dazugehörigen Abschlussbuchungen lauten wie folgt:

9.	Schlussbilanzkonto	21.020,00	an	WEK	21.020,00

10.	WVK	45.080,00	an	WEK	45.080,00

11.	WVK	47.420,00	an	Gewinn- und Verlustkonto	47.420,00

Lösung Teil d)

Bewertung nach dem **einfachen gewogenen Durchschnittswertverfahren**

Nr.	Anfangsbestand/Zugänge	Preis/qm	Gesamtwert
	AB: 525 qm exklusive Marmorplatten	80,00 Euro	42.000,00 Euro
1	Zugang 100 qm exklusive Marmorplatten	88,00 Euro	8.800,00 Euro
2	Zugang 70 qm exklusive Marmorplatten	90,00 Euro	6.300,00 Euro
4	Zugang 90 qm exklusive Marmorplatten	100,00 Euro	9.000,00 Euro
	Endbestand: 785 qm exklusive Marmorplatten		**66.100,00 Euro**

*Bestimmung des **gewogenen Durchschnittspreises**:*

$$\text{Durchschnittspreis p} = \frac{(66.100{,}00\ \text{Euro})}{785\ \text{qm}} = 84{,}20\ \text{Euro/qm}$$

Bestimmung des **Endbestandswertes** zum Bilanzstichtag 31.12.2022:

225 qm x 84,20 Euro/qm = **18.945,00 Euro**

Die dazugehörigen Konten haben folgende Gestalt:

Soll	WEK		Haben
AB	42.000,00	**WE**	47.155,00
1.	8.800,00		
2.	6.300,00		
4.	9.000,00	**EB**	18.945,00
	66.100,00		**66.100,00**

Soll	WVK		Haben
Saldo	92.500,00	3.	25.500,00
		6.	41.400,00
		8.	25.600,00
	92.500,00		**92.500,00**

Die dazugehörigen Abschlussbuchungen lauten wie folgt:

9.	Schlussbilanzkonto	18.945,00	an	WEK	18.945,00

10.	Gewinn- und Verlustkonto	47.155,00	an	WEK	47.155,00

11.	WVK	92.500,00	an	Gewinn- und Verlustkonto	92.500,00

4.2 Musterlösung zur Übungsaufgabe 2: Einnahmen-Überschuss-Rechnung – Zahnarzt Dr. Salvatore Gattone

Übungsaufgabe 2 siehe Kap. 2.4.8.3.

Grundsätzliches:

Bei einem Zahnarzt handelt es sich um einen Freiberufler, der Einkünfte aus selbstständiger Arbeit nach § 18 Abs. 1 Nr. 1 EStG erzielt. Seinen Gewinn bestimmt er nach § 4 Abs. 3 Satz 1 EStG als Überschuss der Betriebseinnahmen über die Betriebsausgaben.

Seine zahnärztlichen Leistungen unterliegen nach § 4 Nr. 14 Buchst. a) UStG nicht der Umsatzsteuer. Das bedeutet, dass er bei seinen Honorarrechnungen keine Umsatzsteuer in Rechnung stellen darf und bei den Eingangsrechnungen keine Vorsteuer geltend machen darf.

Einnahmen-Überschuss-Rechnung 01.01.2021–31.12.2021 Zahnarzt Dr. Salvatore Gattone					
Sachverhalt		**Betriebsausgaben**		**Betriebseinnahmen**	
		+	–	+	–
Nr.	**Bereits vorläufig ermittelt**	**176.588,00**		**334.798,00**	
1.	Keine regelmäßig wiederkehrende Ausgabe, daher BA bei Zahlung in 2022; Abflussprinzip nach § 11 Abs. 2 EStG.	-			
2.	Darlehensrückzahlung ist keine Betriebsausgabe, da die Darlehensauszahlung in der Vergangenheit keine Betriebseinnahme dargestellt hat. Die Tilgung stellt deshalb auch keine BA dar. Die Zinszahlung stellt eine regelmäßig wiederkehrende Ausgabe dar. Da die Zahlung kurze Zeit (innerhalb 10 Tagen – EStR H 116) nach dem Abschlussstichtag erfolgt, stellt sie nach § 11 Abs. 2 EStG eine BA für 2021 dar.	300,00			
3.	Keine regelmäßig wiederkehrende Einnahme, daher BE bei Zahlung in 2022; Zuflussprinzip nach § 11 Abs. 1 EStG.			-	
4.	Bürostuhl ist selbstständig nutzbares Wirtschaftsgut. Die Vorschriften über die Absetzung für Abnutzung (AfA) nach § 4 Abs. 3 Satz 3 EStG sind zu beachten. Da der Betrag unter 800,00 Euro liegt, liegt geringwertiges Wirtschaftsgut (GWG) vor. Wahlrecht nach § 6 Abs. 2 EStG für vollständige AfA im Jahr der Anschaffung. Falls Gewinn so niedrig wie möglich, dann sofort als abzugsfähige BA erfassen. Möchte man von der Bewertungsfreiheit keinen Gebrauch machen, kann das WG auch auf die betriebsgewöhnliche ND abgeschrieben werden nach § 7 Abs. 1 EStG. In diesem Fall sofortige BA nur in Höhe der AfA möglich. Daher Wahlrecht für Bürostuhl. Hier sofort als BA in 2021 nach § 11 Abs. 2 EStG.	575,00			

Einnahmen-Überschuss-Rechnung 01.01.2021–31.12.2021 Zahnarzt Dr. Salvatore Gattone					
Sachverhalt		**Betriebsausgaben**		**Betriebseinnahmen**	
5.	Spezielles Knochenmikroskop ist selbstständig nutzbares Wirtschaftsgut und muss auf die ND abgeschrieben werden. Deshalb Storno des Gesamtbetrages. ND 12 Jahre, lineare AfA nach § 7 Abs. 1 i. V. m. § 7 Abs. 1 Satz 4 EStG – AfA pro rata temporis (zeitanteilig). 6.960,00 Euro : 12 Jahre = 580,00 Euro/Jahr; 580,00 Euro x 3/12 (3 Monate Nutzungsdauer von Okt.–Dez.) = 145,00 Euro. AfA somit BA nach § 4 Abs. 3 Satz 3 EStG. Achtung: Degressive AfA nach § 7 Abs. 2 EStG für Anschaffungen nach dem 31.12.2019 und vor dem 01.01.2023 möglich.	145,00	6.960,00		
6.	Leasingrate = regelmäßig wiederkehrende Ausgabe. Da die Bezahlung innerhalb der 10-Tages-Frist liegt, wird die Leasingrate dem Wirtschaftsjahr zugerechnet, dem sie auch wirtschaftlich zuzurechnen ist. Somit BA für 2022 nach § 11 Abs. 2 EStG. Storno für 2021.		950,00		
7.	Geldentnahme für private Zwecke sind keine BA. Deshalb Korrektur des Betrags. Storno.		2.000,00		
8.	Forderungsverluste sind keine BA, da vorher keine Erlöse gebucht wurden. Deshalb Korrektur des Betrags. Storno.		650,00		
9.	Darlehensauszahlung der Hausbank stellt keine BE dar, da die Darlehensrückzahlung (Tilgung) keine BA darstellt. Hingegen stellen die zukünftigen Zinszahlungen für das Darlehen eine BA nach § 11 Abs. 2 EStG dar. Somit Korrektur des Betrags. Storno.				80.000,00
10.	Anzahlungen stellen BE dar, da sie im Jahr 2021 zugeflossen sind. Somit BE nach § 11 Abs. 1 EStG für 2021. Die Restzahlung ist 2022 als BE zu erfassen, da es sich bei einer Honorarrechnung generell nicht um eine regelmäßig wiederkehrende Einnahme handelt.			10.000,00	
11.	Geldeinzahlungen aus dem privaten Bereich stellen keine BE dar. Deshalb Korrektur des Betrags. Storno.				3.500,00
12.	Bei der gutachterlichen Tätigkeit handelt es sich nicht um eine regelmäßig wiederkehrende Tätigkeit. Somit wird die Zahlung im Zuflusszeitpunkt nach § 11 Abs. 1 EStG erfasst. Hier im Jahr 2022. Somit korrekte Erfassung. Keine Korrektur.			-	
	Summen	177.608,00	10.560,00	344.798,00	83.500,00
	Betriebseinnahmen/Betriebsausgaben	167.048,00		261.298,00	
	Gewinn 2021	94.250,00			

4.3 Musterlösung zur Übungsaufgabe 3: Inventar Maschinenfabrik Luis Sappone

Übungsaufgabe 3 siehe Kap. 3.1.1.3.

Inventar der Maschinenfabrik Luis Sappone, München, zum 31.12.2021		
A. Vermögen	**Euro**	**Euro**
I. Anlagevermögen		
1. Grund und Boden		5.900.876,00
2. Gebäude		
Werkhallen	10.567.400,00	
Verwaltungsgebäude	2.123.450,00	12.690.850,00
3. Anlagen im Bau		256.145,00
4. Fuhrpark		
Lkw	1.699.887,00	
Pkw	125.677,00	1.825.564,00
5. Technische Anlagen und Maschinen		6.789.452,00
6. Betriebs- und Geschäftsausstattung		2.456.122,00
II. Umlaufvermögen		
1. Rohstoffe		3.147.689,00
2. Unfertige Erzeugnisse		8.236.155,00
3. Handelswaren		3.258.254,00
4. Forderungen an Kunden		
Rudolf Langer, Augsburg	2.589.777,11	
Firma Kautz, Füssen	3.988.889,99	6.578.667,10
5. Guthaben Postbank, München		3.588.999,56
4. Barguthaben		80.466,50
Summe des Vermögens		**54.809.240,16**

B. Schulden	**Euro**	**Euro**
I. Langfristige Verbindlichkeiten		
Hypothekenschulden		6.123.125,00
II. Kurzfristige Verbindlichkeiten		
Verbindlichkeiten gegenüber Lieferanten		
Fuller Werke, München	4.555.747,20	
Schellmann und Partner, Traunstein	954.456,41	5.510.203,61
Summe der Schulden		**11.633.328,61**

	C. Reinvermögen (Eigenkapital)	**Euro**
	Summe des Vermögens	54.809.240,16
–	Summe der Schulden	11.633.328,61
=	**Reinvermögen**	**43.175.911,55**

4.4 Musterlösung zur Übungsaufgabe 4: Bilanz Malerbetrieb Mario Gallo

Übungsaufgabe siehe Kap. 3.1.2.4.

BILANZ **Malerbetrieb Mario Gallo, 31.12.2022**			
Aktiva			**Passiva**
A. Anlagevermögen		**A. Eigenkapital**	81.244
I. Sachanlagen			
1. Gebäude	115.000	**B. Fremdkapital**	
2. Betriebs- und Geschäftsausstattung	11.000	1. Verbindlichkeiten gegenüber Kreditinstituten	68.000
B. Umlaufvermögen		2. Verbindlichkeiten gegenüber Finanzamt	4.429
I. Vorräte		3. Verbindlichkeiten aus Lieferungen und Leistungen	3.400
Roh-, Hilfs- und Betriebsstoffe	22.000		
II. Forderungen und sonstige Vermögensgegenstände			
Forderungen aus Lieferungen und Leistungen	5.100		
III. Kassenbestand und Bankguthaben			
1. Bankguthaben	2.700		
2. Kassenbestand	1.273		
	157.073		157.073

Abb. 38: Bilanz Malerbetrieb Mario Gallo

4.5 Musterlösung zur Übungsaufgabe 5: Grundfälle der Bilanzänderung

Übungsaufgabe siehe Kap. 3.1.2.7.

1.	Kasse	10.000,00	an	Eigenkapital	10.000,00

Typische Bilanzänderung: Aktiv-Passiv-Mehrung bzw. Bilanzverlängerung

2.	Gebäude	500.000,00	an	Langfristiges Darlehen	500.000,00

Typische Bilanzänderung: Aktiv-Passiv-Mehrung bzw. Bilanzverlängerung

3.	Waren	12.000,00	an	Verbindlichkeiten aus L.u.L.	12.000,00

Typische Bilanzänderung: Aktiv-Passiv-Mehrung bzw. Bilanzverlängerung

4.	Kasse	1.000.000,00	an	Eigenkapital	1.000.000,00

Typische Bilanzänderung: Aktiv-Passiv-Mehrung bzw. Bilanzverlängerung

5.	Verbindlichkeiten aus L.u.L.	12.000,00	an	Kasse	12.000,00

Typische Bilanzänderung: Aktiv-Passiv-Minderung bzw. Bilanzverkürzung

6.	Fuhrpark	20.000,00	an	Kasse	35.000,00
	Waren	15.000,00			

Typische Bilanzänderung: Aktivtausch; Bilanzsumme bleibt gleich

7.	Bank	50.000,00	an	Kasse	50.000,00

Typische Bilanzänderung: Aktivtausch; Bilanzsumme bleibt gleich

8.	Langfristiges Darlehen	500.000,00	an	Kurzfristiges Darlehen	500.000,00

Typische Bilanzänderung: Passivtausch; Bilanzsumme bleibt gleich

9.	Kurzfristiges Darlehen	500.000,00	an	Kasse	500.000,00

Typische Bilanzänderung: Aktiv-Passiv-Minderung bzw. Bilanzverkürzung

4.6 Musterlösung zur Übungsaufgabe 6: Verbuchung erfolgsneutraler Geschäftsvorfälle

Übungsaufgabe siehe Kap. 3.2.2.3.

Lösung Teil a)

Eröffnungsbilanz Stuckateur Luigi Farfalle, 01.01.2022

ERÖFFNUNGSBILANZ Stuckateur Luigi Farfalle, 01.01.2022			
Aktiva			**Passiva**
A. Anlagevermögen		**A. Eigenkapital**	109.000
I. Sachanlagen			
1. Grundstücke	50.000	**B. Fremdkapital**	
2. Gebäude	80.000	1. Langfristige Verbindlichkeiten	80.000
3. Betriebs- und Geschäftsausstattung	20.000	2. Verbindlichkeiten aus Lieferungen und Leistungen	20.000
B. Umlaufvermögen			
I. Vorräte			
Waren	6.000		
II. Forderungen und sonstige Vermögensgegenstände			
Forderungen aus Lieferungen und Leistungen	18.000		
III. Kassenbestand und Bankguthaben			
1. Bankguthaben	33.000		
2. Kassenbestand	2.000		
	209.000		209.000

Abb. 39: Eröffnungsbilanz Stuckateur Luigi Farfalle

Eröffnung der Bestandskonten

Nr.	Soll	Betrag		Haben	Betrag
1.	Grundstücke	50.000,00	an	Eröffnungsbilanzkonto	50.000,00
2.	Gebäude	80.000,00	an	Eröffnungsbilanzkonto	80.000,00
3.	Betriebs- und Geschäftsausstattung	20.000,00	an	Eröffnungsbilanzkonto	20.000,00
4.	Waren	6.000,00	an	Eröffnungsbilanzkonto	6.000,00
5.	Forderungen aus L.u.L.	18.000,00	an	Eröffnungsbilanzkonto	18.000,00
6.	Bank	33.000,00	an	Eröffnungsbilanzkonto	33.000,00
7.	Kasse	2.000,00	an	Eröffnungsbilanzkonto	2.000,00
8.	Eröffnungsbilanzkonto	109.000,00	an	Eigenkapital	109.000,00
9.	Eröffnungsbilanzkonto	80.000,00	an	Langfristige Verbindlichkeiten	80.000,00
10.	Eröffnungsbilanzkonto	20.000,00	an	Verbindlichkeiten aus L.u.L.	20.000,00

Lösung Teil b)

Verbuchung in Grundbuch und Hauptbuch

Nr.	Soll	Betrag		Haben	Betrag
11.	Betriebs- und Geschäftsausstattung	1.000,00	an	Bank	1.000,00
12.	Langfristige Verbindlichkeiten	8.000,00	an	Bank	8.000,00
13.	Waren	600,00	an	Verbindlichkeiten aus L.u.L.	600,00
14.	Kasse	500,00	an	Forderungen aus L.u.L.	500,00
15.	Rohstoffe	400,00	an	Bank	400,00
16.	Verbindlichkeiten aus L.u.L.	1.200,00	an	Bank	1.200,00
17.	Kasse	100,00	an	Bank	100,00
18.	Betriebs- und Geschäftsausstattung	700,00	an	Verbindlichkeiten aus L.u.L.	700,00
19.	Verbindlichkeiten aus L.u.L.	2.000,00	an	Kasse Bank	800,00 1.200,00
20.	Langfristige Verbindlichkeiten	20.000,00	an	Bank	20.000,00

Die dazugehörigen Konten haben folgende Gestalt:

Soll	Grundstücke		Haben
AB	50.000,00	EB	50.000,00
	50.000,00		**50.000,00**

Soll	EBK		Haben
8.	109.000,00	1.	50.000,00
9.	80.000,00	2.	80.000.00
10.	20.000,00	3.	20.000,00
		4.	6.000,00
		5.	18.000,00
		6.	33.000,00
		7.	2.000.00
	209.000,00		**209.000,00**

Soll	Gebäude		Haben
AB	80.000,00	EB	80.000,00
	80.000,00		**80.000,00**

Soll	EK-Konto		Haben
EB	109.000,00	AB	109.000,00
	109.000,00		**109.000,00**

Soll	B&G		Haben
AB	20.000,00	EB	21.700,00
11.	1.000,00		
18.	700,00		
	21.700,00		**21.700,00**

Soll	Langfr. Verb.		Haben
12.	8.000,00	AB	80.000,00
20.	20.000,00		
EB	52.000,00		
	80.000,00		**80.000,00**

Soll	Waren		Haben
AB	6.000,00	**EB**	6.600,00
13.	600,00		
	6.600,00		**6.600,00**

Soll	Ford. aus L.u.L.		Haben
AB	18.000,00	14.	500,00
		EB	17.500,00
	18.000,00		**18.000,00**

Soll	Bank		Haben
AB	33.000,00	11.	1.000,00
		12.	8.000,00
		15.	400,00
		16.	1.200,00
		17.	100,00
		19.	1.200,00
		20.	20.000,00
		EB	1.100,00
	33.000,00		**33.000,00**

Soll	Verb. aus L.u.L.		Haben
16.	1.200,00	**AB**	20.000,00
19.	2.000,00	13.	600,00
EB	18.100,00	18.	700,00
	21.300,00		**21.300,00**

Soll	Kasse		Haben
AB	2.000,00	19.	800,00
14.	500,00	**EB**	1.800,00
17.	100,00		
	2.600,00		**2.600,00**

Soll	Rohstoffe		Haben
15.	400,00	**EB**	400,00
	400,00		**400,00**

Soll	SBK		Haben
21.	50.000,00	29.	109.000,00
22.	80.000,00	30.	52.000,00
23.	21.700,00	31.	18.100,00
24.	400,00		
25.	6.600,00		
26.	17.500,00		
27.	1.100,00		
28.	1.800,00		
	179.100,00		**179.100,00**

Lösung Teil c)

Durchführung der Abschlussbuchungen

21.	Schlussbilanzkonto	50.000,00	an	Grundstücke	50.000,00

22.	Schlussbilanzkonto	80.000,00	an	Gebäude	80.000,00

23.	Schlussbilanzkonto	21.700,00	an	Betriebs- und Geschäftsausstattung	21.700,00

24.	Schlussbilanzkonto	400,00	an	Rohstoffe	400,00

25.	Schlussbilanzkonto	6.600,00	an	Waren	6.600,00

26.	Schlussbilanzkonto	17.500,00	an	Forderungen aus L.u.L.	17.500,00

27.	Schlussbilanzkonto	1.100,00	an	Bank	1.100,00

28.	Schlussbilanzkonto	1.800,00	an	Kasse	1.800,00

29.	Eigenkapital	109.000,00	an	Schlussbilanzkonto	109.000,00

30.	Langfristige Verbindlichkeiten	52.000,00	an	Schlussbilanzkonto	52.000,00

31.	Verbindlichkeiten aus L.u.L.	18.100,00	an	Schlussbilanzkonto	18.100,00

4.7 Musterlösung zur Übungsaufgabe 7: Verbuchung erfolgswirksamer Geschäftsvorfälle

Übungsaufgabe siehe Kap. 3.2.4.5.

Lösung Teil a)

Verbuchung der laufenden Geschäftsvorfälle

1.	Mietaufwand	380,00	an	Bank	380,00

2.	Kfz-Steuer	230,00	an	Bank	230,00

3.	Porto	12,00	an	Kasse	12,00

4.	Büromaterial	42,00	an	Kasse	42,00

5.	Bank	160,00	an	Zinsertrag	160,00

6.	Versicherungen	435,00	an	Bank	435,00

7.	Kasse	1.680,00	an	Umsatzerlöse	1.680,00

8.	Versicherungen	550,00	an	Bank	550,00

Die dazugehörigen Erfolgskonten haben folgende Gestalt:

Soll	**Mietaufwand**		**Haben**
1.	380,00	**Saldo**	380,00

Soll	**Zinserträge**		**Haben**
Saldo	160,00	5.	160,00

Soll	**Kfz-Steuer**		**Haben**
2.	230,00	**Saldo**	230,00

Soll	**Umsatzerlöse**		**Haben**
Saldo	1.680,00	7.	1.680,00

Soll	**Porto**		**Haben**
3.	12,00	**Saldo**	12,00

Soll	**Büromaterial**		**Haben**
4.	42,00	**Saldo**	42,00

Soll	**Versicherungen**		**Haben**
6.	435,00	**Saldo**	985,00
8.	550,00		
	985,00		**985,00**

Soll	**GVK**		**Haben**
9.	380,00	13.	160,00
10.	230,00	15.	1.680,00
11.	12,00		
12.	42,00		
14.	985,00		
Gewinn	191,00		
	1.840,00		**1.840,00**

Soll	**EK-Konto**		**Haben**
		GVK	191,00

Lösung Teil b)

Abschluss Erfolgskonten

9.	Gewinn- und Verlustkonto	380,00	an	Mietaufwand	380,00

10.	Gewinn- und Verlustkonto	230,00	an	Kfz-Steuer	230,00

11.	Gewinn- und Verlustkonto	12,00	an	Porto	12,00

12.	Gewinn- und Verlustkonto	42,00	an	Büromaterial	42,00

13.	Zinsertrag	160,00	an	Gewinn- und Verlustkonto	160,00

14.	Gewinn- und Verlustkonto	985,00	an	Versicherungen	985,00

15.	Umsatzerlöse	1.680,00	an	Gewinn- und Verlustkonto	1.680,00

Lösung Teil c)

Abschluss Gewinn- und Verlustkonto (GVK)

16.	Gewinn- und Verlustkonto	191,00	an	Eigenkapitalkonto	191,00

4.8 Musterlösung zur Übungsaufgabe 8: Buchungen im Bereich der Umsatzsteuer

Übungsaufgabe siehe Kap. 3.3.11.

Lösung Teil a)

Verbuchung der laufenden Geschäftsvorfälle

1.	Forderungen aus L.u.L.	4.165,00	an	Umsatzerlöse	3.500,00
				Umsatzsteuer	665,00

2.	Rohstoffe	6.600,00	an	Verbindlichkeiten aus L.u.L.	7.854,00
	Vorsteuer	1.254,00			

3.	Maschinen	1.800,00	an	Verbindlichkeiten aus L.u.L.	2.142,00
	Vorsteuer	342,00			

4.	Bank	4.165,00	an	Forderungen aus L.u.L.	4.165,00

5.	Privatentnahme	1.071,00	an	EV-Rohstoffe	900,00
				USt-EV	171,00

6a.	Rohstoffe	2.500,00	an	Verbindlichkeiten aus L.u.L.	2.500,00

6b.	Entrichtete Einfuhrumsatzsteuer	475,00	an	Bank	475,00

Bei Bezahlung:

6c.	Verbindlichkeiten aus L.u.L	2.500,00	an	Bank	2.500,00

7.	Verbindlichkeiten aus L.u.L.	2.142,00	an	Bank	2.142,00

8a.	Maschinen	3.200,00	an	Verbindlichkeiten aus L.u.L.	3.200,00

8b.	Erwerbsteuer	608,00	an	Umsatzsteuer aus innergemeinschaftlichem Erwerb	608,00

9.	Kasse	800,00	an	Umsatzerlöse (Drittlandsgebiet)	800,00

10.	Forderungen aus L.u.L.	7.500,00	an	Umsatzerlöse (EU)	7.500,00

Lösung Teil b)

Abschluss sämtlicher Umsatzsteuerkonten mit Abschlussbuchungen

Die dazugehörigen Konten haben folgende Gestalt:

Soll	Umsatzsteuer		Haben
Saldo	665,00	1.	665,00
	665,00		**665,00**

Soll	Vorsteuer		Haben
2.	1.254,00	**Saldo**	1.596,00
3.	342,00		
	1.596,00		**1.596,00**

Soll	USt-EV		Haben
Saldo	171,00	5.	171,00
	171,00		**171,00**

Soll	Entrichtete Einfuhr-USt		Haben
6b.	475,00	**Saldo**	475,00
	475,00		**475,00**

Soll	USt-Verrkto.		Haben
12.	1.596,00	11.	665,00
14.	475,00	13.	171,00
		Saldo	1.235,00
	2.071,00		**2.071,00**

Abschlussbuchungen Umsatzsteuerkonten

11.	Umsatzsteuer	665,00	an	USt-Verrechnungskonto	665,00

12.	USt-Verrechnungskonto	1.596,00	an	Vorsteuer	1.596,00

13.	USt-EV	171,00	an	USt-Verrechnungskonto	171,00

14.	USt-Verrechnungskonto	475,00	an	Entrichtete Einfuhrumsatzsteuer	475,00

15.	Sonstige Forderungen	1.235,00	an	USt-Verrechnungskonto	1.235,00

4.9 Musterlösung zur Übungsaufgabe 9: Verbuchung des Warenverkehrs

Übungsaufgabe siehe Kap. 3.4.3.

Lösung Teil a)

Verbuchung der laufenden Geschäftsvorfälle

1.	WEK Vorsteuer	10.000,00 1.900,00	an	Verbindlichkeiten aus L.u.L.	11.900,00

2.	Darlehen	6.000,00	an	Bank	6.000,00

3.	Forderungen aus L.u.L.	9.520,00	an	WVK Umsatzsteuer	8.000,00 1.520,00

4.	Bank	6.500,00	an	Forderungen aus L.u.L.	6.500,00

5.	Kasse	892,50	an	WVK Umsatzsteuer	750,00 142,50

6.	WEK Vorsteuer	4.000,00 760,00	an	Verbindlichkeiten aus L.u.L.	4.760,00

Lösung Teil b)

Bestimmung Wareneinsatz und Abschluss Warenkonten nach der Nettomethode

Bestimmung Wareneinsatz:

Warenverkauf insgesamt: 8.750,00 Euro x 100/220 = 3.977,00 Euro = *Nettoeinstandspreis*

Probe: *Nettoeinstandspreis*: 3.977,00 Euro x 120 % = **Aufschlag**: 4.773,00 Euro

Nettoeinstandspreis: 3.977,00 Euro + Aufschlag: 4.773,00 Euro = **8.750,00 Euro**

Abschluss Warenkonten nach der Nettomethode:

Soll	WEK		Haben
AB	53.000,00	**WE**	3.977,00
1.	10.000,00		
6.	4.000,00	**EB**	63.023,00
	67.000,00		**67.000,00**

Soll	WVK		Haben
7.	3.977,00	3.	8.000,00
Saldo	4.773,00	5.	750,00
	8.750,00		**8.750,00**

Soll	EK-Konto		Haben
		10.	4.773,00

Soll	GVK		Haben
Gewinn	4.773,00	9.	4.773,00
	4.773,00		**4.773,00**

Soll	SBK		Haben
8.	63.023,00		

Abschlussbuchungen Warenkonten und Gewinn- und Verlustkonto

7.	WVK	3.977,00	an	WEK	3.977,00

8.	Schlussbilanzkonto	63.023,00	an	WEK	63.023,00

9.	WVK	4.773,00	an	Gewinn- und Verlustkonto	4.773,00

10.	Gewinn- und Verlustkonto	4.773,00	an	Eigenkapitalkonto	4.773,00

Lösung Teil c)

Abschluss Warenkonten nach der Bruttomethode

Wareneinsatz: 3.977,00 Euro

Soll	WEK		Haben
AB	53.000,00	**WE**	3.977,00
1.	10.000,00		
6.	4.000,00	**EB**	63.023,00
	67.000,00		**67.000,00**

Soll	WVK		Haben
Saldo	8.750,00	3.	8.000,00
		5.	750,00
	8.750,00		**8.750,00**

Soll	EK-Konto		Haben
		10.	4.773,00

Soll	GVK		Haben
7.	3.977,00	8.	8.750,00
Gewinn	4.773,00		
	8.750,00		**8.750,00**

Soll	SBK		Haben
9.	63.023,00		

Abschlussbuchungen Warenkonten und Gewinn- und Verlustkonto

7.	Gewinn- und Verlustkonto	3.977,00	an	WEK	3.977,00

8.	WVK	8.750,00	an	Gewinn- und Verlustkonto	8.750,00

9.	Schlussbilanzkonto	63.023,00	an	WEK	63.023,00

10.	Gewinn- und Verlustkonto	4.773,00	an	Eigenkapitalkonto	4.773,00

4.10 Musterlösung zur Übungsaufgabe 10: Verbuchung von Skonti, Boni und Sofortrabatte

Übungsaufgabe siehe Kap. 3.4.6.

Lösung Teil a)

Verbuchung der laufenden Geschäftsvorfälle im Grund- und Hauptbuch

1.	WEK	7.000,00	an	Verbindlichkeiten aus L.u.L.	8.330,00
	Vorsteuer	1.330,00			

2.	Forderungen aus L.u.L.	9.520,00	an	WVK	8.000,00
				Umsatzsteuer	1.520,00

3.	Verbindlichkeiten aus L.u.L.	8.330,00	an	Bank	8.163,40
				erhaltene Skonti	140,00
				Vorsteuer	26,60

4.	Forderungen aus L.u.L.	19.040,00	an	WVK	16.000,00
				Umsatzsteuer	3.040,00

5.	Bank	9.234,40	an	Forderungen aus L.u.L.	9.520,00
	gewährte Skonti	240,00			
	Umsatzsteuer	45,60			

6.	WEK	5.000,00	an	Verbindlichkeiten aus L.u.L.	5.950,00
	Vorsteuer	950,00			

7.	Verbindlichkeiten aus L.u.L.	5.950,00	an	Bank	5.771,50
				erhaltene Skonti	150,00
				Vorsteuer	28,50

8.	Verbindlichkeiten aus L.u.L.	833,00	an	erhaltene Boni	700,00
				Vorsteuer	133,00

9.	gewährte Boni	1.200,00	an	Bank	1.428,00
	Umsatzsteuer	228,00			

10.	Kasse	452,20	an	WVK	380,00
				Umsatzsteuer	72,20

11.	Schlussbilanzkonto	32.400,00	an	WEK	32.400,00

Lösung Teil b)

Abschluss sämtlicher Anschaffungspreisminderungskonten

12.	erhaltene Skonti	290,00	an	WEK	290,00

13.	WVK	240,00	an	gewährter Skonti	240,00

14.	erhaltene Boni	700,00	an	WEK	700,00

15.	WVK	1.200,00	an	gewährte Boni	1.200,00

Die dazugehörigen Konten haben folgende Gestalt:

Soll	erhaltene Skonti		Haben
Saldo	290,00	3.	140,00
		7.	150,00
	290,00		**290,00**

Soll	gewährte Skonti		Haben
5.	240,00	**Saldo**	240,00
	240,00		**240,00**

Soll	erhaltene Boni		Haben
Saldo	700,00	8.	700,00
	700,00		**700,00**

Soll	gewährte Boni		Haben
9.	1.200,00	**Saldo**	1.200,00
	1.200,00		**1.200,00**

Lösung Teil c)

Abschluss sämtlicher Umsatzsteuerkonten

16.	USt-Verrechnungskonto	2.091,90	an	Vorsteuer	2.091,90

17.	Umsatzsteuer	4.358,60	an	USt-Verrechnungskonto	4.358,60

18.	USt-Verrechnungskonto	2.266,70	an	Sonstige Verbindlichkeiten	2.266,70

Die dazugehörigen Konten haben folgende Gestalt:

Soll	Vorsteuer		Haben
1.	1.330,00	3.	26,60
6.	950,00	7.	28,50
		8.	133,00
		Saldo	2.091,90
	2.280,00		**2.280,00**

Soll	Umsatzsteuer		Haben
5.	45,60	2.	1.520,00
9.	228,00	4.	3.040,00
Saldo	4.358,60	10.	72,20
	4.632,20		**4.632,20**

Soll	UST-Verrkto.		Haben
16.	2.091,90	17.	4.358,60
Saldo	2.266,70		
	4.358,60		**4.358,60**

Soll	Sonstige Verb.		Haben
EB	2.266,70	18.	2.266,70
	2.266,70		**2.266,70**

Lösung Teil d)

Abschluss Wareneinkaufs- und Warenverkaufskonto nach der Bruttomethode

19.	Gewinn- und Verlustkonto	10.610,00	an	WEK	10.610,00

20.	WVK	22.940,00	an	Gewinn- und Verlustkonto	22.940,00

Abschluss: Gewinn- und Verlustkonto

21.	Gewinn- und Verlustkonto	12.330,00	an	Eigenkapitalkonto	12.330,00

Die dazugehörigen Konten haben folgende Gestalt:

Soll	WEK		Haben
AB	32.000,00	12.	290,00
1.	7.000,00	14.	700,00
6.	5.000,00	WE	10.610,00
		EB	32.400,00
	44.000,00		**44.000,00**

Soll	WVK		Haben
13.	240,00	2.	8.000,00
15.	1.200.00	4.	16.000,00
Saldo	22.940,00	10.	380,00
	24.380,00		**24.380,00**

Soll	GVK		Haben
19.	10.610,00	20.	22.940,00
Gewinn	12.330,00		
	22.940,00		**22.940,00**

Soll	EK-Konto		Haben
EB	76.330,00	**AB**	64.000,00
		GVK	12.330,00
	76.330,00		**76.330,00**

Lösung Teil e)

Abschluss der übrigen Konten

22.	Schlussbilanzkonto	90.000,00	an	Gebäude	90.000,00
23.	Schlussbilanzkonto	60.000,00	an	Fuhrpark	60.000,00
24.	Schlussbilanzkonto	45.040,00	an	Forderungen aus L.u.L.	45.040,00
25.	Schlussbilanzkonto	5.871,50	an	Bank	5.871,50
26.	Schlussbilanzkonto	1.952,50	an	Kasse	1.952,20
27.	Eigenkapitalkonto	76.330,00	an	Schlussbilanzkonto	76.330,00
28.	Langfristige Verbindlichkeiten	91.500,00	an	Schlussbilanzkonto	91.500,00
29.	Verbindlichkeiten aus L.u.L.	65.167,00	an	Schlussbilanzkonto	65.167,00
30.	Sonstige Verbindlichkeiten	2.266,70	an	Schlussbilanzkonto	2.266,70

Die dazugehörigen Konten haben folgende Gestalt:

Soll	Gebäude		Haben
AB	90.000,00	EB	90.000,00
	90.000,00		**90.000,00**

Soll	Fuhrpark		Haben
AB	60.000,00	EB	60.000,00
	60.000,00		**60.000,00**

Soll	Ford. aus L.u.L.		Haben
AB	26.000,00	5.	9.520,00
2.	9.520,00		
4.	19.040,00	**EB**	45.040,00
	54.560,00		**54.560,00**

Soll	Bank		Haben
AB	12.000,00	3.	8.163,40
5.	9.234,40	7.	5.771,50
		9.	1.428,00
		EB	5.871,50
	21.234,40		**21.234,40**

Soll	Kasse		Haben
AB	1.500,00	**EB**	1.952,20
10.	452,20		
	1.952,20		**1.952,20**

Soll	Langfristige Verb.		Haben
EB	91.500,00	**AB**	91.500,00
	91.500,00		**91.500,00**

Soll	Verb. aus L.u.L.		Haben
3.	8.330,00	**AB**	66.000,00
7.	5.950,00	1.	8.330,00
8.	833,00	6.	5.950,00
EB	65.167,00		
	80.280,00		**80.280,00**

Soll	SBK		Haben
11.	32.400,00	27.	76.330,00
22.	90.000,00	28.	91.500,00
23.	60.000,00	29.	65.167,00
24.	45.040,00	30.	2.266,70
25.	5.871,50		
26.	1.952,20		
	235.263,70		**235.263,70**

4.11 Musterlösung zur Übungsaufgabe 11: Abschreibung von Sammelposten

Übungsaufgabe siehe Kap. 3.6.1.4.

Bestimmung der Abschreibungspläne jahrgangsbezogener Sammelposten

Abschreibungsplan jahrgangsbezogener Sammelposten 2021	
Anschaffungskosten im Jahr 2021: Abschreibung 2021: 1.240,00 Euro x 20 % = 248,00 Euro	1.240,00 Euro 248,00 Euro
Restbuchwert: 31.12.2021 Abschreibung 2022: 1.240,00 Euro x 20 % = 248,00 Euro	992,00 Euro 248,00 Euro
Restbuchwert: 31.12.2022 Abschreibung 2023: 1.240,00 Euro x 20 % = 248,00 Euro	744,00 Euro 248,00 Euro
Restbuchwert: 31.12.2023 Abschreibung 2024: 1.240,00 Euro x 20 % = 248,00 Euro	496,00 Euro 248,00 Euro
Restbuchwert: 31.12.2024 Abschreibung 2025: 1.240,00 Euro x 20 % = 248,00 Euro	248,00 Euro 248,00 Euro
Restbuchwert: 31.12.2025	0,00 Euro

Tab. 33: Abschreibungsplan jahrgangsbezogener Sammelposten 2021

Abschreibungsplan jahrgangsbezogener Sammelposten 2022	
Anschaffungskosten im Jahr 2022: Abschreibung 2022: 470,00 Euro x 20 % = 94,00 Euro	470,00 Euro 94,00 Euro
Restbuchwert: 31.12.2022 Abschreibung 2023: 470,00 Euro x 20 % = 94,00 Euro	376,00 Euro 94,00 Euro
Restbuchwert: 31.12.2023 Abschreibung 2024: 470,00 Euro x 20 % = 94,00 Euro	282,00 Euro 94,00 Euro
Restbuchwert: 31.12.2024 Abschreibung 2025: 470,00 Euro x 20 % = 94,00 Euro	188,00 Euro 94,00 Euro
Restbuchwert: 31.12.2025 Abschreibung 2026: 470,00 Euro x 20 % = 94,00 Euro	94,00 Euro 94,00 Euro
Restbuchwert: 31.12.2026	0,00 Euro

Tab. 34: Abschreibungsplan jahrgangsbezogener Sammelposten 2022

Die dazugehörenden Buchungssätze für das Wirtschaftsjahr 2021 lauten wie folgt:

Kauf des Bürostuhls 2021:

1.	Sammelposten 2021 Vorsteuer	500,00 95,00	an	Verbindlichkeiten aus L.u.L.	595,00

Kauf des Schreibtisches 2021:

2.	Sammelposten 2021 Vorsteuer	740,00 140,60	an	Verbindlichkeiten aus L.u.L.	880,60

Buchung Abschreibung Sammelposten für das Wirtschaftsjahr 2021:

3.	AfA Sammelposten 2021	248,00	an	Sammelposten 2021	248,00

Die dazugehörenden Buchungssätze für das Wirtschaftsjahr 2022 lauten wie folgt:

Kauf der Regalwand 2022:

1.	Sammelposten 2022 Vorsteuer	470,00 89,30	an	Kasse	559,30

Buchung Abschreibung Sammelposten für das Wirtschaftsjahr 2022:

2.	AfA Sammelposten 2021	248,00	an	Sammelposten 2021	248,00

3.	AfA Sammelposten 2022	94,00	an	Sammelposten 2022	94,00

Buchung Abschreibung Sammelposten für das Wirtschaftsjahr 2023:

1.	AfA Sammelposten 2021	248,00	an	Sammelposten 2021	248,00

2.	AfA Sammelposten 2022	94,00	an	Sammelposten 2022	94,00

Buchung Abschreibung Sammelposten für das Wirtschaftsjahr 2024:

1.	AfA Sammelposten 2021	248,00	an	Sammelposten 2021	248,00

2.	AfA Sammelposten 2022	94,00	an	Sammelposten 2022	94,00

Buchung Abschreibung Sammelposten für das Wirtschaftsjahr 2025:

1.	AfA Sammelposten 2021	248,00	an	Sammelposten 2021	248,00

2.	AfA Sammelposten 2022	94,00	an	Sammelposten 2022	94,00

Buchung Abschreibung Sammelposten für das Wirtschaftsjahr 2026:

1.	AfA Sammelposten 2022	94,00	an	Sammelposten 2022	94,00

4.12 Musterlösung zur Übungsaufgabe 12: Rechnungsabgrenzungsbuchungen

Übungsaufgabe siehe Kap. 3.6.3.

Lösung:

Geschäftsvorfall Nr. 1:

1.	Leasingaufwand	600,00	an	Bank	714,00
	Vorsteuer	114,00			

Abgrenzung zum 31.12.2021:

2.	ARAP	600,00	an	Leasingaufwand	600,00

Auflösung ARAP zu Beginn des Geschäftsjahres 2022:

3.	Leasingaufwand	600,00	an	ARAP	600,00

Geschäftsvorfall Nr. 2:

1.	Sonstige Forderungen	250,00	an	Zinsertrag	250,00

Buchung zum 31.07.2022:

2.	Bank	600,00	an	Zinsertrag	350,00
				Sonstige Forderungen	250,00

Geschäftsvorfall Nr. 3:

1.	Bank	357,00	an	Mietertrag Lager	300,00
				Umsatzsteuer	57,00

Abgrenzung zum 31.12.2021:

2.	Mietertrag Lager	300,00	an	PRAP	300,00

Auflösung PRAP zu Beginn des Geschäftsjahres 2022:

3.	PRAP	300,00	an	Mietertrag Lager	300,00

Geschäftsvorfall Nr. 4:

1.	Reparaturaufwand	750,00	an	Sonstige Verbindlichkeiten	892,50
	Vorsteuer	142,50			

Bezahlung der Rechnung am 10.01.2022:

2.	Sonstige Verbindlichkeiten	892,50	an	Bank	892,50

Geschäftsvorfall Nr. 5:

1.	Aufwand für Versicherungen	960,00	an	Bank	960,00

Abgrenzung zum 31.12.2021:

2.	ARAP	640,00	an	Aufwand für Versicherungen	640,00

Auflösung ARAP zu Beginn des Geschäftsjahres 2022:

3.	Aufwand für Versicherungen	640,00	an	ARAP	640,00

Geschäftsvorfall Nr. 6:

1.	Aufwand für Versicherungen	420,00	an	Bank	420,00

Abgrenzung zum 31.12.2021:

2.	ARAP	420,00	an	Aufwand für Versicherungen	420,00

Auflösung ARAP zu Beginn des Geschäftsjahres 2022:

3.	Aufwand für Versicherungen	420,00	an	ARAP	420,00

Geschäftsvorfall Nr. 7:

1.	Forderungen aus L.u.L.	761,60	an	Umsatzerlöse	640,00
				Umsatzsteuer	121,60

Zahlungseingang der Rechnung am 15.01.2022:

2.	Bank	761,60	an	Forderungen aus L.u.L.	761,60

Geschäftsvorfall Nr. 8:

1.	Zinsaufwand	360,00	an	Sonstige Verbindlichkeiten	360,00

Bezahlung der Darlehenszinsen am 30.09.2022:

2.	Zinsaufwand	1.080,00	an	Bank	1.440,00
	Sonstige Verbindlichkeiten	360,00			

Geschäftsvorfall Nr. 9:

1.	Aufwand Kfz-Steuer	540,00	an	Bank	540,00

Abgrenzung zum 31.12.2021:

2.	ARAP	135,00	an	Aufwand Kfz-Steuer	135,00

Auflösung ARAP zu Beginn des Geschäftsjahres 2022:

3.	Aufwand Kfz-Steuer	135,00	an	ARAP	135,00

Geschäftsvorfall Nr. 10:

1.	Bank	131,25	an	Zinsertrag	131,25

Abgrenzung zum 31.12.2021:

2.	Zinsertrag	87,50	an	PRAP	87,50

Auflösung PRAP zu Beginn des Geschäftsjahres 2022:

3.	PRAP	87,50	an	Zinsertrag	87,50

Weiterführende Literatur

Coenenberg, Adolf G./Haller, Axel/Mattner, Gerhard/Schultze, Wolfgang (2021): Einführung in das Rechnungswesen. 8. Aufl., Stuttgart.

Höink, Carsten/Huschens, Ferdinand (2016): Einführung in die Umsatzsteuer. Köln.

Horschitz, Harald/Fanck, Bernfried/Guschl, Harald/Kirschbaum, Jürgen/Schustek, Heribert/Haug, Thilo (2021): Bilanzsteuerrecht und Buchführung. 16. Aufl., Stuttgart.

Meissner, Gabi/Neeser, Alexander (2021): Umsatzsteuer. 26. Aufl., Stuttgart.

Rossmanith, Jonas (1998): Der Materiality-Grundsatz. Die Konkretisierung für den handelsrechtlichen Jahres- und Konzernabschluss. Wien.

Schaper, Martin (2018): Die Europäische Aktiengesellschaft (SE) – Gründungs- und Gestaltungsoptionen. Wiesbaden.

Schmalen, Helmut/Pechtl, Hans (2019): Grundlagen und Probleme der Betriebswirtschaft. 16. Aufl., Stuttgart.

Schmidt, Kurt (1949): Die Genossenschaft. Ihre Geschichte, ihr Wesen und Recht und ihre Entwicklung in Deutschland. Berlin.

Stichwortverzeichnis

V

W

Ihr Online-Material zum Buch:
Exklusiv für Buchkäufer!

Ihre Arbeitshilfen zum Download:

- **www.sp-mybook.de**
- **Buchcode:** 5529-jrbu